독학
실내건축
기능사 필기

무료동영상

예문사

머리말
Preface

이 책으로 시험을 준비하는 수험생 여러분은 아마도 처음 이 분야의 공부를 시작하는 분들이라 생각하기에 먼저 그 도전과 용기에 힘찬 응원의 박수를 보내드리고 싶습니다.

실내건축기능사 시험은 실내건축에 관련된 기본 개념과 원리를 적용한 문제은행식 문제가 출제되므로, 과년도 문제를 많이 풀어 보고 관련 사항을 숙지한다면 자격증을 쉽게 취득할 수 있으리라 생각합니다.

따라서 이 책에서는 생소한 과목에 처음 도전하는 분들이 좀 더 정확하고 수월하게 기본적인 개념을 이해하고 정리할 수 있도록 정의와 개념 위주의 해설로 구성하였습니다. 또한 이 책을 천천히 읽어 보면서 중요 부분에 색상을 달리한 핵심 내용을 숙지하고, 과년도 기출문제를 풀어 보면서 이해할 부분을 확인한다면 좀 더 쉽게 공부할 수 있습니다.

이에 이 책은 자격시험을 준비하는 수험생에게 유용하도록 집필하였으며 다음과 같이 구성하였습니다.

[본문 내용]
- 개념과 용어 해설 위주로 요약정리
- 이해를 돕기 위해 표, 그림 등 시각자료 다수 수록
- 이해도를 높이는 상세한 예제 풀이

[문제풀이]
- 과년도 기출문제, CBT 모의고사 수록
- 빈출 문제로만 엄선한 콕집 200제

[동영상 강의]
- 예문사 홈페이지에서 본문(1~5편) 무료 동영상 강의 수강
- 유튜브(김희정 _파란여우)에서 다양한 참고 동영상 시청

끝으로 출간의 기회를 주신 예문사 임직원분들과 편집에 힘써 주신 편집부 직원들께 감사드립니다. 수험생 여러분의 건강과 합격을 기원합니다. 감사합니다.

김희정

이 책의 특징

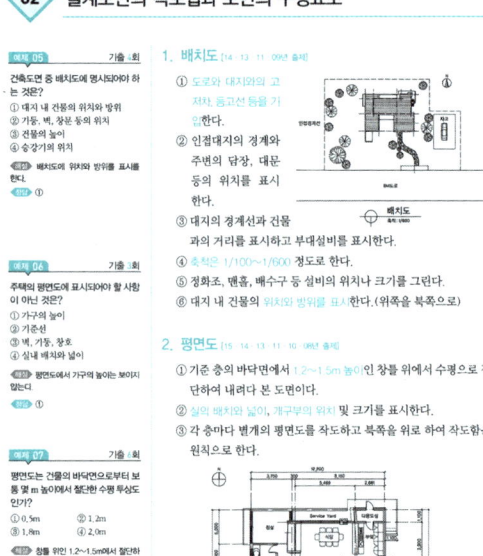

핵심 내용으로만 요약정리한 이론

- 개념과 용어 해설을 위주로 요약정리한 핵심 내용과 이해를 돕는 표, 그림 등 시각 자료 다수 수록
- 이론 내용에 출제연도를 표기하여 중요도와 출제 경향 파악
- 핵심 내용은 색상과 서체를 다르게 적용하여 강조

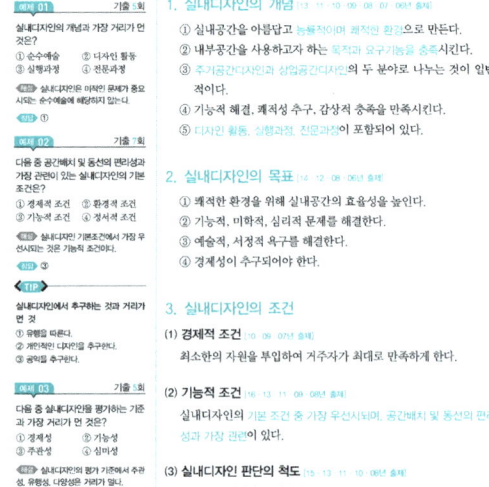

개념을 탄탄하게 다지는 예제·TIP

- 이론과 연계되는 예제를 풍부하게 배치하여 이해도를 높이고 확실하게 개념 다지기
- 이론 내용을 보충하는 TIP으로 학습효과 올리기

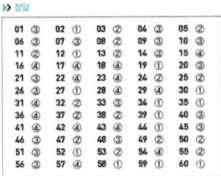

출제기준

직무분야	건설	중직무분야	건축	자격종목	실내건축기능사	적용기간	2025.1.1~2027.12.31

• 직무내용 : 기능적, 미적 요소를 고려하여 건축 실내공간을 계획하고, 기본 설계도서를 작성하며, 완료된 설계도서에 따라 시공 등의 현장업무를 수행하는 직무이다.

필기검정방법	객관식	문제수	60	시험시간	1시간

필기 과목명	출제 문제수	주요항목	세부항목	세세항목
실내디자인, 실내환경, 실내건축재료, 건축일반	60	1. 실내디자인의 이해	1. 실내디자인 일반	1. 실내디자인의 개념 2. 실내디자인의 분류 및 특성
			2. 디자인 요소	1. 점, 선 2. 면, 형 3. 균형 4. 리듬 5. 강조 6. 조화와 통일
			3. 실내디자인의 요소	1. 바닥, 천장, 벽 2. 기둥, 보 3. 개구부, 통로 4. 조명 5. 가구
			4. 실내계획	1. 주거공간 2. 상업공간
		2. 실내환경	1. 열 및 습기환경	1. 건물과열, 습기, 실내환경 2. 복사 및 습기와 결로
			2. 공기환경	1. 실내공기의 오염 및 환기
			3. 빛환경	1. 빛환경
			4. 음환경	1. 음의 기초 및 실내음향
		3. 실내건축재료	1. 건축재료의 개요	1. 재료의 발달 및 분류 2. 구조별 사용재료의 특성
			2. 각종 재료의 특성, 용도, 규격에 관한 지식	1. 목재의 분류 및 성질 2. 목재의 이용 3. 석재의 분류 및 성질 4. 석재의 이용

필기 과목명	출제 문제수	주요항목	세부항목	세세항목
				5. 시멘트의 분류 및 성질
				6. 콘크리트 골재 및 혼화재료
				7. 콘크리트의 성질
				8. 콘크리트의 이용
				9. 점토의 성질
				10. 점토의 이용
				11. 금속재료의 분류 및 성질
				12. 금속재료의 이용
				13. 유리의 성질 및 이용
				14. 미장재료의 성질 및 이용
				15. 합성수지의 분류 및 성질
				16. 합성수지의 이용
				17. 도장재료의 성질 및 이용
				18. 방수재료의 성질 및 이용
				19. 기타 수장재료의 성질 및 이용
		4. 실내건축제도	1. 건축제도 용구 및 재료	1. 건축제도 용구 2. 건축제도 재료
			2.. 각종 제도 규약	1. 건축제도통칙(일반사항 – 도면의 크기, 척도, 표제란 등) 2. 건축제도통칙(선, 글자, 치수) 3. 도면의 표시방법
			3. 건축물의 묘사와 표현	1. 건축물의 묘사 2. 건축물의 표현
			4. 건축설계도면	1. 설계도면의 종류 2. 설계도면의 작도법 3. 도면의 구성요소
		5. 일반구조	1. 건축구조의 일반사항	1. 목구조 2. 조적구조 3. 철근콘크리트구조 4. 철골구조 5. 조립식 구조 6. 기타구조

차례
Contents

Part 01 실내디자인의 이해

Chapter 01 실내디자인 일반
01 실내디자인의 개념 ·· 2
02 실내디자인의 분류 및 특성 ··· 4

Chapter 02 디자인 요소
01 점, 선 ·· 8
02 면, 형 ·· 10
03 균형과 비례 ··· 15
04 리듬과 강조 ··· 17
05 조화와 통일 ··· 19

Chapter 03 실내디자인 요소
01 바닥, 천장, 벽 ·· 21
02 기둥, 보 ··· 24
03 개구부, 통로 ·· 25
04 조명 ··· 30
05 가구 ··· 35

Chapter 04 실내계획
01 주거공간 ·· 41
02 상업공간 ·· 49

Part 02 실내환경

Chapter 01 열 및 습기환경
01 열환경 ··· 56
02 일조, 습기, 결로 ···································· 59

Chapter 02 공기환경
01 실내공기의 오염 및 환기 ······················ 62

Chapter 03 빛환경
01 빛환경 ··· 66

Chapter 04 음환경
01 음의 기초 및 실내음향 ·························· 69

Part 03 실내건축재료

Chapter 01 건축재료의 개요
01 재료의 발달 및 분류 ····························· 74
02 구조별 사용재료의 특성 ······················· 78

Chapter 02 각종 재료의 특성, 용도, 규격에 관한 지식
01 목재의 분류 및 성질 ····························· 81
02 목재의 이용 ·· 89
03 석재의 분류 및 성질 ····························· 93
04 석재의 이용 ·· 96
05 시멘트의 분류 및 성질 ·························· 99
06 콘크리트 골재 및 혼화재료 ················ 104
07 콘크리트의 성질 ································· 107

차례 Contents

　　08 콘크리트의 이용 ·· 111
　　09 점토의 성질 ··· 114
　　10 점토의 이용 ··· 116
　　11 금속재료의 분류 및 성질 ····································· 118
　　12 금속재료의 이용 ·· 122
　　13 유리의 성질 및 이용 ··· 128
　　14 미장재료의 성질 및 이용 ····································· 131
　　15 합성수지의 성질 ·· 134
　　16 합성수지의 이용 ·· 135
　　17 도장재료의 성질 및 이용 ····································· 137
　　18 방수재료의 성질 및 이용 ····································· 139
　　19 단열재료 ·· 142

Part 04　건축제도

Chapter 01　건축제도 용구 및 재료
　　01 건축제도 용구 ·· 144
　　02 건축제도재료 ·· 146

Chapter 02　각종 제도 규약
　　01 건축제도통칙(규격, 척도, 표제란) ····························· 148
　　02 건축제도통칙(선, 글자, 치수) ································· 151
　　03 도면의 표시방법 ·· 154

Chapter 03　건축물의 묘사와 표현
　　01 건축물의 묘사 ·· 157
　　02 건축물의 표현 ·· 159

Chapter 04　건축설계도면
　　01 설계도면의 종류 ·· 161
　　02 설계도면의 작도법과 도면의 구성요소 ······················· 162

Part 05 일반구조

Chapter 01 건축구조의 일반사항
- 01 건축구조의 개념과 분류 ············· 170
- 02 각종 건축구조의 특성 ············· 173

Chapter 02 건축물의 각 구조
- 01 목구조 ············· 178
- 02 조적구조 ············· 190
- 03 철근콘크리트구조 ············· 205
- 04 철골구조 ············· 213
- 05 조립식 구조 ············· 221
- 06 기타 구조 ············· 222

Appendix 01 과년도 기출문제

- 2011년 제2회 기출문제 ············· 226
- 2012년 제4회 기출문제 ············· 242
- 2013년 제1회 기출문제 ············· 256
- 2014년 제2회 기출문제 ············· 271
- 2015년 제5회 기출문제 ············· 285
- 2016년 제4회 기출문제 ············· 299

차례
Contents

Appendix 02　CBT 모의고사

- CBT 모의고사 1회[2017년 복원문제] ······················ 314
- CBT 모의고사 2회[2018년 복원문제] ······················ 320
- CBT 모의고사 3회[2019년 복원문제] ······················ 326
- CBT 모의고사 4회[2020년 복원문제] ······················ 333
- CBT 모의고사 5회[2023년 복원문제] ······················ 340
- CBT 모의고사 6회[2024년 복원문제] ······················ 346
- CBT 모의고사 7회[2025년 복원문제] ······················ 352
- CBT 모의고사 1회 정답 및 해설 ······················ 358
- CBT 모의고사 2회 정답 및 해설 ······················ 362
- CBT 모의고사 3회 정답 및 해설 ······················ 366
- CBT 모의고사 4회 정답 및 해설 ······················ 370
- CBT 모의고사 5회 정답 및 해설 ······················ 374
- CBT 모의고사 6회 정답 및 해설 ······················ 378
- CBT 모의고사 7회 정답 및 해설 ······················ 382

■ 콕집 200제 _ 387

실내디자인의 이해

CHAPTER 01 실내디자인 일반
CHAPTER 02 디자인 요소
CHAPTER 03 실내디자인 요소
CHAPTER 04 실내계획

 **출제경향**

개정 이후 매회 60문제 중 17~18문제가 출제되며, 제1장은 1~2문제, 제2장은 5~6문제, 제3장은 5~6문제, 제4장은 4~5문제가 출제되고 있다. 특히, 제2장 디자인 요소는 내용이 쉬워 문제를 많이 맞힐 수 있고, 제3장 실내디자인 요소는 실내디자인의 주요한 과목이므로 이해하며 공부하기 바란다.

 실내디자인 일반

01 실내디자인의 개념

예제 01　기출 5회

실내디자인의 개념과 가장 거리가 먼 것은?
① 순수예술　② 디자인 활동
③ 실행과정　④ 전문과정

해설 ▶ 실내디자인은 미적인 문제가 중요시되는 순수예술에 해당하지 않는다.

정답 ①

예제 02　기출 7회

다음 중 공간배치 및 동선의 편리성과 가장 관련이 있는 실내디자인의 기본 조건은?
① 경제적 조건　② 환경적 조건
③ 기능적 조건　④ 정서적 조건

해설 ▶ 실내디자인 기본조건에서 가장 우선시되는 것은 기능적 조건이다.

정답 ③

TIP

실내디자인에서 추구하는 것과 거리가 먼 것
① 유행을 따른다.
② 개인적인 디자인을 추구한다.
③ 공익을 추구한다.

예제 03　기출 5회

다음 중 실내디자인을 평가하는 기준과 가장 거리가 먼 것은?
① 경제성　② 기능성
③ 주관성　④ 심미성

해설 ▶ 실내디자인의 평가 기준에서 주관성, 유행성, 다양성은 거리가 멀다.

정답 ③

1. 실내디자인의 개념 [13·11·10·09·08·07·06년 출제]

① 실내공간을 아름답고 능률적이며 쾌적한 환경으로 만든다.
② 내부공간을 사용하고자 하는 목적과 요구기능을 충족시킨다.
③ 주거공간디자인과 상업공간디자인의 두 분야로 나누는 것이 일반적이다.
④ 기능적 해결, 쾌적성 추구, 감상적 충족을 만족시킨다.
⑤ 디자인 활동, 실행과정, 전문과정이 포함되어 있다.

2. 실내디자인의 목표 [14·12·08·06년 출제]

① 쾌적한 환경을 위해 실내공간의 효율성을 높인다.
② 기능적, 미학적, 심리적 문제를 해결한다.
③ 예술적, 서정적 욕구를 해결한다.
④ 경제성이 추구되어야 한다.

3. 실내디자인의 조건

(1) **경제적 조건** [10·09·07년 출제]

최소한의 자원을 투입하여 거주자가 최대로 만족하게 한다.

(2) **기능적 조건** [16·13·11·09·08년 출제]

실내디자인의 기본 조건 중 가장 우선시되며, 공간배치 및 동선의 편리성과 가장 관련이 있다.

(3) **실내디자인 판단의 척도** [15·13·11·10·08년 출제]

기능성 > 심미성 > 경제성 > 다양성, 유행성, 주관성

4. 실내디자인의 영역 [08 · 06년 출제]

① 실내디자인의 영역은 도시환경과 거리에서도 존재하며 건축 자체의 영역성에도 존재한다.
② 실내환경을 구체적으로 창조해 내는 실내계획과 과정의 완성이다.
③ 실내디자인의 구체적 영역은 건축의 벽과 천장, 바닥으로 이루어진 공간을 의미하며 생활공간의 편리한 기능과 쾌적성을 추구한다.

5. 실내디자이너의 역할

(1) 실내디자이너가 갖추어야 할 능력 [09년 출제]

① 인간의 욕구를 지각하는 능력과 분석하여 이해하는 능력을 갖추어야 한다.
② 실내구조를 강조한 구조 전반에 관한 지식, 건축의 체계, 설비시설, 구성요소에 관한 지식을 갖추어야 한다.
③ 기초디자인 이론, 미학 역사, 계획대상에 대한 조사분석, 공간계획과 프로그래밍에 대해 이해할 수 있어야 한다.

(2) 실내디자이너의 역할 [12 · 07 · 06년 출제]

① 독자적인 개성을 표현하고 모색한다.
② 생활공간의 쾌적성을 추구한다.
③ 인간의 예술적, 서정적 요구의 만족을 해결하려 한다.

> ◆ 읽어보기 ◆
>
> 건축의 4대 요소 [14 · 13 · 08년 출제]
> ① 미(아름다움)
> ② 구조(튼튼함)
> ③ 기능(사용의 편리함)
> ④ 경제성(합리적인 비용)

예제 04 기출 2회

다음 중 실내디자이너의 역할 및 영역에 대한 설명으로 옳은 것은?
① 실내디자이너의 영역은 건축물 내부 공간 구성에 한정된다.
② 생활공간의 편리한 기능과 쾌적성을 추구한다.
③ 실내공간의 기능성보다 예술성을 우선한다.
④ 실내디자이너는 설계업무만 담당한다.

해설 실내디자인 영역의 기능적 해결과 생활공간의 쾌적성을 추구한다.
정답 ②

예제 05 기출 2회

실내디자이너의 역할과 가장 거리가 먼 것은?
① 독자적인 개성의 표현을 한다.
② 생활공간의 쾌적성을 추구하고자 한다.
③ 전체 매스(Mass)의 구조, 설비를 계획한다.
④ 인간의 예술적, 서정적 요구의 만족을 해결하려 한다.

해설 전체 매스의 구조와 설비의 계획은 건축디자인에서 한다.
정답 ③

◀ **TIP** ▶

실내디자인과 건축디자인의 차이
건축디자인은 전체 매스의 구조, 설비를 기본으로 한다. 반면, 실내디자인은 세부적인 형태구성을 조성하는 것으로 서로 연관성을 가지고 있다.

예제 06 기출 2회

다음 중 건축구조의 기본 조건과 가장 거리가 먼 것은?
① 유동성   ② 안전성
③ 경제성   ④ 내구성

해설 건축의 4대 요소는 심미성, 기능성, 내구성(안정성), 경제성이다.
정답 ①

02 실내디자인의 분류 및 특성

1. 실내디자인의 분류

(1) 대상별 영역에 따른 분류

① 주거공간 : 가족 또는 개인의 생활권을 유지하며 사용하는 건축 공간을 말한다.
   예 단독주택, 공동주택, 별장 등
② 상업공간 : 판매행위를 목적으로 하는 공간 또는 유통시설, 각종 서비스 공간을 말한다.
   예 백화점, 미용실, 레스토랑, 호텔 등 [10·08년 출제]
③ 업무공간 : 업무 능률을 향상시킬 수 있는 실내디자인의 요소와 원리가 적용된 업무 영역을 말한다.
   예 사무실, 오피스텔, 은행, 관공서 등 [07·06년 출제]
④ 기념물공간 : 다중의 집회나 관람 용도의 공간을 말한다.
   예 기념관, 미술관, 박물관, 기업 홍보관 등 [10년 출제]

(2) 수익 유무에 따른 영역 분류 [22·11·10년 출제]

① 영리공간 : 백화점, 호텔, 펜션, 상점
② 비영리공간 : 박물관, 도서관, 기념관

2. 실내디자인의 특성

(1) 실내디자인의 프로세스(Process) [14·12·11·08년 출제]

기획(요구분석, 각종 자료 분석) – 계획 – 설계(디자인 의도 확인, 설계도 제시, 설계도 완성) – 시공 – 평가

1) 기획단계 [14·09년 출제]

① 건축주의 의사가 가장 많이 반영되는 단계이다.
② 필요로 하는 공간의 종류와 면적에 대한 사항을 파악한다.
③ 사용자의 경제능력과 경제적 타당성을 조사한다.
④ 공간을 사용할 사람의 생활양식, 취향, 가치관 등을 파악한다.

예제 07 기출 2회

다음 중 실내디자인의 영역을 분류할 때 상업공간에 해당되는 것은?
① 사무실 ② 백화점
③ 은행   ④ 관공서

해설 상업공간은 판매행위를 목적으로 하는 공간을 말한다.

정답 ②

예제 08 기출 2회

공간대상에 따른 분류에서 업무공간에 해당되는 것은?
① 아파트 ② 터미널
③ 백화점 ④ 은행

해설 업무공간에는 사무실, 오피스텔, 은행, 관공서 등이 있다.

정답 ④

예제 09 기출 3회

다음 중 수익 창출을 목적으로 하는 영리공간과 가장 관계가 먼 것은?
① 백화점 ② 호텔
③ 도서관 ④ 펜션

해설 영리공간에는 백화점, 호텔, 펜션, 상점 등이 있다.

정답 ③

예제 10 기출 2회

실내디자인의 기본적인 프로세스로 옳은 것은?
① 설계–계획–기획–시공–평가
② 설계–기획–계획–시공–평가
③ 계획–기획–설계–시공–평가
④ 기획–계획–설계–시공–평가

해설 실내디자인의 과정은 기획–계획–설계–시공–평가 순으로 이루어진다.

정답 ④

2) 계획단계

제한요소와 극복요소를 설정하여 기본개념을 구상한다.

3) 기본설계 [11년 출제]

① 기본구상(구상을 위한 도면) : 개념, 분위기, 이미지 구상, 동선 및 조닝계획, 규모계획, 색채계획
② 시각화 과정 : 개략적인 스케치 또는 도면, 기능도, 스터디 모델링, 평면계획, 입면계획, 단면계획, 마감재료계획, 색채계획, 가구배치계획, 필요한 제요소의 계획
③ 대안의 평가, 의뢰인의 승인 및 설득
④ 결정안 : 전체 공간의 분위기 조화, 체크리스트, 필요한 제요소의 세부계획
⑤ 도면화(프레젠테이션) : 기본설계도 작성(평면도, 천장도, 단면도, 실내 전개도, 가구 배치도, 재료 마감표), 개략적인 견적서
⑥ 모델링 : 모델, 투시도, 아이소메트릭
⑦ 조정 : 관련 법규와의 대조, 총체적인 제한요소의 조정, 의뢰인과의 조정
⑧ 최종 결정안

4) 실시설계 [06년 출제]

① 결정안에 대한 설계도 : 시공 및 제작을 위한 도면
② 조명계획 : 조명기구 디자인 및 가구 선정, 조도 계산서, 전기 배선도
③ 가구디자인 및 선택결정 : 가구배치도, 가구도
④ 확대된 실내디자인의 실시설계 : 평면, 천장, 입면, 전개도, 키플랜, 재료 마감표, 상세도, 창호도, 사인, 그래픽, 기타 디자인 세부 설계도가 있다. 이 중에서 실내공간의 성격을 형성하는 가장 중요한 디자인 요소는 마감재료이다.
⑤ 설비 단계 : 실내공간의 분위기에 미치는 영향이 적다.
⑥ 확인 : 시방서 작성
⑦ 수정 및 보완

예제 11 기출 2회

실내디자인 과정에서 일반적으로 건축주의 의사가 가장 많이 반영되는 단계는?
① 기획단계
② 시공단계
③ 기본설계단계
④ 실시설계단계

해설 기획단계는 건축주의 의사를 많이 반영하여 분석하는 단계이다.

정답 ①

예제 12 기출 2회

실내디자인의 과정 중 다음과 같은 내용이 이루어지는 단계는?

- 디자인 의도 확인
- 기본설계도 제시
- 실시설계도 완성

① 기획단계
② 시공단계
③ 설계단계
④ 평가단계

해설 설계단계에서는 디자인을 결정하고 기본설계도 건축주에게 제시하여 실시설계도를 완성하는 단계이다.

정답 ③

예제 13 기출 3회

실내공간의 성격을 형성하는 가장 중요한 디자인 요소는?
① 마감재료   ② 바닥구조
③ 장식품 종류   ④ 천장의 질감

해설 마감재료는 실내공간의 분위기에 미치는 영향이 가장 크다.

정답 ①

5) 시공
　① 각종 도면과 시방서를 기준으로 공사를 진행한다.
　② 설계 감리를 통해 최대한 성실한 시공이 될 수 있게 한다.

6) 평가
　완공된 후 사용 중에 문제점 등을 해결하기 위한 평가 단계이다.

(2) 실내디자인의 진행과정 [16·13·07년 출제]

조건파악 – 기본계획 – 기본설계 – 대안제시 – 실시설계

(3) 실내디자인의 프로그래밍 진행단계 [07년 출제]

목표설정 – 조사 – 분석 – 종합 – 결정

3. 실내디자인사

(1) 고대 건축사

이집트 → 그리스 → 로마 → 초기 기독교 → 로마네스크 → 고딕 → 르네상스 → 바로크

1) 건축구조의 변천과정 [13년 출제]

　동굴주거시대 → 움집주거시대 → 지상주거시대

2) 그리스
　① 착시교정 수법인 중앙부가 약간 부풀어 오르도록 만들거나 모서리 쪽 기둥 간격을 보다 좁혀지게, 즉 안쪽으로 기울어지게 만들었다. [10년 출제]
　② 황금비(1:1.618)와 황금비 직사각형이 사용된 파르테논 신전이 있다. [09·06년 출제]
　③ 도리아식, 이오니아식, 코린트식 양식이 발달했다. [16년 출제]

3) 로마 [16·07년 출제]
　① 화산재의 혼합물인 모르타르나 철물을 이용하여 석재와 벽돌을 조적식 구조로 제작했다.
　② 신전, 포럼, 바실리카, 콜로세움, 공공욕장(카라칼라 욕장), 극장 등이 제작되었다.
　③ 그리스 주범양식에 터스칸식과 콤포지트식 오더가 추가되었다.

예제 14 기출 3회

다음 중 실내디자인의 진행과정에 있어서 가장 선행되야 하는 작업은?
① 조건파악　② 기본계획
③ 기본설계　④ 실시설계

해설 실내디자인 진행과정에서 조건파악이 가장 선행되어야 한다.

정답 ①

예제 15 기출 2회

황금비와 황금비 직사각형이 사용된 대표적인 건축물은?
① 법주사 팔상전
② 불국사
③ 파르테논 신전
④ 피사의 탑

해설 파르테논 신전은 황금비 직사각형이 사용되었다.

정답 ③

예제 16 기출 7회

다음 중 고대 그리스 건축의 오더에 속하지 않는 것은?
① 도리아식　② 터스칸식
③ 코린트식　④ 이오니아식

해설 터스칸식은 로마 건축의 오더이다.

정답 ②

(2) 근대 건축사

1) 바우하우스 [07년 출제]
   ① 기계화, 표준화를 통한 대량생산 방식을 도입하고 공업과 예술을 결합시키는 이념을 지녔다.
   ② 바우하우스 창시자인 그로피우스(Gropius)가 기존의 수공예학교와 예술학교를 통합하여 국립 바우하우스를 설립했다.

2) 포스트모더니즘 [06년 출제]
   탈근대주의라고도 하며 1970년대 서유럽에서 시작하여 모더니즘의 문제와 폐단에서 벗어나 인간성 회복과 조화를 주장하고 기능주의에 반대하고자 했던 개혁주의 운동이다.

(3) 건축가들의 활동

1) 르 코르뷔지에 [14 · 12 · 10 · 09 · 07년 출제]
   ① 설계나 생산에 쓰이는 치수단위 또는 체계를 모듈이라고 하는데, 인체척도를 근거로 하는 모듈러를 주장하였다.
   ② 생활에 적합한 건축을 위해 인체와 관련된 모듈의 사용에 있어 단순한 길이의 배수보다 황금비례를 이용함이 타당하다고 하였다.
   ③ 롱샹 성당, 페사크 주택단지, 푸아시의 사보이관 등이 있다.

2) 프랭크 로이드 라이트
   ① 유기적인 이론으로 건축과 자연환경을 통합 적용시켰다.
   ② 단일 공간을 연속과 조화를 통해 내부적 요소에서 외부적 요소로 확장 전개하였다.
   ③ 낙수장, 구겐하임 미술관 등이 있다.

예제 17 기출 1회

현대건축의 형성에 가장 큰 영향을 끼친 독일의 디자인 학교인 바우하우스의 창시자는?
① 윌리암 모리스(William Morris)
② 브로이어(Breuer)
③ 그로피우스(Gropius)
④ 루이스 설리반(Louis Sullivan)

해설 바우하우스 창시자는 그로피우스이다.

정답 ③

예제 18 기출 6회

다음 설명과 가장 관계가 깊은 건축가는?

- 모듈러(Modulor)
- 생활에 적합한 건축을 위해 인체와 관련된 모듈의 사용에 있어 단순한 길이의 배수보다 황금비례를 이용함이 타당하다고 주장

① 르 코르뷔지에
② 발터 그로피우스
③ 미스 반 데어 로에
④ 프랭크 로이드 라이트

해설 르 코르뷔지에가 제시한 모듈러와 관계가 깊은 디자인 원리는 비례이다.

정답

▶ **TIP**

리모델링 [14년 출제]
건축물의 노후화를 억제하거나 기능 향상을 위하여 대수선 또는 일부 증축하는 행위로 정의된다.

CHAPTER 02 디자인 요소

SECTION 01 점, 선

1. 점

(1) 점의 특징 [14 · 11 · 09 · 08년 출제]

기하하적인 정의로 크기가 없고 위치만 존재하는 디자인 요소이다.

[16 · 12 · 10 · 09 · 08 · 06년 출제]

① 공간에 한 점을 위치시키면 집중 효과가 있다.
② 두 점의 크기가 같을 때 주의력은 균등하게 작용한다.
③ 근접된 많은 점의 경우에는 선이나 면으로 지각된다.

예제 01　　기출 7회

기하학적인 정의로 크기가 없고 위치만 존재하는 디자인 요소는?
① 점　② 선
③ 면　④ 입체

해설 점은 크기가 없고 위치만 존재하는 디자인 요소이다.

정답 ①

---

2. 선

(1) 선의 특징 [15 · 11 · 07 · 06년 출제]

점의 확장이며 모든 조형의 기초로 대상의 윤곽이나 덩어리를 나타낼 수 있다.

① 선은 길이의 개념은 있으나 깊이의 개념은 없다.
② 너비가 넓어지면 면이 되고, 굵기가 커지면 공간이 된다.
③ 선의 패턴으로 운동감, 속도감, 방향 등을 나타낸다.
④ 점의 접합체이고 점이 이동한(운동) 궤적이다.
⑤ 면의 한계 또는 교차에서 나타난다.

예제 02　　기출 2회

디자인 요소 중 선에 대한 설명으로 옳지 않은 것은?
① 면의 한계, 면들의 교차에서 나타난다.
② 많은 선의 근접으로 면의 느낌을 표현할 수 있다.
③ 여러 개의 선을 이용하여 움직임, 속도감 등을 시각적으로 표현할 수 있다.
④ 형태의 윤곽은 나타낼 수 있으나 형태가 지니고 있는 특성, 명암, 질감들은 표현할 수 없다.

해설 선은 윤곽이나 덩어리를 나타낼 수 있다.

정답 ④

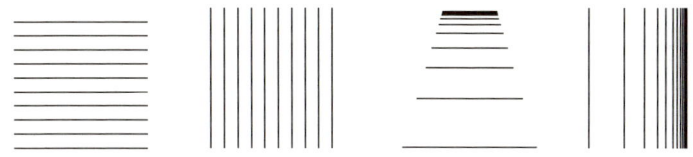

(2) 선의 종류

① 직선 : 경직, 명료, 단순하고 정적인 표현을 할 수 있다.

② 수직선 : 고결, 희망, 상승, 위엄, 존엄성, 긴장감을 표현할 수 있다.
[14 · 13 · 12 · 11 · 10 · 08 · 07년 출제]

③ 수평선 : 고요, 안정, 정지된 느낌을 줄 수 있다. [16 · 14 · 08년 출제]

④ 사선 : 운동성, 약동감, 불안정, 반항 등 동적인 느낌을 줄 수 있다.
[22 · 15 · 13 · 12 · 11 · 10 · 09년 출제]

⑤ 곡선 : 활동적이며, 부드럽고, 우아한 여성적 느낌을 줄 수 있다.
[13 · 11 · 10년 출제]

⑥ 기하곡선 : 질서 있고 부드러우며 이지적인 표현을 할 수 있다.

예제 03 　　　　기출 13회

심리적으로 존엄성, 엄숙함, 위엄, 절대 등의 느낌을 주는 선의 종류는?
① 사선　　② 수직선
③ 수평선　④ 포물선

해설 수직선은 엄숙함과 상승감의 효과를 준다.

정답 ②

예제 04 　　　　기출 8회

약동감, 생동감 넘치는 에너지와 운동감, 속도감을 주는 선의 종류는?
① 곡선　　② 사선
③ 수직선　④ 수평선

해설 사선은 운동성, 약동감, 불안정, 반항 등 동적인 느낌을 줄 수 있다.

정답 ②

SECTION 02 면, 형

1. 면

(1) 면의 특징 [11·09·07·06년 출제]

유클리드 기하학에 따르면 모든 방향으로 펼쳐진 무한히 넓은 영역이며 형태가 없는 것으로 정의된다. 깊이가 없고 길이와 폭을 갖는다.
① 공간을 구성하는 기본 단위이다.
② 절단에 의해 새로운 면을 얻을 수 있다.
③ 선을 조밀하게 밀집시켜서 나타낼 수 있다.
④ 입체의 단계나 공간의 경계에서 나타난다.

(2) 평면형의 종류

① 직사각형 : 긴 축을 가지고 있으며 강한 방향성을 가진다.

[15·14년 출제]

② 삼각형 : 안정, 부동, 냉대 등의 느낌을 가진다.
③ 원형 : 단순하고 원만한 느낌을 준다.
④ 타원형 : 온화하고 부드러운 여성적인 느낌을 준다. [22·11년 출제]

2. 형태

(1) 형태의 특징

① 입체적, 공간적 구조의 특성을 띠는 범위의 형을 말한다.
② 도형의 같은 평면적인 형이 보는 위치나 방향의 변화에 따라 달리 표현된다.

(2) 형태의 종류

1) 이념적 형태(상징적 형태) [15·13·12년 출제]

인간의 지각, 즉 시각과 촉각 등으로는 직접 느낄 수 없고 개념적으로만 제시될 수 있는 형태이다.
① 순수형태 : 기하학적으로 취급한 점, 선, 면 등의 구성요소를 기본으로 한다.

예제 05 기출 4회

다음 중 면에 대한 설명으로 가장 알맞은 것은?
① 점의 궤적이다.
② 폭과 부피가 없다.
③ 길이의 1차원만을 가지며 방향성이 있다.
④ 절단에 의해 새로운 면을 얻을 수 있다.

해설 면은 길이와 폭을 갖는다.

정답 ④

예제 06 기출 2회

온화하고 부드러운 여성적인 느낌을 주는 도형은?
① 타원형 ② 오각형
③ 사각형 ④ 삼각형

정답 ①

예제 07 기출 4회

형태의 의미구조에 의한 분류에서 인간의 지각, 즉 시각과 촉각 등으로 직접 느낄 수 없고 개념적으로만 제시될 수 있는 형태는?
① 현실적 형태 ② 인위적 형태
③ 상징적 형태 ④ 자연적 형태

해설 상징적 형태 또는 이념적 형태라고 한다.

정답 ③

② 추상적 형태 : 구체적 형태를 생략 또는 과장의 과정을 거쳐 재구성한 형태이며, 대부분의 경우 원래의 형태를 알아보기 어렵다.
[21 · 16 · 14 · 13년 출제]

2) 현실적 형태 [14년 출제]

① 자연형태 : 자연계에 존재하는 보이는 형태를 말한다.
② 인위형태 : 인간의 의지와 생각에 따라 형성되어 만들어진다.

3) 유기적 형태 [08년 출제]

① 면의 형태적 특징 중 자연적으로 생긴 형태로 우아하고 아늑한 느낌을 주는 시각적 특징이 있다.
② 자유곡면 형태를 지녔다.

(3) 형태의 지각심리(게슈탈트 이론)

① 근접성의 원리 : 가까이 있는 요소끼리 그룹화하여(뭉쳐) 지각되고 상하와 좌우의 간격이 다를 경우 수평, 수직으로 지각된다.
[14 · 12 · 06년 출제]

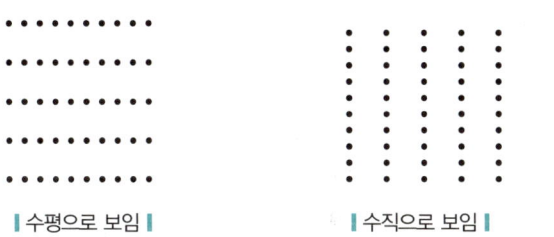
|수평으로 보임| |수직으로 보임|

② 유사성의 원리 : 규모, 색채, 질감, 명암, 패턴 등 비슷한 형상의 요소를 한번에 인식하는 심리이다. [14 · 13 · 12년 출제]

③ 연속성의 원리 : 유사한 배열로 구성된 형들이 방향성을 지니고 연속되어 보이는 하나의 그룹으로 지각되는 법칙을 말하며 공동운명의 법칙이라고도 한다. [16 · 13 · 10년 출제]

|유사성|

예제 08 기출 4회

다음 설명에 알맞은 형태의 종류는?

- 구체적 형태를 생략 또는 과장의 과정을 거쳐 재구성한 형태이다.
- 대부분의 경우 재구성된 원래의 형태를 알아보기 어렵다.

① 추상적 형태
② 이념적 형태
③ 현실적 형태
④ 2차원적 형태

해설 추상적 형태는 원래의 형태를 알아보기 어렵다.

정답 ①

예제 09 기출 3회

게슈탈트(Gestalt) 분리의 법칙 중 접근성을 설명한 것은?

① 2개 이상의 시각요소들이 보다 더 가까이 있을 때 그룹으로 지각될 가능성이 크다.
② 형태, 규모, 색채, 질감 등 서로의 요소가 연관되어 패턴으로 보이는 것이다.
③ 유사한 배열이 하나의 묶음으로 지각되는 것이다.
④ 시각적 요소들이 어떤 형상을 지각하는 데 있어서 폐쇄된 느낌을 주는 것이다.

해설 접근성 또는 근접성은 가까이 있는 요소끼리 그룹으로 지각된다.

정답 ①

예제 10 기출 4회

비슷한 형태, 규모, 색채, 질감, 명암, 패턴을 하나의 그룹으로 지각하려는 경향을 말하는 형태의 지각심리는?

① 근접성의 원리
② 연속성의 원리
③ 폐쇄성의 원리
④ 유사성의 원리

정답 ④

| 예제 11 | 기출 3회 |

다음 설명에 알맞은 형태의 지각 심리는?

- 유사한 배열로 구성된 형들이 방향성을 지니고 연속되어 보이는 하나의 그룹으로 지각되는 법칙을 말한다.
- 공동운명의 법칙이라고도 한다.

① 연속성의 원리 ② 폐쇄성의 원리
③ 유사성의 원리 ④ 근접성의 원리

정답 ①

| 연속성 |

④ 형과 배경의 법칙 : 루빈의 항아리는 항아리와 얼굴의 옆모습이 반전되어 보이는데, 동시에 이를 도형으로 지각할 수 없다. [12년 출제]

| 예제 12 | 기출 1회 |

'루빈의 항아리'와 관련된 형태의 지각 심리는?

① 그룹핑 법칙
② 폐쇄성의 법칙
③ 형과 배경의 법칙
④ 프래그넌츠의 법칙

해설 형과 배경의 법칙은 항아리와 얼굴의 모습이 반전되어 보이는 심리 현상이다.

정답 ③

(4) 착시현상

사물의 객관적인 성질(크기·형태·빛깔 등)과 눈으로 본 성질 사이에 차이가 있는 경우의 시각을 가리킨다.

① 기하학적 착시 : 같은 길이의 수직선이 수평선보다 길어보이는 것으로 기하학적 관계가 실제와 다르게 보이는 착시이다.

[12년 출제]

② 다의도형 착시 : 동일 도형이 2종류 이상으로 보일 수 있는 것을 말하는데, 그림과 바탕의 반전 도형 예로 루빈의 잔과 얼굴 등이 있다.

③ 역리도형 착시 : 모순도형 또는 불가능한 도형을 말하여 펜로즈의 삼각형처럼 2차원적 평면에 나타나는 안길이의 특성을 부분적으로 본다면 가능하지만, 3차원적인 공간에서 보았을 때는 불가능한 것으로 보이는 도형이다. [16·15·13년 출제]

| 예제 13 | 기출 1회 |

다음 설명에 알맞은 착시의 종류는?

- 같은 길이의 수직선이 수평선보다 길어 보인다.
- 사선이 2개 이상의 평행선으로 중단되면 서로 어긋나 보인다.

① 운동의 착시
② 다의도형 착시
③ 역리도형 착시
④ 기하학적 착시

정답 ④

| 거리에 의한 착시 |

 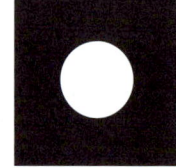
| 면적에 의한 착시 |

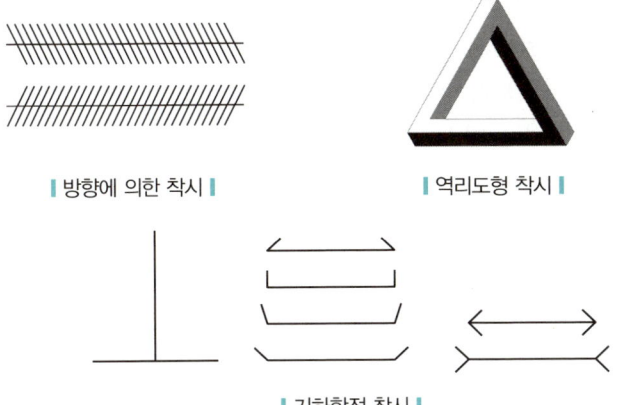

|방향에 의한 착시| |역리도형 착시|

|기하학적 착시|

3. 질감 및 문양

(1) 질감의 특징 [15 · 13 · 12 · 10년 출제]
① 촉각 또는 시각으로 지각할 수 있는 어떤 물체 표면상의 특징으로 물체들을 구분하는 데 도움을 준다.
② 효과적인 질감 표현을 위해서는 색채와 조명을 동시에 고려해야 한다.
③ 질감 선택 시 촉감, 스케일, 빛의 반사와 흡수를 고려한다.

(2) 문양(Pattern)의 특징 [14 · 11년 출제]
① 장식의 질서와 조화를 부여하는 방법이다.
② 연속성에 의한 운동감이 있고, 디자인 전체 리듬과도 관계가 있다.
③ 작은 공간에서는 서로 다른 문양의 혼용을 피하는 것이 좋다.

4. 색채계획

(1) 색채계획 개념 [23 · 10 · 06년 출제]
① 실내디자인이나 시각디자인, 환경디자인 등에서 그 디자인의 적응 상황 등을 연구하여 색채를 선정하는 과정을 말한다.
② 색채 환경분석 → 색채 심리분석 → 색채계획 → 디자인 적용
③ 색의 3요소 중 색채계획을 무겁게 느끼게 하는 것은 명도이다.

예제 14   기출 3회

다음 설명에 알맞은 착시의 유형은?

- 모순도형 또는 불가능한 도형이라고도 한다.
- 펜로즈의 삼각형에서 볼 수 있다.

① 운동의 착시
② 길이의 착시
③ 역리도형 착시
④ 다의도형 착시

해설 역리도형 착시의 설명이다.
정답 ③

예제 15   기출 2회

촉각 또는 시각으로 지각할 수 있는 어떤 물체 표면상의 특징을 의미하는 것은?

① 색채   ② 채도
③ 질감   ④ 패턴

해설 질감은 물체들을 구분하는 데 도움을 준다.
정답 ③

TIP

재질과 색상의 질감
[12 · 10 · 08 · 06년 출제]
① 거친 질감은 무겁고 어두운 느낌을 준다.
② 매끈한 질감의 유리는 시각적으로 넓어 보인다.

예제 16   기출 2회

실내디자인이나 시각디자인, 환경디자인 등에서 그 디자인의 적응상황 등을 연구하여 색채를 선정하는 과정을 무엇이라 하는가?

① 색채관리   ② 색채계획
③ 색채조합   ④ 색채조절

정답 ②

| 예제 17 | 기출 2회 |

실내공간에 명도가 높은 색을 사용한 효과로 적절하지 않은 것은?
① 실내가 밝고 시원하게 느껴진다.
② 차분하고 아늑한 분위기가 조성된다.
③ 실제보다 넓어 보인다.
④ 경쾌한 분위기가 조성된다.

해설 명도가 높으면 밝고, 넓고, 경쾌한 분위기가 되고, 명도가 낮으면 무겁고 차분하며 아늑한 분위기가 된다.

정답 ②

(2) 실내공간의 색채계획 [14·11년 출제]

① 벽은 가장 넓은 면적이므로 안정되고 명도가 높은 색상을 선택한다.
② 바닥은 벽면보다 약간 어두우며 안정감 있는 색상을 선택한다.
③ 낮은 천장을 높게 보이게 하려면 천장의 색을 벽보다 밝은 색채로 한다.
④ 대형가구와 커튼은 바닥, 벽, 천장과 유사색이나 그 반대색을 사용한다.
⑤ 침실은 보통 깊이 있는 중명도의 저채도로 정돈한다.

균형과 비례

1. 균형

(1) 균형의 특징

① 시각적 무게의 평형상태를 의미한다. [14 · 13 · 11 · 09 · 07년 출제]
② 부분과 부분, 부분과 전체 사이에서 균형의 힘에 의해 쾌적한 느낌을 준다. [15년 출제]
③ 수평선, 크기가 큰 것, 불규칙적인 것, 색상이 어두운 것, 거친 질감, 차가운 색은 시각적 중량감이 크다. [21 · 16 · 13 · 12 · 11년 출제]

(2) 균형의 종류

1) 대칭적 균형 [09 · 07 · 06년 출제]

좌우 균형이 맞을 때 느껴지는 현상으로 규칙, 일치, 비례, 수동, 평온, 정지, 안정 등의 성격이 있고, 그 예로 타지마할 궁이 있다.

2) 방사형 균형 [23 · 16 · 13년 출제]

대칭적 균형과 유사하지만 중심점 또는 핵을 갖고 이를 중심으로 방사의 방향으로 확장되어 동적인 표정이 강하다. 자전거 바퀴, 둥근 식탁, 눈의 결정체, 꽃잎, 판테온의 돔 등이 있다.

2. 비례

(1) 비례의 특징 [07 · 06년 출제]

① 조형을 구성하는 모든 단위의 크기를 결정한다.
② 부분과 부분 또는 부분과 전체의 수량적 관계를 말한다.
③ 객관적 질서와 과학적 근거를 명확하게 드러내는 형식이다.
④ 보는 사람의 감정을 직접적으로 호소하는 힘을 가지고 있다.

예제 18 기출 6회

인간의 주의력에 의해 감지되는 시각적 무게의 평형상태를 의미하는 디자인 원리는?
① 리듬 ② 통일
③ 균형 ④ 강조

정답 ③

예제 19 기출 6회

균형의 원리에 대한 설명 중 옳지 않은 것은?
① 크기가 큰 것이 작은 것보다 시각적 중량감이 크다.
② 기하학적 형태가 불규칙적인 형태보다 시각적 중량감이 크다.
③ 색의 중량감은 색의 속성 중 특히 명도, 채도에 따라 크게 작용한다.
④ 복잡하고 거친 질감이 단순하고 부드러운 것보다 시각적 중량감이 크다.

해설 불규칙적인 형태가 기하학적 형태보다 시각적 중량감이 크다.

정답 ②

예제 20 기출 3회

균형의 종류와 그 실례의 연결이 옳지 않은 것은?
① 방사형 균형 – 판테온의 돔
② 대칭적 균형 – 타지마할 궁
③ 비대칭적 균형 – 눈의 결정체
④ 결정학적 균형 – 반복되는 패턴의 카펫

해설 눈의 결정체는 방사형 균형이다.

정답 ③

| 예제 21 | 기출 5회 |

휴먼스케일에서 실내 크기를 측정하는 기준은?
① 공간의 형태 ② 인간
③ 공간의 높이 ④ 가구의 크기

해설 휴먼스케일은 인간의 신체를 기준으로 파악한다.
정답 ②

| 예제 22 | 기출 10회 |

황금비례의 비율로 올바른 것은?
① 1 : 1.414 ② 1 : 1.532
③ 1 : 1.618 ④ 1 : 3.141

해설 황금비례 비율은 1 : 1.618이다.
정답 ③

| 예제 23 | 기출 3회 |

다음은 피보나치수열의 일부분이다. "21" 다음에 나오는 숫자는?

| 1, 2, 3, 5, 8, 13, 21 |

① 30 ② 34
③ 40 ④ 44

해설 어떤 수열의 항이 앞의 두 항의 합과 같은 수열로 이루어진다.
정답 ②

(2) 비례의 종류

1) 스케일과 휴먼스케일 [12 · 11 · 10 · 09 · 07년 출제]

① 스케일은 상대적인 크기, 즉 척도를 말한다.
② 휴먼스케일은 인간의 신체를 기준으로 파악, 측정하는 척도의 기준을 말한다. 실내공간계획에서 가장 중요하게 고려해야 한다.
③ 사람을 8등분으로 나누어 보았을 때 머리를 1로 비례 관계를 표현한다.

2) 황금비례 [14 · 12 · 11 · 10 · 08 · 07 · 06년 출제]

① 한 선분을 길이가 다른 두 선분으로 분할하였을 때, 긴 선분에 대한 짧은 선분의 길이의 비가 전체 선분에 대한 긴 선분의 길이의 비와 같을 때 이루어지는 비례로 1 : 1.618의 비율이다.
② 고대 그리스인들이 발명해 낸 기하학적 분할법으로 파르테논 신전에 적용되었다. [09 · 08 · 06년 출제]

3) 피보나치수열 [16 · 15 · 12년 출제]

① 어떤 수열의 항이 앞의 두 항의 합과 같은 수열로 1, 2, 3, 5, 8, 13, 21, 34.... 순서로 사용된다.
② 흔히 꽃잎이나 식물의 잎차례, 소라나 달팽이 껍질의 나선형 무늬의 확장비율에서 볼 수 있다.

4) 모듈러 [11년 출제]

① 르 코르뷔지에의 건축적 비례로 인간의 신체를 기준으로 나타냈다.
② 공공건물이나 아파트는 모듈러 법칙을 적용하여 건축되었다.

5) 모듈러 코디네이션 [13 · 10년 출제]

① 모듈을 건축생산 전반에 적용함으로써 건축재료를 규격화하여 치수의 유기적 연계성을 가진다.
② 생산의 합리화, 단순화, 작업의 용이함으로 공사가 쉬워지고 빨라졌다.
③ 시공비는 절감되었으나 건물의 획일화, 창조성 결여 등의 문제점이 있다.

04 리듬과 강조

1. 리듬

(1) 리듬의 특징 [16 · 12 · 11 · 10 · 09 · 08 · 07 · 06년 출제]

① 일반적으로 규칙적인 요소들의 반복으로 디자인에 시각적인 질서를 부여하는 통제된 운동감각을 의미한다.
② 음악적 감각이 조형화된 것으로서 청각의 원리가 시각적으로 표현된 것이다.
③ 반복, 점층, 변이, 방사 등으로 표현할 수 있다. [22 · 15 · 14 · 13년 출제]

(2) 리듬의 종류

1) 반복 [08년 출제]

① 디자인 요소와 색채, 질감, 형태, 문양의 반복을 통해 시각적으로 조화를 이루는 것이다.
② 건축물의 기둥, 입면에서의 창문, 가구의 다리, 복도 바닥 타일의 패턴, 직물의 무늬 등에서 볼 수 있다.

2) 점이(점층) [08년 출제]

① 커지거나 강해지도록 해서 변화를 통해 리듬을 만들어간다.
② 점층은 반복보다 한층 동적인 느낌을 준다.

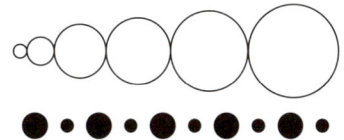 

| 반복과 점층 |

3) 변이

① 삼각형에서 사각형으로 변화되거나 검정에서 빨강으로 변화되도록 배치하여 분위기를 만드는 것에서 볼 수 있다.
② 원형 아치, 둥근 의자의 배치를 통해 느껴지는 리듬감이다.

예제 24 기출 8회

일반적으로 규칙적인 요소들의 반복으로 디자인에 시각적인 질서를 부여하는 통제된 운동감각을 의미하는 디자인의 구성 원리는?

① 리듬   ② 통일
③ 강조   ④ 균형

정답 ①

예제 25 기출 8회

다음 중 리듬에 속하지 않는 실내디자인의 원리는?

① 반복   ② 점이
③ 대비   ④ 변화

해설 리듬의 종류에는 반복, 점이, 변이, 방사가 있다.

정답 ③

> **예제 26**　　기출 3회
>
> 리듬의 원리 중 잔잔한 물에 돌을 던지면 생기는 물결 현상과 가장 관련이 깊은 것은?
> ① 강조　② 조화
> ③ 방사　④ 통일
>
> 해설　방사는 중심 주변으로 퍼져 나가는 양상의 리듬이다.
>
> 정답　③

> **예제 27**　　기출 4회
>
> 평범하고 단순한 실내를 흥미롭게 만드는 데 가장 적합한 디자인 원리는?
> ① 조화　② 강조
> ③ 통일　④ 균형
>
> 해설　강조는 전체 조화를 파괴하지 않는 선에서 초점이나 흥미를 부여하는 것이다.
>
> 정답　②

> **예제 28**　　기출 2회
>
> 시각적인 힘의 강약에 단계를 주어 디자인의 일부분에 초점이나 흥미를 부여하는 디자인 원리는?
> ① 통일　② 대칭
> ③ 강조　④ 조화
>
> 해설　강조는 시각적으로 관심의 초점이 된다.
>
> 정답　③

4) **방사** [15 · 09 · 06년 출제]

① 외부로 퍼져나가는 리듬감으로 생동감이 있다.
② 잔잔한 물에 돌을 던지면 생기는 물결현상으로 화환, 바닥패턴에 디자인 원리가 응용된다.

2. 강조

(1) 강조의 특징 [15 · 14 · 13 · 12 · 11 · 08년 출제]

① 평범하고 단순한 실내를 흥미롭게 만드는 데 가장 적합한 디자인 원리이다.
② 시각적인 힘의 강약에 단계를 주어 디자인의 일부분에 초점이나 흥미를 부여한다.
③ 힘의 조절로써 전체 조화를 파괴하면 안 된다.

 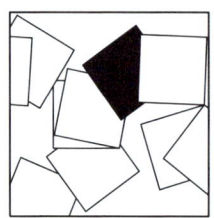

| 색상 강조 |

● SECTION ●

 조화와 통일

1. 조화

(1) 조화의 특징 [10·08·07년 출제]
① 전체적인 조립방법이 모순 없이 질서를 잡는 것이다.
② 그리스어의 "Harmonia"에서 유래한 "적합하다"라는 뜻이다.

(2) 조화의 종류

1) 유사조화 [14·12년 출제]
① 공통성의 요소로 뚜렷하고 선명한 이미지를 준다.
② 대비보다 통일에 조금 더 치우쳐 있다고 볼 수 있다.
③ 나뭇잎의 색상에서 초록과 노랑, 연두를 통해 자연스러움을 느끼게 된다.

2) 대비조화 [13·09년 출제]
① 서로 다른 요소들로 결합하여 서로가 다른 것을 강조하면서 조화를 이루는 것을 말한다.
② 반대되는 요소를 사용함으로써 대립과 긴장을 표현한다.
③ 대비가 클수록 성격이 뚜렷해지고, 개성적이다.

2. 통일

(1) 통일의 특징 [08·06년 출제]
① 이질의 각 구성요소들이 전체로서 동일한 이미지를 갖게 하는 것이다.
② 너무 지나치면 단조롭고 권태감이 든다. [06년 출제]
③ 같은 창의 반복이나 모듈의 반복이 통일 표현기법에 해당된다.
④ 변화와 함께 모든 조형에 대한 미의 근원이 된다.
⑤ 디자인 대상의 전체에 미적 질서를 주는 기본원리로 모든 형식의 출발점이다. [14·10·09년 출제]

예제 29   기출 3회

전체적인 조립방법이 모순 없이 질서를 잡는 것을 의미하는 실내디자인의 구성 원리는?
① 점층   ② 균형
③ 조화   ④ 리듬

해설 그리스어의 "Harmonia"에서 유래한 "적합하다"라는 뜻이다.

정답 ③

예제 30   기출 2회

유사조화에 관한 설명으로 옳은 것은?
① 강력, 화려, 남성적인 이미지를 준다.
② 다양한 주제와 이미지들이 요구될 때 주로 사용된다.
③ 대비보다 통일에 조금 더 치우쳐 있다고 볼 수 있다.
④ 질적, 양적으로 전혀 상반된 두 개의 요소가 조화를 이루는 경우에 주로 나타난다.

해설 개개의 요소 중에서 공통성이 존재하므로 뚜렷하고 선명한 이미지를 준다.

정답 ③

예제 31   기출 2회

실내디자인의 구성 원리 중 이질의 각 구성요소들이 전체로서 동일한 이미지를 갖게 하는 것은?
① 통일   ② 변화
③ 율동   ④ 균제

정답 ①

예제 32 기출 3회

다음 설명에 알맞은 디자인 원리는?

- 변화와 함께 모든 조형에 대한 미의 근원이 된다.
- 디자인 대상의 전체에 미적 질서를 주는 기본원리로 모든 형식의 출발점이다.

① 반복 ② 통일
③ 강조 ④ 대비

정답 ②

(2) 통일의 종류

1) 정적 통일

   ① 동일한 디자인 요소가 적용되거나 균일한 대상물이 연속적으로 배치되는 등 안정감을 준다.
   ② 교육공간, 기념공간에 활용될 수 있다.

2) 동적 통일

   ① 변화가 있고 성장성이 있는 흐름의 전개가 가능하고 다목적 공간에 이용하며 생동감이 있다.
   ② 상업시설, 레저시설에 활용될 수 있다.

3) 양식 통일 [06년 출제]

   ① 관련된 기능의 유사성 또는 동시대적 양식의 나열을 이용하여 통일감을 형성한다.
   ② 휴양목적 공간, 교통관련 공간에 활용될 수 있다.

실내디자인 요소

SECTION 01 바닥, 천장, 벽

1. 바닥

(1) 바닥의 특징 [16・15・14・13・10・09년 출제]
① 천장과 더불어 공간을 구성하는 수평선 요소로서 생활을 지탱하는 기본적 요소이다.
② 다른 요소보다 시대와 양식에 의한 변화가 적고 고정적이다.
③ 인간의 감각 중 시각적, 촉각적 요소와 밀접한 관계를 가지고 있고, 일반적으로 접촉빈도가 가장 높다.
④ 수평방향으로 구획할 때 단차를 주어 공간의 영역을 조정할 수 있다.

(2) 바닥의 종류

1) 바닥 차가 없는 경우 [14・09년 출제]
① 연속성을 주어 실내를 더 넓어 보이게 한다.
② 어린이나 노인이 있는 실내에서는 바닥의 높이 차가 없는 것이 안전성 면에서 더 바람직하다.
③ 바닥의 색, 질감, 마감재료의 변화를 더 강조할 수 있다.

2) 바닥 차가 있는 경우 [14・13・11・09년 출제]
① 칸막이 없이 공간을 분할하는 효과가 있고, 심리적 구분감과 변화감을 준다.
② 안전에 유념해야 한다.

(3) 바닥의 재료
사람 및 기타 통행수단의 보행으로 마모되기 쉽고, 더러워지기 쉽다. 따라서 청소하기가 쉬워야 하고, 튼튼하고 안정감이 있는 것을 선택한다.

예제 01 기출 4회

실내공간을 형성하는 기본 구성요소 중 다른 요소들에 비해 시대와 양식에 의한 변화가 거의 없는 것은?
① 벽　　② 바닥
③ 천장　④ 지붕

해설 벽이나 천장은 시대와 양식에 의한 변화가 현저한 데 비해 바닥은 매우 고정적이다.

정답 ②

예제 02 기출 6회

천장과 더불어 실내공간을 구성하는 수평적 요소로 인간의 감각 중 시각적, 촉각적 요소와 밀접한 관계를 갖는 것은?
① 벽　　② 기둥
③ 바닥　④ 개구부

해설 바닥은 일반적으로 접촉빈도가 가장 높다.

정답 ③

예제 03 기출 4회

동일 층에서 바닥에 높이 차를 둘 경우에 관한 설명으로 옳지 않은 것은?
① 안전에 유념해야 한다.
② 심리적인 구분감과 변화감을 준다.
③ 칸막이 없이 공간을 구분할 수 있다.
④ 연속성을 주어 실내를 더 넓어 보이게 한다.

해설 바닥의 높이 차는 심리적 구분감과 변화를 주어 연속성을 없앤다.

정답 ④

> **TIP**
> 낮은 천장을 높아 보이게 하려면 천장의 색을 벽보다 밝은색으로 사용한다.

2. 천장

(1) 천장의 특징 [16·15·14·12·07·06년 출제]

① 인간을 외부로부터 보호해 주는 역할을 바닥과 함께 수평적 요소로 실내공간의 음향에 가장 큰 영향을 미친다.
② 시각적 흐름이 최종적으로 멈추는 곳이다.
③ 조형적으로 자유로워 시대와 양식에 의한 변화가 현저하게 높다.

(2) 천장의 종류 [09·06년 출제]

① 평 천장 : 가장 일반적인 것으로 단순하여 시선을 거의 끌지 않는다.
② 낮은 천장 : 아늑한 느낌하고 냉, 난방상 가장 유리하다.
③ 높은 천장 : 확대감을 준다.
④ 경사진 천장 : 활기찬 느낌을 준다.

(3) 천장의 재료

① 벽재료 중 석재를 제외한 모든 재료가 천장재료로 사용 가능하다.
② 천장재료에는 섬유질을 압축하여 만든 텍스(Tex)라는 것이 있다.

> **예제 04** 기출 4회
> 실내 기본요소 중 시각적 흐름이 최종적으로 멈추는 곳으로, 내부공간의 어느 요소보다 조형적으로 자유로운 것은?
> ① 벽 ② 바닥
> ③ 기둥 ④ 천장
> **정답** ④

> **예제 05** 기출 6회
> 실내 기본요소인 벽에 관한 설명으로 옳지 않은 것은?
> ① 공간과 공간을 구분한다.
> ② 공간의 형태와 크기를 결정한다.
> ③ 실내공간을 에워싸는 수평적 요소이다.
> ④ 외부로부터의 방어와 프라이버시를 확보한다.
> **해설** 벽은 공간과 공간을 구분하는 수직적 요소이다.
> **정답** ③

3. 벽

(1) 벽의 특징 [15·13·11·10·08년 출제]

① 공간과 공간을 구분하고 공간의 형태와 크기를 결정한다.
② 실내공간을 에워싸는 수직적 요소이다.
③ 외부로부터 방어와 프라이버시 확보 기능을 한다.
④ 벽의 높이에 따라 시각적, 심리적으로 다른 효과를 준다.
⑤ 인간의 시선이나 동선을 차단한다.

(2) 벽의 종류

1) 내력벽 [09·06년 출제]

① 외부의 자연현상으로부터 실내 공간을 보호해야 하며 구조적으로 방습, 방음, 방수를 염두에 두어야 한다.
② 수직하중과 풍력, 지진 등의 수평하중을 받는 벽이다.

2) 비내력벽(장막벽, 칸막이벽)

공간과 공간을 구분하는 것으로 상호 간의 기능적 요구에 따라 벽의 처리를 할 수 있다.

> **예제 06** 기출 2회
> 벽, 지붕, 바닥 등의 수직하중과 풍력, 지진 등의 수평하중을 받는 중요 벽체는?
> ① 장막벽 ② 비내력벽
> ③ 내력벽 ④ 칸막이벽
> **해설** 내력벽은 구조적으로 중요한 벽체로 철거 시 법적 조치를 받는다.
> **정답** ③

3) 벽 높이에 따른 심리적 효과 [09 · 07 · 06년 출제]

① 600mm 정도의 벽 : 상징적 분리로 통행과 시선이 자유롭다.
② 1,200mm 정도의 벽 : 시각적 개방을 주면서 한 공간이 다른 공간과 차단적으로 분할되기 시작하는 높이로 인체 기준으로 보았을 때 가슴 높이 정도를 의미한다.
③ 1,800mm 정도의 벽 : 시각적 차단의 높이이다.

(3) 벽의 재료

1) 페인트
① 저렴하여 가장 많이 사용하며, 색상이 다양하다.
② 무광, 유광, 거칠음, 미끈함에 따라 분위기를 연출할 수 있다.

2) 벽지
① 종이 벽지 : 일반 벽지를 의미하며 종이로 만든 벽지이다.
② 실크 벽지 : 천연 실크를 벽지에 부착하여 패브릭의 느낌을 그대로 살릴 수 있다.
③ 갈포 벽지 : 삶은 칡덩굴의 껍질로 만든 벽지로 자연미가 있는 것이 특징이다. 질감이 거친 편이고, 비교적 값이 싸며 사용하기가 용이할 뿐 아니라, 그 위에 칠도 할 수 있다.
④ 발포 벽지 : 기포를 주입하여 발포층(엠보싱)을 형성하고 입체감을 준 후에 비닐 코팅막을 형성한 벽지이다. 단점으로는 부착 후 떼어내기가 힘들며, 다른 소재를 덧붙이기가 곤란하다.

예제 07 기출 2회

실내디자인 요소 중 시각적 차단에 적당한 벽 높이는?
① 600mm 정도
② 700mm 정도
③ 1,200mm 정도
④ 1,800mm 정도

해설 상징적 높이는 60cm, 차단적 분할 높이는 120cm, 시각적 차단높이는 180cm 이다.

정답 ④

02 기둥, 보

1. 기둥

(1) 기둥의 특징 [14 · 13 · 10 · 09년 출제]

① 선형의 수직요소로 크기, 형상을 가지고 있다.
② 구조적 요소로 하중을 떠받들기도 하고 또는 하중에 관계없이 강조적, 상징적 요소로도 사용된다.
③ 기둥과 기둥 상의 간격을 스팬이라 한다.

(2) 기둥의 종류

① 공간 속에 위치한 1개의 기둥 : 일정한 방향성을 갖지 않으며 기둥을 중심으로 여러 개의 축이 생김으로써 주변공간을 분절하여 크기, 위치, 형태가 다른 공간을 형성한다.
② 공간 속에 위치한 2개 이상의 기둥 : 시각적으로 공간의 연속성을 유지하면서 동선을 유도하고 방향성을 제시한다.

2. 보

(1) 보의 특징

① 바닥에 작용하는 하중을 기둥이나 벽에 전달하는 수평적 요소이다.
② 실내디자인에서 천장과 조명계획에 있어서 보는 제한적 요소이지만 그대로 노출시켜 실내공간의 패턴을 주는 자극적 요소로 사용될 수 있다.

예제 08 기출 2회

선형의 수직요소로 크기, 형상을 가지고 있으며 구조적 요소 또는 강조적, 상징적 요소로 사용되는 것은?
① 바닥   ② 기둥
③ 보   ④ 천장

해설 기둥은 선형적 요소로 공간을 분할하거나 동선을 유도한다.

정답 ②

예제 09 기출 2회

다음 중 기둥과 기둥 사이의 간격을 나타내는 용어는?
① 좌굴   ② 스팬
③ 면내력 ④ 접합부

해설 스팬은 기둥과 기둥의 간격이다.

정답 ②

개구부, 통로

1. 개구부의 역할 [15·12·11·10·09·07·06년 출제]

① 개구부는 출입구와 창문을 말한다.
② 건축물의 표정과 실내 공간의 성격을 규정하는 중요한 요소이다.
③ 동선과 가구배치에 영향을 준다.
④ 인접된 공간을 연결한다.

2. 문

(1) 문의 기능

문은 사람과 물건이 실내외로 통행 및 출입하기 위한 개구부로 실내 디자인에 있어서 평면적인 요소로 취급된다. [12년 출제]

(2) 출입문의 위치 결정 시 고려사항 [16·09·07년 출제]

① 출입 동선
② 가구를 배치할 공간
③ 통행을 위한 공간

(3) 문의 종류

1) 여닫이문 [23·22·12·09·08년 출제]

① 안으로나 밖으로 열릴 때 면적이 필요하다.
② 저절로 닫히게 하는 도어체크 이외에 경첩, 도어스톱, 플로힌 지의 창호철물이 사용된다.

2) 미닫이문 [16·12·11·10·08·06년 출제]

① 위, 아래 홈을 파서 창호를 끼워 넣어 옆 벽이나 벽 속에 미닫는 형식으로 유효면적을 감소시키지 않는다.
② 밑틀의 홈을 파지 않을 때는 레일을 깔기도 한다.
③ 좌우 수직으로 세워댄 선틀이 있다.

3) 미서기문 [07년 출제]

① 위, 아래 홈을 파서 창호를 끼워 넣어 창호 한쪽에 다른 쪽을 밀어 포개어 넣는 형식으로 50% 정도만 개폐된다.
② 시공이 간편하고 가격이 저렴하여 가장 널리 사용된다.

예제 10 기출 5회

개구부(창과 문)의 역할에 관한 설명으로 옳지 않은 것은?
① 창은 조망을 가능하게 한다.
② 창은 통풍과 채광을 가능하게 한다.
③ 문은 공간과 다른 공간을 연결한다.
④ 창은 가구, 조명 등 실내에 놓이는 설치물에 대한 배경이 된다.

해설 창은 실내공간과 실의 공간을 연결시켜 준다.

정답 ④

예제 11 기출 3회

다음 중 문의 위치를 결정할 때 고려해야 할 사항과 가장 거리가 먼 것은?
① 출입 동선
② 문의 구성재료
③ 통행을 위한 공간
④ 가구를 배치할 공간

해설 문의 위치는 공간과 다른 공간을 연결하는 기능이 있으므로 문의 구성재료와는 거리가 있다.

정답 ②

예제 12 기출 8회

창의 옆벽에 밀어 넣어 열고 닫을 때 실내의 유효면적을 감소시키지 않는 창호는?
① 미닫이 창호 ② 회전 창호
③ 여닫이 창호 ④ 붙박이 창호

정답 ①

예제 13 기출 4회

방풍 및 열손실을 최소로 줄여주는 동시에 선의 흐름을 원활히 해주는 출입문의 형태는?

① 접문 ② 회전문
③ 미닫이문 ④ 여닫이문

 ②

예제 14 기출 2회

여닫이문과 기능은 비슷하나 자유 경첩의 스프링에 의해 내·외부로 모두 개폐되는 문은?

① 자재문 ② 주름문
③ 미닫이문 ④ 미서기문

 ①

4) 접이문 [11년 출제]

① 두 방을 한 방으로 크게 할 때나 칸막이 겸용으로 사용하는 문이다.
② 창호 철물로는 도어행거가 사용된다.

5) 회전문 [15·11·10·07년 출제]

① 회전문의 너비는 0.8~1m가 적당하며 문짝을 +자로 만들어 회전하는 문이다.
② 방풍 및 열손실을 최소로 줄여주는 동시에 동선의 흐름을 원활히 해주는 출입문의 형태이다.

6) 자재문 [13·08년 출제]

① 자유 경첩을 달아서 내·외부로 모두 개폐된다.
② 여닫기는 편리하나 문이 기밀하지 못하고 문단속이 불안전하다.

(4) **문의 재료**

① 플러시문 : 울거미를 짜고 중간 살을 25~30cm 이내 간격으로 배치하고 양면을 합판으로 붙인 것이다. [12년 출제]
② 양판문 : 울거미를 짜고 중간에 중막이대, 중간선대를 대고 양판을 대어 채광이 필요한 곳에는 양판 대신 유리를 끼울 수도 있다.

3. 창문

(1) **창문의 기능** [15·11·10·09·07·06년 출제]

① 채광, 통풍, 조망, 환기의 역할을 한다.
② 사용목적이나 의장에 따라 모양과 크기를 정한다.
③ 실내공간과 실외공간을 시각적으로 연결한다.

(2) **창문의 개폐방식에 따른 분류**

1) 고정창 [23·15·14·12·06년 출제]

크기와 형태에 제약 없이 자유롭게 디자인할 수 있다.
① 픽처 윈도 : 바닥부터 천장까지 닿은 커다란 창문으로 베란다 창이 있다. [15년 출제]
② 윈도 월 : 벽면 전체를 창으로 처리해 개방감이 아주 좋다.
③ 고창 : 천장 가까이 있는 벽에 위치하며, 채광을 얻고 환기를 시킨다. 욕실, 화장실 등 프라이버시를 요구하는 실에 적합하다.

[14·10년 출제]

예제 15 기출 4회

다음 중 크기와 형태에 제약 없이 가장 자유롭게 디자인할 수 있는 창의 종류는?

① 고정창 ② 미닫이창
③ 여닫이창 ④ 미서기창

해설 고정창은 열리지 않고 빛만 유입되는 기능이 있다.

정답 ①

④ 베이 윈도 : 일명 돌출창으로 벽면보다 돌출된 형태로 아늑한 공간을 형성한다. [15·12년 출제]

2) 이동창

① 미서기창, 미닫이창, 여닫이창 : 문의 기능과 동일하며 가장 일반적인 창문이다.
② 들창 : 밖으로 밀어 경사지게 열리는 창으로 건물의 외부창문에 많이 사용된다.
③ 오르내리기창 : 2짝 미서기 창을 위아래로 오르내릴 수 있게 한 것이다.

(3) 창문의 위치에 따른 분류

1) 측창 채광 [16·15·14·13·12·10·09·07년 출제]

① 창의 면이 수직 벽면에 설치되는 창으로 일반 주택이나 소규모 건물에 적합하다.
② 통풍, 차열에 유리하고 개폐 및 기타 조작이 용이하다.
③ 측면에서 빛이 들어오기 때문에 천창에 비해 눈부심이 적고 개방감과 전망이 좋다.
④ 실내의 조도분포가 균일하지 못하다.

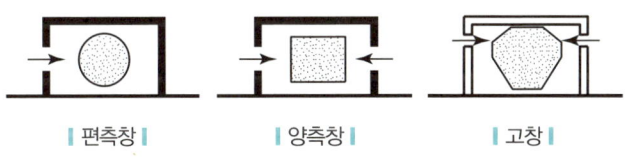

| 편측창 | 양측창 | 고창 |

2) 정측창 채광 [07년 출제]

① 지붕면 가까이 위치한 수직창으로 개폐, 청소, 수리, 관리가 어렵다.
② 창턱의 높이가 눈높이보다 높게 설치되어 있어 미술관, 박물관, 창고 등에 이용된다.

3) 천창 채광 [21·16·15·13·10·07·06년 출제]

① 지붕면에 있는 수평 또는 수평에 가까운 창을 말한다.
② 인접 건물에 대한 프라이버시 침해가 적고, 채광량이 많고, 조도분포가 균일하다.

예제 16 기출 2회

밖으로 창과 함께 평면이 돌출된 형태로 아늑한 구석 공간을 형성할 수 있는 창의 종류는?
① 고정창 ② 윈도 월
③ 베이 윈도 ④ 픽처 윈도

정답 ③

예제 17 기출 8회

측창 채광에 관한 설명으로 옳지 않은 것은?
① 통풍, 차열에 유리하다.
② 시공이 용이하며 비막이에 유리하다.
③ 투명 부분을 설치하면 해방감이 있다.
④ 편측 채광의 경우 실내의 조도분포가 균일하다.

해설 측창은 조도분포가 균일하지 못하다.

정답 ④

예제 18 기출 7회

천창에 관한 설명으로 옳지 않은 것은?
① 통풍, 차열에 유리하다.
② 벽면을 다양하게 활용할 수 있다.
③ 실내 조도분포의 균일화에 유리하다.
④ 밀집된 건물에 둘러싸여 있어도 일정량의 채광을 확보할 수 있다.

해설 천창은 통풍과 열 조절이 불리하다.

정답 ①

③ 건축계획의 자유도가 증가하나, 시공·관리가 어렵고, 빗물이 새기 쉽고 통풍과 열 조절이 불리하다.
④ 벽면 이용을 개구부에 상관없이 다양하게 활용할 수 있다.

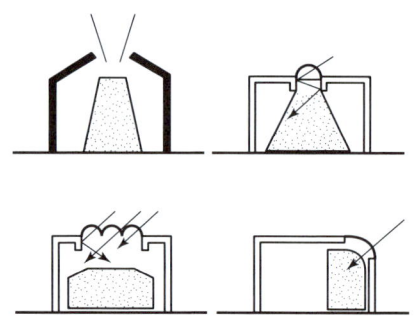

4. 일광조절장치 [10년 출제]

(1) **커튼** [12·11·08·07년 출제]

실내공간의 분할에 있어 차단적 구획에 사용된다.
① 글라스 커튼(Glass Curtain) : 유리 바로 앞에 치는 투명한 얇은 천으로 실내에 들어오는 빛을 부드럽게 하며 약간의 프라이버시를 제공한다. [10년 출제]
② 새시 커튼(Sash Curtain) : 창문 전체를 커튼으로 처리하지 않고 반 정도만 친 형태를 갖는 커튼을 말한다. [14·13·09년 출제]
③ 드로우 커튼(Draw Curtain) : 반투명하거나 불투명한 직물로 창문 위에 설치하는 일반적인 형태를 말한다.
④ 드레이퍼리 커튼(Draperies Curtain) : 창문에 느슨하게 걸려 있는 중량감 있는 무거운 커튼을 말한다. [08년 출제]

(2) **블라인드(Blind)**

① 롤 블라인드 : 단순하며 깔끔한 느낌을 주며 창 이외에 칸막이 스크린으로도 효과적으로 사용할 수 있는 것으로 셰이드(shade)라고도 한다. [16·11년 출제]
② 로만 블라인드 : 밑으로부터 접는 매트식이다.
③ 버티컬 블라인드 : 수직으로 루버를 매달고 캐리어와 스크루 로드의 휘감기는 루버의 개폐 각도를 조절하는 커튼 스타일이다.
④ 베니션 블라인드 : 수평 블라인드로 날개의 각도, 승강으로 일광, 조망, 시각의 차단 정도를 조절할 수 있지만, 먼지가 쌓이면 제거하기 어려운 단점이 있다. [22·16년 출제]

예제 19 기출 3회

일광조절장치로 볼 수 없는 것은?
① 커튼   ② 루버
③ 파사드 ④ 블라인드

해설 일광조절장치로는 커튼, 루버, 블라인드가 있다.

정답 ③

예제 20 기출 6회

다음 중 실내공간의 분할에 있어 차단적 구획에 사용되는 것은?
① 커튼 ② 조각
③ 기둥 ④ 조명

정답 ①

예제 21 기출 3회

창문 전체를 커튼으로 처리하지 않고 반 정도만 친 형태를 갖는 커튼의 종류는?
① 새시 커튼 ② 글라스 커튼
③ 드로우 커튼 ④ 크로스 커튼

정답 ①

예제 22 기출 2회

수평 블라인드로 날개의 각도, 승강으로 일광, 조망, 시각의 차단 정도를 조절할 수 있는 것은?
① 롤 블라인드
② 로만 블라인드
③ 베니션 블라인드
④ 버티컬 블라인드

정답 ③

(3) 루버(Louver) [08·06년 출제]

일조를 차단하는 기능으로 창 외부에 덧문으로 붙여서 사용한다. 유럽 국가에서 많이 사용되는 것을 볼 수 있다.

5. 통로

(1) 통로의 특징

① 건물의 외부와 내부를 연결하거나 내부와 내부를 연결하는 공간을 의미한다.
② 직선통로는 연속공간을 위한 최우선의 구성 형태이다.
③ 통로의 넓이와 높이는 통행량과 통로의 사용목적에 따라 달라질 수 있다.

(2) 통로의 종류

1) 복도
공간을 연결시켜 주는 연결공간이면서 독립성을 준다.

2) 홀
동선이 집중되었다가 분산되는 곳으로 홀을 중심으로 통로를 구성한다.

3) 출입구
건축물의 주출입을 위한 개구부이며, 파사드 역할을 한다.

4) 계단
① 수직방향으로 공간을 연결하는 상하 통행 공간이다.
② 통행자의 밀도, 빈도, 연령 등을 고려하여 설계한다.
③ 계단의 재료나 구조방법에 따라 실내에 도입하여 시각적, 공간적 흐름을 연속시키는 효과를 얻을 수 있다.
④ 주택의 경우 단 너비(발판)는 150mm 이상, 단 높이(철판)는 230mm 이하로 한다.
⑤ 계단의 각도는 20~45°로 하며, 일반적으로 30~35°를 사용한다.
⑥ 난간 높이는 860~880mm 사이가 적당하다.
⑦ 높이가 3m를 넘는 계단에서 계단참은 계단높이 3m 이내마다 설치한다. [10·06년 출제]

예제 23   기출 2회

높이가 3m를 넘는 계단에서 계단참은 계단 높이 몇 m 이내마다 설치하여야 하는가?
① 1   ② 2
③ 3   ④ 5

해설 계단참은 3m 이내마다 설치한다.

정답 ③

04 조명

1. 조명의 특징
① 인공 빛을 이용하여 필요한 공간을 밝히는 기술이다.
② 밝기의 안정성과 균일성을 일정하게 유지시킬 수 있다.

2. 조명의 분류

(1) 배치에 따른 분류

1) 전반조명(전체조명)
    ① 조명가구를 일정한 높이의 간격으로 배치하여 방 전체를 균등한 조도로 조명하는 방식이다.
    ② 그늘이 적어 백화점, 사무실, 전시판매 공간에 적합하다.

2) 국부조명
    ① 작업면의 필요한 곳에 고조도로 하는 방식으로 효과적인 조명 연출이 요구되는 곳에 사용한다.
    ② 스탠드 백열등을 주로 사용한다.

3) 전반국부조명
    방 전체는 전반조명, 필요한 장소에는 국부조명을 혼합하여 사용한다.

4) 장식조명 [06년 출제]
    ① 조명기구 자체가 예술품과 같이 분위기를 살려주는 역할을 한다.
    ② 펜던트, 샹들리에, 브래킷 등이 있다.

5) TAL 조명 [16년 출제]
    작업구역에는 전용의 국부조명방식으로 조명하고, 기타 주변 환경에는 간접조명과 같은 낮은 조도레벨로 조명한다.

예제 24 기출1회

조명방식에 따른 분류 중 펜던트, 브래킷은 어떤 조명에 속하는가?
① 장식조명　② 전반조명
③ 국부조명　④ 혼합조명

해설 장식조명은 예술품과 같은 분위기를 살려주는 역할을 한다.

정답 ①

예제 25 기출1회

작업구역에는 전용의 국부조명방식으로 조명하고, 기타 주변 환경에 대하여는 간접조명과 같은 낮은 조도레벨로 조명하는 조명방식은?
① TAL 조명방식
② 반직접 조명방식
③ 반간접 조명방식
④ 전반확산 조명방식

정답 ①

(2) 배광에 따른 분류

1) 직접조명 [13 · 08년 출제]

① 하향광속이 90～100%인 조명으로 광원이 노출되어 있다.
② 설비비가 싸고 조명률이 좋고 먼지에 의한 감광이 적다.
③ 눈부심이 크고 조도의 불균형이 크다.
④ 강한 대비로 인한 그림자가 생성된다.
⑤ 다운라이트, 실링라이트 등이 있다.

2) 간접조명 [15 · 14 · 13 · 12 · 11 · 10 · 07 · 06년 출제]

① 광원의 90～100%를 천장이나 벽에 투사하여 반사, 확산된 광원을 이용한다.
② 조도가 가장 균일하고 음영이 가장 적어 눈의 피로도가 적다.
③ 조명률이 가장 낮고 경제성이 떨어진다.
④ 먼지에 의한 감광이 크고 음산한 분위기를 준다.

> **예제 26**   기출 10회
> 간접조명에 관한 설명으로 옳지 않은 것은?
> ① 조명 효율이 가장 좋다.
> ② 눈에 대한 피로가 적다.
> ③ 균일한 조도를 얻을 수 있다.
> ④ 실내 반사율의 영향을 받는다.
> **해설** 간접조명은 조명률이 낮다.
> **정답** ①

(3) 조명방식의 종류와 설치장소

구분	직접조명	반직접조명	전반확산조명	반간접조명	간접조명
조명기구 배광					
상방	0～10%	10～40%	40～60%	60～90%	90～100%
하방	100～90%	90～60%	60～40%	40～10%	10～0%
사용 위치	공장 다운라이트천장 매입	사무실 학교 상점	사무실 학교 상점	병실 침실 식당	병실 침실 식당

3. 건축화조명

(1) 개념 [11 · 06년 출제]

① 건축 구조체의 일부분이나 구조적인 요소를 이용하여 조명하는 방식이다.
② 특별한 조명기구를 사용하지 않고 천장, 벽, 기둥 등의 건축 부분에 광원을 만들어 실내 계획을 하는 조명방식이다.

> **예제 27**   기출 1회
> 건축 구조체의 일부분이나 구조적인 요소를 이용하여 조명하는 방식으로 건축물의 기본 요소 중 전체 혹은 부분을 광원화하는 조명방식은?
> ① 직접조명   ② 벽부형 조명
> ③ 건축화조명   ④ 펜던트형 조명
> **정답** ③

(2) 특징
① 발광면이 적어 눈부심이 적다.
② 명랑한 느낌을 준다.
③ 조명기구가 보이지 않아 현대적인 감각을 준다.
④ 구조상으로 비용이 많이 든다.

(3) 종류 [15·13·08·07년 출제]

1) 광천장조명, 루버천장조명 [06년 출제]
건축 구조체의 천장에 조명 기구를 설치하고 그 밑에 루버나 유리, 플라스틱 같은 확산 투과재를 천장 내에 배치하는 방식이다.

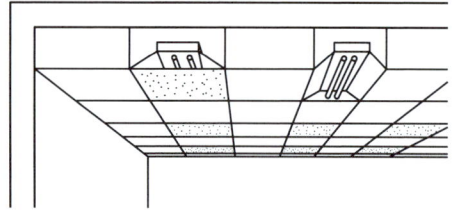

2) 광창조명 [22·21·16·15·13·12년 출제]
① 벽면 전체 또는 일부분을 광원화하는 방식이다.
② 광원을 넓은 벽면에 매입함으로써 비스타(Vista)적인 효과를 낼 수 있다.

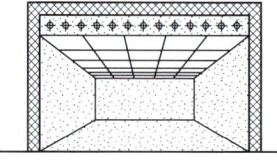 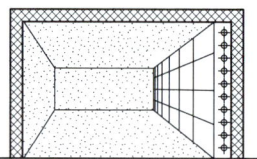

∥광창조명∥

3) 코브(Cove)조명 [12·11·10·09년 출제]
광원을 벽, 천장 내 가림막 등으로 가려지게 하여 반사광으로 채광하는 간접조명방식이다.

4) 밸런스조명
창이나 벽의 커튼 상부에 부설된 조명방식이다.

예제 28 기출 4회

건축화조명의 종류에 속하지 않는 것은?
① 광창조명 ② 할로겐조명
③ 코니스조명 ④ 밸런스조명

해설 할로겐조명은 광원의 종류이다.

정답 ②

예제 29 기출 8회

다음 설명에 알맞은 건축화조명의 종류는?

• 벽면 전체 또는 일부분을 광원화하는 방식이다.
• 광원을 넓은 벽면에 매입함으로써 비스타(Vista)적인 효과를 낼 수 있으며 시선의 배경으로 작용할 수 있다.

① 코브조명 ② 광창조명
③ 광천장조명 ④ 코니스조명

정답 ②

예제 30 기출 4회

천장, 벽의 구조체에 의해 광원의 빛이 천장 또는 벽면으로 가려지게 하여 반사광으로 간접 조명하는 방식은?
① 밸런스조명 ② 코브조명
③ 코니스조명 ④ 광천장조명

정답 ②

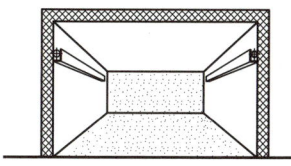
| 코브조명 |

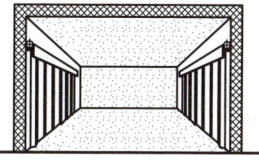
| 밸런스조명 |

5) **코니스조명** [12·10년 출제]

벽면의 상부에 위치하여 모든 빛이 아래로 직사하도록 하는 조명방식이다.

6) **캐노피(Canopy)조명** [07년 출제]

사용자의 얼굴에 적당한 조도를 분배하기 위해 벽면이나 천장면의 일부를 돌출시켜 강한 조명을 아래로 비추는 방식이다.

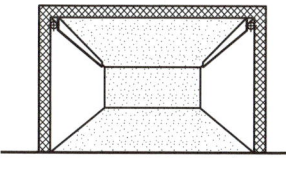
| 코니스조명 |

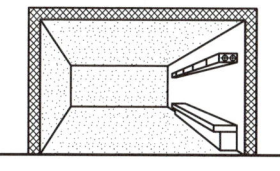
| 캐노피조명 |

7) **다운라이트조명, 코퍼조명** [15년 출제]

천장에 작은 구멍을 뚫어 그 속에 기구를 매입하는 방식이다.

4. 조명설계

(1) 조명의 4요소 [12·08년 출제]

밝기(명도), 눈부심, 대비(크기), 노출시간

(2) 조명설계 순서 [15·09·07년 출제]

소요조도의 결정 → 조명방식의 결정 → 광원의 선정 → 조명기구의 선정 → 조명기구 배치 → 검토

(3) 좋은 조명의 조건 [06년 출제]

① 주변에 적절한 밝기를 유지한다.
② 광원이 직접 눈에 보이거나 반사가 없어야 한다.
③ 적당한 그림자가 있으며 명암 대비는 3 : 1이 적당하다.
④ 등기구의 배치와 가구의 조화가 필요하다.

예제 31 기출 2회

벽면의 상부에 설치하여 모든 빛이 아래로 향하도록 한 건축화조명방식은?
① 코브조명 ② 광창조명
③ 광천장조명 ④ 코니스조명

정답 ④

예제 32 기출 2회

다음 중 조명의 4요소에 해당되지 않는 것은?
① 명도 ② 휘도
③ 노출시간 ④ 크기

해설 조명의 4요소는 명도, 눈부심, 크기, 노출시간이다.

정답 ②

예제 33 기출 4회

다음 중 옥내조명의 설계에서 가장 먼저 이루어져야 하는 것은?
① 광원의 선정
② 조도의 결정
③ 조명방식의 결정
④ 조명기구의 결정

해설 소요조도의 결정이 가장 먼저이다.

정답 ②

예제 34 기출 3회

쾌적한 조명을 위한 조건이 아닌 것은?
① 눈부심이 없어야 한다.
② 주변에 적절한 밝기를 유지한다.
③ 강한 전반조명을 피하고 부분조명을 부여한다.
④ 마감재, 가구 등에 색상이 반대가 되는 조명기구를 설치한다.

해설 등기구의 배치와 가구의 조화가 필요하다.

정답 ④

(4) 조명 배치
① 직접조명의 광원과 작업 면 바닥까지의 거리는 작업면 바닥과 천장까지 거리의 1/3이 적당하다.
② 간접조명 시 광원과 천장의 거리는 천장과 작업면 바닥까지의 거리의 1/5이 적당하다.

(5) 거실용도별 적정조도기준
① 설계, 제도, 수술 계단, 정밀검사 : 700lx
② 일반사무, 제조, 판매, 회의 : 300lx
③ 독서, 식사, 조리, 세척, 집회 : 150lx

5. 조명의 종류

(1) 직부등(실링라이트)
천장에 딱 붙게 설치하는 조명으로 방 전체를 밝혀주는 데 쓰인다. 천장에 붙는 조명이므로 대부분 심플한 디자인이다.

(2) 펜던트 [13·08·07년 출제]
천장에 매달려 조명하는 방식으로 액세서리 역할을 한다.

(3) 브래킷 [15·14·10년 출제]
벽면에 부착하는 조명방식이다.

(4) 스포트라이트 [11년 출제]
특정 상품을 효과적으로 비추어 상품을 강조할 때 이용되는 조명방식이다.

(5) 테이블 스탠드
스탠드는 필요한 곳에 자유롭게 설치할 수 있다.

예제 35 기출 3회
천장에 매달려 조명하는 조명방식으로 조명기구 자체가 빛을 발하는 액세서리 역할을 하는 것은?
① 브래킷 ② 펜던트
③ 캐스케이드 ④ 코니스조명
정답 ②

예제 36 기출 3회
일반적으로 실내 벽면에 부착하는 조명의 통칭적 용어는?
① 브래킷(Bracket)
② 펜던트(Pendant)
③ 캐스케이드(Cascade)
④ 다운라이트(Down Light)
정답 ①

 **가구** ◆ SECTION ◆

1. 가구의 역할

(1) 개념
인간이 삶을 영위하기 위해서 휴식, 작업, 수납 등에 필요한 도구를 말한다.

(2) 가구 선택 시 고려사항 [09년 출제]
① 인간공학적 배려
② 구조적 안전성
③ 실내공간과의 조화

(3) 거실의 가구배치 시 유의사항
① 거실의 규모와 형태
② 개구부의 위치와 크기
③ 거주자의 취향
④ 기능성(가장 우선적으로 고려되어야 할 사항) [16·10·06년 출제]

(4) 가구의 배치
1) 대면형 [15년 출제]
거실의 가구배치 방식 중 중앙의 테이블을 중심으로 좌석이 마주 보도록 배치하는 방식이다.

2) 코너형(ㄱ자형) [15·14년 출제]
① 가구를 두 벽면에 연결시켜 배치하는 형식이다.
② 시선이 마주치지 않아 안정감이 있다.

(5) 가구의 분류
1) 기능에 따른 분류 [09년 출제]
① 인체지지용 가구(인체계 가구) [13·11년 출제]
㉠ 가구로서 직접 인체를 지지한다.
㉡ 침대, 의자(스툴), 소파 등이 있다.

예제 37 기출 2회

다음 중 거실의 가구배치에 영향을 주는 요인과 가장 거리가 먼 것은?
① 거실의 규모와 형태
② 개구부의 위치와 크기
③ 거실의 벽지 색상
④ 거주자의 취향

해설 가구배치와 벽지 색상은 거리가 멀다.

정답 ③

예제 38 기출 3회

가구와 설치물의 배치 결정 시 다음 중 가장 우선적으로 고려되어야 할 사항은?
① 재질감   ② 색채감
③ 스타일   ④ 기능성

해설 가구와 설치물 배치 시 기능성이 가장 우선시된다.

정답 ④

예제 39 기출 2회

거실의 가구배치 방식 중 중앙의 테이블을 중심으로 좌석이 마주 보도록 배치하는 방식은?
① 코너형   ② 직선형
③ 대면형   ④ 자유형

정답 ③

예제 40 기출 3회

다음 중 인체지지용 가구에 속하지 않는 것은?
① 의자   ② 침대
③ 소파   ④ 테이블

해설 테이블은 작업용 가구이다.

정답 ④

② 작업용 가구(준인체계 가구) [12년 출제]
  ㉠ 인간 동작에 보조가 되는 가구이다.
  ㉡ 주방 작업대, 책상, 테이블 등이 있다.
③ 정리수납용 가구(건축계 가구) [06년 출제]
  ㉠ 물건을 저장, 보관하기 위한 셸터계 가구이다.
  ㉡ 벽장, 서랍, 선반, 칸막이 등이 있다.

2) 이동에 따른 분류

① 이동 가구(가동 가구) [10·07년 출제]
  ㉠ 이동식 단일 가구로 현대가구의 대부분이 이에 속한다.
  ㉡ 장롱, 식탁, 침대, 책상, 소파, 테이블, 의자 등 이동되는 집 안의 가구를 말한다.
② 붙박이 가구 [16·15·14·12·11·10·09·08·07·06년 출제]
  ㉠ 건축물과 일체화하여 설치하는 건축화된 가구이다.
  ㉡ 가구배치의 혼란감을 없애고 공간을 최대한 활용하여 효율성을 높일 수 있는 가구이다.
③ 모듈러 가구(시스템 가구) [14·12년 출제]
  ㉠ 가구와 인간과의 관계, 가구와 건물 구조체와의 관계, 가구와 가구와의 관계 등을 종합적으로 고려하여 적합한 치수를 산출한 후 이를 모듈화시킨 각 유닛이 모여 전체 가구를 형성한다.
  ㉡ 한 가구가 여러 개의 유닛으로 구성되며 각 유닛은 폭, 길이, 높이 기수가 규격화, 모듈화되어 제작된다.

2. 가구의 유형

(1) 의자류

1) 풀업 체어 [13년 출제]

   이동하기 쉽고, 잡기 편하고 들기 쉬운 간이의자이다.

2) 체스카 의자 [13년 출제]

   마르셀 브로이어에 의해 디자인된 의자로, 강철 파이프를 구부려서 지지대 없이 만든 캔틸레버식 의자이다.

3) 스툴 [15·11·12·08년 출제]

   등받이와 팔걸이가 없는 형태로 잠시 앉거나 가벼운 작업을 할 수 있는 보조의자이다.

예제 41 기출 2회

다음 중 가동 가구가 아닌 것은?
① 의자   ② 붙박이장
③ 테이블   ④ 소파

해설 가동 가구는 이동이 가능한 가구이다.

정답 ②

예제 42 기출 11회

특정한 사용목적이나 많은 물품을 수납하기 위해 건축화된 기구는?
① 가동 가구   ② 이동 가구
③ 붙박이 가구 ④ 모듈러 가구

해설 붙박이 가구는 건축물과 일체화하여 설치하는 건축화된 가구이다.

정답 ③

예제 43 기출 5회

등받이와 팔걸이가 없는 형태의 보조의자로 가벼운 작업이나 잠시 걸터앉아 휴식을 취하는 데 사용되는 것은?
① 스툴   ② 카우치
③ 이지 체어 ④ 라운지 체어

해설 스툴은 등받이가 없는 보조의자이다.

정답 ①

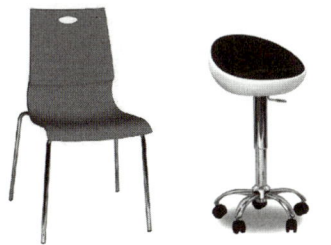

▮ 풀업 체어 ▮

▮ 체스카 의자 ▮

▮ 스툴 ▮

4) 바실리 의자 [22 · 15 · 13년 출제]

마르셀 브로이어가 디자인한 작품으로 강철 파이프를 휘어 기본 골조를 만들고 가죽을 접합하여 좌판, 등받이, 팔걸이를 만든 의자이다.

5) 라운지 소파

편히 누울 수 있도록 쿠션이 좋으며 머리와 어깨를 받칠 수 있도록 한쪽이 경사져 있다. [09년 출제]

▮ 바실리 의자 ▮

▮ 라운지 소파 ▮

6) 카우치 [16 · 14 · 08년 출제]

고대 로마시대 음식물을 먹거나 잠을 자기 위해 사용했던 긴 의자로 몸을 기댈 수 있도록 좌판의 한쪽 끝이 올라간 형태를 가진다.

예제 44   기출 3회

마르셀 브로이어가 디자인한 것으로 강철 파이프를 휘어 기본 골조를 만들고 가죽을 접합하여 만든 의자는?

① 바실리 의자
② 파이미오 의자
③ 레드 블루 의자
④ 바르셀로나 의자

정답 ①

예제 45   기출 4회

고대 로마시대 음식을 먹거나 취침을 위해 사용한 긴 의자에서 유래된 것으로 몸을 기대거나 침대로 겸용할 수 있도록 좌판 한쪽을 올린 형태를 갖는 것은?

① 스툴   ② 오토만
③ 카우치   ④ 체스터필드

정답 ③

예제 46 기출 4회

동일한 두 개의 의자를 나란히 합해 2명이 앉을 수 있도록 설계한 의자는?

① 세티 ② 카우치
③ 풀업 체어 ④ 체스터필드

정답 ①

예제 47 기출 3회

스툴의 일종으로 더 편안한 휴식을 위해 발을 올려놓는 데도 사용되는 것은?

① 세티 ② 오토만
③ 카우치 ④ 이지 체어

정답 ②

7) 세티 [16·14·10·07년 출제]

동일한 두 개의 의자를 나란히 합해 2인이 앉을 수 있도록 설계한 의자이다.

8) 체스터필드

속을 많이 채워 넣고 천으로 감싼 소파이다.

9) 오토만 [23·15·12년 출제]

스툴의 일종으로 더 편안한 휴식을 위해 발을 올려놓는 데 사용된다.

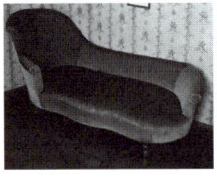
| 카우치 |

| 세티 |

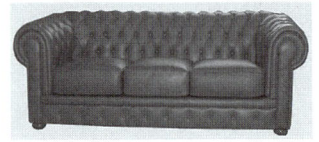
| 체스터필드 |

(2) 침대

1) 침대의 기능

① 가구 중에서 가장 개인적인 것이다.
② 휴식용 가구로서 충분한 수면을 취할 수 있도록 안락해야 한다.

2) 침대의 규격

① 싱글베드 : 1,000×1,900mm
② 더블베드 : 1,350×1,900mm
③ 퀸 베드 : 1,500×2,000mm [14년 출제]
④ 킹 베드 : 2,000×2,000mm

3) 침대의 종류 [14년 출제]

① 하우스 베드 : 침대가 벽장에 수직으로 수납되는 것을 말한다.
② 푸시백 소파 : 소파의 등받이를 밀쳐내면 침대로 전환되는 것을 말한다.
③ 하이라이저 : 하나의 침대 밑에 저장된 또 하나의 침대를 말한다.

④ 스튜디오 카우치 : 천으로 씌운 윗부분의 매트가 젖혀지며 트윈 베드로 전환되는 것을 말한다.
⑤ 데이 베드 : 간단히 낮잠을 자거나 소파 대용으로 이용한다.
⑥ 트윈 : 2인용 침대 대신에 1인용 침대를 2개 배치한 것이다.

(3) 수납장

1) 기능
물품의 정리, 보관, 진열을 할 수 있는 가구로 수납의 목적에 따라 그 기능이 조합되어 구성된다.

2) 종류
① 장 : 선반 장에 문이 달려 밀폐시키는 수납장의 형태로 이동할 수 있다.
② 농 : 전통기구 중 장과 더불어 가장 일반적으로 쓰이던 수납용 가구로 몸통이 2층 또는 3층으로 분리되어 상자 형태로 포개 놓아 사용한 것이다. [15 · 09 · 08년 출제]
③ 함 : 장식품으로 혼례를 앞두고 신랑 집에서 신부 집으로 채단과 혼서지를 담아 보내는 상자이다.
④ 문갑 : 문서나 문구 등을 넣어두거나 완성품을 진열하는 가구이다.

| 농 | | 함 | | 문갑 |

⑤ 반닫이 : 책 · 두루마리 · 의복 · 옷감 · 제기 따위를 넣어 두는 길고 번듯한 큰 궤이다. 앞판의 위쪽 반만을 문짝으로 하여 아래로 젖혀 여닫는다.
⑥ 궤 : 앞면이나 윗면을 반으로 나누어 경첩을 달아 한쪽 면만을 여닫도록 만든 직사각형의 가구이다. 인궤(印櫃) · 돈궤 · 낭자궤 · 실궤 · 패물궤 · 문서궤 · 책궤 · 옷궤 등이 있다.

예제 48 기출 1회

2인용 침대 대신에 1인용 침대를 2개 배치한 것을 무엇이라 하는가?
① 싱글 ② 더블
③ 트윈 ④ 롱킹

정답 ③

예제 49 기출 3회

우리나라의 전통가구 중 장과 더불어 가장 일반적으로 쓰이던 수납용 가구로 몸통이 2층 또는 3층으로 분리되어 상자 형태로 포개 놓아 사용된 것은?
① 농 ② 함
③ 궤 ④ 소반

정답 ①

예제 50 기출 1회

다음 한국의 전통가구 중 용도가 다른 것은?
① 단층장 ② 소반
③ 문갑   ④ 반닫이

[해설] 소반은 작은 상을 말한다.
[정답] ②

예제 51 기출 3회

다음 중 실용적 장식품에 속하지 않은 것은?
① 모형   ② 벽시계
③ 스크린 ④ 스탠드 램프

[해설] 모형은 장식적 장식품에 속한다.
[정답] ①

---

⑦ 소반 : 음식을 먹을 때, 음식 그릇을 올려놓는 작은 상이다.

[07년 출제]

| 반닫이 |　| 궤 |　| 소반 |

(4) 장식품

1) 실용적 장식품 [23·15·09년 출제]

   ① 실생활에 사용하는 물품 중 장식효과를 준다.
   ② 벽시계, 스크린, 스탠드 램프 등이다.

2) 장식적 장식품 [13년 출제]

   ① 실생활의 사용보다는 실내분위기를 더욱 북돋아 주는 감상 위주의 물품이다.
   ② 수석, 모형, 수족관, 화초류 등이 있다.

> ◆ 읽어보기 ◆
>
> **실내공간을 넓어 보이게 하는 방법** [16·15·12·11·09년 출제]
> ① 큰 가구는 벽에 부착시켜 배치한다.
> ② 벽면에 큰 거울을 장식해 실내공간을 반사시킨다.
> ③ 창이나 문 등의 개구부를 크게 하여 옥외공간과 시선이 연장되도록 한다.
> ④ 유리나 플라스틱으로 된 가구를 이용하여 시선이 차단되지 않게 한다.
> ⑤ 난색보다는 한색을 사용하고, 조명으로 천장이나 바닥부분을 밝게 한다.
> ※ 빈 공간에 화분이나 어항, 또는 운동기구를 배치하면 좁아 보인다.

CHAPTER 04. 실내계획

SECTION 01 주거공간

1. 주거공간

(1) 주거공간의 기본 목표 [14년 출제]

1) 생활의 쾌적함

정신적 안정과 생활 의욕, 재충전을 고양시킬 수 있게 조성한다.

2) 생활의 편리함 추구 [12년 출제]
① 주부의 동선을 단축화한다.
② 능률이 좋은 부엌시설과 설비의 현대화를 추구한다.
③ 넓은 주거를 지양하여 청소 등의 노력을 경감한다.

3) 가족 본위의 거주

가족 전체의 단란을 위하여 가족생활을 중심으로 공간을 구성한다.

4) 개인의 프라이버시 확립

개인의 프라이버시를 유지하고 침해하지 않도록 노력한다.

(2) 주거공간 실내계획 시 고려사항

1) 기후
① 기온, 강수량, 일사량, 풍향 등 기후에 대한 물리적 사항을 고려한다.
② 따뜻함, 차가움, 경쾌함 등의 실내 분위기를 결정하는 데 영향을 끼친다.
③ 지붕의 형태, 개구부의 크기와 위치, 평면 구성에 영향을 끼친다.

예제 01 기출 2회

주택의 설계방향으로 옳지 않은 것은?
① 가족본위의 주거
② 가사노동의 경감
③ 넓은 주거공간 지향
④ 생활의 쾌적함 증대

해설 넓은 주거를 지양하여 청소 등의 노력을 경감한다.

정답 ③

예제 02 기출 2회

소규모 주거공간 계획 시 고려하지 않아도 되는 것은?
① 접객공간
② 식사와 취침분리
③ 평면형태의 단순화
④ 주부의 가사 작업량

해설 여러 가지 기능을 하는 실들을 한 곳에 집약시켜 생활공간을 구성하는 일실 다용도 방식이므로 접객공간을 따로 만들 공간이 부족하다.

정답 ①

예제 03   기출 1회

주거공간 실내계획 시 고려사항으로 가장 거리가 먼 것은?
① 기후 ② 위치
③ 디자인 스타일 ④ 주변 도로 폭

해설 주거공간 실내계획 시 주변 도로 폭의 영향은 적다.

정답 ④

예제 04   기출 12회

주거공간에서 개인공간에 속하는 것은?
① 서재 ② 거실
③ 응접실 ④ 가사실

해설 개인공간은 각 개인의 사생활을 위한 사적인 공간을 말한다.

정답 ①

예제 05   기출 10회

주거공간을 주 행동에 따라 구분할 때, 다음 중 사회적 공간에 속하지 않는 것은?
① 식당 ② 현관
③ 응접실 ④ 주방

해설 사회적 공간은 가족 중심의 공간으로 모두 같이 사용하는 공간을 말한다. 주방은 노동 및 작업공간에 해당한다.

정답 ④

---

2) 위치 및 방위

① 주택이 위치한 지역적 조건에 따라 생활내용이 달라지므로 실내계획에 영향을 끼친다.
② 방위에 따라 실의 배치와 개구부의 크기와 위치가 달라지며, 전망, 바람, 채광에 대해 영향을 받는다.
③ 실의 방위

동쪽	침실, 식당
서쪽	욕실, 건조실, 탈의실
남쪽	거실, 노인실, 아동실
북쪽	화장실, 보일러실

3) 디자인 스타일

유행, 거주자의 기호, 주 생활양식 등에 따라 영향을 받는다.

4) 거주자

가족들의 요구, 가족의 유형, 직업, 취미, 수입 정도 등을 반영한다.

5) 주생활양식

주택을 중심으로 행해지는 생활의 유형으로 전통, 습관, 가족의 구성조건, 사회적인 계층, 지역적인 기후, 풍토에 따라 달라진다.

(3) 주거공간의 주 행동에 따른 분류

1) 개인(정적)공간 [22 · 16 · 14 · 13 · 12 · 11 · 10 · 09 · 08 · 06년 출제]

각 개인의 사생활을 위한 사적인 공간을 말한다.(침실, 서재, 자녀방)

2) 노동 및 작업공간

가사노동을 위한 공간을 말한다.(부엌, 세탁실, 작업실, 창고, 다용도실)

3) 사회(동적)공간 [22 · 16 · 15 · 13 · 12 · 11 · 10 · 09 · 07년 출제]

가족 중심의 공간으로 모두 같이 사용하는 공간을 말한다.(거실, 응접실, 식당, 현관)

4) 위생적(생리적 기능) 공간

건강을 유지하기 위해 위생적이고 쾌적한 공간을 말한다.(욕실, 화장실)

(4) 동선계획 [15 · 13 · 12 · 10 · 09 · 08 · 07 · 06년 출제]

① 단순, 명쾌하게 하며 빈도가 높은 동선은 짧게 처리한다.
② 상호 간에 상이한 유형의 동선은 분리한다.
③ 개인권, 사회권, 가사노동권은 서로 독립성을 유지한다.
④ 동선계획은 평면계획에서 하고 식당과 주방에서는 주부의 작업동선을 가장 우선적으로 고려한다.

(5) 주택 실내공간의 색채계획 [11년 출제]

① 바닥은 벽면보다 약간 어두우며 안정감 있는 색을
② 침실은 보통 깊이 있는 중명도의 저채도로 정돈한다.
③ 낮은 천장을 높게 보이게 하려면 천장의 색을 벽보다 밝은 색채로 한다.
④ 화장실은 전체를 밝은 느낌의 색조로 처리하는 것이 바람직하다.

(6) 주택평면계획 [22 · 13 · 11 · 06년 출제]

① 각 실의 관계가 깊은 것은 인접시키고 상반되는 것은 격리시킨다.
② 침실은 독립성을 확보하고 다른 실의 통로가 되지 않게 한다.
③ 부엌, 욕실, 화장실은 집중 배치하고 외부와 연결한다.
④ 각 실의 방향은 일조, 통풍, 소음, 조망 등을 고려하여 결정한다.

2. 거실

(1) 기능 및 위치

① 가족의 휴식, 대화, 단란한 공동생활의 중심위치로 다목적 기능을 가진다.
② 평면의 중앙에 배치하고 현관, 복도, 계단 등과 근접하되 통로 기능은 피한다. [16 · 10년 출제]
③ 남향이나 남동쪽으로 일조, 통풍이 좋은 곳으로 한다.
④ 소주택에서는 서재, 응접실, 음악실, 리빙 키친으로 이용된다.

(2) 규모

① 1인당 소요 바닥면적은 4~6m²가 적당하다.
② 건축면적의 30% 정도가 적당하다.
③ 가족 수, 가족의 구성형태, 전체 주택의 규모, 접객빈도, 생활양식에 따라 결정된다.

예제 06 기출 4회

동선계획을 가장 잘 나타낼 수 있는 실내계획은?
① 천장계획 ② 입면계획
③ 평면계획 ④ 구조계획

해설 동전계획은 평면계획에서 한다.

정답 ③

예제 07 기출 4회

주택의 평면계획에 관한 설명 중 옳지 않은 것은?
① 각 실의 관계가 깊은 것은 인접시키고 상반되는 것은 격리시킨다.
② 침실은 독립성을 확보하고 다른 실의 통로가 되지 않게 한다.
③ 부엌, 욕실, 화장실은 각각 분산 배치하고 외부와 연결한다.
④ 각 실의 방향은 일조, 통풍, 소음, 조망 등을 고려하여 결정한다.

해설 부엌, 욕실, 화장실은 집중 배치하고 외부와 연결한다.

정답 ③

예제 08 기출 2회

주택의 거실에 관한 설명으로 옳지 않은 것은?
① 다목적 기능을 가진 공간이다.
② 가족의 휴식, 대화, 단란한 공동생활의 중심이 되는 곳이다.
③ 전체 평면의 중앙에 배치하여 각 실로 통하는 통로로서의 기능을 부여한다.
④ 거실의 면적은 가족 수와 가족의 구성형태 및 거주자의 사회적 지위나 손님의 방문 빈도와 수 등을 고려하여 계획한다.

해설 거실은 공동생활의 중심위치로 다목적 기능을 가지고 있으나 통로로서의 기능은 피해야 한다.

정답 ③

3. 침실

(1) 기능 [11·08년 출제]

① 사적인 공간은 정적이고 독립성이 있다.
② 소음이 많고 동선이 복잡한 공간과는 거리를 둔다.
③ 붙박이 옷장을 설치하면 수납공간이 확보되어 정리정돈에 효과적이다.
④ 침실 수는 가족 수, 가족형태, 경제수준, 생활양식에 따라 다르다.

(2) 위치 [22·14·13·08·07년 출제]

① 남향 또는 동남향에 위치하며 통풍, 일조, 환기, 조건이 유리하도록 한다.
② 시끄러운 소음의 원인이 되는 외부 도로 쪽을 피하고 정원 둘레에 면하는 것이 좋다. 소음은 35데시벨(dB) 이하로 한다.
③ 출입문 개방 시 직접 침대가 안 보이는 것이 좋다.
④ 머리 쪽에 창을 두지 않는다.

(3) 분류 [13년 출제]

① 부부침실은 독립성을 확보하고 조용한 공간으로 구성한다.
② 아동실은 부모침실과 근접하는 곳에 위치하도록 한다.
③ 노인침실은 1층에 배치하고 일조, 조망과 통풍이 양호한 곳에 위치한다.

4. 식당

(1) 기능 및 위치

① 가족실의 기능 : 가족 전체의 식사 및 대화의 장소로 사용된다.
② 가사작업의 공간 : 연속되는 가사작업의 흐름을 위해 식당 – 부엌 – 가사실을 연결한다.

(2) 배치 유형

1) D형(Dining, 독립형 식당) [15·11·09년 출제]

① 식사실로서 완전한 독립기능을 갖춘 형태, 보통 거실과 주방 사이에 배치한다.
② 동선이 다소 길어지며 작업 능률이 저하될 수 있다.

예제 09 기출 2회

주택의 침실계획에 관한 설명으로 옳지 않은 것은?
① 침대를 놓을 때 머리 쪽에 창을 두지 않는 것이 좋다.
② 침실의 소음은 120데시벨(dB) 이하로 하는 것이 바람직하다.
③ 침대는 외부에서 출입문을 통해 직접 보이지 않도록 배치한다.
④ 침실에 붙박이장을 설치하면 수납공간이 확보되어 정리정돈에 효과적이다.

해설 침실의 소음은 35dB 이하로 한다.
정답 ②

예제 10 기출 2회

주택 침실의 소음방지 방법으로 적당하지 않는 것은?
① 도로 등의 소음원으로부터 격리시킨다.
② 창문은 2중창으로 시공하고 커튼을 설치한다.
③ 벽면에 붙박이장을 설치하여 소음을 차단한다.
④ 침실 외부에 나무를 제거하여 조망을 좋게 한다.

해설 침실의 위치는 소음원이 있는 쪽은 피하고, 정원 등의 공지에 면하도록 하는 것이 좋다. 나무 제거는 소음에 도움이 되지 않는다.
정답 ④

예제 11 기출 3회

LDK형 단위주거에서 D가 의미하는 것은?
① 거실 ② 식당
③ 부엌 ④ 화장실

해설 D는 Dining(독립형 식당)이며 식사실을 의미한다.
정답 ②

2) DK형(다이닝키친 : 식당 – 부엌) [12년 출제]

① 부엌(K)의 일부분에 식사실(D)을 두는 형태로 동선의 연결이 짧아 노동력이 절감된다.
② 부엌에서의 조리작업 및 음식찌꺼기 등으로 식사분위기를 다소 해칠 수 있다.

3) LD형(리빙다이닝 : 거실 – 식당) [16·13·08·06년 출제]

① 거실에 식사공간을 부속시킨 형식으로 식사 도중 거실의 고유 기능과 분리가 어렵다는 단점이 있다.
② 거실의 분위기 및 조망 등을 공유할 수 있으나 부엌과의 동선이 길어질 수 있다.

4) LDK형(리빙다이닝키친 : 거실 – 식당 – 부엌) [14·10·07년 출제]

① 소규모 주택에서 많이 나타나는 형태로 거실(L) 내에 식사실(D)과 부엌(K)을 설치한다. [15년 출제]
② 동선이 짧아지는 장점이 있다.

5. 부엌

(1) 기능 및 위치 [16·14년 출제]

① 햇빛이 잘 드는 남동쪽으로 통풍이 잘 되는 곳이 좋다.(서쪽은 피한다.)
② 식당, 마당, 가사실, 다용도실 등과 연결하여 작업동선을 짧게 한다. [09·08년 출제]
③ 식당과 주방의 실내계획에서 가장 우선적으로 고려해야 하는 것은 주부의 작업동선이다. [16·14·11년 출제]
④ 작업대 : 준비대 → 개수대 → 조리대 → 가열대 → 배선대 순으로 구성한다. [21·16·15·14·13·12·10·07·06년 출제]
⑤ 작업 삼각형(Work Triangle) : 냉장고(준비대) → 개수대 → 가열대를 연결하는 작업대의 길이는 5m로 하는 것이 능률적이며 개수대는 창에 면하는 것이 좋다. 작업순서는 오른쪽 방향으로 하는 것이 편리하다. [15·14·11년 출제]

예제 12 기출 4회

거실에 식사공간을 부속시킨 형식으로 식사 도중 거실의 고유 기능과의 분리가 어렵다는 단점이 있는 것은?
① 리빙키친(Living Kitchen)
② 다이닝포치(Dining Porch)
③ 리빙다이닝(Living Dining)
④ 다이닝키친(Dining Kitchen)

정답 ③

예제 13 기출 3회

소규모 주택에서 많이 사용하는 방법으로 거실 내에 부엌과 식당을 설치한 것은?
① D형식   ② DK형식
③ LD형식 ④ LDK형식

해설 소규모 주택에서 많이 나타나는 형태로 거실(L)에 식사실(D)과 부엌(K)을 설치한다.

정답 ④

예제 14 기출 10회

부엌 작업대의 가장 효율적인 배치 순서는?
① 준비대 – 개수대 – 조리대 – 가열대 – 배선대
② 준비대 – 조리대 – 개수대 – 가열대 – 배선대
③ 준비대 – 개수대 – 가열대 – 조리대 – 배선대
④ 준비대 – 개수대 – 가열대 – 조리대 – 배선대

해설 준비대 – 개수대 – 조리대 – 가열대 – 배선대 순으로 구성한다.

정답 ①

| 예제 15 | 기출 3회 |

다음 중 주택의 부엌과 식당 계획 시 가장 중요하게 고려하여야 할 사항은?
① 조명배치　② 작업동선
③ 색채조화　④ 채광계획

해설 부엌과 식당의 작업동선을 짧게 하여 피로를 덜어준다.

정답 ②

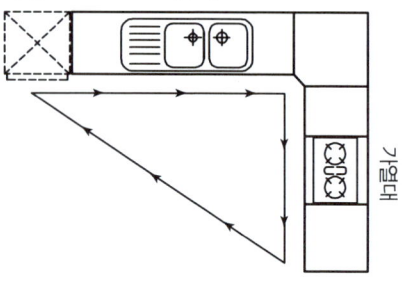

| 예제 16 | 기출 2회 |

다음 중 부엌에서 준비대, 개수대, 가열대를 연결하는 작업 삼각형(Work Triangle)의 각 변의 길이의 합계로 가장 알맞은 것은?
① 1.5m　② 3m
③ 5m　④ 7m

해설 동선 길이가 너무 길면 피곤하므로 5m 내외가 적당하다.

정답 ③

| 예제 17 | 기출 3회 |

다음의 부엌 가구배치 유형 중 좁은 면적 이용에 가장 효과적이며 주로 소규모 부엌에 사용되는 것은?
① 일자형　② L자형
③ 병렬형　④ U자형

정답 ①

| 예제 18 | 기출 5회 |

다음 설명에 알맞은 부엌의 작업대 배치 방식은?

- 인접한 세 벽면에 작업대를 붙여 배치한 형태이다.
- 비교적 규모가 큰 공간에 적합하다.

① 일렬형　② ㄴ자형
③ ㄷ자형　④ 병렬형

해설 ㄷ자형은 작업면이 넓어 작업 효율이 좋다.

정답 ③

(2) 배치 유형

1) **일자형** [15 · 10 · 09년 출제]

   ① 작업대를 일렬로 벽면에 배치한 형태로 좁은 면적에 효과적이며 소규모 주택에 사용한다.
   ② 작업대가 길어지므로 동선이 3m를 넘지 않도록 한다.

2) **병렬형** [15 · 12년 출제]

   ① 양쪽 벽면에 작업대를 마주보도록 배치하는 형태이다.
   ② 동선이 짧아지나, 몸을 앞뒤로 바꿔 불편하다.
   ③ 양쪽 작업대의 폭은 700~1,000mm 사이로 한다.

3) **L자형(코너형)** [13년 출제]

   ① 인접된 양면의 벽에 L자형으로 배치하여 동선의 흐름이 자연스러운 형태이다.
   ② 작업동선이 적으며 여유 공간에 식탁을 배치하는 것이 일반적인 배치방법이다.

4) **U자형(ㄷ자형)** [21 · 16 · 12 · 11 · 07년 출제]

   ① 인접된 3면의 벽에 배치한 형태로 작업면이 넓어 작업 효율이 좋다.
   ② 비교적 규모가 큰 공간에 적합하다.

5) **아일랜드 키친** [16 · 13 · 11 · 10 · 06년 출제]

   취사용 작업대가 주방의 가운데 하나의 섬처럼 설치되어 있다.

(3) **규모** [16년 출제]

가족 수, 주택의 연면적, 작업대의 면적에 의해 결정된다.

6. 위생공간 및 연결공간

(1) **욕실**
① 물을 사용하는 화장실, 욕실, 부엌 같은 곳을 집중 배치하는 코어시스템을 형성한다. [13·11·06년 출제]
② 화장실은 전체를 밝은 느낌의 색조로 처리하는 것이 바람직하다.

(2) **현관**
① 주택 내외부의 동선이 연결되며 출입구 밖의 포치, 출입문 안의 홀 등으로 구성된다.
② 현관의 바닥 차는 10~20cm가 적당하다.

7. 원룸

(1) **기능** [08년 출제]
① 여러 가지 기능의 실들을 한 곳에 집약시켜 생활공간을 구성하는 일실 다용도 방식이다.
② 간편하고 이동이 용이한 조립식 가구나 다양한 기능을 구사하는 다목적 가구의 사용이 효과적이다.
③ 공간의 활용과 가구배치가 자유롭다.

(2) **원룸 설계 시 고려사항** [16·13·10·07년 출제]
① 내부공간을 효과적으로 활용한다.
② 활동공간과 취침공간을 구분한다.
③ 환기를 고려한 설계가 이루어져야 한다.
④ 사용자에 대한 특성을 충분히 파악한다.
⑤ 접객공간을 따로 확보하지 않는다.

예제 19   기출 5회

원룸 주택 설계 시 고려해야 할 사항으로 옳지 않은 것은?
① 내부공간을 효과적으로 활용한다.
② 접객공간을 충분히 확보하도록 한다.
③ 환기를 고려한 설계가 이루어져야 한다.
④ 사용자에 대한 특성을 충분히 파악한다.

해설 원룸은 여러 가지 기능의 실들을 한곳에 집약시켜 생활공간을 구성하는 일실 다용도 방식이므로 접객공간 확보가 어렵다.

정답 ②

8. 한식과 양식의 비교

(1) 요소 [15년 출제]

요소	한식 주생활 양식	양식 주생활 양식
평면적 차이	각 실의 조합	각 실의 분화
	위치 벽식의 구분	기능별 구분
구조적 차이	목조 가구식	벽돌 조적식
	바닥이 높고 개구부가 크다.	바닥이 낮고 개구부가 작다.
관습적 차이	좌식 생활	입식 생활
용도적 차이	방의 기능 혼용(융통성)	방의 단일적 기능
가구의 차이	부수적 요소	중요한 내용물

(2) 조선시대 주택 구조 [22·16·15·13·09·07년 출제]

① 안채 : 주부를 중심으로 가족의 내적 활동이 이루어지는 곳으로 가장 안쪽에 위치하며 안마당이 있다.

② 사랑채(사랑방) : 남편이 기거하며 독서와 응접을 할 수 있는 곳으로 외부와 가까운 곳에 위치하며 사랑 마당이 있다.

③ 행랑채 : 일꾼들이 거처하며 창고, 마구간, 대문 등으로 이루어지며 바깥마당이 있다.

예제 20   기출 6회

조선시대의 주택 구조에 관한 설명으로 옳지 않은 것은?

① 주택공간은 성(性)에 의해 구분되었다.
② 안채는 가장 살림의 중추적인 역할을 하던 곳이다.
③ 사랑채는 남자 손님들의 응접공간 등으로 사용되었다.
④ 주택은 크게 사랑채, 안채, 바깥채의 3개의 공간으로 구분되었다.

 해설   한식 주택의 구조는 사랑채, 안채, 행랑채로 이루어졌다.

정답 ④

예제 21   기출 2회

조선시대 주택의 건축 중 남자 주인이 거처하던 방으로서 서재와 접객공간으로 쓰인 공간은?

① 안방   ② 사랑방
③ 부엌   ④ 대청

정답 ②

상업공간

1. 상업공간의 개념

(1) 개념 [21 · 16 · 11 출제]

상업공간의 실내디자인은 공간을 효율적으로 계획하여 판매신장 및 수익증가를 기대하는 의도된 행위이다. 따라서 디스플레이(상품의 전시)의 궁극적 목적은 상품의 판매를 위한 것이다.

(2) 소비자 구매심리(AIDMA법칙) [21 · 16 · 14 · 10 · 09 · 07년 출제]

4단계	A : Attention (주의)	I : Interest (흥미)	D : Desire (욕망)		A : Action (행동)
5단계	A : Attention (주의)	I : Interest (흥미)	D : Desire (욕망)	M : Memory (기억)	A : Action (행동)

※ 권유(Persuasion), 유인(Attraction)은 없다.

2. 상업공간의 실내계획 과정

(1) 기획단계에서의 조건파악

① 입지적 특성(교통에 관한 사항) : 도시의 규모, 상권의 규모, 소속 상점가의 성격, 교통조건 등
② 시장조사(상업지역의 관계) : 위치, 업종, 소비 경향 등
③ 상품의 구성방법 : 타 상점과의 차별화 정책 등
④ 관리 · 경영적 측면의 파악 : 유통, 매입, 판매, 제조, 관리, 조직, 운영, 인적 조건 등
⑤ 대상고객에 대한 분석(고객의 범위) : 연령, 직업, 성별, 구매동기, 라이프스타일, 소비패턴 등

(2) 기본계획

① 전체 설정 : 기본 개념을 제안, 작성하여 프로그래밍 작성을 한다.
② 계획의 목적 및 범위 : 상업공간에 대한 공간적 범위와 내용적 범위를 정확히 한다.
③ 계획의 전개 : 추구하는 목적에 맞게 실내디자인 요소를 전체적으로 정리하고 규모, 구체적 행위, 필요 가구, 집기, 설치물 등을 조사한다.

예제 22 기출 3회

상업공간에서 디스플레이의 궁극적 목적은?
① 상품 소개
② 상품 판매
③ 쾌적한 관람
④ 학습능률의 향상

해설 디스플레이(상품의 전시)의 궁극적 목적은 상품의 판매를 위한 것이다.

정답 ②

예제 23 기출 10회

상업공간의 실내계획에 있어 구매심리 5단계와 관계가 적은 것은?
① 주의(Attention)
② 권유(Persuasion)
③ 욕망(Desire)
④ 행위(Action)

해설 구매심리 5단계는 주의, 흥미, 욕망, 기억, 행동이다.

정답 ②

예제 24 기출 1회

상업공간의 실내계획 중 실시설계 단계에서 요구되지 않는 것은?
① 재료마감과 시공법의 확정
② 집기의 선정
③ 기본설계에 필요한 프로그래밍의 작성
④ 관련 디자인의 토털 코디네이트

해설 실시설계 단계에서는 구체적으로 확정하고 선정하는 단계이다.

정답 ③

예제 25 · 기출 2회

상점의 공간 구성에 있어서 판매공간에 속하는 것은?
① 파사드공간 ② 상품관리공간
③ 시설관리공간 ④ 상품전시공간

해설 판매공간은 도입공간, 통행공간, 상품전시공간, 서비스공간으로 구분한다.
정답 ④

예제 26 · 기출 1회

상점에서 쇼윈도, 출입구 및 홀의 입구 부분을 포함한 평면적인 구성요소와 아케이드, 광고판, 사인, 외부장치를 포함한 입체적인 구성요소의 총체를 의미하는 것은?
① 파사드 ② 스크린
③ AIDMA ④ 디스플레이

정답 ①

예제 27 · 기출 4회

상업공간의 동선계획으로 틀린 것은?
① 종업원 동선은 고객 동선과 교차되지 않도록 한다.
② 종업원 동선은 동선 길이를 짧게 한다.
③ 고객 동선은 행동의 흐름이 막힘이 없도록 합체적으로 한다.
④ 고객 동선은 동선 길이를 될 수 있는 대로 짧게 한다.

해설 고객 동선을 길게 하여 상품구매를 유도한다.
정답 ④

예제 28 · 기출 2회

상점의 상품 진열계획에서 골든 스페이스의 범위로 알맞은 것은?(단, 바닥에서의 높이)
① 650~1,050mm
② 750~1,150mm
③ 850~1,250mm
④ 950~1,350mm

해설 상점 진열의 높이는 850~1,250mm가 적당하다.
정답 ③

(3) **실시설계** [06년 출제]

① 재료마감과 시공법의 확정
② 집기의 선정
③ 각종 설비의 선정
④ 디스플레이의 방법과 위치 결정
⑤ 관련 디자인의 토털 코디네이트
⑥ 법적 규제

3. 상점의 실내계획

(1) **상점의 공간구성**

1) 판매공간 [15·12년 출제]

도입공간, 통행공간, 상품전시공간, 서비스공간으로 구분한다.

2) 부대공간

상품관리공간, 시설관리공간, 종업원의 후생관리공간, 영업관리공간, 주차장으로 구분한다.

3) 파사드공간 [15년 출제]

① 평면적 구성 : 쇼윈도, 출입구 및 홀의 입구부분 등
② 입체적 구성 : 아케이드, 광고판, 사인, 외부장치 등

(2) **동선계획** [22·15·14·11·07·06년 출제]

① 매장계획의 기본으로 고객의 흐름을 조정할 수 있는 레이아웃이다.
② 고객 동선은 행동의 흐름이 막힘이 없도록 합체적으로 한다.
③ 종업원 동선은 고객 동선과 교차되지 않도록 한다.
④ 종업원 동선은 짧게 한다.
⑤ 고객 동선의 길이는 되도록 길게 유도한다.
⑥ 통로의 최소 폭으로 900mm를 유지한다.
⑦ 고객 동선과 종업원 동선이 만나는 곳에는 카운터, 쇼케이스 등을 배치한다.
⑧ 매장, 창고, 작업장, 종업원실 등의 최단거리로 연결된 것이 이상적이다.
⑨ 상점 진열의 골든 스페이스의 높이는 850~1,250mm이다.

4. 상점의 매장계획

(1) 매장 판매형식

1) 대면판매 [16·15·14·13·12·09년 출제]

진열장을 사이에 두고 상담 또는 판매하는 형식으로 시계, 귀금속, 안경 등의 소형 고가품에 사용된다.

장점	단점
• 상품 설명이 용이함 • 종업원의 정위치를 정하기 용이함 • 별도 공간 없이 포장, 계산이 편리함	• 진열면적이 감소함 • 진열장이 많아지면 상점의 분위기가 딱딱해짐

2) 측면판매 [15·09년 출제]

진열상품을 같은 방향으로 보며 판매하는 형식으로 서적, 침구, 의류에 사용된다.

장점	단점
• 충동적 구매와 선택이 용이함 • 진열면적이 커짐 • 상품에 대한 친근감	• 종업원의 정위치를 정하기 어렵고 불안정함 • 설명, 포장이 불편함

(2) 상점 진열대(판매대)의 배치 [16·15·14·08·06년 출제]

직렬 배열형	• 통로가 직선, 고객의 흐름이 가장 빠름 • 협소한 매장에 적합 • 침구용품점, 의류점, 서점, 주방용품점, 전자대리점 등
굴절 배열형	• 진열장 배치와 고객 동선이 굴절, 곡선으로 구성 • 대면판매와 측면판매의 조합으로 구성 • 안경점, 양품점, 문방구점 등
환상 배열형	• 중앙에 케이스, 대 등에 의한 직선 또는 곡선에 의한 환상 부분을 설치 • 귀금속, 액세서리점, 민속용품점, 수예품점 등
복합형	• 위와 같은 제반 형태를 적절히 조합한 형태 • 뒷부분은 대면판매 또는 접객 부분으로 이용 • 부인복점, 피혁제품점, 서점 등
사행 배열형	• 진열대의 평면 배치 중 많은 고객을 매장 공간의 코너까지 접근시키기 용이 • 이형의 진열대가 많이 필요함

예제 29   기출 6회

상점의 판매형식 중 대면판매에 관한 설명으로 옳지 않은 것은?
① 상품 설명이 용이하다.
② 포장대나 계산대를 별도로 둘 필요가 없다.
③ 고객과 종업원이 진열장을 사이로 상담, 판매하는 형식이다.
④ 상품에 직접 접촉하므로 선택이 용이하며 측면판매에 비해 진열면적이 커진다.

해설 대면판매는 진열 면적이 감소한다.
정답 ④

예제 30   기출 4회

상품의 전달 및 고객의 동선상 흐름이 가장 빠른 형식으로 협소한 매장에 적합한 상점 진열장의 배치 유형은?
① 굴절형   ② 환상형
③ 복합형   ④ 직렬형

해설 직렬형은 통로가 직선이어서 동선이 가장 빠르다.
정답 ④

5. 쇼윈도

(1) 형태에 따른 분류

구분	내용	비고
평형	• 가장 보편적임 • 도로에 쇼윈도가 평형 • 통행량이 많을 경우 도로와 쇼윈도가 약간 경사진 평형을 이용 • 실내 깊숙이 자연 채광 유입 가능	평면 유형
만입형	• 쇼윈도를 상점 안쪽으로 만입하여 배치 • 통행량과 관계없이 마음 놓고 상품주시 가능 • 상품 진열면적이 상대적으로 감소함 • 실내의 채광 등이 불리하게 작용함	
홀형	• 만입형이 극대화된 형태	
다층형 [15년 출제]	• 2층 또는 그 이상의 층을 연속되게 취급한 형식 • 가구점, 양복점, 자동차 매장 등에 적합	입면 유형

(2) 쇼윈도 눈부심 방지 [16·09년 출제]

① 차양을 쇼윈도에 설치하여 햇빛을 차단한다.
② 쇼윈도 내부를 도로면보다 밝게 한다.
③ 유리를 경사지게 처리하거나 곡면유리를 사용한다.
④ 가로수를 쇼윈도 앞에 심어 도로 건너편 건물의 반사를 막는다.

6. 백화점 및 쇼핑센터

(1) 매장계획

① 항상 신선한 느낌을 주도록 전시한다.
② 접객 부분은 밝고 편안하며 개방적이어야 한다.
③ 백화점은 성격상 화려한 모습을 보여 줄 필요가 있다.

(2) 공간의 구성요소

① 핵상점 : 쇼핑센터의 중심으로 고객을 끌어 들이는 기능을 가지고 있다.
② 몰(Mall) : 쇼핑센터 내의 주 보행동선으로 고객을 각 상점으로 유도하는 동시에 휴식처로서의 기능을 가지고 있다.
③ 코트(Court) : 고객이 머물 수 있는 넓은 공간이며 휴식처인 동시에 행사의 장으로 사용할 수 있다.

예제 31 기출 1회

상점의 쇼윈도 평면 형식에 속하지 않는 것은?
① 홀형 ② 만입형
③ 다층형 ④ 돌출형

해설 다층형은 입면 유형에 속한다.

정답 ③

예제 32 기출 3회

상점 쇼윈도 전면의 눈부심 방지방법으로 옳지 않은 것은?
① 차양을 쇼윈도에 설치하여 햇빛을 차단한다.
② 쇼윈도 내부를 도로면보다 약간 어둡게 한다.
③ 유리를 경사지게 처리하거나 곡면유리를 사용한다.
④ 가로수를 쇼윈도 앞에 심어 도로 건너편 건물의 반사를 막는다.

해설 쇼윈도 내부를 도로면보다 밝게 한다.

정답 ②

예제 33 기출 2회

쇼핑센터 내의 주요 보행동선으로 고객을 각 상점으로 고르게 유도하는 동시에 휴식처로서의 기능도 가지고 있는 것은?
① 핵상점 ② 전문점
③ 몰(Mall) ④ 코트(Court)

정답 ③

④ 점문점 : 단일 종류의 상품을 전문적으로 취급하는 상점이다.
⑤ 백화점 외벽에 창문이 없는 이유 [14·08·06년 출제]
  ㉠ 실내 면적 이용도가 높아진다.
  ㉡ 조도를 균일하게 할 수 있다.
  ㉢ 외측에 광고물의 부착 효과가 있다.
  ㉣ 정전, 화재에 불리하다.

(3) 매장의 가구배치

1) 직각 배치

일반적인 배치로 비교적 간단하고 비용이 적게 든다. 매장의 면적을 최대로 이용할 수 있다.

2) 대각선 배치

주 통로 이외의 부 통로를 상하 교통계로 향하여 사선으로 하는 형식이다. 고객이 매장의 구석까지 도달하기 쉽다.

3) 자유형 배치 [14년 출제]

① 상품의 성격, 고객의 통행량, 유통방법에 따라 유기적으로 계획하여 자유로운 곡선형으로 배치하는 형식이다.
② 판매대가 부정형이기 때문에 시설비가 많이 들고 이형 진열대가 많이 생긴다.

4) 개방 배치

① 기본 건축계획 시 매장 배치 유형이 반영되어야 가능하다.
② 핵 공간을 중심으로 방사 형태를 이루는 것으로 일반적으로 적용이 어렵다.

7. 호텔 및 음식점의 실내계획

(1) 호텔의 공간계획

1) 로비 [07·06년 출제]

① 공간구성 중 투숙객이나 외래객의 동선이 시작되고 호텔의 중심 기능이며 호텔의 이미지에 크게 영향을 주는 공간이다.
② 호텔이 가진 모든 기능을 유도하는 출발점이고, 동선의 교차점이다.

예제 34 기출 3회

백화점의 외벽에 창을 설치하지 않는 이유 및 효과와 가장 거리가 먼 것은?
① 정전, 화재 시 유리하다.
② 조도를 균일하게 할 수 있다.
③ 실내 면적 이용도가 높아진다.
④ 외측에 광고물의 부착 효과가 있다.

해설 창문이 없을 시 화재에 불리하기 때문에 소방 방재시설을 더 철저히 설치해야 한다.

정답 ①

예제 35 기출 2회

호텔이 가진 모든 기능을 유도하는 출발점이고, 동선의 교차점인 것은?
① 커피숍 ② 레스토랑
③ 객실 ④ 로비

해설 호텔 로비는 고객 동선의 시작이고 중심 기능을 한다.

정답 ④

2) 현관

로비, 라운지와 분리되는 접객공간이다.

3) 프론트 데스크

① 계산, 안내가 이루어지는 운영의 중심부로 호텔의 주된 사무를 담당하는 공간이다.
② 안내계, 객실계, 회계계로 편성된다.

4) 공용공간

① 영업시설 : 레스토랑, 커피숍, 로비 라운지
② 부대공간 : 현관, 통로, 엘리베이터

(2) 음식점의 실내계획

1) 기본계획

① 규모, 유형, 성격, 경영방침 등에 따라 일관성 있게 실내계획을 진행한다.
② 대상고객의 소비패턴, 취향 등에 맞게 안락한 분위기가 되도록 하고 종업원의 피로가 절감되도록 하여 질 좋은 서비스를 할 수 있도록 한다.
③ 청결, 음식의 신선감 등 위생에 특히 주의하여 설계한다.

2) 공간구성

① 영업부분 : 식당, 라운지, 로비, 현관입구, 화장실
② 조리부분 : 주방, 배선실, 세척실, 창고, 식품저장고
③ 관리부분 : 접수, 사무실, 지배인실, 종업원실, 라커룸

실내환경

CHAPTER 01 열 및 습기환경
CHAPTER 02 공기환경
CHAPTER 03 빛환경
CHAPTER 04 음환경

 출제경향

개정 이후 매회 60문제 중 3~4문제가 출제되며, 제1장은 2문제, 제2장은 1문제, 제3장은 0~1문제, 제4장은 0~1문제가 출제되고 있다. 전체적으로 문제가 적게 나오기 때문에 출제되었던 과년도 문제 위주로 공부하기 바란다.

CHAPTER 01 열 및 습기환경

◆ SECTION ◆

01 열환경

1. 열환경과 체감

(1) 인체의 열 생산

인체에서는 음식물을 섭취하여 체내에서 산화작용을 통해 그 에너지의 변화로 열을 생산하여 체온을 유지하게 된다.

(2) 인체의 열 손실 [16·07·06년 출제]

① 손실률은 복사(45%) > 대류(30%) > 증발(25%) 순이다.
② 호흡, 땀 등의 수분 증발(잠열)
③ 인체 주변 공기의 대류(현열)
④ 인체 표면의 열복사(현열)

(3) 쾌적 환경 기후와 조건

1) 물리적 온열요소(열환경의 4요소) [14·13·12·10·09·08·07년 출제]

① 기온, 습도, 기류, 복사열(주위 벽의 열복사)을 말한다.
② 기후적인 조건을 좌우하는 가장 큰 요소는 기온이다.

2) 주관적 온열요소 [15년 출제]

인체의 활동상태(met), 착의 상태(clo), 나이, 성별 등이다.

3) 실감온도(유효온도, 감각온도, ET) [15·14·12·11·08·06년 출제]

① 기온(온도), 습도, 기류의 3요소의 조합에 의한 실내 온열감각을 기온의 척도로 나타낸 온열지표이다.
② 공기조화 실내조건의 표준으로 쓰인다.
③ 실내의 쾌적한 상대습도 : 40~60% [07년 출제]
④ 불쾌지수 : 온습 지수의 하나로 생활상 불쾌감을 느끼는 수치를 표시한 것이다. [14년 출제]

 예제 01 기출 2회

다음 중 인체에서 열의 손실이 이루어지는 요인으로 볼 수 없는 것은?
① 인체 표면의 열복사
② 인체 주변 공기의 대류
③ 호흡, 땀 등의 수분 증발
④ 인체 내 음식물의 산화작용

해설 인체 내 음식물의 산화작용은 열을 생산하여 체온을 유지시킨다.

정답 ④

예제 02 기출 2회

인체의 열 손실 중 작은 것부터 큰 순으로 나열된 것은?
① 복사, 증발, 대류
② 복사, 대류, 증발
③ 대류, 복사, 증발
④ 증발, 대류, 복사

해설 복사(45%), 대류(30%), 증발(25%) 순으로 손실이 발생한다.

정답 ④

예제 03 기출 7회

다음 중 물리적 온열요소에 속하지 않는 것은?
① 기온   ② 습도
③ 복사열   ④ 착의상태

해설 물리적 온열요소는 기온, 습도, 기류, 복사열이다.

정답 ④

4) 현열과 잠열

① 현열 : 온도의 오르내림에 따라 출입하는 열이다.
② 잠열 : 물체의 증발, 응결, 융해 등의 상태변화에 따라서 출입하는 열이다.

2. 건축에서의 열전달

(1) 전열 [13 · 10 · 09 · 08 · 07년 출제]

열의 이동방법으로 건축 구조체를 사이에 두고 양쪽의 공기에 온도차가 있는 경우 열의 흐름을 말한다.

① 전도 : 고체 내부 속을 고온부에서 저온부로 열이 이동하는 현상으로 벽체 내의 열 흐름 현상이다.
② 대류 : 유체(공기, 물) 입자가 따뜻해지면 팽창해서 밀도가 작아져 상승하고, 차가워진 주위의 유체가 아래로 내려가는 현상이다.
③ 복사 : 어떤 물체에 발생하는 열에너지가 전달 매개체 없이 직접 다른 물체에 도달하는 전열 현상이다.

(2) 건물 내의 전열과정

1) 열전도
① 고온부에서 저온부로 열이 이동하는 현상으로 벽체 내의 열 흐름 현상이다.
② 열전도율(kcal/mh℃ = W/mK) [22 · 15 · 13 · 10 · 07년 출제]
물체의 고유성질로서 전도에 의한 열의 이동 정도를 표시한다.

2) 열전달
고체 벽과 이에 접하는 공기층과의 전열현상으로 전도, 대류, 복사가 조합된 상태이다.

3) 열관류 [14 · 12 · 11 · 09 · 08년 출제]
① 열전도와 열전달의 복합 형식으로 벽과 같은 고체를 통하여 유체에서 유체로 열이 전달되는 것이다.
② 벽체, 천장, 지붕 및 바닥 등에서 열이 전달 → 전도 → 전달이라는 과정을 거쳐 열이 이동한다.(즉, 열전도와 열전달을 통한 벽체 내·외부 간의 열 흐름)

예제 04 기출 6회

기온, 습도, 기류의 3요소의 조합에 의한 실내 온열감각을 기온의 척도로 나타낸 온열지표는?
① 유효온도　② 등가온도
③ 작용온도　④ 합성온도

해설 기온, 습도, 기류의 실내 온열감각을 유효온도라 한다.

정답 ①

예제 05 기출 3회

다음 중 열의 이동방법에 속하지 않는 것은?
① 전도　② 대류
③ 복사　④ 투과

해설 전열에는 전도, 대류, 복사가 있다.

정답 ④

예제 06 기출 3회

어떤 물체에 발생하는 열에너지가 전달 매개체 없이 직접 다른 물체에 도달하는 전열 현상은?
① 전도　② 대류
③ 복사　④ 관류

해설 복사에 대한 설명이다.

정답 ③

예제 07 기출 6회

열전도율의 단위로 옳은 것은?
① W　② W/m
③ W/m · K　④ W/m² · K

정답 ③

예제 08 기출 6회

고체 양쪽의 유체 온도가 다를 때 고체를 통하여 유체에서 다른 쪽 유체로 열이 전해지는 현상은?
① 대류　② 복사
③ 증발　④ 열관류

해설 열관류 현상의 설명이다.

정답 ④

예제 09　기출 4회

다음은 건물 벽체의 열 흐름을 나타낸 그림이다. (　) 안에 알맞은 용어는?

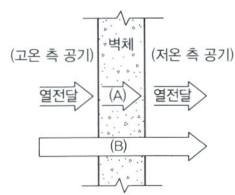

① A : 열복사, B : 열전도
② A : 열흡수, B : 열복사
③ A : 열복사, B : 열대류
④ A : 열전도, B : 열관류

해설 건축물의 전열과정이다.

정답 ④

예제 10　기출 1회

벽체의 전열에 관한 설명으로 옳지 않은 것은?

① 벽체의 열관류율이 클수록 단열성이 낮아진다.
② 벽체의 열전도저항이 클수록 단열성능이 우수하다.
③ 벽체 내 공기층의 단열효과는 기밀성에 큰 영향을 받는다.
④ 벽체의 열전도저항은 그 구성재료가 습기를 함유할 경우 커진다.

해설 습기가 적은 것이 단열에 유리하다.

정답 ④

③ 열관류율(kcal/m²h℃ = W/m²K)

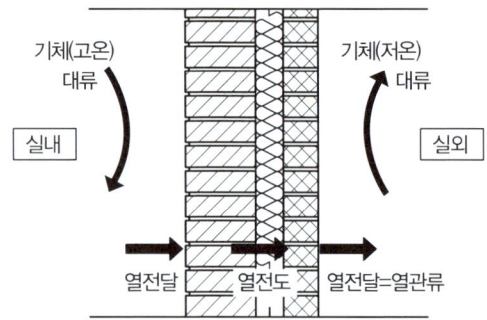

㉠ 벽의 양쪽 공기의 온도 차가 1℃일 때 벽의 1m²를 1시간에 관류하는 열량을 나타내는 것 [06년 출제]
㉡ 열관류율이 큰 재료일수록 단열성이 낮다. [09년 출제]
㉢ 열관류율의 역수를 열관류저항(m²h℃/kcal)이라 하며, 이 값이 클수록 단열성이 좋다.
㉣ 벽체의 열전도저항은 그 구성재료가 습기를 함유하면 작아진다.
㉤ 벽체 내 공기층의 단열효과는 공기층의 기밀성이나 두께와 큰 관계가 있다.

02 일조, 습기, 결로

1. 자연환경

(1) 일조(태양이 직접 비치는 직사광) [14년 출제]

1) 일조시수

태양이 구름이나 안개에 차단되지 않고 일조가 발생하는 시간의 총합계를 표시한다.

2) 자외선 [10·08년 출제]

태양복사광선 중 사진 화학반응, 생물에 대한 생육작용, 살균작용 등을 한다.

3) 일영

건축물 등에 햇빛이 비칠 때, 건축물에 의해 생기는 그림자를 말한다.

(2) 일조 계획

1) 일조의 조건 [14·13·12·07년 출제]

① 건물배치는 정남향보다는 동남향이 좋다. 최소 일조시간은 동지 기준 4시간 이상으로 한다.
② 건물의 일조 계획 시 가장 우선적으로 고려해야 하는 것은 일조권 확보이다. [06년 출제]
③ 일조의 효과는 광, 열, 보건, 위생 등이 있다.

2) 일조 조절 [16·14·11·08·06년 출제]

① 우리나라는 여름에 태양의 고도가 높고, 겨울에 태양의 고도가 낮아 남쪽에 창을 만들었을 때 겨울에 일조를 충분히 받고 여름에 차폐를 충분히 할 수 있으므로 가장 이상적이다.
② 루버, 차양, 처마 등이 있다.
③ 식수는 재반사가 적으므로 효과가 크다.
④ 겨울철 일사획득을 높이기 위해 경사지붕을 사용한다.

예제 11 기출 2회

태양복사광선 중 사진 화학반응, 생물에 대한 생육작용, 살균작용 등을 하는 것은?
① 열선 ② 적외선
③ 자외선 ④ 가시광선

해설 자외선에 대한 설명이다.
정답 ③

예제 12 기출 2회

일조의 확보와 관련하여 공동주택의 인동간격 결정과 가장 관계가 깊은 것은?
① 춘분 ② 하지
③ 추분 ④ 동지

해설 동지 기준 4시간 이상으로 한다.
정답 ④

예제 13 기출 2회

여름보다 겨울에 남쪽 창의 일사량이 많은 가장 주된 이유는?
① 여름에는 태양의 고도가 높기 때문에
② 여름에는 태양의 고도가 낮기 때문에
③ 여름에는 지구와 태양의 거리가 가깝기 때문에
④ 여름에는 나무에 의한 일광 차단이 적기 때문에

해설 여름에는 태양의 고도가 높고 겨울에는 태양의 고도가 낮기 때문이다.
정답 ①

예제 14 기출 6회

다음 중 일사 조절을 위해 사용되는 것이 아닌 것은?
① 루버 ② 반자
③ 차양 ④ 처마

해설 반자는 실내의 천장을 의미한다.
정답 ②

예제 15 〔기출 2회〕

건구온도 28℃인 공기 80kg과 건구온도 14℃인 공기 20kg을 단열 혼합하였을 때, 혼합공기의 건구온도는?

① 16.8℃ ② 18℃
③ 21℃   ④ 25.2℃

해설 혼합공기의 건구온도
=[(28×80)+(14×20)]/[80+20]
=2,520/100=25.2℃

정답 ④

예제 16 〔기출 1회〕

다음 설명이 나타내는 현상은?

> 벽면 온도가 여기에 접촉하는 공기의 노점온도 이하에 있으면 공기는 포함하고 있던 수증기를 그대로 전부 포함할 수 없게 되어 남는 수증기가 물방울이 되어 벽면에 붙는다.

① 잔향   ② 열교
③ 결로   ④ 환기

해설 결로는 습한 공기가 차가운 벽면 등에 닿아 생긴다.

정답 ③

예제 17 〔기출 4회〕

다음 중 결로의 발생원인과 가장 거리가 먼 것은?

① 환기 부족
② 실내의 불결
③ 시공의 불량
④ 실내외의 온도 차

해설 결로는 습한 공기가 차가운 벽면 등에 닿아 생기므로, 실내의 청결 여부와는 관련이 없다.

정답 ②

---

2. 습기

공기 중의 수증기가 포함된 정도로 공기의 건습 정도를 표현한다.

(1) 절대습도

1kg의 건조공기 중에 포함된 수증기의 양으로 온도변화의 영향을 받지 않는다.

(2) 노점온도 [15년 출제]

공기가 포화상태(습도 100%)가 될 때의 온도를 말한다.

(3) 건구온도 [16·13년 출제]

① 온도계의 수감부를 햇볕이 직접 닿지 않게 공기 중에 노출시켜서 측정한 온도, 즉 보통 온도계가 가리키는 온도를 말한다.
② 혼합공기의 건구온도 t_3(℃)
  =[(건구온도1×공기량1)+(건구온도2×공기량2)]/[공기량1+공기량2]

3. 결로

(1) 결로현상 [11년 출제]

습한 공기가 차가운 벽면 등에 닿으면 수증기가 물방울이 되는 현상을 말한다. 벽면 온도가 여기에 접촉하는 공기의 노점온도 이하가 되면 결로가 발생한다.

1) 원인 [13·11·09년 출제]

① 환기 부족으로 실내에서 발생하는 수증기량의 증가
② 부엌, 욕실 등 원인에 의해 실내 습기가 과다 발생한 경우
③ 실내외의 온도 차가 심한 경우
④ 습기처리시설이 빈약한 경우

2) 결로하기 쉬운 곳 [09·07년 출제]
   ① 건조가 잘 되지 않은 새 건축물에서 결로가 발생하기 쉽다.
   ② 춥고 상대습도가 높은 북쪽 방의 북향 벽에서 결로현상이 발생하기 쉽다.
   ③ 목조 주택보다 콘크리트 주택에서 결로현상이 발생하기 쉽다.
   ④ 콘크리트 주택의 결로현상은 북향의 벽이나 바닥에 발생하기 쉽다.
   ⑤ 고온 다습한 여름철과 겨울철 난방 시에 발생하기 쉽다.

(2) **결로 방지방법** [16·15·14·13·12·10·08·06년 출제]
   ① 환기를 통해 습한 공기를 제거한다.
   ② 실내온도를 노점온도 이상으로 유지시킨다.
   ③ 실내에서 발생하는 수증기를 억제한다.
   ④ 낮은 온도의 난방을 오래 하는 것이 높은 온도의 난방을 짧게 하는 것보다 결로 방지에 유리하다.
   ⑤ 단열강화에 의해 실내 측 표면온도를 높인다.
   ⑥ 실내에는 가능한 한 저온 부분을 만들지 않는다.
   ⑦ 방습층은 단열재의 고온 측에 설치한다.

(3) **단열계획** [16·15·14·10·09·08·06년 출제]
   ① 건축물의 창 및 문은 가능한 한 작게 설계한다.
   ② 외벽 부위는 외단열로 시공한다.
   ③ 외피의 모서리 부분은 열교가 발생하지 않도록 단열재를 연속적으로 설치한다.
   ④ 건물 옥상에는 조경을 하여 최상층 지붕의 열저항을 높인다.
   ⑤ 건물을 남향으로 하고 자연에너지를 이용한다.
   ⑥ 거실의 층고 및 반자 높이를 낮게 한다.
   ⑦ 북측 창은 적게 구성하고 남측에 창을 내어 겨울에 일사량을 늘린다.

예제 18 기출 8회

결로방지를 위한 방법으로 옳지 않은 것은?
① 환기를 통해 습한 공기를 제거한다.
② 실내 기온을 노점온도 이하로 유지한다.
③ 건물 내부의 표면온도를 높인다.
④ 낮은 온도의 난방을 오래 하는 것이 높은 온도의 난방을 짧게 하는 것보다 결로방지에 유리하다.

해설 실내 기온을 노점온도 이상으로 유지한다.

정답 ②

예제 19 기출 4회

건물의 단열계획에 관한 설명으로 옳지 않은 것은?
① 외벽 부위는 내단열로 시공한다.
② 건물의 창호는 가능한 한 작게 설계한다.
③ 외피의 모서린 부분은 열교가 발생하지 않도록 한다.
④ 건물 옥상에는 조경을 하여 최상층 지붕의 열저항을 높인다.

해설 외벽 부위는 외단열로 시공한다.

정답 ①

예제 20 기출 3회

에너지 절약을 위한 방법으로 옳지 않은 것은?
① 단열을 강화한다.
② 북측의 창은 되도록 적게 구성한다.
③ 거실의 층고 및 반자 높이를 높게 한다.
④ 건물을 남향으로 하고 자연에너지를 이용한다.

해설 거실의 층고 및 반자 높이를 낮게 한다.

정답 ③

공기환경

SECTION 01 실내공기의 오염 및 환기

1. 실내공기의 오염

(1) 실내공기의 오염원인

1) 직접오염원 [07년 출제]

   호흡, 습도의 증가, 기온 상승 등이 있다.

2) 간접오염원 [08 · 06년 출제]

   냄새와 거동, 의복에서의 먼지, 흡연 등이 있다.

3) 연소

   취사 및 급탕에 의한 이산화탄소와 일산화탄소의 발생과 공기 건조로 먼지 및 각종 세균이 증가한다.

4) 건축재료 [13년 출제]

   석면, 라돈, 포름알데히드 등이 있다.

(2) 이산화탄소의 발생량 [22 · 15 · 14 · 12 · 09 · 06년 출제]

① 실내공기 중의 이산화탄소 농도를 오염의 척도로 삼는다.

② 다중이용시설의 실내공기에 허용되는 이산화탄소의 기준농도는 1,000ppm 이하이다. [08년 출제]

예제 01 기출 3회

실내공기가 오염되는 간접적인 원인에 속하는 것은?
① 기온 상승 ② 호흡
③ 의복의 먼지 ④ 습도의 증가

해설 의복의 먼지, 흡연, 냄새와 거동 등이 간접적인 원인이다.

정답 ③

예제 02 기출 5회

실내공기오염의 종합적 지표로서 사용되는 오염물질은?
① 라돈 ② 부유분진
③ 일산화탄소 ④ 이산화탄소

해설 실내공기 오염의 지표는 이산화탄소 농도이다.

정답 ④

2. 환기

(1) 환기량 [09·07년 출제]

① 1인당 환기량(m³/h·인)

② 환기횟수(회/h) : 1시간에 이루어지는 환기량을 실용적으로 나눈 것이다.

$$n = V/R$$

여기서, n : 환기횟수(회/h)
V : 환기량(소요 공기량)(m³/h)
R : 실용적(m³) [10년 출제]

(2) 환기기준

1) 별도의 환기장치가 없는 바닥

거실 바닥면적의 1/20 이상의 환기에 유효한 개구부 면적을 확보하도록 건축법으로 규정하고 있다. [12년 출제]

2) 창이 없는 거실 및 집회실의 경우

1인당 20m³/h 이상의 환기량을 요구한다.

(3) 자연환기 [16·14·13·12·11·10·09·08·07년 출제]

주택, 아파트, 학교 등과 같이 계속적으로 환기가 필요한 곳에 사용한다.

1) 풍력환기

① 외기의 바람(풍력)에 의한 환기로 실 개구부의 배치에 따라 많은 차이가 있다.

② 실외의 풍속이 클수록 환기량은 많아진다.

2) 중력환기

① 부력에 의해, 즉 실내외 공기의 온도 차에 의해 환기를 할 수 있다.

② 실내외의 온도 차가 클수록 환기량은 많아진다.

3) 보조환기기구

① 환기통을 출입구의 고저 차와 통 내외의 온도 차에 의한 부력으로 환기를 한다.

② 개구부 면적이 클수록 환기량은 많아진다.

③ 환기구, 환기통, 루프 벤틸레이션, 모니터 루프(Monitor Roof) 등이 있다.

예제 03 기출 2회

환기량이 50m³/h, 실용적이 25m³인 거실의 시간당 환기횟수는?
① 6회 ② 4회
③ 2회 ④ 1회

해설 $n = V/R$, 따라서 50/25=2회

정답 ③

예제 04 기출 1회

공동주택의 거실에서 환기를 위하여 설치하는 창문의 면적은 최소 얼마 이상이어야 하는가?
① 거실 바닥면적의 1/5 이상
② 거실 바닥면적의 1/10 이상
③ 거실 바닥면적의 1/20 이상
④ 거실 바닥면적의 1/40 이상

해설 거실 바닥면적의 1/20 이상의 환기에 유효한 개구부 면적을 확보하도록 건축법으로 규정하고 있다.

정답 ③

예제 05 기출 9회

자연환기에 관한 설명으로 옳지 않은 것은?
① 풍력환기량은 풍속에 반비례한다.
② 중력환기와 풍력환기로 대별된다.
③ 중력환기량은 개구부 면적에 비례하여 증가한다.
④ 중력환기는 실내외의 온도 차에 의한 공기의 밀도차가 원동력이 된다.

해설 풍력환기량은 풍속에 비례한다.

정답 ①

예제 06 기출 4회

실내외의 온도 차에 의한 공기의 밀도 차가 원동력이 되는 환기방법은?
① 풍력환기 ② 중력환기
③ 기계환기 ④ 인공환기

정답 ②

(4) 기계환기(송풍방식)

1) **중앙식**

    한 장소에서 환기 조작을 하여 외기 혹은 실내공기를 일부 덕트를 통하여 각 실로 환기하는 것이다.

2) **개별식**

    ① 각 실에 소형 팬을 설치하여 각 실에 임의로 환기를 할 수 있다.
    ② 후드가 국소배기장치로 포집구로서 잘 사용된다.

3) **기계환기 분류** [16 · 15 · 13 · 12 · 11년 출제]

    ① 1종 환기 : 급기와 배기측에 송풍기를 설치하여 정확한 환기량과 급기량 변화에 의해 실내압을 정압 또는 부압으로 유지할 수 있는 환기법이다.
    [병용식 – 기계송풍 + 기계배기 예 전기실, 주차장 등]

    ② 2종 환기 : 급기를 기계식으로 하고 배기는 자연적으로 배출하며, 외부의 오염공기 침입을 방지하고 실내의 압력이 외부보다 높아진다.(실내는 정압)
    [압입식 – 기계송풍 + 자연배기 예 공장무균실, 반도체 시설 등]

    ③ 3종 환기 : 배기를 기계식으로 하며 실내에서 발생한 악취나 오염을 바로 배출한다.(실내는 부압)
    [흡출식 – 자연급기 + 기계배기 예 화장실, 주방 등]

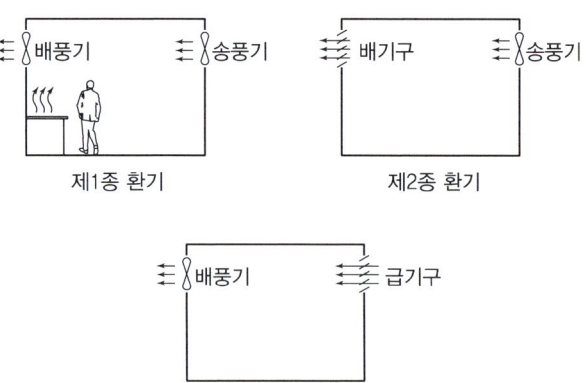

예제 07 기출 4회

다음 설명에 알맞은 환기방법은?

- 실내공기를 강제적으로 배출시키는 방법으로 실내는 부압이 된다.
- 주택의 화장실, 욕실 등의 환기에 적합하다.

① 자연환기
② 압입식 환기(급기팬과 자연배기의 조합)
③ 흡출식 환기(자연급기와 배기팬의 조합)
④ 병용식 환기(급기팬과 배기팬의 조합)

해설 흡출식 환기인 3종 환기의 설명이다.

정답 ③

예제 08 기출 2회

열기나 유해물질이 실내에 널리 산재되어 있는 경우 급기로 실내의 전체 공기를 희석하여 배출시키는 방법은?

① 집중환기   ② 전체환기
③ 국소환기   ④ 고정환기

정답 ②

(5) **전체환기** [23 · 15년 출제]
① 열기나 유해물질이 실내에 널리 산재되어 있는 경우 급기로 실내의 전체 공기를 희석하여 배출시키는 방법를 말한다.
② 유해물질의 농도가 감소되어 근로자의 건강을 유지, 증진시키며 화재나 폭발을 예방하고 온도와 습도를 조절할 수 있다.

(6) **위치에 따른 환기방식**

1) 상향환기

배기구가 천장이나 벽의 상부에 구성되며, 난방 효율은 좋아지나 냉방의 효율이 저하되고 먼지, 세균 등의 확산 우려가 있다.
예 음식점

2) 하향환기

흡기구가 상부에 구성되며, 냉방용으로 많이 쓰이고, 사람이 많은 곳에 사용된다.
예 학교, 병원

빛환경

01 빛환경

1. 빛과 조명의 요소

(1) 빛 관련 용어

1) 조도(단위 : lx) [15·10년 출제]

   수조면의 단위면적에 도달하는 광속의 양을 말하고, 장소의 밝기를 말한다.

2) 균제도 [14·11·08년 출제]

   조도 분포의 정도를 표시하며 최고조도에 대한 최저조도의 비율로 나타낸다.

3) 휘도(단위 : cd/m²) [16년 출제]

   빛을 받는 반사면에서 나오는 광도의 면적을 휘도라 한다. 휘도 차에서 오는 눈부심을 적게 하는 적정 조명도와 균일한 조명도를 유지하는 것이 중요하다.

4) 조도와 거리의 관계 [11년 출제]

$$E = l/d^2$$

여기서, E : 반사면의 조도
l : 점광원의 광도
d : 광원과 반사면까지의 거리

예제 01 기출 2회

조도의 정의로 가장 알맞은 것은?
① 면의 단위면적에서 발산하는 광속
② 수조면의 단위면적에 입사하는 광속
③ 복사로서 전파하는 에너지의 시간적 비율
④ 점광원으로부터의 단위입체각당 발산 광속

해설 조도는 장소의 밝기를 말한다.

정답 ②

예제 02 기출 3회

조도 분포의 정도를 표시하며 최고조도에 대한 최저조도의 비율로 나타내는 것은?
① 휘도   ② 광도
③ 균제도   ④ 조명도

정답 ③

(2) 현휘(Glare : 눈부심 현상)

시야 내에 눈이 순응하고 있는 휘도보다 현저하게 휘도가 높은 부분이 있거나 대비가 현저하게 큰 부분이 있어 잘 보이지 않거나 불쾌한 느낌을 주는 현상을 현휘라 한다.

(3) 눈부심 방지대책 [22 · 12 · 11 · 07년 출제]

① 광원 주위를 밝게 한다.
② 발광체의 휘도를 낮춘다.
③ 광원을 시선에서 멀리 처리한다.
④ 적정 조도와 균일한 조도를 유지한다.
⑤ 시선을 중심으로 해서 30° 범위 내의 글래어 존에는 광원을 설치하지 않는다.

2. 채광

(1) 자연채광

① 자연광을 이용하여 필요한 공간의 빛을 유지시키는 것이다.
② 심리적, 경제적으로 조명기술이 따라갈 수 없을 정도로 우수한 조명이다.

(2) 주광률(Daylight Factor) [09년 출제]

① 계절이나 시각, 날씨에 따라 변화하는 주광의 양을 설계지표로 삼기가 곤란하므로 주광률을 이용하여 채광계획의 지표로 한다.
② 야외 조도와 관계없이 실내 어느 점의 밝기를 나타내는 지표이다.
③ 옥외에서의 전천공(E_s)에 대한 실내에서의 한 지점의 작업면 조도(E)의 백분율로 정의한다.

주광률＝(실내 조도/전천공 조도)×100%

예제 03 기출 4회

눈부심(Glare)의 방지대책으로 옳지 않은 것은?
① 광원 주위를 밝게 한다.
② 발광체의 휘도를 높인다.
③ 광원을 시선에서 멀리 처리한다.
④ 시선을 중심으로 해서 30° 범위 내의 글래어 존에는 광원을 설치하지 않는다.

해설 발광체의 휘도를 낮춘다.

정답 ②

예제 04 기출 1회

주광률(Daylight Factor)을 나타내는 식은?
① 주광률＝(실내 조도/전천공 조도)×100%
② 주광률＝(입사광속/발산광속)×100%
③ 주광률＝(발산광속/단위투영광속)×100%
④ 주광률＝(휘도/광도)×100%

해설 옥외 조도와 상관없이 실내 조도를 나타내는 지표이다.

정답 ①

예제 05 기출 1회

다음 설명에 알맞은 조명 관련 용어는?

> 태양광(주광)을 기준으로 하여 어느 정도 주광과 비슷한 색상을 연출할 수 있는지를 나타내는 지표

① 광도 ② 휘도
③ 조명률 ④ 연색성

정답 ④

예제 06 기출 1회

할로겐램프에 관한 설명으로 옳지 않은 것은?

① 휘도가 낮다.
② 백열전구에 비해 수명이 길다.
③ 연색성이 좋고 설치가 용이하다.
④ 흑화가 거의 일어나지 않고 광속이나 색온도의 저하가 극히 적다.

해설 할로겐램프는 휘도가 높고 수명이 다할 때까지 색온도 저하가 적다.

정답 ①

---

3. 인공조명

(1) 조명의 의의 [15년 출제]

① 인공 빛을 이용하여 필요한 공간의 밝히는 기술이다.
② 밝기의 안정성과 균일성을 일정하게 유지시킬 수 있다.
③ 전등에 의한 빛 중에서 자연광에 가까운 것을 연색성이 높다고 한다.

(2) 인공조명의 종류

1) 백열전구 [06년 출제]

작고 가벼우며 표면 밝기가 매우 높아 사용자의 눈이 부시고 수명이 짧다. 비교적 좁은 장소의 전반조명이나 국부조명용으로 많이 쓰인다.

2) 할로겐램프 [14년 출제]

휘도가 높고 흑화가 거의 일어나지 않으며 색온도의 저하가 적다. 연색성이 좋고 수명이 길며 설치가 용이하다.

CHAPTER 04 음환경

SECTION 01 음의 기초 및 실내음향

(1) 음의 요소

1) 음의 고조(높이) [11 · 07년 출제]

① 주파수에 따라 결정되며 저주파수는 낮게, 고주파수는 높게 감지된다.
② 민감한 주파수는 3,000~4,000Hz이다.

2) 음의 세기(강도)

① 소리의 세기(SI : Sound Intensity)
   소리(음파)가 단위 시간당(sec) 단위 면적(m^2)을 통과하는 음의 에너지량을 음의 세기라 한다. 단위는 W/m^2이다.
② 세기 레벨(SIL : Sound Intensity Level) [23 · 12 · 10년 출제]
   기준 소리의 세기에 비교하여 나타낸 척도(레벨)로 단위는 데시벨(dB)이다.
③ 소리의 강도(W/m^2)는 측정하기 어려워 주로 음압 또는 음압 레벨 단위로 측정하고 나타내며 사람의 최대가청한계는 130dB이다.

(2) 음의 속도 [10 · 06년 출제]

① 공기 중에 전파되는 음의 속도는 실용적으로 15℃일 때 340m/s이다.
② 음속(소리의 빠르기)에 가장 크게 영향을 주는 것은 온도변화이다.

(3) 음의 크기 [15 · 14 · 09년 출제]

① 음의 감각적인 크기를 표현할 때는 폰(Phon)을 쓴다.
② 음의 대소를 나타내는 감각량을 음의 크기를 표현할 때는 손(Sone)을 쓴다.

예제 01   기출 1회

음의 고저(Pitch)를 결정하는 요소는?

① 음속 ② 음색
③ 주파수 ④ 잔향시간

해설 주파수에 따라 결정되며 3,000~4,000Hz가 민감한 음의 높이이다.

정답 ③

예제 02   기출 3회

음의 세기 레벨을 나타낼 때 사용하는 단위는?

① ppm ② cyle
③ dB ④ lm

해설 세기 레벨의 단위는 데시벨이다.

정답 ③

예제 03   기출 2회

음의 대소를 나타내는 감각량을 음의 크기라고 하는데, 음의 크기의 단위는?

① pH ② dB
③ sone ④ phon

해설 음의 크기 단위는 sone이다.

정답 ③

(4) 음의 성질

1) 반향(Echo) [16·09년 출제]

음원에서 나온 음파가 물체 등에 부딪혀 반사된 후 다시 관찰자에게 들리는 현상이다.

2) 간섭 [15·12·08년 출제]

서로 다른 음원에서의 음이 중첩되고 합성되어 음의 쌍방의 상황에 따라 강해지거나 약해진다.

3) 회절 [16·14년 출제]

음파는 파동의 하나이기 때문에 물체가 진행방향을 가로 막고 있다고 해도 그 물체의 후면에도 전달된다. 이러한 현상을 회절이라 한다.

4) 마스킹 효과 [22·15년 출제]

큰 소리와 작은 소리가 동일한 시간(또는 약간의 시간 차이를 갖는)에 귀로 들어 올 때에 큰 소리에 의해 작은 소리가 잘 들리지 않는 현상이다.

5) 정상소음 [13·12년 출제]

음압 레벨의 변동 폭이 좁고, 측정자가 귀로 들었을 때 음의 크기가 변동하고 있다고 생각되지 않는 종류의 음이다.

6) 진음 [13년 출제]

세기와 높이가 일정한 음으로, 확성기나 마이크로폰의 성능 실험 등에 음원으로 사용된다.

2. 실내음향

(1) 실내음향 계획 [13·08·07·06년 출제]

① 실내 전체에 음압이 고르게 분포되도록 한다.
② 실내외의 유해한 소음 및 진동이 없도록 한다.
③ 반향(Echo), 음의 집중, 공명 등의 음향장애가 없도록 한다.
④ 반사음이 한 곳으로 집중되지 않도록 한다.
⑤ 음의 초점이 생기기 쉬운 원형, 타원형, 오목면은 피한다.

예제 04 기출 3회

다음 설명에 알맞은 음과 관련된 현상은?

> 서로 다른 음원에서의 음이 중첩되면 합성되어 음의 쌍방의 상황에 따라 강해지거나 약해진다.

① 굴절 ② 회절
③ 간섭 ④ 흡음

정답 ③

예제 05 기출 2회

다음 설명에 알맞은 음과 관련된 현상은?

> 큰 소리와 작은 소리가 동일한 시간(또는 약간의 시간 차이를 갖는)에 귀로 들어 올 때에 큰 소리에 의해 작은 소리가 잘 들리지 않는 현상이다.

① 굴절 ② 회절
③ 마스킹 효과 ④ 흡음

정답 ③

예제 06 기출 3회

다음의 실내음향 계획에 대한 설명 중 옳지 않은 것은?
① 유해한 소음 및 진동이 없도록 한다.
② 실내 전체에 음압이 고르게 분포되도록 한다.
③ 반향, 음의 집중, 공명 등의 음향장애가 없도록 한다.
④ 실내벽면은 음의 초점이 생기기 쉽도록 원형, 타원형, 오목면 등을 많이 만들도록 한다.

해설 음의 초점이 생기는 원형, 타원형 오목면 등은 피한다.

정답 ④

(2) 실내음향 장치
① 방음 : 주변에서의 소음 발생으로부터 소음을 줄이기 위한 장치이다.
② 흡음 : 소리를 흡수하기 위한 장치로 밀도가 낮은 다공질 또는 섬유질을 사용한다.
③ 차음 : 소음을 차단하기 위한 장치로 재질이 단단하고 무거우며 치밀한 것을 사용한다.

3. 잔향이론

(1) 잔향 [16·09년 출제]
음원을 정지시킨 후 일정시간 동안 실내에 소리가 남는 현상을 말한다.

(2) 잔향시간 [16·14·13·11·10·09·06년 출제]
① 실내음의 발생을 중지시킨 후 60dB까지 감소하는 데 소요되는 시간을 말한다.
② 잔향시간은 실의 용적이 크면 클수록 길다.(용적과 비례)
③ 잔향시간은 실의 형태와 무관하다.
④ 천장과 벽의 흡음력을 크게 하면 잔향시간이 짧아진다.(흡음력과 반비례) 특히, 양탄자와 같은 천이 흡음력이 높다.
⑤ 강연, 연극, 회의실 등 이야기 소리의 청취를 목적으로 한 실은 잔향시간을 짧게 하여 음성의 명료도를 높인다.(TV스튜디오)
⑥ 오케스트라, 뮤지컬 등 음악을 주로 하는 경우 잔향시간을 길게 하여 음악의 음질을 우선으로 한다.(콘서트홀, 가톨릭성당, 오페라 하우스)

(3) 실내소음 조절 [14년 출제]
① 소음원 조사 → 소음 경로 조사 → 소음 레벨 측정 → 소음 방지 설계
② 교통이 혼합한 경우 80dB, 주거지역은 60dB, 주택의 실내는 20dB 정도 되어야 한다.

(4) 소음방지 대책
① 외부 소음에 방음벽, 외벽 설치나 나무 심기를 한다.
② 실내 개구부에 이중창을 설치한다.
③ 내부 소음을 줄이기 위해 거실과 응접실에 카펫(양탄자) 또는 매트를 깔아 놓는다.

예제 07 기출 3회

실내에서는 소리를 갑자기 중지시켜도 소리가 그 순간에 없어지는 것이 아니라 점차 감소되다가 안 들리게 되는데, 이와 같이 음 발생이 중지된 후에도 소리가 실내에 남는 현상은?
① 굴절   ② 반사
③ 잔향   ④ 회절

해설 잔향에 대한 설명이다.

정답 ③

예제 08 기출 8회

음의 잔향시간에 관한 설명으로 옳지 않은 것은?
① 잔향시간은 실의 용적에 비례한다.
② 잔향시간이 길면 앞소리를 듣기 어렵다.
③ 잔향시간은 벽면 흡음도의 영향을 받는다.
④ 실의 형태는 잔향시간의 가장 주된 결정요소이다.

해설 잔향시간은 실의 형태와 무관하다.

정답 ④

예제 09 기출 3회

다음 중 잔향시간이 일반적으로 가장 짧아야 할 장소는?
① 콘서트홀
② 가톨릭성당
③ 오페라 하우스
④ TV스튜디오

해설 명료도가 높은 곳은 잔향시간이 짧다.

정답 ④

MEMO

실내건축재료

CHAPTER 01 건축재료의 개요
CHAPTER 02 각종 재료의 특성, 용도, 규격에 관한 지식

 출제경향

개정 이후 매회 60문제 중 19~20문제가 출제되며, 제1장은 1~2문제, 제2장은 17~18문제가 출제되고 있다. 특히, 제2장은 실내건축재료의 특성을 이해하는 과목이므로 정독하여 공부하고 과년도 문제를 집중 공부하기 바란다.

CHAPTER 01 건축재료의 개요

SECTION 01 재료의 발달 및 분류

1. 건축재료의 발달

(1) 선사시대~18세기 초
① 목재, 석재, 점토 등과 같은 천연재료를 대부분 사용하였다.
② 건축구조의 변천은 동굴주거 → 움집주거 → 지상주거 순으로 발달하였다. [13년 출제]

(2) 18세기 말
① 18세기 말 : 소다유리가 발명되었다.
② 19세기 초 : 영국의 애습딘(Aspdin)에 의해 포틀랜드 시멘트가 발명되었다.
③ 19세기 중 : 프랑스 모니에(Monier)에 의해 철근콘크리트가 이용되었다.

(3) 20세기 [09 · 08년 출제]
시멘트, 철, 유리 세 가지가 건축의 주재료였다.

(4) 20세기 후반 [09 · 07년 출제]
인공재료들의 개발과 규격화로 더 높고 넓은 건축물들을 자유롭게 건축할 수 있었으며 공기 단축을 위한 조립식 건축물도 함께 발전되었다.

(5) 현대 건축
① 고성능화, 공업화
② 프리패브화의 경향에 맞는 재료개선
③ 에너지 절약화와 능률화

예제 01 기출 2회

20세기 새로운 건축의 모체가 된 3가지 재료는?
① 벽돌, 블록, 시멘트
② 목재, 석재, 도장재
③ 강재, 유리, 시멘트
④ 철근, 시멘트, 섬유

해설 철, 유리, 시멘트가 건축의 주재료였다.

정답 ③

예제 02 기출 2회

재료의 발달과정에 대한 설명 중 옳지 않은 것은?
① 선사시대부터 18세기 초기까지 목재, 석재, 점토 등과 같은 천연재료를 대부분 사용하였다.
② 18세기 후반에 일어난 산업혁명 이후부터 재료의 제조기술이 점진적으로 발전하였다.
③ 20세기 중반에 들어 신소재의 개발이나 제조기술의 발전이 있었으나, 재료의 형태는 18세기 후반과 비교하여 거의 변화가 없었다.
④ 미래에는 건설현장에 로봇 등이 대량 투입될 전망이므로, 로봇시공에 적합한 재료를 제조할 필요가 있다.

해설 20세기 이후 인공재료의 개발과 규격화로 공기를 단축할 수 있는 조립식 구조가 함께 발전되었다.

정답 ③

2. 건축재료의 분류

(1) 제조분야에 따른 분류
① 천연재료(자연재료) : 석재, 목재, 토벽 등
② 인공재료(공업재료) : 금속제품, 요업제품, 석유제품 등

(2) 화학조성에 따른 분류
1) 무기재료 [15·14·13·10·09·08년 출제]

① 비금속 : 석재, 흙, 시멘트, 콘크리트, 도자기류
② 금속 : 철강, 알루미늄, 구리, 합금류

2) 유기재료 [16·15·13·07년 출제]

① 천연재료 : 목재, 대나무, 아스팔트, 섬유판, 옻나무
② 합성수지 : 플라스틱재, 도료, 실링재, 접착제

> **예제 03**　　기출 9회
> 건축재료를 화학조성에 따라 분류할 경우, 무기재료에 속하지 않는 것은?
> ① 흙　　② 목재
> ③ 석재　　④ 알루미늄
> **해설** 목재는 유기재료에 속한다.
> **정답** ②

3. 건축재료의 일반적 성질

(1) 역학적 성질

1) 탄성 [23·16·15·13·12·11년 출제]

재료에 외력이 작용하면 순간적으로 변형이 생기지만 외력을 제거하면 순간적으로 원형으로 회복하는 성질을 말한다.

2) 소성 [16·14·11년 출제]

재료에 외력이 어느 한도에 도달하면 외력의 증가 없이 변형만 증대하는 성질을 말한다. 이 경우 외력을 제거해도 원형으로 회복되지 않는다.

3) 취성 [22·12·08·07년 출제]

주철, 유리와 같은 재료는 작은 변형만으로도 파괴되는데 이러한 성질을 말한다.

4) 강도 [08년 출제]

외력을 받았을 때 절단, 좌굴과 같은 이상적인 변형을 일으키지 않고 이에 저항할 수 있는 능력을 나타내는 척도를 말한다.

> **예제 04**　　기출 7회
> 물체에 외력을 가하면 변형이 생기나 외력을 제거하면 순간적으로 원래의 형태로 회복되는 성질을 말하는 것은?
> ① 탄성　　② 소성
> ③ 강도　　④ 응력도
> **정답** ①

> **예제 05**　　기출 3회
> 재료에 사용하는 외력이 어느 한도에 도달하면 외력의 증가 없이 변형만 증대하고, 외력을 제거해도 원형으로 회복하지 않고 변형이 잔류하는데, 이 같은 성질을 무엇이라 하는가?
> ① 탄성　　② 인성
> ③ 소성　　④ 점성
> **정답** ③

예제 06 기출 3회

유리와 같이 재료가 외력을 받았을 때 극히 작은 변형을 수반하고 파괴되는 성질은?

① 강성 ② 연성
③ 취성 ④ 전성

정답 ③

5) **전성** [16·12·06년 출제]

   재료를 해머 등으로 두들겼을 때 얇게 펴지는 성질이며 금, 납 등을 들 수 있다.

6) **인성** [14년 출제]

   압연강, 고무와 같은 재료가 파괴에 이르기까지 고강도의 응력에 견딜 수 있고 동시에 큰 변형을 나타내는 성질을 말한다.

7) **연성**

   재료에 인장하중을 받으면 파괴할 때까지 큰 신장을 나타내는 것이 있다. 이러한 종류의 재료를 연성이 크다고 한다. 또한 고강도의 응력을 받아서 연성을 나타내는 재료는 인성이 큰 재료이다.

(2) **물리적 성질**

1) **비중**

   어느 물체의 무게가 같은 부피, 물의 무게의 몇 배인가를 나타내는 수치이다.

2) **함수율**

   재료 속에 포함된 수분의 중량을 그 재료의 건조 시의 중량으로 나눈 값을 말하며, 완전히 건조된 재료는 함수율이 0이다.

3) **열전도율**

   단위 두께를 가진 재료의 맞닿는 두 면에 단위 온도 차를 줄 때 단위시간에 전해지는 열량을 말한다.

4) **연화점** [15년 출제]

   열을 가하면 물러지기 시작하여 액체로 변화하는 상태에 달할 때의 온도를 말한다. 보통유리의 연화점은 약 740℃, 컬러유리는 1,000℃ 정도이다.

예제 07 기출 1회

화원에 의해 분해가스에 인화되어 목재에 착염되고 연소를 시작하는 착화점의 온도는?

① 약 100℃ ② 약 160℃
③ 약 260℃ ④ 약 450℃

해설 착화점은 270℃ 내외이다.

정답 ③

5) **착화점** [07년 출제]

   가연성 가스의 발생이 많아지고 불꽃에 의해서 목재에 불이 붙는다. 목재의 착화점은 270℃ 내외가 된다.

6) **흡음률**

   재료에 입사한 음의 에너지에 대하여 재료에 흡수되거나 투과된 음의 에너지의 비율을 말한다.

7) 차음률

재료의 한편에 투사된 음의 세기가 반대편에서 얼마나 약화되는지, 즉 음의 차단 정도를 말한다.

(3) **화학적 성질** [13 · 11 · 08년 출제]

① 알루미늄 새시는 콘크리트에서 부식되므로 피복을 해야 한다.
② 콘크리트는 알칼리성으로 산과 반응하면 중성화가 진행되어 구조적인 내력을 급격하게 저하시킨다.
③ 바닷물은 염분이 있어 철근을 녹슬게 하므로 콘크리트 반죽 시 깨끗한 물을 사용한다.
④ 유성 페인트를 콘크리트나 모르타르면에 칠하면 줄무늬가 생긴다.
⑤ 대리석은 산성에 약하므로 내부에 사용한다.

예제 08 기출 2회

차음성이 높은 재료의 특성과 가장 거리가 먼 것은?
① 무겁다.   ② 단단하다.
③ 치밀하다. ④ 다공질이다.

해설 음을 차단하려면 무겁고, 단단하며 치밀해야 한다.

정답 ④

예제 09 기출 3회

재료의 화학적 성질에 관한 설명 중 옳지 않은 것은?
① 알루미늄 새시는 콘크리트나 모르타르에 접하면 부식된다.
② 산을 취급하는 화학공장에서 콘크리트의 사용은 바닥의 얼룩을 방지해 준다.
③ 대리석을 외부에 사용하면 광택이 상실되어 장식적인 효과가 감소된다.
④ 유성 페인트를 콘크리트나 모르타르면에 칠하면 줄무늬가 생긴다.

해설 콘크리트는 산과 반응하면 중성화가 진행되어 부식된다.

정답 ②

구조별 사용재료의 특성

1. 사용목적에 따른 분류 [16·15·14·12·10·08·07년 출제]

(1) 구조재료 [14년 출제]
① 건축물의 골조인 기둥, 보, 벽체 등 내력부를 구성하는 재료이다.
② 목재, 석재, 콘크리트, 철강 등이 있다.

(2) 마감재료
① 내력부 이외의 칸막이, 장식 등을 목적으로 사용하는 내외장재료이다.
② 실내공간의 성격 형성과 가장 관련이 깊은 디자인 요소이다.
③ 타일, 도벽, 유리, 금속판, 보드류, 도료 등이 있다.

(3) 차단재료 [16·09년 출제]
① 방수, 방습, 차음, 단열 등을 목적으로 사용하는 재료이다.
② 아스팔트, 실링재, 페어글라스, 글라스울 등이 있다.

(4) 방화, 내화재료
① 화재의 연소방지 및 내화성의 향상을 목적으로 하는 재료이다.
② 방화문, PC부재, 석면 시멘트판, 규산칼슘판, 암면 등이 있다.

예제 10 기출 9회
다음 중 건축재료의 사용목적에 따른 분류에 속하지 않는 것은?
① 구조재료 ② 차단재료
③ 방화재료 ④ 유기재료
해설 유기재료는 화학조성에 따른 분류에 속한다.
정답 ④

예제 11 기출 1회
건축재료는 사용목적에 따라 구조재료, 마감재료, 차단재료 등으로 구분할 수 있다. 다음 중 구조재료로 볼 수 있는 것은?
① 유리 ② 타일
③ 목재 ④ 실링재
해설 구조재료는 힘을 받을 수 있는 재료인 목재, 석재, 콘크리트, 철강 등이다.
정답 ③

예제 12 기출 3회
다음 중 구조재료에 요구되는 성능과 가장 거리가 먼 것은?
① 역학적 성능 ② 물리적 성능
③ 화학적 성능 ④ 감각적 성능
해설 감각적 성능은 마감재료에 필요하다.
정답 ④

2. 건축재료의 요구성능 [15·12·10년 출제]

성질\재료	역학적 성능	물리적 성능	내구 성능	화학적 성능	방화, 내화 성능	감각적 성능	생산 성능
구조재료	강도, 강성, 내피로성	비수축성	냉해, 변질, 내부후성	발청, 부식, 중성화	불연성, 내열성		가공성, 시공성
마감재료		열, 음, 빛의 투과, 반사			비발연성, 비유독가스	색채, 촉감	
차단재료		열, 음, 빛, 수분의 차단					
내화재료	고온강도, 고온변형	고융점		화학적 안정	불연성		

3. 건축 부위에 요구되는 성질

구조체, 지붕, 바닥, 외벽, 내벽, 천장 등과 같이 사용되는 각 부위의 특질이나 요구성능 등에 기초를 두어 분류한다.

(1) 구조 주재료 [22·15·14·12·11·09·07·06년 출제]

건축물의 구조물의 주체가 되는 기둥, 보, 내력 벽체 등을 구성하는 재료이다.
① 재질이 균일하고 강도가 큰 것이어야 한다.(가장 우선적)
② 내구성과 내화성이 큰 것이어야 한다.
③ 가볍고 큰 재료를 쉽게 구할 수 있어야 한다.
④ 가공이 용이해야 한다.

(2) 구조 부재료

구조 주재료에 첨가 또는 부가하여 건축물을 완성하는 보조적 역할을 하는 재료로, 종류 및 특징은 다음과 같다.

1) 지붕재료

① 재료가 가볍고, 방수, 방습, 내화, 내수성이 큰 것을 사용한다.
② 열전도율이 작은 것을 사용한다.
③ 외관이 보기 좋아야 한다.

2) 벽, 천장재료 [10년 출제]

① 흡음이 잘되고, 내화, 내구성이 큰 것을 사용한다.
② 외관이 좋고 시공이 용이해야 한다.
③ 열전도율이 작은 것을 사용한다.

3) 바닥, 마무리재료 [16·12·11·10·06년 출제]

① 마멸이나 미끄럼이 작아야 하며 청소가 용이해야 한다.
② 외관이 좋고, 탄력성이 있어 충격을 흡수할 수 있으면 좋다.
③ 내화, 내구성이 큰 것을 사용한다.

예제 13 기출 3회

다음 중 역학적 성능이 가장 요구되는 건축재료는?
① 차단재료 ② 내화재료
③ 마감재료 ④ 구조재료

해설 구조재료는 구조물의 주체가 되므로 역학적 성능 중 강도, 강성, 내피로성이 가장 요구된다.

정답 ④

예제 14 기출 9회

구조재료로서 요구되는 재료의 성질과 가장 거리가 먼 것은?
① 내구성이 작아야 한다.
② 가공이 용이한 것이어야 한다.
③ 재질이 균일하고 강도가 큰 것이어야 한다.
④ 가볍고 큰 재료를 용이하게 얻을 수 있는 것이어야 한다.

해설 구조재료는 내구성이 커야 한다.

정답 ①

예제 15 기출 1회

건축물의 벽체에 사용되는 재료의 요구성능에 대한 설명 중 옳지 않은 것은?
① 외관이 좋은 것이어야 한다.
② 열전도율이 큰 것이어야 한다.
③ 시공이 용이한 것이어야 한다.
④ 흡음이 잘되고 내화, 내구성이 큰 것이어야 한다.

해설 열전도율이 작은 것을 사용해야 단열성이 좋다.

정답 ②

> **예제 16** 기출 4회
>
> 다음 중 바닥재료에 요구되는 성질과 가장 거리가 먼 것은?
> ① 열전도율이 커야 한다.
> ② 청소가 용이해야 한다.
> ③ 내구, 내화성이 커야 한다.
> ④ 탄력이 있고 마모가 적어야 한다.
>
> **해설** 바닥재료에는 열전도율 성질이 그리 중요하지 않다.
>
> **정답** ①

4) 창호, 수장재료

① 온도와 수분에 의한 변형이 작아서 가공하기 용이해야 한다.
② 외관이 좋고 내화, 내구성이 큰 것을 사용한다.

5) 설비재료

건축물의 사용상 능률을 보완하고 향상시키는 재료들이다. 현대로 갈수록 비용과 사용범위가 점점 증가되고 있다.

6) 가설재료

건축물을 신축하거나 보수할 때 사용하고 건축물이 완성된 다음 철거해야 하는 재료들이다.

# 각종 재료의 특성, 용도, 규격에 관한 지식

◆ SECTION ◆

 목재의 분류 및 성질

1. 목재의 장단점

(1) 장점 [15·14·10·09·07·06년 출제]

① 가벼워 취급과 가공이 쉽고 외관이 아름답다.
② 비중에 비하여 강도가 크다.(인장, 압축강도)
③ 열전도율, 열팽창률이 작아 보온, 방한, 방서재료로 사용한다.
④ 음의 흡수와 차단이 좋다.
⑤ 내산, 내약품성이 있고, 염분에 강하다.
⑥ 공급량이 풍부하여 구하기가 쉽고 비교적 싸다.

(2) 단점 [06년 출제]

① 내화성이 나빠서 화재 우려가 있다.
② 수분에 의한 변형과 팽창, 수축이 크다.
③ 충해 및 풍화로 인해 부패하므로 비내구적이다.
④ 생물이라 큰 재료를 얻기 어렵다.
⑤ 재질 및 섬유방향에 따라 강도가 다르다.
⑥ 함수율에 따라 팽창, 수축이 크다.

2. 목재의 분류와 조직

(1) 목재의 분류 [07년 출제]

① 침엽수 : 구조용으로 소나무, 낙엽송, 전나무 등이 있다.
② 활엽수 : 치장재, 가구재로 참나무, 단풍나무, 호두나무, 흑단 등이 있다.

예제 01   기출 10회

목재의 재료적 특성으로 옳지 않은 것은?
① 열전도율과 열팽창률이 작다.
② 음의 흡수 및 차단성이 크다.
③ 가연성이 크고 내구성이 부족하다.
④ 풍화마멸에 잘 견디며 마모성이 작다.

해설 목재는 풍화마멸이 쉽고 마모성이 크므로 비내구적이다.

정답 ④

예제 02   기출 3회

다음 중 목재의 일반적인 성질에 관한 설명으로 옳은 것은?
① 목재의 기건함수율은 계절, 장소, 기후와 상관없이 항상 동일하다.
② 섬유포화점 이상의 함수상태에서는 함수율의 증감에 거의 비례하여 신축을 일으킨다.
③ 열전도도가 낮아 여러 가지 보온 재료로 사용된다.
④ 섬유포화점 이상의 함수상태에서는 함수율의 증가에 따라 강도는 현저히 감소한다.

해설 기건상태는 목재를 건조하여 대기 중에 습도와 균형상태이며, 섬유포화점 이상에서 수축, 팽창과 강도는 증감 없이 불변한다.

정답 ③

(2) **실내건축재료의 목재** [07년 출제]

① 벚나무 : 원색이 붉은색을 띠고 있어 도장처리를 할 경우 강렬한 이미지를 연출할 수 있다.
② 부빙가(Bubinga) : 나뭇결이 정교하고 갈색 계열의 색상으로 패턴이 비교적 화려하다.
③ 흑단 : 거의 완벽에 가까운 흑색으로 실내건축에서 악센트 요소로 사용된다.
④ 호두나무 : 어두운 갈색 계열의 색상으로 중후한 분위기를 표현하고자 할 때 사용한다.
⑤ 단풍나무 : 색상이 밝고, 다양하고 조직이 치밀하여 가구재로 널리 이용된다.

(3) **목재의 조직**

1) **나이테(연륜)** [16년 출제]

① 목재의 횡단면상에 나타나는 동심원형의 조직으로 춘재와 추재로 구분된 것을 1쌍으로 합한 것이다.
② 춘재는 봄, 여름에 걸쳐 성장이 빨라 그 부분의 색이 연하고 세포막이 유연하다.
③ 추재는 가을, 겨울에 생긴 세포여서 성장이 늦고 단단하며 색도 짙다. [16·14·10·06년 출제]
④ 추재율과 연륜밀도가 큰 목재일수록 강도가 크다.

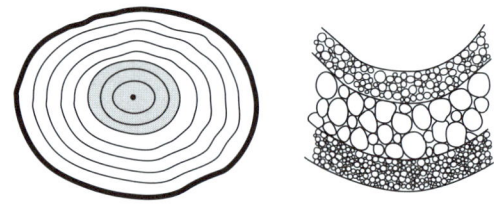

| 수목의 횡단면과 나이테 |

2) **심재와 변재** [22·16·15·11년 출제]

구분	심재	변재
색상	수심부 쪽의 색깔이 진한 암갈색이다.	수목 표피 쪽이 연한 색이다.
강도·수축률	강도가 크고 수축률이 작다.	강도가 작고 수축률이 크다.
수분함량	수분함량이 적어 단단하고 부패하지 않는다.	수분이 많이 함유되어 제재 후 부패되기 쉽다.

예제 03 기출 4회

다음의 목재에 대한 설명 중 옳지 않은 것은?
① 석재나 금속재에 비하여 가공이 용이하다.
② 섬유포화점 이상의 함수상태에서는 함수율의 증감에도 불구하고 신축을 일으키지 않는다.
③ 열전도가 아주 낮아 여러 가지 보온재료로 사용된다.
④ 추재와 춘재는 비중이 같으므로 수축률 및 팽창률도 같다.

해설 추재의 비중이 춘재보다 크므로 수축률 및 팽창률도 추재가 크다.

정답 ④

예제 04 기출 2회

일반적으로 목재의 심재부분이 변재부분보다 작은 것은?
① 비중　② 강도
③ 신축성　④ 내구성

해설 심재는 수축률이 작다.

정답 ③

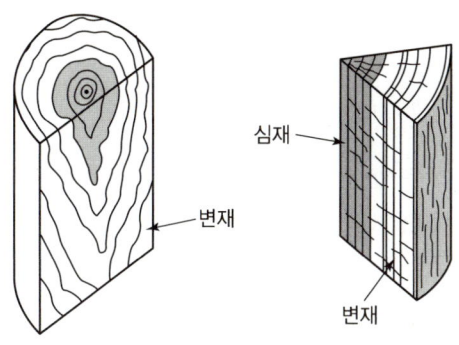

┃심재와 변재┃

3) 나뭇결

① 곧은결 : 나이테에 직각방향으로 자른 면으로 곧은 평행선의 나이테 무늬가 나타나며 건조, 뒤틀림, 갈림, 수축과 변형이 적어 구조재로 사용한다.

② 무늿결 : 나이테에 접선방향으로 자른 종단면에 물결 모양의 나이테 무늬가 나타나며 아름다워 장식재로 사용되며, 경제적이기 때문에 주로 판재로 사용된다.

┃곧은결┃ ┃목재의 제재선┃ ┃무늿결┃

4) 목재의 결점 [22 · 11 · 10년 출제]

① 옹이, 갈림 등의 흠이 있으면 강도가 떨어진다.
② 산옹이는 성장 중의 가지가 말려들어가서 만들어진 것으로 주위의 목질과 단단히 연결되어 있어 강도에는 영향이 미치지 않는다.

예제 05   기출 3회

다음 설명에 알맞은 목재의 결점은?
① 이상재(異常材)
② 수지낭
③ 옹이
④ 컴프레션 페일러

해설 옹이, 갈림 등의 흠이 있으면 강도가 떨어진다.

정답 ③

3. 목재의 성질

(1) 비중

1) 의의

① 목질부 내에 포함된 섬유질과 공극률에 의해 결정된다.
② 목재의 진비중은 1.54이다. [08년 출제]
③ 공극률 계산식

$$v = (1 - \gamma/1.54) \times 100\%$$

여기서, v : 공극률
γ : 전건(절건)비중

2) 비중과 강도 [22·15·06년 출제]

① 목재의 강도는 비중과 비례한다.
② 비중이 큰 목재는 강도가 크다.

(2) 함수율

1) 의의

$$함수율 = \frac{[목재의\ 중량(w_1) - 전건중량(w_2)]}{전건중량(w_2)} \times 100\%$$

① 목재 자신의 중량에 대한 목재 중에 함유된 수분의 중량비이다.
② 생나무는 40~80%의 수분을 가지고 있다.
③ 함수량은 수종, 수령, 생산지 및 심재, 변재 등에 따라 다르고, 계절에 따라 다르다.

2) 함수율에 따른 목재의 상태 [15·14·09·08·07·06년 출제]

섬유 포화점	• 목재가 건조하게 되면 유리수가 증발하고 세포수만 남게 되는 시점으로 약 30%의 함수상태를 보인다. • 섬유포화점 이상에서는 압축강도가 일정하다. • 섬유포화점 이하에서는 함수율이 감소하면 강도는 증가한다.
기건상태	목재를 건조하여 대기의 온도, 습도와 평형된 수분을 함유한 상태로 함수율은 약 15% 정도이다.
전건상태	완전히 건조되어 함수율이 0%가 된 상태이다.

[07년 출제]

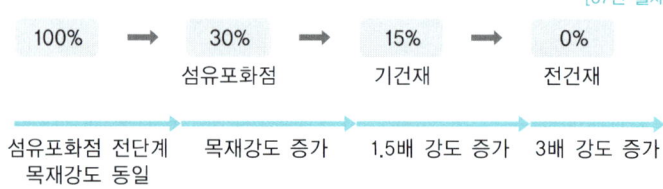

예제 06 기출 1회

일반적으로 통용되는 목재의 진비중은?

① 0.31 ② 0.61
③ 1.00 ④ 1.54

정답 ④

예제 07 기출 2회

목재의 강도에 대한 설명으로 옳지 않은 것은?

① 목재의 강도는 비중과 반비례한다.
② 섬유포화점 이상의 함수상태에서는 함수율이 변하더라도 목재의 강도는 일정하다.
③ 섬유포화점 이하에서는 함수율이 감소할수록 강도는 증대한다.
④ 인장강도의 경우 응력방향이 섬유방향에 평행한 경우에 강도가 최대가 된다.

해설 목재의 강도는 비중과 비례한다.

정답 ①

예제 08 기출 2회

목재가 통상 대기의 온도, 습도와 평형된 수분을 함유한 상태를 의미하는 것은?

① 전건상태 ② 기건상태
③ 생재상태 ④ 섬유포화상태

해설 기건상태에서 함수율은 15% 정도로 대기의 온도, 습도가 균형상태이다.

정답 ②

예제 09 기출 3회

목재의 함수율에서 기건상태의 함수율은?

① 15% ② 20%
③ 30% ④ 40%

정답 ①

(3) 수축과 팽창

① 섬유포화점까지는 수축, 팽창이 일어나지 않는다. 수분이 섬유포화점 이하로 감소되면 섬유 자신의 수분이 말라서 목재의 수축이 일어난다.
② 동일한 나뭇결에서도 변재는 심재보다 수축이 크다.
③ 비중이 큰 목재일수록 수축, 팽창의 변형이 크다.
④ 목재의 수축 크기는 널결방향 > 곧은결방향 > 섬유방향 순이다.

(4) 강도 [15 · 13 · 12 · 10 · 08년 출제]

① 목재의 강도는 인장강도 > 휨강도 > 압축강도 > 전단강도 순서로 작아진다.
② 응력방향이 섬유방향에 평행한 경우 강도가 최대가 된다.
③ 비중이 큰 목재일수록 각종 강도도 크다.
④ 섬유포화점(30%) 이상에서는 강도가 일정하지만 섬유포화점 이하에서는 함수율의 감소에 따라 강도가 증대된다.
⑤ 기건재의 강도는 생나무 강도의 약 1.5배, 전건재의 강도는 3배 이상이다.
⑥ 변재보다 심재가 강도가 크다.
⑦ 목재에 옹이, 썩정이, 갈림 등이 있으면 강도가 떨어진다. 특히, 죽은 옹이, 썩은 옹이, 썩정이 등의 영향이 크다.

(5) 내구성

1) 부패 [13년 출제]

① 목재가 부패되는 것은 균류에 의한 것으로 온도, 수분, 양분, 공기는 부패의 필수조건이며 이 중 하나만 결여되면 번식할 수 없다.
② 목재가 부패되면 비중과 강도가 저하된다.

2) 온도

부패균은 25~35℃에서 가장 왕성하고, 4℃ 이하에서는 발육할 수 없다. 55℃ 이상에서 30분 이상이면 거의 사멸된다.

3) 습도 [15 · 11년 출제]

부패균은 40~50%인 때가 발육이 가장 왕성하고, 15% 이하로 건조하면 번식이 중단된다.

예제 10 기출 6회

목재의 강도 중 응력방향이 섬유방향에 평행한 경우 일반적으로 가장 작은 값을 갖는 것은?
① 휨강도 ② 압축강도
③ 인장강도 ④ 전단강도

해설 목재는 인장강도가 가장 크고 전단강도가 가장 작다.
정답 ④

예제 11 기출 2회

목재의 강도에 관한 설명 중 틀린 것은?
① 비중이 클수록 강도가 크다.
② 심재는 변재에 비하여 강도가 작다.
③ 함수율이 작을수록 강도가 크다.
④ 옹이, 갈림 등의 흠이 있으면 강도가 떨어진다.

해설 심재는 변재보다 강도가 크다.
정답 ②

예제 12 기출 1회

다음 중 목재의 부패조건과 가장 관계가 먼 것은?
① 강도 ② 온도
③ 습도 ④ 공기

해설 목재 부패의 필수조건은 온도, 수분, 양분, 공기이다.
정답 ①

> **예제 13**   기출 2회
>
> 목재의 부패에 관한 설명으로 옳지 않은 것은?
> ① 부패 발생 시 목재의 내구성이 감소된다.
> ② 목재의 함수율이 15%일 때 부패균 번식이 가장 왕성하다.
> ③ 생재가 부패균의 작용에 의해 변재부가 청색으로 변하는 것을 청부라고 한다.
> ④ 부패 초기에는 단순히 변색되는 정도이지만 진행되어감에 따라 재질이 현저히 저하된다.
>
> **해설** 목재 함수율이 15% 이하로 건조되면 번식이 중단된다.
>
> **정답** ②

4) 공기 [14·06년 출제]

완전히 수중에 잠긴 목재는 부패하지 않는데, 이는 공기가 없기 때문이다.

5) 양분

목질부의 단백질 및 녹말 등이 있다.

4. 목재의 제재와 건조

(1) 벌목

벌목하기 유리한 계절은 가을, 겨울로 수액이 가장 적고, 목질이 견고하다. 또한 운반이 쉽고 노임도 싸다.

(2) 제재

① 취재율을 최대로 높이도록 하며, 침엽수는 60~70%이고, 활엽수는 50~60% 정도이다.
② 건조 시 수축을 고려하여 여유 있게 계획선을 긋는다.

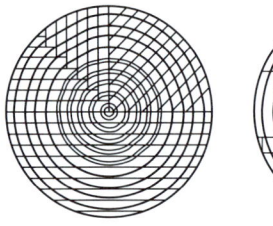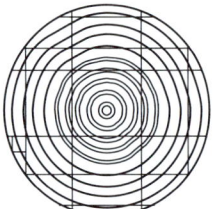

┃판재와 각재┃

(3) 건조

1) 건조의 필요성 [13·12·09년 출제]

① 강도가 증가된다.
② 수축, 균열, 비틀림 등 변형을 방지할 수 있다.
③ 충해 방지효과가 있다.
④ 전기 절연성이 증가된다.

2) 건조조건

① 생솔, 통나무 이외의 목재는 무게의 1/3 이상이 경감되도록 한다.
② 구조재는 함수율 15% 이하, 마무리 가구재의 함수율은 10% 이하로 한다.

> **예제 14**   기출 3회
>
> 목재 건조의 목적과 가장 거리가 먼 것은?
> ① 옹이의 제거
> ② 목재 강도의 증가
> ③ 전기절연성의 증가
> ④ 목재 수축에 의한 손상 방지
>
> **해설** 옹이 제거는 목재의 강도와 관계있다.
>
> **정답** ①

3) 천연건조법 [13 · 12년 출제]

종류	설명
침수건조법	목재를 반년쯤 물속에 저장하여 수액을 제거한 방법으로 흡수성이나 신축이 매우 작아진다.
대기건조법	옥외에 엇갈리게 수직으로 쌓거나 일광이나 비에 직접 닿지 않게 옥내에서 건조하는 방법이다.
수액제거법	벌목현장에서 벌목한 나무를 그대로 방치하여 비와 이슬에 의해 수액을 제거하는 방법으로 경비절감은 유효하나 장기간이 소요된다.

4) 인공건조법 [16 · 13 · 12 · 07년 출제]

① 건조가 빠르고, 변형도가 적다.
② 시설비가 많이 든다.

종류	설명
열기법	밀폐 건조실 내부 압력을 감소시킨 후 가열공기로 건조하는 방법이다.
증기법	적당한 습도의 증기를 건조실에 보내 가열건조하는 방법이다.
훈연법	짚이나 톱밥 등을 태운 연기를 건조실에 도입하여 건조하는 방법이다.
진공법	탱크 속에 목재를 넣어 고온, 저압 상태로 수분을 빼내는 방법이다.

(4) 목재의 방부법

1) 특징

① 목재를 균류로부터 보호하기 위해 사용하는 약제를 목재 방부제라 한다.
② 자외선 살균인 일광직사, 물속에 넣어 공기를 차단하는 침지, 목재의 표면을 태우는 표면탄화법이 있다. [14 · 06년 출제]

예제 15 기출 2회

목재의 천연건조방법에 속하는 것은?
① 침수건조 ② 열기건조
③ 진공건조 ④ 약품건조

해설 ②, ③, ④는 인공건조법이다.
정답 ①

예제 16 기출 4회

목재의 건조방법 중 인공건조법에 속하지 않는 것은?
① 증기건조법 ② 열기건조법
③ 진공건조법 ④ 대기건조법

해설 대기건조법은 천연건조법이다.
정답 ④

예제 17 기출 4회

다음 설명에 알맞은 목재 방부제는?

- 유성 방부제로 도장이 불가능하다.
- 독성은 작으나 자극적인 냄새가 있다.

① 크레오소트유
② 황산동 1% 용액
③ 염화아연 4% 용액
④ 펜타클로로페놀(PCP)

해설 크레오소트유는 도장이 불가능하며, 독성이 작은 반면 자극적인 냄새가 나서 실내에 사용할 수 없다.
정답 ①

2) 방부제의 종류

① 유성 방부제

크레오소트유 (Creosote Oil) [16·14·06년 출제]	• 도장이 불가능하며, 독성이 작은 반면 자극적인 냄새가 나서 실내에서 사용할 수 없다. • 갈색이라 미관을 고려하지 않는 외부에 쓰이고 가격이 저렴하다. • 토대, 기둥, 도리 등에 사용한다.
콜타르(Coal Tar)	• 방부력이 약하고, 흑색이어서 사용장소가 제한된다. • 상온에서는 침투가 잘 되지 않아 도포용, 가설대 등에 사용된다.
아스팔트(Asphalt)	• 가열하여 용해해서 도포한다. • 페인트칠이 불가능하다.
페인트(Paint)	• 유성피막을 형성하며 방부, 방습효과가 있다. • 착색이 자유로우며 의장적 효과가 있다.

② 수성 방부제 [07년 출제]

황산동 1% 용액	철재 부식, 인체에 유해하다.
염화아연 4% 용액	목질부의 약화, 인체에 유해하다.
염화제2수은 1% 용액	방부효과가 양호하나 부식되며 인체에 유해하다.
불화소다 2% 용액	• 방부효과가 양호하고 부식되며 인체에 유해하나 도장이 가능하다. • 비싸고 내구성이 부족하다.

③ 유용성 방부제 [16·14·09·07년 출제]

유기계 방충제 (PCP, 펜타클로로페놀)	• 무색이고 방부력이 가장 우수하다. • 페인트칠을 할 수 있다. • 값이 비싸고 석유 등의 용제에 녹여 써야 한다. • 침투성이 매우 양호하며 수용성, 유용성이 있다.

예제 18   기출 1회

목재의 방부제 중 수용성 방부제에 속하지 않는 것은?
① 크레오소트 오일
② 황산동 1% 용액
③ 염화아연 4% 용액
④ 불화소다 2% 용액

해설 수용성 방부제는 대부분 용액으로 되어 있다.

정답 ①

예제 19   기출 2회

다음과 같은 특징을 갖는 목재 방부제는?

• 유용성 방부제
• 도장이 가능하며 독성이 있음
• 처리제는 무색으로 성능 우수

① 콜타르
② 크레오소트유
③ 염화아연용액
④ 펜타클로로페놀

해설 PCP라고도 한다.

정답 ④

SECTION 02 목재의 이용

1. 합판

(1) 정의 [15·14·13·12·11·10·06년 출제]

얇은 판(단판)을 1장마다 섬유방향과 직교되게 3, 5, 7, 9 등의 홀수 겹으로 겹쳐 접착제로 붙여댄 것을 말한다.

예제 20 기출 12회

합판에 관한 설명이 옳지 않은 것은?
① 곡면가공이 가능하다.
② 함수율 변화에 의한 신축변형이 적다.
③ 표면가공법으로 흡음효과를 낼 수 있고 의장적 효과도 높일 수 있다.
④ 2장 이상의 단판인 박판을 2, 4, 6매 등의 짝수로 섬유방향이 직교하도록 붙여 만든 것이다.

해설 홀수로 적층하여 접착제로 붙여서 만든다.

정답 ④

(2) 단판제법

로터리 베니어	슬라이스드 베니어 [07년 출제]	소드 베니어
① 일정한 길이로 자른 원목 양 마구리의 중심을 축으로 하여, 원목이 회전함에 따라 넓은 기계 대패로 나이테에 따라 두루마리를 펴듯이 벗기는 방법이다. ② 넓은 단판 제조가 가능하다. ③ 원목의 낭비가 적다. 　(합판제조의 80~90% 의존) ④ 베니어의 두께는 0.5~3mm이다.	① 상하 또는 수평으로 이동하는 넓은 대팻날로 얇게 절단한 것으로, 합판 표면에 곧은결 등의 아름다운 결을 장식적으로 이용할 때 쓰인다. ② 원목의 지름 이상인 넓은 단판은 불가능하다. ③ 베니어의 두께는 0.5~1.5mm이다.	① 판재를 만드는 것과 같은 방법으로 톱을 이용하여 얇게 절단한다. ② 아름다운 결을 얻을 수 있고, 결의 무늬를 좌우대칭의 위치로 배열한 합판을 만들 때 효과적이다. ③ 베니어의 두께는 1~6mm이다.

(3) 합판의 특성 [15·13·06년 출제]

① 균질하고, 목재의 이용률을 높일 수 있으며 강도가 크다.
② 표면가공법으로 흡음효과를 낼 수 있고 의장적 효과도 높다.
③ 곡면가공이 가능하다.
④ 함수율 변화에 의한 신축변형이 적다.
⑤ 뒤틀림이나 변형이 적은 비교적 큰 면적의 평면재료를 얻을 수 있다.
⑥ 얇은 무늿결 판을 표면에 붙여 아름다운 무늬를 얻을 수 있다.

예제 21 기출 5회

합판의 특성에 대한 설명이 틀린 것은?
① 함수율 변화에 따른 팽창, 수축의 방향성이 없다.
② 뒤틀림이나 변형이 적은 비교적 큰 면적의 평면재료를 얻을 수 있다.
③ 얇은 판을 겹쳐서 만들므로 목재 고유의 아름다운 무늬를 얻을 수 없다.
④ 곡면가공을 하여도 균열이 생기지 않는다.

해설 얇은 무늿결 판을 붙여 아름다운 무늬를 얻을 수 있다.

정답 ③

2. 집성목재

(1) 정의 [22 · 14년 출제]

1.5~5cm의 두께를 가진 단판을 겹쳐서 접착한 것으로 섬유방향을 일치하게 접착하는 것과 판의 수가 홀수가 아닌 것은 합판과 구분된다.

(2) 집성목재의 특성 [16 · 11 · 10 · 08 · 06년 출제]

① 목재의 강도를 인공적으로 자유롭게 조절할 수 있다.
② 응력에 따라 필요한 단면을 만들 수 있다.(보, 기둥에 활용)
③ 필요에 따라 아치와 같은 굽은 용재를 만들 수 있다.
④ 작은 부재로 길고 큰 부재를 만들 수 있다.
⑤ 옹이, 할렬 등의 결함을 제거, 분산시킬 수 있으므로 강도의 편차가 작다.
⑥ 충분히 건조된 건조재를 사용하므로 비틀림, 변형 등이 생기지 않는다.

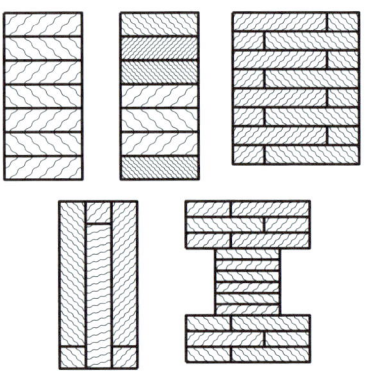

┃각종 집성목재의 단면┃

3. 파티클보드(칩보드)

(1) 정의 [15 · 09년 출제]

목재 또는 기타 식물질을 절삭 또는 파쇄하여 소편(나뭇조각이 보임)으로 하여 충분히 건조한 후, 합성수지 접착제와 같은 유기질 접착제를 첨가하여 열압제판한 목재제품이다.

예제 22 기출 2회

집성목재에 대한 설명 중 잘못된 것은?

① 두께 15~50mm의 단판을 제재하여 섬유방향을 거의 평행이 되게 여러 장 접착한 것이다.
② 판을 붙이는 것은 3, 5, 7장 등과 같이 정확하게 홀수로 붙여야 한다.
③ 합판과 같이 얇은 판이 아니라 보나 기둥에 사용할 수 있는 단면을 가진다.
④ 아치와 같은 굽은 용재를 만들 수 있다.

해설 ②는 합판에 대한 설명이다.

정답 ②

예제 23 기출 6회

집성목재에 대한 설명으로 옳지 않은 것은?

① 아치와 같은 굽은 부재는 만들지 못한다.
② 응력에 따라 필요한 단면을 만들 수 있다.
③ 목재의 강도를 인공적으로 자유롭게 조절할 수 있다.
④ 보와 기둥에 사용할 수 있는 단면을 가진 것도 있다.

해설 필요에 따라 아치와 같은 굽은 용재를 만들 수 있다.

정답 ①

예제 24 기출 6회

목재를 절삭 또는 파쇄하여 작은 조각으로 만들어 접착제를 섞어 고온, 고압으로 성형한 판재는?

① 합판   ② 섬유판
③ 집성목재 ④ 파티클보드

해설 파티클보드는 폐제, 부산물 등 저가치재를 이용하여 면적이 넓은 판상제품을 만들 수 있다.

정답 ④

(2) **파티클보드의 특징** [16·15·10년 출제]

① 넓은 면적의 판상제품을 만들 수 있다.
② 면내 강성이 우수하다.
③ 음 및 열의 차단성이 우수하다.
④ 필요에 따라 방습 및 방수처리가 필요하다.

4. 인조목재

(1) **정의** [09·08년 출제]

가공하고 남은 나무톱밥이나 부스러기 등을 고열압하여 원료 자체의 리그닌 등으로 목재 섬유를 고착시켜 만든 판이다.

(2) **인공목재의 특징**

① 적은 비용으로 원료를 구입할 수 있고 재료 구입이 용이하다.
② 재질이 천연목재와 달리 균일하다.
③ 강도가 크고, 변형이 적다.
④ 교착제가 필요 없다.

5. 섬유판

(1) **정의**

조각 낸 목재톱밥, 대팻밥, 볏짚, 보릿짚 등의 식물성 재료를 원료로 하여 펄프로 만든 다음, 접착제, 방부제 등을 첨가하여 제판한 것이다.

(2) **종류**

1) 연질 섬유판

① 건축의 내장 및 보온을 목적으로 성형한 것으로 비중이 0.4 미만인 판이다.
② 습도에 따라 다소 신축성이 있는 결점이 있다.
③ 비교적 단열, 흡음성이 뛰어나다.
④ 내습, 내수성이 우수하다.
⑤ 가공이 쉬워 벽, 천장과 같은 내장 전반에 걸쳐 사용된다.

예제 25 기출 3회

파티클보드에 관한 설명으로 옳지 않은 것은?
① 면내 강성이 우수하다.
② 음 및 열의 차단성이 우수하다.
③ 넓은 면적의 판상제품을 만들 수 있다.
④ 수분이나 고습도에 대한 저항 성능이 우수하다.

해설 수분이나 고습도에 강하지 않기 때문에 방습 및 방수처리가 필요하다.

정답 ④

예제 26 · 기출 3회

중밀도 섬유판(MDF)에 관한 설명으로 옳지 않은 것은?

① 밀도가 균일하다.
② 측면의 가공성이 좋다.
③ 표면에 무늬인쇄가 불가능하다.
④ 가구제조용 판상재료로 사용된다.

해설 표면에 무늬인쇄가 가능하다.

정답 ③

---

2) **중밀도 섬유판(MDF)** [16 · 12 · 09년 출제]

① 톱밥을 압축가공해서 목재가 가진 리그닌 단백질을 이용하여 목재 섬유를 고착시켜 만든 인조목재판이다.
② 인테리어 공사 시 합판 대용으로 시공이 용이하고 마감이 깔끔하다.
③ 밀도가 균일하고 측면의 가공이 좋다.
④ 습기에 약하며 무게가 많이 나가고 고정 철물을 사용한 곳은 재시공이 어렵다.
⑤ 표면에 무늬인쇄가 가능하며 가구제조용 판상재료로 사용된다.

6. 벽, 천장재, 바닥

(1) 코펜하겐 리브 [16 · 14 · 13 · 09 · 08년 출제]

① 강당, 극장, 집회장 등에 음향 조절용으로 벽 수장재로 사용한다.
② 두께 3~5cm, 넓이가 10cm 정도의 긴 판에 표면을 리브로 가공한 것이다.

| 코펜하겐 리브의 종류 |

예제 27 · 기출 5회

목재의 가공품 중 강당, 집회장 등의 천장 또는 내벽에 붙여 음향 조절용으로 사용되는 것은?

① 플로어링 보드
② 코펜하겐 리브
③ 파키트리 블록
④ 플로어링 블록

정답 ②

(2) 코르크

① 코르크용 외피를 부수어 금속 형틀 속에 넣고 압축하여 열기로 만든다.
② 천장, 안벽의 흡음판으로 사용된다.

(3) 플로어링판

참나무, 나왕, 미송, 티크 등을 공장에서 가공하여 생산하는 제품으로서 표면을 가공하여 양 측면을 제혀쪽매로 한 것으로 바닥의 마루판으로 사용된다.

예제 28 · 기출 5회

다음 중 목재제품과 용도의 연결이 옳지 않은 것은?

① 집성목재 : 목구조의 기둥, 보, 아치 등의 구조재
② 플로어링판 : 주택의 마루재
③ 코르크판 : 천장, 안벽의 흡음판
④ 코펜하겐 리브판 : 건축물의 외장재

해설 코펜하겐 리브판은 건축물의 벽 수장재로 사용된다.

정답 ④

 ◆ SECTION ◆

석재의 분류 및 성질

1. 석재의 장단점

(1) 장점 [15·14·11·10·08·06년 출제]
① 압축강도가 크고 불연성이다.
② 내구성, 내화학성, 내마모성이 우수하다.
③ 외관이 장중하고, 치밀하며, 갈면 아름다운 광택이 난다.

(2) 단점 [15·14·12·09·07·06년 출제]
① 인장강도 및 휨강도는 압축강도에 비해 매우 작다.
② 거의 모든 석재가 비중이 크고 가공성이 불량하다.
③ 화강암은 화열에 닿으면 균열이 생기며 파괴된다.
④ 길고 큰 부재를 얻기 어렵다.

2. 석재의 조직

(1) 석리
결정이 화강암과 같이 눈으로 볼 수 있는 형정질의 것, 안산암과 같이 볼 수 없는 미정질의 것, 현무암과 같이 결정을 이루지 않는 유리질 등이 있다.

(2) 층리
① 수성암 중 점판암과 같은 암석은 퇴적 시 평행한 층을 이루게 되는데 이 절리를 층리라 한다.
② 계절, 생물의 변화에 영향을 받고, 건축용 석재의 산출상태는 판상을 이룬다.

(3) 절리 [08년 출제]
① 암석 중에서 갈라진 금을 말하며, 화성암에 심하게 나타난다.
② 암석은 절리에 따라 채석을 한다.
③ 화강암의 절리가 현저하고 절리의 거리가 비교적 커서 큰 판재를 얻을 수 있다.

예제 29   기출 12회

석재의 일반적인 성질에 관한 설명으로 옳지 않은 것은?
① 불연성이다.
② 내구성, 내수성이 우수하다.
③ 비중이 크고 가공성이 좋지 않다.
④ 압축강도는 인장강도에 비해 매우 작다.

해설 인장강도 및 휨강도가 압축강도에 비해 매우 작다.
정답 ④

예제 30   기출 2회

석재의 강도라 하면 보통 어떤 강도를 의미하는가?
① 휨강도   ② 전단강도
③ 압축강도   ④ 인장강도

해설 석재는 압축강도가 크고 불연성이다.
정답 ③

예제 31   기출 1회

암석 특유의 천연적으로 갈라진 금을 말하며, 모든 암석에 있으나 특히 화성암에서 심하게 나타나는 것은?
① 선상조직   ② 절리
③ 결정질   ④ 입상조직

정답 ②

3. 석재의 분류

1) 화성암 [22·12·10·09년 출제]

① 지구 내부의 화산의 마그마가 냉각되어 굳어진 위치에 따라 조직이 다르다.

② 화강암, 안산암, 현무암, 감람석, 부석 등이 있다.

2) 수성암

① 지표의 암석이 풍화, 침식, 운반, 퇴적되는 작용에 의해 생긴 암석이다.

② 석회석, 사암, 점판암, 응회암 등이 있다.

3) 변성암 [15년 출제]

① 화성암 또는 수성암이 지각의 기계적 운동 및 압력의 변화, 화학작용, 지열의 작용 등에 의해 변질되어 성분에 변화를 일으켜서 생긴 암석이다.

② 대리석, 사문암, 석면, 편암, 트래버틴 등이 있다.

4. 석재의 성질

(1) 물리적 성질

① 석재의 비중은 기건상태의 것을 표준으로 한다.

② 압축강도는 비중이 클수록 크며, 공극이나 흡수율이 클수록 작다.

③ 인장강도는 극히 약하여 압축강도의 1/10~1/20에 불과하다.

④ 압축강도 순서 [14년 출제]

화강암 > 대리석 > 안산암 > 사문암 > 점판암 > 사암 > 응회암

종류	압축강도	인장강도	휨강도	흡수율
화강암	500~1,940	37~50	104~132	0.10~0.40
대리석	1,180~1,800	39~87	34~90	0.02~0.25
안산암	1,035~1,680	36~82	78~177	0.50~6.99
점판암	1,410~1,640			0.18~0.25
사문암	740~1,200	28~74		0.18~0.40
응회암	86~372	8~35	23~60	1.30~2.00

예제 32 기출 4회

석재의 종류에 있어서 화성암에 속하지 않는 것은?
① 화강암　② 안산암
③ 현무암　④ 석회석

해설 석회석은 수성암의 대표적인 석재이다.

정답 ④

예제 33 기출 1회

변성암에 속하지 않는 것은?
① 대리석　② 석회석
③ 사문암　④ 트래버틴

해설 석회석은 수성암의 대표적인 석재이다.

정답 ②

예제 34 기출 1회

다음 중 압축강도가 가장 큰 석재는?
① 사암　② 화강암
③ 응회암　④ 사문암

해설 압축강도의 크기는 화강암 > 대리석 > 안산암 > 사문암 > 점판암 > 사암 > 응회암 순이다.

정답 ②

(2) 석재의 내화성 [21 · 16 · 15 · 14 · 13 · 11 · 08 · 07년 출제]

응회암 > 대리석 > 화강암

석재명	내화성
화강암	550℃에서 변색, 700℃에서 붕괴된다.
대리석	800℃에서 $CaCO_3$가 CaO로 분해된다.
응회암	1,000℃ 이상에서도 변색만 되고 파괴되지 않는다.

예제 35   기출 9회

다음의 석재 중 내화성이 가장 약한 것은?
① 사암　② 화강암
③ 안산암　④ 응회암

해설 내화성의 크기는 응회암>대리석>화강암 순이다.

정답 ②

04 석재의 이용

1. 화성암

(1) 화강암 [15 · 12 · 10 · 09 · 06년 출제]
① 질이 단단하고 내구성 및 강도가 크고 외관이 수려하다.
② 절리의 거리가 비교적 커서 대재를 얻을 수 있다.
③ 견고하고 대형재의 생산이 가능하며 바탕색과 반점이 미려하여 구조재, 내외장재로 많이 사용된다.
④ 내화도가 낮아 고열을 받는 곳에는 적당하지 않다.

(2) 안산암 [07년 출제]
① 강도, 경도가 크고 내화력이 우수하며 구조용 석재로 사용된다.
② 조직과 색조가 균일하지 않아 대재를 얻기 어려우나 가공이 용이하여 조각을 필요로 하는 곳에 적합하다.

2. 수성암(퇴적암)

(1) 석회석 [11 · 08년 출제]
① 주성분은 탄산석회로서 백색 또는 회백색이다.
② 석질이 치밀하지만 내산 · 내화학성이 약하다.
③ 시멘트의 원료로 이용된다.

(2) 사암
① 석영질의 모래가 압력을 받아 응고 및 경화된 것이다.
② 단단한 것은 구조용재에 적합하나 대체로 외관이 좋지 못하며, 연약한 것은 실내장식재로 사용된다.

(3) 점판암 [16 · 13 · 12 · 11 · 07 · 06년 출제]
① 점토가 바다 밑에 침전, 응결된 것을 이판암이라 하고, 이판암이 다시 오랜 세월 동안 지열, 지압으로 변질되어 층상으로 응고된 것이 점판암이다.
② 청회색 또는 흑색으로 석질이 치밀하고 흡수율이 작아 기와 대신에 지붕, 외벽, 마루 등에 사용된다.

예제 36 기출 5회

질이 단단하고 내구성 및 강도가 크고 외관이 수려하며, 절리의 거리가 비교적 커서 대재(大材)를 얻을 수 있으나, 함유광물의 열팽창계수가 다르므로 내화성이 약한 석재는?
① 부석
② 현무암
③ 응회암
④ 화강암

정답 ④

예제 37 기출 3회

다음 중 포틀랜드 시멘트의 주원료에 해당하는 것은?
① 산화철
② 실리카
③ 석회석
④ 대리석

 석회석은 수성암의 일종으로 시멘트의 원료로 이용된다.

정답 ③

예제 38 기출 7회

석질이 치밀하고 박판으로 채취할 수 있어 슬레이트로서 지붕, 외벽, 마루 등에 사용되는 석재는?
① 부석
② 점판암
③ 대리석
④ 화강암

정답 ②

(4) 응회암 [13년 출제]
  ① 화산재, 화산 모래 등이 퇴적, 응고되거나 물에 의하여 운반되어 암석 분쇄물과 혼합되어 침전된 것이다.
  ② 다공질이며, 강도, 내구성이 작아 구조재로 적합하지 않다.
  ③ 내화성이 있으며, 외관이 좋아 내화재 또는 장식재로 많이 사용된다.

3. 변성암

(1) 대리석 [16·15·14·12·11·10·09·08·07·06년 출제]
  ① 석회석이 변화되어 결정화한 것으로 주성분은 탄산석회이다.
  ② 석질이 치밀하고 견고할 뿐 아니라 외관이 미려하여 실내장식재 또는 조각재로 사용된다.
  ③ 산과 염에 약하다.
  ④ 강도는 매우 높지만 풍화되기 쉽기 때문에 실외용으로는 적합하지 않다.

(2) 트래버틴 [15·14·13·09·08·07년 출제]
  ① 대리석의 한 종류로 다공질이며 석질이 불균일하고 황갈색의 무늬가 있다.
  ② 물갈기를 하면 평활하고 광택이 나서 특수한 실내장식재로 사용된다.

(3) 사문암
  ① 감람석, 섬록암 등이 압력을 받아 변질되어 생성된다.
  ② 질이 굳고 연마하면 광택이 나므로 대리석을 대신하여 장식재료로 사용한다.

4. 석재의 제품

(1) 암면 [22·10·06년 출제]
  ① 석회, 규산을 주성분으로서 현무암, 안산암, 사문암을 고열로 녹여 작은 구멍으로 분출시킨 것을 고압 공기로 불어 날려, 이를 냉각시켜 섬유화한 것이다.
  ② 흡음, 단열, 보온성이 우수하여 흡음재, 단열재로 쓰인다.

예제 39 기출 1회

각종 석재의 용도가 옳지 않은 것은?
① 응회암 : 구조재
② 점판암 : 지붕재
③ 대리석 : 실내장식재
④ 트래버틴 : 실내장식재

해설 응회암은 다공질이라 강도, 내구성이 작아 구조재로 적합하지 않다.

정답 ①

예제 40 기출 10회

석회석이 변화되어 결정화한 것으로 석질이 치밀하고 견고할 뿐 아니라 외관이 미려하여 실내장식재 또는 조각재로 사용되는 석재는?
① 응회암   ② 대리석
③ 사문암   ④ 점판암

정답 ②

예제 41 기출 6회

대리석의 일종으로 다공질이며 갈면 광택이 나서 실내장식재로 사용되는 것은?
① 사암   ② 점판암
③ 응회암   ④ 트래버틴

정답 ④

예제 42 기출 3회

안산암, 사문암, 현무암 등을 고열로 용융시켜 작은 구멍으로 분출시킨 것을 고압공기로 불어 날려 생성한 것으로 흡음재, 단열재로 널리 쓰이는 것은?
① 암면(Rock Wool)
② 질석(Vermiculite)
③ 펄라이트(Pearlite)
④ 테라초(Terrazzo)

정답 ①

(2) **질석**
   ① 운모계와 사문암계 광석의 원광을 800~1,000℃로 가열하면 부피가 5~6배로 팽창되어 비중이 0.2~0.4인 다공질 경석이 된다.
   ② 경량, 단열, 흡음, 보온, 방화, 내화성이 우수하다.

(3) **인조석** [12 · 11 · 09년 출제]
   ① 쇄석을 종석으로 하여 시멘트에 안료를 섞어 진동기로 다진 후 판상으로 성형한 것으로서 자연석과 유사하게 만든 수장재료이다.
   ② 테라초는 쇄석을 대리석에 사용해 대리석 계통의 색조가 나오도록 표면을 물갈기 하여 사용한 것이다.

예제 43 기출 3회

쇄석을 종석으로 하여 시멘트에 안료를 섞어 진동기로 다진 후 판상으로 성형한 것으로서 자연석과 유사하게 만든 수장재료는?
① 대리석판
② 인조석판
③ 석면 시멘트판
④ 목모 시멘트판

정답 ②

시멘트의 분류 및 성질

1. 시멘트의 개설

① 물과 섞어 이겨두면 굳는 무기질의 접착물을 말한다.
② 시멘트란 말의 근원은 '굳힌다', '결합한다'라는 어원에서 유래되었다.
③ 일반적으로 사용되는 시멘트는 포틀랜드 시멘트를 지칭한 것이다.

2. 시멘트의 성분과 제조

(1) 시멘트의 원료 [11·08년 출제]

① 포틀랜드 시멘트의 제조에 필요한 원료는 석회석, 점토, 규석, 슬래그 및 석고이다.
② 주원료인 석회질과 점토질 원료를 4 : 1 비율로 섞어 만든다.

(2) 시멘트의 제조방법

① 원료배합, 고온소성, 분쇄의 세 가지 공정을 거친다.
② 시멘트의 응결시간을 조정하기 위하여 석고는 보통 시멘트 클링커의 2~3% 정도가 쓰인다. [13년 출제]

3. 시멘트의 일반적인 성질

(1) 비중 [08·06년 출제]

① 보통 포틀랜드 시멘트의 비중은 3.05~3.15 정도이다.
② 시멘트의 단위용적중량은 일반적으로 1,500kg/m³를 표준으로 한다.
③ 풍화된 시멘트는 비중이 작아진다.

(2) 풍화 [12·11년 출제]

시멘트가 습기를 흡수하여 경미한 수화반응을 일으켜 생성된 수산화칼슘과 공기 중의 탄산가스가 반응하여 탄산칼슘을 생성하는 작용을 말한다.

예제 44 기출 2회

다음 중 포틀랜드 시멘트의 주원료에 해당하는 것은?
① 산화철 ② 실리카
③ 석회석 ④ 대리석

해설 시멘트의 주원료는 석회석이다.

정답 ③

예제 45 기출 2회

보통 포틀랜드 시멘트에 대한 설명으로 옳지 않은 것은?
① 시멘트의 비중은 일반적으로 3.15이다.
② 시멘트의 분말도는 단위중량에 대한 표면적, 즉 비표면적에 의하여 표시한다.
③ 석고는 시멘트의 급속한 응결의 지연제로서 작용한다.
④ 풍화된 시멘트는 비중이 커진다.

해설 시멘트가 풍화될수록 비중이 작아진다.

정답 ④

예제 46 기출 3회

시멘트가 습기를 흡수하여 경미한 수화반응을 일으켜 생성된 수산화칼슘과 공기 중의 탄산가스가 반응하여 탄산칼슘을 생성하는 작용을 의미하는 것은?
① 풍화 ② 응결
③ 크리프 ④ 중성화

정답 ①

| 예제 47 | 기출 3회 |

시멘트의 분말도에 관한 설명으로 옳지 않은 것은?
① 분말도가 클수록 응결이 느려진다.
② 분말도가 너무 크면 풍화하기 쉽다.
③ 단위중량에 대한 표면적으로 표시된다.
④ 브레인법 또는 표준체법에 의해 측정할 수 있다.

해설 분말도가 크면 응결이 빠르다.

정답 ①

| 예제 48 | 기출 3회 |

시멘트의 분말도 측정법에 해당하는 것은?
① 브레인법
② 슬럼프 테스트
③ 르 샤틀리에 시험법
④ 오토클레이브 시험법

해설 시멘트 분말도 측정법에는 브레인법, 표준체법 등이 있다.

정답 ①

| 예제 49 | 기출 4회 |

시멘트의 경화 중 체적팽창으로 팽창균열이 생기는 정도를 나타내는 것은?
① 풍화   ② 조립률
③ 안정성   ④ 침입도

정답 ③

(3) 응결

① 시멘트에 약간의 물을 첨가하여 혼합시키면 가소성 있는 페이스트를 얻으나, 시간이 지나면 유동성을 잃고 응고한다.
② 응결시간은 초결 1시간 이상, 종결 10시간 이하로 한다.
③ 온도가 높을수록, 수량이 적을수록, 분말도가 미세할수록 응결이 빨라진다.
④ 시간이 흘러서 굳어져 강도를 가지는 것을 경화라 한다.

(4) 분말도 [22·14·13·12·10·08년 출제]

① 시멘트 입자의 크기 정도를 분말도라고 한다.
② 시멘트의 입자가 미세할수록 분말도가 크다고 한다.
③ 분말도의 시험은 표준체법, 브레인법, 피크노미터법 등이 있다.
④ 분말도가 클수록 [14·13·12·10·09·07년 출제]
  ㉠ 수화열이 높아지며 건축수축이 커져서 균열이 발생한다.
  ㉡ 응결 및 수화작용이 빠르다.
  ㉢ 조기강도, 강도의 발현속도가 빠르다.
  ㉣ 블리딩(Bleeding)이 적다.
  ㉤ 미세하여 풍화하기 쉽다.

(5) 안정성 [16·15·13·06년 출제]

① 시멘트가 경화 중에 체적이 팽창하여 팽창균열이나 휨 등이 생기는 정도, 즉 반응상의 안정성을 말한다.
② 시멘트가 안정성이 나쁘면 구조물에 팽창성 균열이 발생하며, 이는 구조물의 내구성을 해치는 원인이 된다.
③ 시멘트 안정성 시험은 오토클레이브 팽창도 시험방법이 있다.

(6) 시멘트 강도

시멘트의 강도에 영향을 주는 요인에는 시멘트의 조성 성분, 물시멘트비, 분말도, 양생조건, 풍화 정도 등이 있다.

4. 각종 시멘트의 특징

(1) 포틀랜드 시멘트의 종류 [15·12년 출제]

1) 보통 포틀랜드 시멘트

특성	용도
• 우리나라 생산량의 90%를 차지한다. • 원료인 석회석과 점토를 구하기 쉽다. • 제조공정이 간단하고 성질이 대단히 우수하다.	일반적으로 가장 많이 사용한다.

2) 조강 포틀랜드 시멘트 [15·14·13·09년 출제]

특성	용도
• 보통 포틀랜드 시멘트보다 C_3S나 석고가 많고 분말도가 높아 초기에 고강도를 발생시킨다. • 수화열이 크므로 단면이 큰 구조물에는 부적당하다.	• 긴급공사 • 수중공사 • 한중공사 등

3) 중용열 포틀랜드 시멘트 [22·16·15·14·06년 출제]

특성	용도
• 장기강도를 높게 하기 위해 규산삼칼슘 함유량을 높인다. • 수화열이 적어 댐이나 방사선 차폐용, 매스 콘크리트 등 단면이 큰 구조물에 적당하다. • 조기강도는 낮으나 장기강도는 높다. • 건조수축은 가장 작아 균열 발생이 적다.	• 댐 축조 콘크리트 구조물 • 콘크리트 포장 • 방사능 차폐용 콘크리트 등

4) 백색 포틀랜드 시멘트 [11·07년 출제]

특성	용도
• 시멘트 성분 중 알루민산철3석회를 제한한 시멘트이다. • 표면마무리 및 착색시멘트에 적합하다. • 건축물의 내외면의 마감, 각종 인조석 제조에 사용한다.	• 미장재 • 도장재 • 마감재 등

예제 50   기출 3회

한국산업표준(KS)에 따른 포틀랜드 시멘트의 종류에 속하지 않는 것은?
① 플라이애시 시멘트
② 조강 포틀랜드 시멘트
③ 보통 포틀랜드 시멘트
④ 중용열 포틀랜드 시멘트

해설 플라이애시 시멘트는 혼합 시멘트이다.

정답 ①

예제 51   기출 5회

조강 포틀랜드 시멘트에 관한 설명으로 옳지 않은 것은?
① 경화에 따른 수화열이 작다.
② 공기 단축을 필요로 하는 공사에 사용된다.
③ 초기에 고강도를 발생시키는 시멘트이다.
④ 보통 포틀랜드 시멘트보다 C_3S나 석고가 많다.

해설 조강 포틀랜드 시멘트는 수화열이 크다.

정답 ①

예제 52   기출 6회

수화속도를 지연시켜 수화열을 작게 한 시멘트로 댐공사나 건축용 매스 콘크리트에 사용되는 것은?
① 백색 포틀랜드 시멘트
② 조강 포틀랜드 시멘트
③ 초조강 포틀랜드 시멘트
④ 중용열 포틀랜드 시멘트

정답 ④

예제 53   기출 2회

포틀랜드 시멘트의 알루민산철3석회를 극히 적게 한 것으로 소량의 안료를 첨가하면 좋아하는 색을 얻을 수 있으며 건축물 내외면의 마감, 각종 인조석 제조에 사용되는 것은?
① 백색 포틀랜드 시멘트
② 저열 포틀랜드 시멘트
③ 내황산염 포틀랜드 시멘트
④ 조강 포틀랜드 시멘트

정답 ①

예제 54 　　기출 3회

다음 중 혼합 시멘트에 속하지 않는 것은?
① 팽창 시멘트
② 고로 시멘트
③ 플라이애시 시멘트
④ 포틀랜드 포졸란 시멘트

해설 팽창 시멘트는 특수 시멘트이다.

정답 ①

예제 55 　　기출 5회

고로 시멘트에 대한 설명으로 옳은 것은?
① 수화열량이 크다.
② 매스 콘크리트용으로 사용할 수 있다.
③ 초기강도가 크고 장기강도가 낮다.
④ 경화, 건조수축이 없으며 해수 등에 대한 내식성이 작다.

해설 고로 시멘트는 수화열이 작아 매스 콘크리트로 사용한다.

정답 ②

(2) 혼합 시멘트의 종류 [14 · 10 · 06년 출제]

포틀랜드 시멘트에 고로 슬래그, 실리카, 플라이애시 등을 혼합하여 시멘트의 결점을 보강하여 특유의 성질을 부여한 것이다.

1) 고로 시멘트 [09 · 08 · 07 · 06년 출제]

특성	용도
• 포틀랜드 시멘트에 고로 슬래그 분말을 혼합하여 만든 것이다. • 초기강도는 작고 장기강도가 크다. • 수화열량이 작아 매스 콘크리트로 사용한다. • 해수에 대한 내식성이 크다. • 내열성이 크고 수밀성이 좋아 댐 공사에 적합하다. • 응결시간이 느리고 블리딩양이 적다.	• 해안공사 • 큰 구조물 공사에 적당

2) 실리카 시멘트(포졸란 시멘트)

특성	용도
• 포틀랜드 시멘트에 규산질의 혼화재를 혼합한 것이다. • 콘크리트의 워커빌리티를 증가시키고 블리딩을 감소시킨다.	시멘트 절약과 성질 개선을 위해 사용한다.

3) 플라이애시 시멘트

특성	용도
• 플라이애시(석탄재)를 혼합하여 분쇄하여 만든 시멘트이다. • 수화열이 작고 건조수축도 작아 매스 콘크리트 등의 수화열 억제의 용도로 이용한다. • 해수에 대한 내화학성이 크다. • 초기강도는 낮지만 장기강도가 높다.	• 해안 • 해수공사 • 하천공사 • 기초공사 등

(3) 특수 시멘트의 종류

시멘트의 제조방법이나 화학조성 등이 포틀랜드 시멘트와는 매우 다르며, 특수한 목적을 위해 사용된다.

1) 알루미나 시멘트 [10년 출제]

특성	용도
• 보크사이트에 거의 같은 양의 석회석을 혼합하여 전기로 또는 회전로에서 용융, 소성하여 급랭시켜 분쇄한 시멘트이다. • 수화발열량이 크기 때문에 긴급공사, 한중공사에 유리하다. • 조기강도가 크므로 재령 1일 만에 일반 강도를 얻을 수 있다.	• 동기공사 • 긴급공사 • 해수공사 등

2) 팽창 시멘트(무수축 시멘트)

특성	용도
• 수화 시 건조수축에 의한 균열발생을 감소시킨다. • 수화 시에 계획적으로 팽창성을 갖도록 한다.	• 이음 없는 포장판 • 방수용

5. 시멘트의 저장

(1) 시멘트의 풍화 [12년 출제]

① 저장 시 공기 중의 수분 및 이산화탄소와 접하여 반응을 일으킨다.
② 감열감량이 증가된다.
③ 비중이 떨어진다.
④ 응결이 지연된다.
⑤ 경화 후 강도가 저하된다.

(2) 시멘트 저장 시 주의사항 [14·11년 출제]

① 시멘트의 방습적인 구조로 된 사일로나 창고에 저장한다.
② 포대 시멘트는 지상 30cm 이상 되는 마루 위에 통풍이 되지 않게 한다.
③ 13포대 이하로 올려쌓기를 하고 장기간 저장할 경우 7포대 이상 쌓지 않는다.
④ 시멘트는 입하 순서로 사용한다.
⑤ 3개월 이상 창고에 저장된 시멘트는 사용 전 강도시험을 해야 한다.

예제 56 기출 1회

보크사이트에 거의 같은 양의 석회석을 혼합하여 전기로 또는 회전로에서 용융, 소성하여 급랭시켜 분쇄한 것으로 발열량이 크기 때문에 긴급을 요하는 공사나 한중공사의 시공에 사용되는 시멘트는?

① 알루미나 시멘트
② 팽창 시멘트
③ 조강 포틀랜드 시멘트
④ 폴리머 시멘트

정답 ①

예제 57 기출 2회

시멘트의 저장에 관한 설명으로 옳지 않은 것은?

① 포대 시멘트의 쌓아 올리는 높이는 13포대 이하로 한다.
② 시멘트는 방습적인 구조로 된 사일로나 창고에 저장한다.
③ 저장 중에 약간이라도 굳은 시멘트는 공사에 사용하지 않는다.
④ 포대 시멘트를 목조창고에 보관하는 경우, 바닥과 지면 사이에 최소 0.1m 이상의 거리를 유지하여야 한다.

해설 지상 30cm 이상을 유지한다.

정답 ④

SECTION

 콘크리트 골재 및 혼화재료

1. 골재와 물

(1) 골재의 분류

1) 크기에 따른 분류 [12년 출제]

분류	사용법
잔골재(모래)	5mm체에서 중량비로 85% 이상 통과하는 골재
굵은 골재 (자갈류)	5mm체에서 중량비로 85% 이상 남는 골재(자갈류)

2) 형성원인에 따른 분류 [23·22·16·13·12·11·10·08년 출제]

분류	생성방법	골재의 종류
천연골재	천연작용에 의해 암석에서 생긴 골재	강모래, 강자갈, 바닷모래, 바닷자갈, 산모래, 산자갈 등
인공골재	암석을 부수어 만든 부순 모래	깬자갈, 슬래그 깬자갈 등

3) 비중에 따른 분류 [14·11년 출제]

분류	전건비중	골재의 종류
경량골재	2.0 이하	팽창질석, 팽창슬래그, 석탄재, 응회암 등
보통골재	2.5~2.7 정도	강모래, 강자갈, 깬자갈 등
중량골재	2.8 이상	중정석, 철광석 등

(2) 콘크리트용 골재에 요구되는 성질 [15·14·13·11·09·07·06년 출제]

① 모양이 구형에 가까운 것으로, 표면이 거친 것이 좋다.
② 골재의 강도는 경화 시멘트 페이스트의 강도 이상이어야 한다.
③ 내마멸성 및 내화성을 갖춰야 한다.
④ 유해물(후민산, 이분, 염분) 등 불순물이 없어야 한다.
⑤ 입도는 조립에서 세립까지 균등히 혼합되어 있어야 한다.
⑥ 함수량이 적고 흡습성이 작은 것이 좋다.

예제 58 기출 8회
다음 중 천연골재에 속하지 않는 것은?
① 강모래 ② 깬자갈
③ 산자갈 ④ 바닷자갈
해설 깬자갈은 인공골재이다.
정답 ②

예제 59 기출 2회
다음 중 경량골재의 종류에 속하지 않는 것은?
① 중정석 ② 석탄재
③ 팽창질석 ④ 팽창슬래그
해설 중정석은 중량골재이다.
정답 ①

예제 60 기출 6회
콘크리트에 사용되는 골재에 요구되는 성질에 관한 설명으로 옳지 않은 것은?
① 골재의 크기는 동일하여야 한다.
② 골재에는 불순물이 포함되어 있지 않아야 한다.
③ 골재의 모양은 둥글고 구형에 가까운 것이 좋다.
④ 골재의 강도는 경화 시멘트 페이스트의 강도 이상이어야 한다.
해설 골재는 조립에서 세립까지 균등히 혼합되어야 한다.
정답 ①

(3) 골재의 입도 [16·15·14년 출제]
① 골재의 작고 큰 입자의 혼합된 정도를 말한다.
② 골재의 입도를 수치적으로 나타내는 지표는 조립률이다.
③ 조립률 골재의 입도를 수량으로 나타내는 방법으로 80/40/20/10/5/2.5/1.2/0.6/0.3/0.15mm의 10개 체를 1조로 가름시험을 한다.

(4) 물
① 콘크리트 제조 시 혼합용수는 콘크리트의 용적의 15%를 차지한다.
② 시멘트와 수화작용으로 응결, 경화하고 강도를 증진시키므로 물이 콘크리트의 강도와 내구성에 미치는 영향은 매우 크다.
③ 기름, 산, 염류, 유기물 등은 콘크리트의 품질에 영향을 주므로 깨끗한 물을 사용해야 한다.

> **예제 61** 기출 1회
> 골재 중의 유해물에 속하지 않는 것은?
> ① 쇄석 ② 후민산
> ③ 이분(泥分) ④ 염분
> **해설** 쇄석은 인공골재이다.
> **정답** ①

2. 각종 혼화제

(1) 정의 [07년 출제]
콘크리트 속의 시멘트 중량에 대해 5% 이하, 보통 1% 이하의 극히 적은 양을 사용하며, 주로 화학제품이 많다.

(2) 종류

1) AE제 [22·16·15·14·13·12·09·07년 출제]
① 콘크리트 속에 독립된 미세한 기포를 발생시켜 골고루 분포시킨다.
② 기포가 시멘트 및 골재의 미립자를 떠오르게 하거나 물의 이동을 도움으로써 블리딩을 감소시킨다.
③ 시공연도가 좋아지며 콘크리트의 작업성이 향상되지만 압축강도가 감소한다.
④ 동결융해에 대한 저항성이 개선된다.

2) 촉진제 [07년 출제]
① 초기강도를 촉진시켜 콘크리트 구조물을 빨리 사용할 때 이용한다.
② 염화칼슘($CaCl_2$)이 들어 있어 단독 사용 시 콘크리트 속의 철근이 부식될 수 있어 주의해야 한다.

> **예제 62** 기출 6회
> 다음 중 AE제의 사용목적과 가장 관계가 먼 것은?
> ① 강도를 증가시킨다.
> ② 블리딩을 감소시킨다.
> ③ 동결용해작용에 대하여 내구성을 지닌다.
> ④ 굳지 않은 콘크리트의 워커빌리티를 개선시킨다.
> **해설** 압축강도를 감소시킨다.
> **정답** ①

> **예제 63** 기출 5회
> 콘크리트 내부에 미세한 독립된 기포를 발생시켜 콘크리트의 작업성 및 동결융해 저항성능을 향상시키기 위해 사용되는 화학혼화제는?
> ① AE제 ② 유동화제
> ③ 기포제 ④ 플라이애시
> **정답** ①

| 예제 64 | 기출 1회 |

콘크리트의 혼화제 중 염화물의 작용에 의한 철근의 부식을 방지하기 위해 사용되는 것은?
① 지연제 ② 촉진제
③ 기포제 ④ 방청제

해설 방청제는 철근 부식을 억제한다.
정답 ④

| 예제 65 | 기출 4회 |

다음 중 혼화재에 속하는 것은?
① AE제 ② 기포제
③ 방청제 ④ 플라이애시

해설 AE제, 기포제, 방청제는 혼화제이다.
정답 ④

| 예제 66 | 기출 1회 |

콘크리트 혼화재 중 포졸란을 사용할 경우의 효과에 관한 설명으로 옳지 않은 것은?
① 발열량이 적다.
② 블리딩이 감소한다.
③ 시공연도가 좋아진다.
④ 초기강도 증진이 빨라진다.

해설 초기강도는 작으나 장기강도가 좋아진다.
정답 ④

| 예제 67 | 기출 3회 |

콘크리트 혼화재료와 용도의 연결이 옳지 않은 것은?
① 실리카흄 – 압축강도 증대
② 플라이애시 – 수화열 증대
③ AE제 – 동결융해 저항성능 향상
④ 고로 슬래그 분말 – 알칼리 골재 반응 억제

해설 플라이애시 사용 시 수화열이 감소된다.
정답 ②

3) **지연제**

응결, 초기경화를 지연시킬 목적으로 사용한다.

4) **급결제**

시멘트의 응결시간을 매우 빠르게 할 때 사용한다.

5) **방수제**

콘크리트의 수밀성을 높이기 위하여 사용한다.

6) **증점제** [15년 출제]

점성 등을 향상시켜 재료분리를 억제하여 수중 콘크리트에 사용된다.

7) **방청제** [12년 출제]

철근의 부식을 억제할 목적으로 사용한다.

3. 각종 혼화재 [16년 출제]

(1) 정의 [07년 출제]

사용량이 비교적 많아서 그 자체의 부피가 콘크리트의 배합계산에 고려되는 것으로, 시멘트 중량의 5~50% 정도 다량으로 사용하며 주로 광물질 분말이 많다.

(2) 종류

1) **포졸란(실리카흄)** [15년 출제]

① 화산회 등의 광물질(실리카질) 분말로 제조한다.
② 발열량이 적고 초기강도는 작으나 장기강도가 좋아진다.
③ 콘크리트의 시공연도가 좋아지며 블리딩이 감소된다.
④ 해수 등에 대한 저항성, 수밀성이 개선된다.

2) **플라이애시** [16·11·10·06년 출제]

① 콘크리트의 작업성을 개선하고 단위수량을 감소시킨다.
② 수화열이 감소하며 장기강도가 증가된다.

3) **고로 슬래그**

① 장기강도가 크고 수화열이 작다.
② 알칼리 골재 반응을 억제시킨다.

07 콘크리트의 성질

1. 콘크리트의 개설 [11년 출제]

① 시멘트, 물, 잔골재, 굵은 골재 및 필요에 따라 혼화재료를 혼합하여 만든 것을 말한다.
② 시멘트와 물을 혼합한 것은 시멘트 풀(시멘트 페이스트)이다.
③ 잔골재(모래)를 혼합한 것은 모르타르이다.

2. 콘크리트 배합

(1) 콘크리트 배합의 목적

① 소요강도를 얻을 수 있을 것
② 적당한 워커빌리티를 가질 것
③ 균형을 유지하도록 할 것
④ 내구성이 있을 것
⑤ 수밀성 등 기타 수요자가 요구하는 성능을 만족시킬 것
⑥ 경제적일 것

(2) 콘크리트 배합설계 및 강도

① 요구성능의 설정 → 시멘트의 선정 → 시험배합의 실시 → 현장배합의 결정 [15·13·08년 출제]
② 경화 콘크리트의 강도 중 가장 큰 것은 압축강도이다. [16·15·12년 출제]
③ 설계 기준강도는 4주(28일) 압축강도를 기준으로 한다. [14년 출제]

3. 굳지 않은 콘크리트의 성질

(1) 요구성능 [15·06년 출제]

① 다지기 및 마무리가 용이하여야 한다.
② 시공 시 및 그 전후에 재료분리가 적어야 한다.
③ 거푸집 구석구석까지 잘 채워질 수 있어야 한다.
④ 거푸집에 부어 넣은 후, 블리딩이 발생하지 않아야 한다.

예제 68 기출 1회

다음 중 시멘트 페이스트에 대한 설명으로 가장 알맞은 것은?
① 시멘트와 물을 혼합한 것이다.
② 시멘트와 물, 잔골재를 혼합한 것이다.
③ 시멘트와 물, 잔골재, 굵은 골재를 혼합한 것이다.
④ 시멘트와 물, 잔골재, 굵은 골재, 혼화재료를 혼합한 것이다.

해설 시멘트 페이스트는 시멘트와 물을 혼합한 것이다.
정답 ①

예제 69 기출 3회

다음 중 콘크리트의 일반적인 배합설계 순서에서 가장 먼저 이루어져야 하는 사항은?
① 시멘트의 선정
② 요구성능의 설정
③ 시험배합의 실시
④ 현장배합의 결정

해설 알맞은 배합의 요구성능을 가장 먼저 설정한다.
정답 ②

예제 70 기출 3회

경화 콘크리트의 강도 중 일반적으로 가장 큰 것은?
① 휨강도   ② 압축강도
③ 인장강도 ④ 전단강도

해설 콘크리트의 강도 크기는 압축강도 > 전단강도 > 휨강도 > 인장강도 순이다.
정답 ②

| 예제 71 | 기출 3회 |

다음 중 콘크리트의 시공연도(Work-ability)에 영향을 주는 요소와 가장 거리가 먼 것은?

① 혼화재료
② 물의 염도
③ 단위시멘트양
④ 골재의 입도

해설 물의 염도는 철근콘크리트에서 철근을 녹슬게 할 수 있어 사용하지 않는다.

정답 ②

| 예제 72 | 기출 3회 |

콘크리트 슬럼프시험을 하는 가장 주된 목적은?

① 공기량 측정
② 시공연도 측정
③ 골재의 입도 측정
④ 콘크리트의 강도 측정

해설 슬럼프시험은 시공연도 측정방법이다.

정답 ②

| 예제 73 | 기출 3회 |

굳지 않은 콘크리트의 워커빌리티 측정방법에 속하지 않는 것은?

① 비비시험
② 슬럼프시험
③ 비카트시험
④ 다짐계수시험

해설 시공연도 측정방법에는 비비시험, 슬럼프시험, 다짐계수시험 등이 있다.

정답 ③

(2) 워커빌리티(시공연도) [15년 출제]

1) 의미
작업의 난이도 및 재료분리에 저항하는 정도이다.

2) 워커빌리티에 영향을 미치는 요인 [15·14년 출제]
① 단위시멘트양은 부배합이 빈배합보다 좋다.
② 골재의 입도는 둥글고 연속입도가 좋다.
③ 혼화재료를 사용하면 개선된다.
④ 물시멘트비(단위수량)가 많으면 재료분리 우려가 있다.
⑤ 비비기 정도가 길면 수화를 촉진시켜 나빠진다.

3) 워커빌리티의 측정방법 [16·15·13·07·06년 출제]
① 슬럼프시험
30cm 높이의 콘크리트가 가라앉은 X값을 슬럼프 값이라 하며 반죽질기의 지표로 사용된다.

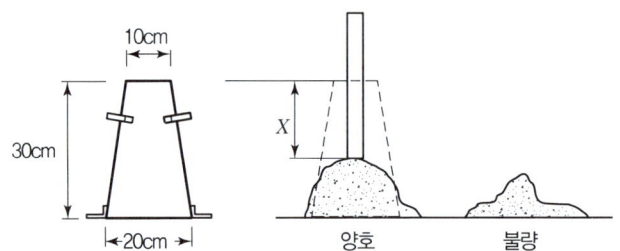

② 이 외에 흐름시험, 비비(Vee-Bee Test)시험, 다짐계수(Compaction Factor)시험 등이 있다.

(3) 컨시스턴시(반죽질기) [16·15·12년 출제]
① 굳지 않은 콘크리트의 유동성 정도, 반죽질기를 나타낸다.
② 거푸집 등의 현상에 순응하여 채우기 쉽고, 분리가 일어나지 않는 성질을 말한다.

4. 내구성 저하

(1) 블리딩(Bleeding) [15·06년 출제]
① 콘크리트 타설 후 비교적 가벼운 물이나 미세한 물질 등이 상승하고, 무거운 골재나 시멘트는 침하하는 현상이다.
② 재료가 분리되어 강도, 수밀성, 내구성 등이 떨어진다.

(2) 레이턴스(Laitance) [07년 출제]
① 콘크리트 타설 후 블리딩에 의해서 부상한 미립물이 콘크리트 표면에 얇은 피막이 되어 침적하는 것을 말한다.
② 콘크리트 이음 시 제거하지 않고 콘크리트를 타설하면 이음부의 취약점이 된다.

(3) 크리프(Creep) [16·15·14·13·12년 출제]
1) 정의

경화 콘크리트 성질 중 하중이 지속적으로 작용하면 하중의 증가 없이 콘크리트의 변형이 시간과 더불어 증대하는 현상이다.

2) 원인
① 시멘트풀이 많을수록 크다.(시멘트 페이스트)
② 물시멘트비가 클수록 크다.
③ 작용하중이 클수록 크다.
④ 재하, 재령이 빠를수록 크다.
⑤ 재하 초기에 증가가 현저하다.
⑥ 부재의 단면치수가 작을수록 크다.

(4) 콘크리트의 중성화
1) 정의 [16년 출제]

콘크리트가 시일이 경과함에 따라 공기 중의 탄산가스 작용을 받아 알칼리성을 잃어가는 현상이다.

예제 74 기출 3회

굳지 않은 콘크리트의 성질을 표시하는 용어 중 굳지 않은 콘크리트의 유동성 정도, 반죽질기를 나타내는 용어는?
① 컨시스턴시 ② 워커빌리티
③ 펌퍼빌리티 ④ 피니셔빌리티

정답 ①

예제 75 기출 2회

콘크리트 타설 후 비교적 가벼운 물이나 미세한 물질 등이 상승하고, 무거운 골재나 시멘트는 침하하는 현상은?
① 쿨링   ② 블리딩
③ 레이턴스 ④ 콜드조인트

정답 ②

예제 76 기출 2회

다음 중 콘크리트의 크리프에 영향을 미치는 요인으로 가장 거리가 먼 것은?
① 작용하중의 크기
② 물시멘트비
③ 부재단면 치수
④ 인장강도

해설 인장강도와는 상관이 없다.

정답 ④

예제 77   기출 4회

콘크리트 중성화 억제방법이 아닌 것은?
① 단위시멘트양을 최소화한다.
② AE제를 적당량 사용하지 않는다.
③ 플라이애시, 실리카 퓸, 고로 슬래그 미분말을 혼합하여 사용한다.
④ 부재의 단면을 크게 한다.

해설 AE제를 적당량 사용한다.

정답 ②

2) 콘크리트 중성화 억제방법 [16·13·11·10년 출제]

　① 환경적으로 오염되지 않게 한다.
　② 부재단면 및 피복두께를 증가시킨다.
　③ AE제를 적당량 사용한다.
　④ 물시멘트비를 낮춘다.
　⑤ 단위시멘트양을 최소화한다.
　⑥ 플라이애시, 실리카 퓸, 고로 슬래그 미분말을 혼합하여 사용한다.

3) 내구성 저하 진행과정

　철근의 부식 → 부피팽창 → 콘크리트의 균열 → 콘크리트의 열화

SECTION

 콘크리트의 이용

1. 콘크리트 종류

(1) 경량 콘크리트
① 기건단위 용적중량이 2.0 이하이다.
② 경량골재를 사용하여 경량화하거나 기포를 혼합한다.

(2) 중량 콘크리트
① 용적중량이 2.6t/m³ 이상의 무거운 콘크리트를 말한다.
② 방사능 차폐 목적으로 사용된다.

(3) 제물치장 콘크리트 [13년 출제]
콘크리트를 시공한 그대로 마감한 것이다.

(4) ALC(Autoclaved Lightweight Concrete) [15·13·10년 출제]
① 중량이 가볍고 단열성능이 우수하다.
② 내화성능이 우수하다.
③ 습기가 많은 곳에서의 사용은 곤란하다.
④ 중성화 우려가 높다.

(5) 레진 콘크리트 [09년 출제]
결합재로 폴리머를 사용한 콘크리트로서 경화제를 가한 액상수지를 골재와 배합하여 제조한 것이다.

2. PS 콘크리트(프리스트레스트 콘크리트)

(1) 정의 [16·11·06년 출제]
거푸집이 불필요한 구조로 고강도의 PC강재나 피아노선과 같은 특수선재를 사용하여 인장재에 대한 저항력이 작은 콘크리트에 미리 긴장재로 압축을 가하여 만든 구조이다.

예제 78 기출 3회

ALC 경량 기포 콘크리트 제품에 관한 설명으로 옳지 않은 것은?
① 흡수성이 낮다.
② 절건비중이 낮다.
③ 단열성능이 우수하다.
④ 차음성능이 우수하다.

해설 흡수성이 높아 습기가 많은 곳에는 사용하지 않는다.

정답 ①

예제 79 기출 1회

결합재로 폴리머를 사용한 콘크리트로서 경화제를 가한 액상수지를 골재와 배합하여 제조한 것은?
① 수밀 콘크리트
② 프리팩트 콘크리트
③ 레진 콘크리트
④ 서중 콘크리트

정답 ③

예제 80 기출 3회

인장재에 대한 저항력이 작은 콘크리트에 미리 긴장재로 압축을 가하여 만든 구조는?
① PEB 구조
② 판조립식 구조
③ 철골철근 콘크리트 구조
④ 프리스트레스트 콘크리트 구조

정답 ④

CHAPTER 02. 각종 재료의 특성, 용도, 규격에 관한 지식

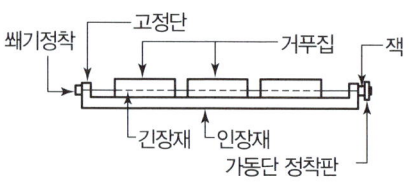

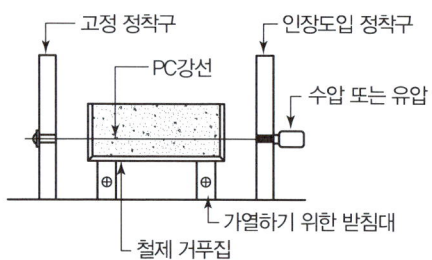

예제 81   기출 4회

다음 중 프리스트레스트 콘크리트 구조의 특징에 대한 설명 중 옳지 않은 것은?
① 간사이를 길게 할 수 있어 넓은 공간의 설계에 적합하다.
② 부재단면의 크기를 크게 할 수 있어 진동 발생이 없다.
③ 공기 단축이 가능하다.
④ 강도와 내구성이 큰 구조물 시공이 가능하다.

해설 부재 단면의 크기를 작게 할 수 있으나 진동하기 쉽다.

정답 ②

예제 82   기출 4회

거푸집 중에 미리 굵은 골재를 투입하여 두고, 간극에 모르타르를 주입하여 완성시키는 콘크리트는?
① 프리팩트 콘크리트
② 수밀 콘크리트
③ 유동화 콘크리트
④ 서중 콘크리트

정답 ①

(2) **특징** [22 · 16 · 15 · 12년 출제]

① 간사이를 길게 할 수 있어 넓은 공간의 설계에 적합하다.
② 부재단면의 크기를 작게 할 수 있으나 진동하기 쉽다.
③ 공기를 단축하고 시공과정을 기계화할 수 있다.
④ 강도와 내구성이 큰 구조물 시공이 가능하다.

3. 프리팩트 콘크리트 [23 · 10 · 08 · 06년 출제]

① 미리 거푸집 속에 적당한 입도배열을 가진 굵은 골재를 채워 넣은 후, 모르타르를 펌프로 압입하여 굵은 골재의 공극을 충전시켜 만드는 콘크리트이다.
② 재료분리, 수축이 보통 콘크리트의 1/2 정도로 작다.

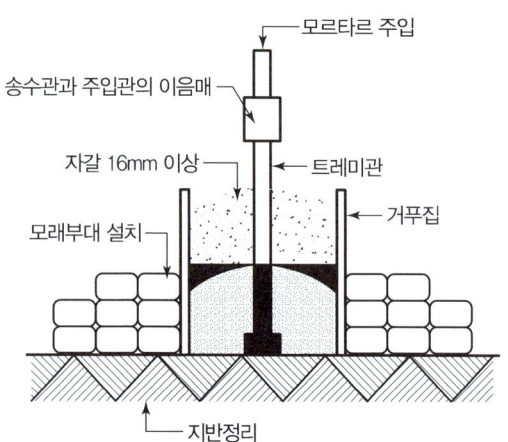

4. 레디믹스트 콘크리트 [14 · 10 · 07 · 06년 출제]

(1) 정의
① 콘크리트 전문 공장의 배치플랜트에서 공급되는 콘크리트이다.
② 공장에서 생산하여 트럭이나 혼합기로 현장에 공급하는 콘크리트이다.

(2) 특징

장점	단점
• 협소한 장소에서 대량의 콘크리트를 얻을 수 있다. • 품질이 균일하고 우수하다. • 원가가 확실하고 여러 측면에서 공사비를 절감한다.	• 운반 중 재료분리가 우려된다. • 운반차량의 운반로 확보와 시간지연 시 대책을 강구해야 한다. • 현장과 제조자의 충분한 협의가 필요하다.

예제 83 기출 4회

공장에서 생산하여 트럭이나 혼합기로 현장에 공급하는 콘크리트를 의미하는 것은?
① 경량 콘크리트
② 한중 콘크리트
③ 레디믹스트 콘크리트
④ 서중 콘크리트

 ③

09 점토의 성질

1. 점토의 개설

① 점토란 여러 천연암석이 풍화 또는 분해를 거치면서 발생시킨 세립 또는 분말의 알루미늄규산염을 주성분으로 하여 제조한 것이다.
② 작은 입자 또는 가루상태의 물질로 물에 젖어 있으면 쉽게 어떤 형태든지 만들 수 있는 가소성이 있다. 또한 건조하면 줄어들고 다시 고온으로 구워 식히면 강도가 매우 커지며 다시 물에 적셔도 연화되지 않는다.
③ 점토제품의 특징으로 내화성이 강하고 강도와 내수성이 있으며, 빛깔과 광택이 있어 내화재, 지붕재, 설비재, 마감재, 장식재 등으로 사용한다.

2. 점토의 성질 [15 · 14 · 13 · 12 · 11 · 10 · 09 · 08 · 07 · 06년 출제]

① 주성분은 실리카와 알루미나이다.
② 비중은 2.5~2.6 정도이다.
③ 비중은 불순물이 많은 점토일수록 작고, 알루미나분이 많을수록 크고 가소성도 좋다.
④ 입자가 고운 양질의 점토일수록 가소성이 좋다.
⑤ 압축강도는 인장강도의 약 5배 정도이다.
⑥ 순도가 높은 점토 소성품은 강도가 크고, 불순물이 많을수록 강도가 작다.
⑦ 함수율과 건조 수축률은 비례하여 증감된다.
⑧ 철산화물이 많으면 적색, 석회물이 많으면 황색을 나타낸다.

예제 84 기출 12회

점토의 성질에 관한 설명으로 옳지 않은 것은?
① 주성분은 실리카와 알루미나이다.
② 인장강도는 압축강도의 약 5배 정도이다.
③ 비중은 일반적으로 2.5~2.6 정도이다.
④ 양질의 점토는 습윤 상태에서 현저한 가소성을 나타낸다.

해설 압축강도가 인장강도의 5배 정도이다.

정답 ②

예제 85 기출 7회

점토의 일반적인 성질에 관한 설명으로 옳지 않은 것은?
① 양질의 점토는 습윤 상태에서 현저한 가소성을 나타낸다.
② 일반적으로 점토의 압축강도는 인장강도의 약 5배이다.
③ 점토제품의 색상은 철산화물 또는 석회물질에 의해 나타난다.
④ 점토의 비중은 불순점토일수록 크고, 알루미나분이 많을수록 작다.

해설 점토의 비중은 불순물이 많을수록 작고, 알루미나분이 많을수록 크다.

정답 ④

3. 점토제품

(1) 점토제품의 분류 [16·15·14·12·11·10·09·08·07년 출제]

종류	소성온도(℃)	원료	흡수성	건축재료
토기	790~1,000	최저급 원료 (전답토)	크다.	기와, 벽돌, 토관
도기	1,100~1,230	석영, 운모의 풍화물(도토)	약간 크다. (18% 이하)	도기질 타일, 위생 도기
석기	1,160~1,350	양질의 점토 (내화점토)	작다. (5% 이하)	마루타일, 클링커 타일 (8% 이하)
자기	1,230~1,460	양질의 도토와 자토	아주 작다. (3% 이하)	자기질 타일, 모자이크 타일

① 점토제품의 흡수율 순서
   토기 > 도기 > 석기 > 자기
② 호칭 명에 따라 도자기질 타일은 내장타일, 외장타일, 바닥타일, 모자이크 타일로 구분한다. [16·11년 출제]
③ 유약의 유무에 따라 구분할 경우 시유타일, 무유타일로 나뉜다.
[12·10년 출제]

(2) 제조법

원토처리 → 원료배합 → 반죽 → 성형 → 건조 → (소성 → 시유 → 소성) → 냉각 → 검사, 선별

예제 86 기출 3회

자기질 타일의 흡수율 기준으로 옳은 것은?
① 3.0% 이하   ② 5.0% 이하
③ 8.0% 이하   ④ 18.0% 이하

해설 자기질은 양질의 도토와 자토로 만들며 흡수성이 0~3%로 아주 작다.

정답 ①

예제 87 기출 4회

점토제품의 흡수율이 큰 것부터 순서가 옳은 것은?
① 도기 > 토기 > 석기 > 자기
② 도기 > 토기 > 자기 > 석기
③ 토기 > 도기 > 석기 > 자기
④ 토기 > 석기 > 도기 > 자기

해설 흡수율은 토기가 가장 크고 자기가 가장 작다.

정답 ③

예제 88 기출 2회

흡수율이 커서 외장이나 바닥타일로는 사용하지 않으며, 실내 벽체에 사용하는 타일은?
① 도기질 타일   ② 석기질 타일
③ 자기질 타일   ④ 클링커 타일

해설 흡수율이 큰 순서는 도기질 타일, 클링커 타일, 석기질 타일, 자기질 타일 순이다.

정답 ①

예제 89 기출 2회

타일의 종류를 유약의 유무에 따라 구분할 경우 이에 해당하는 것은?
① 내장타일   ② 시유타일
③ 자기질 타일   ④ 클링커 타일

해설 시유타일은 제조과정에서 유약을 바른 타일이다.

정답 ②

10 점토의 이용

1. 벽돌제품

(1) 벽돌(KS L 4201) [22 · 07 · 06년 출제]

① 표준형은 길이 190mm, 너비 90mm, 두께 57mm이고, 줄눈은 가로 세로 10mm를 표준으로 사용한다.
② 벽돌 한 장을 온장이라 하며 온장을 나누어 반토막, 이오토막, 칠오토막, 반절, 반반절 등으로 사용한다.

(2) 벽돌의 품질 [08 · 07년 출제]

① 1종 : 형상이 바르고 갈라짐이나 흠이 적다.
② 2종 : 형상은 보통이고 심한 갈라짐이나 흠이 없다.

품질	종류		기타
	1종	2종	
흡수율(%)	10 이하	15 이하	• 1종 : 내 · 외장용
압축강도(N/mm²)	24.50 이상	14.70 이상	• 2종 : 내장용

(3) 다공벽돌(경량벽돌) [14 · 12 · 11 · 09 · 07년 출제]

① 점토에 톱밥, 목탄가루 등을 혼합하여 성형한 벽돌이다.
② 가볍고, 절단, 못치기 등의 가공이 우수하나 강도는 약하다.
③ 방음벽, 단열층, 보온벽, 칸막이벽에 사용된다.

(4) 미장벽돌 [15 · 14 · 12년 출제]

점토 등을 주원료로 하여 소성한 벽돌로서 유공형 벽돌은 하중지지 면의 유효단면적이 전체 단면적의 50% 이상이 되도록 제작한다.

(5) 내화벽돌 [22 · 12 · 08년 출제]

① 내화도가 1,500~2,000℃ 정도인 황색벽돌이다.
② 치수는 230mm×114mm×65mm이다.
③ 용광로, 시멘트 소성 가마, 굴뚝 등에 사용된다.
④ 소성온도 측정은 제게르 콘(Seger Cone)이 사용된다.

예제 90 기출 3회

표준형 점토벽돌의 크기로 알맞은 것은?
① 190mm×90mm×57mm
② 210mm×100mm×60mm
③ 190mm×90mm×60mm
④ 210mm×100mm×57mm

정답 ①

예제 91 기출 8회

점토에 톱밥, 겨, 목탄가루 등을 혼합, 소성한 것으로 가볍고, 절단, 못치기 등의 가공이 우수하나 강도가 약해 구조용으로는 사용이 곤란한 벽돌은?
① 이형벽돌 ② 내화벽돌
③ 포도벽돌 ④ 다공벽돌

정답 ④

예제 92 기출 3회

다음은 한국산업표준(KS)에 따른 점토 벽돌 중 미장벽돌에 관한 용어의 정의이다. ( ) 안에 알맞은 것은?

점토 등을 주원료로 하여 소성한 벽돌로서 유공형 벽돌은 하중지지 면의 유효 단면적이 전체 단면적의 ( ) 이상이 되도록 제작한 벽돌

① 30%   ② 40%
③ 50%   ④ 60%

정답 ③

예제 93 기출 3회

표준형 내화벽돌 중 보통형의 크기는?(단, 단위는 mm)
① 190×90×57   ② 210×100×60
③ 210×104×60 ④ 230×114×65

정답 ④

2. 타일

종류	성질	용도
클링커 타일	• 표면에 거칠게 요철모양의 무늬가 새겨진 외부 바닥용 특수 타일이다. • 고온으로 충분히 소성하며 다갈색이다.	외부바닥, 옥상
보더 타일	• 특수형 타일로 가늘고 긴 형태이다. • 최고급품으로 선 두르기 등 기타 장식에 쓰인다.	현관 및 벽난로
모자이크 타일	정방형, 장방형, 다각형 등과 여러 색의 무늬가 있으며 소형의 자기질 타일이다. [16・06년 출제]	바닥이나 벽면에 장식

3. 테라코타 [14・13・11・10・06년 출제]

① 석재 조각물 대신에 사용되는 장식용 점토 소성제품이다.
② 원료는 고급 점토 도토를 사용하며, 거의 흡수성이 없고 색조가 자유로운 장점이 있다.
③ 일반 석재보다 가볍고, 압축강도는 화강암의 1/2 정도이다.
④ 내화력이 화강암보다 좋고, 대리석보다 풍화에 강하여 외장에 적당하다.
⑤ 재질은 도기, 건축용 벽돌과 유사하나, 1차 소성한 후 시유하여 재 소성하는 점이 다르다.
⑥ 공동(空胴)의 대형 점토제품으로 건축물의 패러핏, 난간벽, 주두, 돌림대, 창대 등에 장식적으로 사용된다. [13・06년 출제]

예제 94   기출 3회

공동(空胴)의 대형 점토제품으로 난간벽, 돌림대, 창대 등에 사용되는 것은?
① 타일　　② 도관
③ 테라초　④ 테라코타

정답 ④

예제 95   기출 5회

테라코타에 관한 설명으로 옳지 않은 것은?
① 일반 석재보다 가볍고 화강암보다 압축강도가 크다.
② 거의 흡수성이 없으며 색조가 자유로운 장점이 있다.
③ 구조용과 장식용이 있으나, 주로 장식용으로 사용된다.
④ 재질은 도기, 건축용 벽돌과 유사하나, 1차 소성한 후 시유하여 재 소성하는 점이 다르다.

해설 테라코타의 압축강도는 화강암의 1/2 정도이다.

정답 ①

SECTION 11 금속재료의 분류 및 성질

1. 금속재료의 개설 및 분류

(1) 개설

① 철강은 철과 탄소(C) 이외에 규소(Si), 망간(Mn), 황(S), 인(P) 등을 함유하고 있다.
② 탄소의 함유량에 따라 성질이 달라진다.

(2) 철강의 분류

1) 강재의 응력 – 변형도 곡선 [16·15·08년 출제]

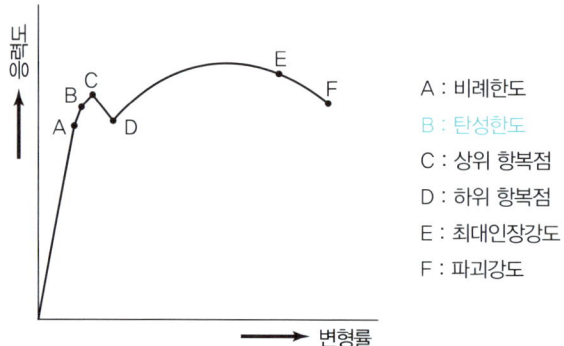

A : 비례한도
B : 탄성한도
C : 상위 항복점
D : 하위 항복점
E : 최대인장강도
F : 파괴강도

예제 96 기출 3회

다음의 강의 응력도–변형률 곡선에서 탄성한도 지점은?

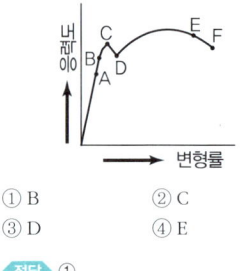

① B ② C
③ D ④ E

정답 ①

2) 탄소량에 따른 철의 분류 [14년 출제]

탄소가 적을수록 강도는 작고 연질이며 신장률이 좋다.

명칭	탄소량	성질
선철(주철)	1.7% 이상	800~1,000℃ 내외에서 가단성이 크고 연질임
탄소강	0.03~1.7%	가단성, 주공성, 담금질 효과가 있음, 건축재료로 가장 많이 사용됨
순철(연철)	0.04% 이하	주공성이 크고 취성이 큼

3) 탄소량에 따른 탄소강의 성질변화 [16·09·07년 출제]

① 탄소량이 증가할수록 탄소강의 열팽창계수, 열전도도, 비중은 감소한다.
② 탄소량이 증가할수록 탄소강의 비열, 전기저항, 항자력은 커진다.

예제 97 기출 3회

탄소강에서 탄소량이 증가함에 따라 일반적으로 감소하는 물리적 성질은?
① 비열 ② 항자력
③ 전기저항 ④ 열전도도

해설 탄소량이 증가할수록 열팽창계수, 열전도도, 비중은 감소한다.

정답 ④

4) 온도에 따른 강도변화

① 100℃ 이상부터 강도가 증가하여 250℃에서 최대가 된다.

② 500℃에서는 강도가 1/2로 감소한다. [09년 출제]

(3) 가공방법

1) 성형방법

종류	탄소함유량
단조	강을 가열해 기계 해머나 수압 프레스 등으로 압축하중을 가하여 성형한다.
압연	회전하고 있는 한 쌍의 롤 사이를 통과하여 롤의 압력으로 후강판, 강판, 봉강, 형강, 봉, 선, 관 등을 제조한다.
인발	다이 구멍과 같은 치수의 단면을 가지는 제품을 뽑아내는 가공으로 가는 못, 철사 등을 제조한다.
압출	다이 구멍으로부터 압출하여 원하는 단면을 만든다.

2) 강의 열처리방법 [16·15·13·12·11·10·09·08·07·06년 출제]

종류	방법	특징
풀림	조직이 조잡한 강을 800~1,000℃로 가열하여 노 속에서 서서히 냉각시킨다.	강을 연화하고 결정조직을 균질화하며 내부응력을 제거한다.
불림	강을 800~1,000℃ 이상 가열 후 대기 중에서 냉각시킨다.	강의 조직이 표준화, 균질화되어 내부 변형이 제거된다.
담금질	고온으로 가열하여 소정의 시간 동안 유지한 후에 냉수, 온수 또는 기름에 담가 냉각시킨다.	강도와 경도가 증가하고 신장률과 단면 수축률이 감소한다.
뜨임	담금질한 강을 200~600℃로 가열 후 서서히 냉각시켜 강 조직을 안정한 상태로 만드는 것이다.	담금질한 강에 인성을 부여하여 강의 변형을 적게 하고 강하게 한다.

예제 98 기출 1회

일반적으로 500℃에서 건축구조용으로 쓰이는 강재의 인장강도는 0℃일 때 인장강도의 어느 정도인가?

① 1/2 ② 1/5
③ 1/10 ④ 1/20

해설 500℃에서는 강도가 1/2로 감소한다.

정답 ①

예제 99 기출 8회

강의 열처리방법에 속하지 않는 것은?

① 압출 ② 불림
③ 풀림 ④ 담금질

해설 압출은 성형방법이다.

정답 ①

예제 100 기출 7회

강재의 열처리에 관한 설명으로 옳지 않은 것은?

① 풀림은 강을 연화하거나 내부응력을 제거할 목적으로 실시한다.
② 뜨임질은 경도를 감소시키고 내부응력을 제거하며 연성과 인성을 크게 하기 위해 실시한다.
③ 불림은 500~600℃로 가열하여 소정의 시간까지 유지한 후에 노 내부에서 서서히 냉각시키는 처리를 말한다.
④ 담금질은 고온으로 가열하여 소정의 시간 동안 유지한 후에 냉수, 온수 또는 기름에 담가 냉각하는 처리를 말한다.

해설 불림은 800~1,000℃ 이상 가열 후 대기 중에 냉각시킨다.

정답 ③

2. 금속재료의 부식과 방식

(1) 부식작용 [15·09·08년 출제]

1) 물에 의한 부식

경수는 연수에 비하여 부식성이 작으나, 오수에서 발생하는 이산화탄소, 메탄가스는 금속 부식을 촉진하는 역할을 한다.

2) 대기에 의한 부식

① 공기 중의 산화물 등에 의해 피막이 생성되어 색이 변색된다.
② 매연 등에 의해 부식된다.
③ 바닷가 공기 속의 염분에 의해 부식된다.

3) 흙 속에서의 부식

산성 흙 속에서도 부식한다.

4) 전기작용에 의한 부식

이온화 경향에 의한 전기분해에 의해 부식된다.

(2) 방식방법 [16·15·14·13·12·10·09·08·07·06년 출제]

① 다른 종류의 금속을 서로 잇대어 사용하지 않는다.
② 균일한 것을 선택하고 큰 변형을 주지 않도록 한다.
③ 표면을 깨끗하고 물기나 습기가 없도록 한다.
④ 방청도료(규산염 도료) 또는 아스팔트, 콜타르를 칠한다.
⑤ 내식, 내구성이 있는 금속으로 도금한다.
⑥ 알루미늄은 콘크리트와 직접 접촉하면 안 된다.
⑦ 강재는 모르타르나 콘크리트로 피복한다.
⑧ 금속 표면을 화학적으로 처리한다.

예제 101 기출 3회

금속의 부식과 방식에 관한 설명으로 옳은 것은?
① 산성이 강한 흙 속에서는 대부분의 금속재료는 부식된다.
② 모르타르로 강재를 피복한 경우, 피복하지 않은 경우보다 부식의 우려가 크다.
③ 다른 종류의 금속을 서로 잇대어 사용하는 경우 전기 작용에 의해 금속의 부식이 방지된다.
④ 경수는 연수에 비하여 부식성이 크며, 오수에서 발생하는 이산화탄소, 메탄가스는 금속 부식을 완화시키는 완화제 역할을 한다.

해설 ② 모르타르로 강재를 피복하면 부식을 방지할 수 있다.
③ 다른 종류의 금속을 서로 잇대어 사용하면 부식하기 쉽다.
④ 경수는 연수에 비하여 부식성이 작으나, 오수에서 발생하는 이산화탄소, 메탄가스는 금속 부식을 촉진한다.

정답 ①

예제 102 기출 6회

금속의 방식방법에 관한 설명으로 옳지 않은 것은?
① 큰 변형을 준 것은 가능한 한 풀림하여 사용한다.
② 가능한 한 이종금속과 인접하거나 접촉하여 사용하지 않는다.
③ 표면을 평활하고 깨끗하게 하며, 습윤상태를 유지하도록 한다.
④ 균질한 것을 선택하고 사용할 때 큰 변형을 주지 않도록 한다.

해설 표면은 습기가 없도록 한다.

정답 ③

예제 103 기출 2회

비철금속 중 동에 대한 설명으로 옳지 않은 것은?
① 가공성이 풍부하다.
② 열과 전기의 양도체이다.
③ 건조한 공기 중에서는 산화하지 않는다.
④ 염수 및 해수에는 침식되지 않으나 맑은 물에는 빨리 침식된다.

해설 동은 산, 알칼리에 약하고 해수에도 침식된다.

정답 ④

3. 비철금속 [16·14·13·12·11·10·09·08·07·06년 출제]

종류	특징	용도
구리(동)	• 전성과 연성이 크며 쉽게 성형할 수 있다. • 전기열전도율이 크다. • 건조 공기에는 부식이 안 되고 습기에는 녹청색을 띤다. • 산, 알칼리에 약하고 해수에도 침식된다.	• 지붕잇기 • 홈통 • 철사 • 못 • 철망 등
황동	• 동(Cu)과 아연(Zn)의 합금으로 놋쇠라 한다. • 연성이 우수하여 가공성, 내식성 등이 좋다.	• 논슬립 • 코너비드 • 부속철물 등
청동	구리와 주석의 합금이다.	• 장식철물 • 공예재료 등
알루미늄	• 은백색에 반사율이 큰 금속이다. • 비중이 철의 약 1/3로서 경량이다. • 열, 전기전도성이 크다. • 전성, 연성이 좋아 압연, 인발 등의 가공성이 좋다. • 공기 중 표면에 산화막이 생겨 내부를 보호한다. • 맑은 물에 대해서는 내식성이 크나 해수에 침식되기 쉽다. • 내화성이 부족하여 내화처리가 필요하다. • 산, 알칼리에 침식되며 콘크리트에 부식된다.	• 창틀 • 문틀 • 커튼 레일 • 가구 • 실내장식 등
아연	• 비철금속으로 연성이 우수하다. • 공기 중에는 산화하지 않는다.	철강의 방식용 피복재
주석	• 전성과 연성이 크고, 공기 중이나 수중에서 녹슬지 않는다. • 주조성, 단조성이 양호하므로 각종 금속과 합금이 용이하다. • 부식에 대한 저항성이 커 유기산에 침식되지 않아 식품보관용의 용기류에 이용된다.	• 식기 • 통조림 • 식료품용 등
납	• 비중이 크고 연질이며 전성, 연성이 크다. • 방사선 투과율이 낮아 차폐효과가 크다. • 융점이 낮고 주조 가공성이 좋다.	• X-선실 • 방사선 차폐용 벽체

예제 104 기출 2회

동(Cu)과 아연(Zn)의 합금으로 놋쇠라고도 불리우는 것은?
① 청동 ② 황동
③ 주석 ④ 경석

정답 ②

예제 105 기출 3회

구리(Cu)와 주석(Sn)을 주체로 한 합금으로 건축 장식철물 또는 미술공예 재료에 사용되는 것은?
① 황동 ② 청동
③ 양은 ④ 두랄루민

정답 ②

예제 106 기출 3회

납(Pb)에 관한 설명으로 옳은 것은?
① 융점이 높다.
② 전성·연성이 작다.
③ 비중이 크고 연질이다.
④ 방사선의 투과도가 높다.

해설 납은 융점이 낮고, 전성·연성이 크고, 방사선 투과도가 낮다.

정답 ③

예제 107 기출 3회

알루미늄에 관한 설명으로 옳지 않은 것은?
① 가공성이 양호하다.
② 열, 전기전도성이 크다.
③ 비중이 철의 1/3 정도로 경량이다.
④ 내화성이 좋아 별도의 내화처리가 필요하지 않다.

해설 알루미늄은 내화성이 좋지 않아 별도의 피복을 해야 한다.

정답 ④

12 금속재료의 이용

1. 금속제품

(1) 철근

① 콘크리트 속에 묻어서 콘크리트의 인장력을 보강하기 위해 쓰는 강재이다.
② 원형철근 : 철근의 표면에 리브 또는 마디 등의 돌기가 없는 원형 단면의 봉강이다.
③ 이형철근 : 콘크리트와의 부착강도를 높이기 위하여 철근 표면에 리브 또는 마디의 돌기를 붙인 봉강으로 원형철근보다 부착강도가 2배 정도이며, 표시는 D로 하고 mm 단위의 치수를 기입한다.

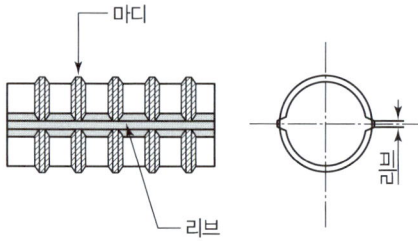

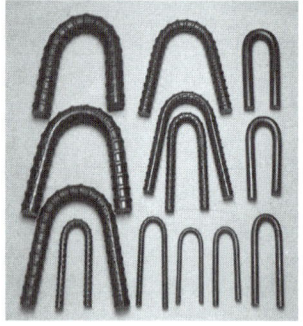

(2) 와이어 메시(Wire Mesh) [16 · 09년 출제]

비교적 굵은 철선을 격자형으로 용접한 것으로 콘크리트 보강용으로 사용한다.

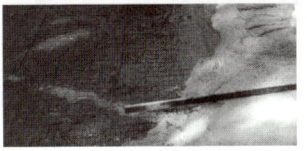

> **예제 108**　　기출 2회
>
> 비교적 굵은 철선을 격자형으로 용접한 것으로 콘크리트 보강용으로 사용되는 금속제품은?
> ① 메탈 폼(Metal Form)
> ② 와이어 로프(Wire Rope)
> ③ 와이어 메시(Wire Mesh)
> ④ 펀칭 메탈(Punching Metal)
>
> **정답** ③

(3) 메탈 라스(Metal Lath) [08년 출제]

얇은 철판에 많은 절목을 넣어 이를 옆으로 늘여서 만든 것으로 도벽 바탕에 쓰이는 금속제품이다.

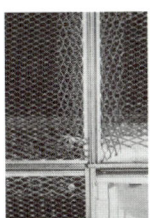

> **예제 109**　　기출 1회
>
> 얇은 철판에 많은 절목을 넣어 이를 옆으로 늘여서 만든 것으로 도벽 바탕에 쓰이는 금속제품은?
> ① 메탈 실링
> ② 펀칭 메탈
> ③ 프린트 철판
> ④ 메탈 라스
>
> **정답** ④

(4) 코너 비드(Corner Bead) [15 · 14 · 13 · 07 · 06년 출제]

① 벽, 기둥 등의 모서리를 보호하기 위하여 미장공사 전에 사용하는 철물이다.
② 아연도금 철제, 스테인리스 철제, 황동제, 플라스틱 등이 있다.

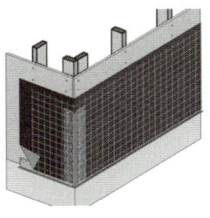
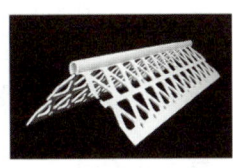

> **예제 110**　　기출 5회
>
> 다음 중 기둥 및 벽 등의 모서리에 대어 미장바름을 보호하기 위해 사용하는 철물은?
> ① 메탈 라스
> ② 코너 비드
> ③ 와이어 라스
> ④ 와이어 메시
>
> **정답** ②

| 예제 111 | 기출 3회 |

금속제품에 관한 설명으로 옳지 않은 것은?
① 와이어 라스는 금속제 거푸집의 일종이다.
② 논슬립은 계단에서 미끄럼을 방지하기 위해서 사용된다.
③ 조이너는 천장·벽 등에 보드류를 붙이고, 그 이음새를 감추고 누르는 데 사용된다.
④ 코너 비드는 기둥 모서리 및 벽 모서리 면에 미장을 쉽게 하고, 모서리를 보호할 목적으로 설치한다.

해설 와이어 라스는 철선을 그물처럼 만들어 미장 바탕용에 사용한다.

정답 ①

| 예제 112 | 기출 2회 |

조이너(Joiner)에 대한 설명으로 옳은 것은?
① 금속재의 콘크리트용 거푸집으로서 치장 콘크리트에 사용된다.
② 계단의 디딤판 끝에 대어 오르내릴 때 미끄러지지 않도록 하는 철물이다.
③ 구조 부재 접합에서 2개의 부재 접합에 끼워 볼트와 같이 사용하여 전단에 견디도록 한다.
④ 천장, 벽 등에 보드류를 붙이고 그 이음새를 감추고 덮어 고정하고 장식이 되도록 하는 좁은 졸대형 철물이다.

해설 ①은 메탈폼, ②는 논슬립, ③은 듀벨에 대한 설명이다.

정답 ④

| 예제 113 | 기출 4회 |

무거운 자재문에 사용하는 스프링 유압 밸브 장치로 문을 자동적으로 닫히게 하는 창호철물은?
① 레일
② 도어스톱
③ 플로어 힌지
④ 레버터리 힌지

정답 ③

(5) 와이어 라스(Wire Lath) [14·11·10년 출제]

철선 또는 아연 도금 철선을 가공하여 그물처럼 만든 것으로 미장 바탕용에 사용한다.

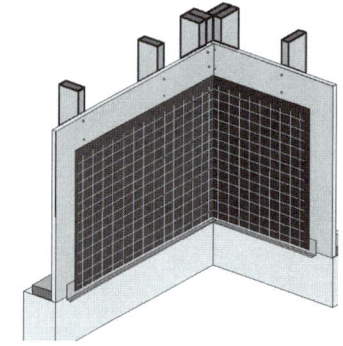

(6) 논슬립(Non Slip)

미끄럼을 방지하기 위하여 계단코에 설치한다. 철제, 놋쇠, 황동, 스테인리스 강제 등이 있다.

(7) 인서트(Insert) [08년 출제]

콘크리트 슬래브에 묻어 천장의 반자를 잡아주는 달대의 역할을 한다.

(8) 조이너(Joiner) [11·06년 출제]

천장, 벽 등에 보드를 붙이고 그 이음새를 감추고 누르는 데 사용한다.

2. 창호철물

(1) 경첩
① 여닫이 창호를 달 때 한쪽 문틀에 다른 한쪽의 문짝을 고정하고 여닫이 축이 되는 철물이다.
② 숨은 경첩, 자유경첩, 내닫이 경첩 등이 있다.

(2) 플로어 힌지 [14·13·11·06년 출제]
① 상점의 유리문들처럼 무거운 여닫이문, 자재문 등에 사용된다.
② 바닥에 오일이나 스프링 유압 밸브를 장치하여 문을 열면 저절로 닫히게 된다.

(3) **피벗 힌지**

바닥에 플로어 힌지를 쓸 때 문 위쪽에 쓰이는 철물로 경쾌한 개폐를 할 수 있는 도어의 일종이다.

▮경첩▮

▮플로어 힌지▮

▮피벗 힌지▮

(4) **레버터리 힌지** [10년 출제]

일종의 스프링 힌지로 공중전화부스 문이나 공중화장실 문 등에 사용되며, 저절로 닫히지만 15cm 정도는 열려 있게 하는 철물이다.

(5) **도어행거**

접문의 이동장치 문짝의 크기에 따라 2개 또는 4개의 바퀴가 달린다.

(6) **도어스톱**

열린 문짝이 벽 등에 손상되는 것을 막기 위해 바닥 또는 옆 벽에 대는 철물이다.

(7) **도어클로저, 도어체크** [09년 출제]

문을 자동적으로 닫히게 하는 장치로서 스프링 경첩의 일종이다.

(8) **크레센트** [14 · 11년 출제]

오르내리기창에 사용되는 걸쇠이다.

(9) **나이트래치**

외부에서는 열쇠로, 내부에서는 손잡이를 틀어 열 수 있는 실린더 장치의 자물쇠이다.

예제 114 기출 1회

일종의 스프링 힌지로 공중전화부스 문이나 공중화장실 문 등에 사용되며, 저절로 닫히지만 15cm 정도는 열려 있게 하는 것은?
① 피벗 힌지
② 플로어 힌지
③ 레버터리 힌지
④ 도어스톱

정답 ③

예제 115 기출 2회

다음 중 여닫이용 창호철물에 속하지 않는 것은?
① 도어스톱 ② 크레센트
③ 도어클로저 ④ 플로어 힌지

해설 크레센트는 오르내리기창에 사용된다.

정답 ②

예제 116 기출 3회

다음 중 창호철물의 용도가 잘못 연결된 것은?
① 여닫이문 – 경첩, 함자물쇠
② 오르내리기창 – 크리센트
③ 미서기문 – 도어체크
④ 자재문 – 플로어 힌지

[해설] 미서기문에는 레일과 호차가 사용된다.

[정답] ③

⑩ 모노로크

손잡이대 속에 자물쇠가 있는 것이다.

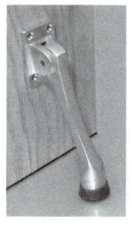

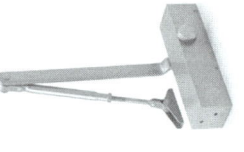

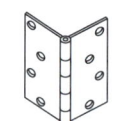
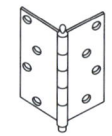
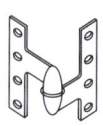

(a) 정첩(Fast Pin) (b) 정첩(Loose Pin) (c) 프랑스 정첩

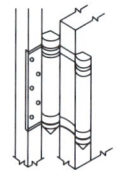

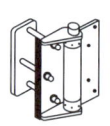

(d) 자유정첩 (e) 그래비티 힌지 (f) 레버터리 힌지

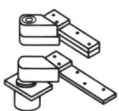
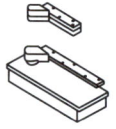
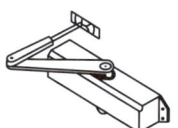

(g) 피벗 힌지 (h) 플로어 힌지 (i) 도어클로저

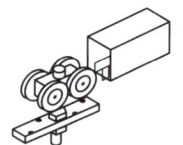

(j) 호차 (k) 달바퀴 (l) 중절식 꽂이쇠

13 유리의 성질 및 이용

예제 117 기출 1회

일반적으로 창유리의 강도는 어떤 강도를 의미하는가?
① 압축강도 ② 휨강도
③ 전단강도 ④ 인장강도

정답 ②

예제 118 기출 2회

용융되기 쉬우며 건축일반용 창호일반용 창호유리, 병유리 등에 사용되는 것은?
① 물유리
② 고규산유리
③ 칼륨석회유리
④ 소다석회유리

정답 ④

예제 119 기출 8회

소다석회유리에 관한 설명으로 옳지 않은 것은?
① 풍화되기 쉽다.
② 내산성이 높다.
③ 용융되지 않는다.
④ 건축일반용 창호유리 등으로 사용된다.

해설 소다석회유리는 용융되기 쉽다.

정답 ③

1. 유리의 성질 [10·08년 출제]

(1) 비중

창유리 등의 소다석회유리는 약 2.5 정도이다.

(2) 강도

유리의 강도는 휨강도를 말한다.

(3) 열전도율

① 일반적으로 전도율 및 팽창계수는 작고 비열이 크므로, 부분적으로 급히 가열하거나 냉각하면 파괴되기 쉽다.
② 콘크리트의 1/2 정도이며, 대리석 타일보다는 작다.

(4) 연화점

보통유리는 740℃이고, 컬러유리는 1,000℃이다.

(5) 내약품성

약한 산에는 침식되지 않지만, 염산, 질산, 황산 등에는 서서히 침식된다.

2. 유리의 종류 [16·15·14·13·12·11·06년 출제]

종류	성질	용도
소다석회유리	• 용융되기 쉬우며 산에 강하고 알칼리에 약하다. • 풍화되기 쉽다. • 건축일반용 창유리에 사용된다.	창호유리, 병유리
칼륨납유리	• 내산, 내열성이 낮고 비중이 크다. • 가공이 쉽고 광선 굴절률, 분산율이 크다.	광학용 렌즈, 모조보석

3. 유리제품

(1) 강화유리 [15·14·11·06년 출제]
① 판유리를 600℃ 정도로 가열했다가 급격히 냉각시켜 제작한다.
② 보통유리 강도의 3~4배 정도이며, 충격강도는 7~8배 정도이다.
③ 파괴되면 작은 파편이 되므로 부상이 적다.
④ 열처리 후에는 절단 등이 어렵다.
⑤ 자동차 앞 유리, 형틀 없는 문 등에 사용된다.

(2) 복층유리(Pair Glass) [22·16·12·11·10·09·08·07·06년 출제]
① 2장 또는 3장의 판유리를 일정한 간격으로 띄워 금속테로 기밀하게 테두리를 하여 방음, 단열성이 높고 결로 방지용으로 우수한 유리제품이다.
② 현장에서 절단 가공을 할 수 없다.

(3) 망입유리 [13·10·07년 출제]
① 유리 액을 롤러로 제판하고 그 내부에 금속망을 삽입하여 성형한다.
② 도난(방도용), 화재방지용(방화용)으로 사용된다.

(4) 스테인드글라스(착색유리) [07년 출제]
① 착색제로 각종 유리를 만든 다음 I형 단면의 납테로 각각의 모양을 만든 다음 사이에 넣는다.
② 성당의 창, 상업건축의 장식용 유리에 사용된다.

(5) 저방사(Low-E)유리 [15·14년 출제]
① 단열성이 뛰어난 고기능성 유리의 일종이다.
② 동절기에는 실내의 난방기구에서 발생되는 열을 반사하여 실내로 되돌려 보내고, 하절기에는 실외의 태양열이 실내로 들어오는 것을 차단한다.

(6) 열선 흡수유리 [12·09년 출제]
① 단열유리라고 하며, 철, 니켈(Ni), 크롬(Cr)을 첨가하여 만든 유리이다.
② 차량유리, 서향의 창문 등에 사용된다.

(7) 자외선 투과유리
① 자외선을 차단하는 산화제2철(Fe_2O_3)의 함량을 줄여 위생상 좋은 자외선을 투과시킨다.
② 온실, 병원의 일광욕실 등에 사용된다.

예제 120 기출 1회

유리의 성분별 분류 중 내산, 내열성이 낮고 비중이 크며 모조보석이나 광학렌즈로 사용되는 유리는?
① 소다석회유리
② 칼륨석회유리
③ 칼륨납유리
④ 석영유리

 ③

예제 121 기출 5회

강화유리에 관한 설명으로 옳지 않은 것은?
① 보통유리보다 강도가 크다.
② 파괴되면 작은 파편이 되어 분쇄된다.
③ 열처리 후에는 절단 등의 가공이 쉬워진다.
④ 유리를 가열한 다음 급격히 냉각시켜 제작한 것이다.

해설 열처리 후에는 절단 등의 가공이 어렵다.

 ③

예제 122 기출 15회

2장 또는 3장의 판유리를 일정한 간격으로 띄워 금속테로 기밀하게 테두리를 하여 방음, 단열성이 크고 결로방지용으로 우수한 유리제품은?
① 망입유리
② 색유리
③ 복층유리
④ 자외선 흡수유리

정답 ③

예제 123 기출 3회

유리 내부에 금속망을 삽입하고 압착 성형한 판유리로서 방화 및 방도용으로 사용되는 것은?
① 망입유리
② 접합유리
③ 열선흡수유리
④ 열선반사유리

정답 ①

예제 124　기출 2회

발코니 확장을 하는 공동주택이나 창호면적이 큰 건물에서 단열을 통한 에너지 절약을 위해 권장되는 유리의 종류는?
① 강화유리
② 접합유리
③ 로이유리
④ 스팬드럴유리

정답 ③

예제 125　기출 2회

단열유리라고도 하며 철, Ni, Cr 등이 들어 있는 유리로서, 서향일광을 받는 창 등에 사용되는 것은?
① 내열유리
② 열선 흡수유리
③ 열선 반사유리
④ 자외선 차단유리

정답 ②

예제 126　기출 2회

다음의 유리제품 중 부드럽고 균일한 확산광이 가능하며 확산에 의한 채광 효과를 얻을 수 있는 것은?
① 강화유리　② 유리블록
③ 반사유리　④ 망입유리

해설 유리블록은 간접채광, 의장벽면, 방음, 단열, 결로방지의 효과가 있다.

정답 ②

예제 127　기출 2회

투사광선의 방향을 변화시키거나 집중 또는 확산시킬 목적으로 만든 이형 유리제품으로 지하실 또는 지붕 등의 채광용으로 사용되는 것은?
① 복층유리　② 강화유리
③ 망입유리　④ 프리즘유리

정답 ④

(8) **자외선 흡수유리** [16년 출제]

자외선에 의한 화학작용을 피해야 하는 의류, 약품, 식품 등을 취급하는 장소에 사용되는 유리제품이다.

(9) **스팬드럴유리** [14년 출제]

① 플로트 판유리의 한쪽 면에 세라믹 도료를 코팅한 후 고온에서 융착하여 반강화시킨 불투명한 색유리이다.
② 열처리 작업을 했기 때문에 내구성, 강도, 단열성이 높다.

4. 2차 성형 유리제품

(1) **유리블록(Glass Block)** [15 · 07년 출제]

① 벽돌, 블록 모양의 상자형 유리를 서로 맞대고 저압의 공기를 불어 넣고 녹여 붙인다.
② 실내의 투시를 어느 정도 방지하므로 벽에 붙이면 간접채광, 의장벽면, 방음, 단열, 결로방지 효과가 있다.

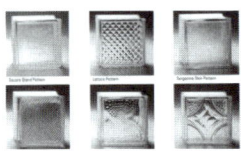

(2) **프리즘유리(Prism Glass)** [23 · 07년 출제]

① 투사광의 방향을 변화시키거나 집중 또는 확산시킬 목적으로 만든 이형 유리제품이다.
② 지하실, 옥상의 채광용으로 사용된다.

| 프리즘유리 |

SECTION 14 미장재료의 성질 및 이용

1. 미장재료의 성질

(1) 미장재료의 특성
건축물의 바닥, 내외벽, 천장 등에 보호, 보온, 방습, 방음, 내화 등의 목적으로 적당한 두께로 발라 마무리하는 재료이다.

(2) 응결방식에 따른 분류

1) 수경성 [15·13·12·10·08·07·06년 출제]

수화작용에 물만 있으면 공기 중이나 수중에서도 굳는 것을 말하며 시멘트계와 석고계 플라스터가 이에 속한다.

2) 기경성 [09·07년 출제]

충분한 물이 있더라도 공기 중에서만 경화하고, 수중에서는 굳어지지 않는 것을 말하며 석회계 플라스터와 흙, 섬유벽 등이 이에 속한다.

3) 건비빔 [16·15년 출제]

혼합한 미장재료에 아직 반죽용 물을 섞지 않은 상태이다.

2. 미장재료의 구성

(1) 결합재(고결재) [15·14·13·11년 출제]
① 독자적으로 물리적, 화학적으로 고체화하여 미장재료의 주체가 되는 재료이다.
② 시멘트, 플라스터, 소석회, 벽토, 합성수지 등으로서, 잔골재, 흙, 섬유 등 다른 미장재료와 결합하여 경화시키는 재료를 말한다.

(2) 보강재

1) 여물 [16·06년 출제]

균열을 분산, 경감, 방지를 위해 사용한다.

예제 128 기출 8회

다음 중 물과 화학반응을 일으켜 경화하는 수경성 미장재료는?
① 회반죽
② 회사벽
③ 석고 플라스터
④ 돌로마이트 플라스터

해설 수경성 미장재료는 석고와 시멘트계이다.

정답 ③

예제 129 기출 2회

다음 중 기경성 미장재료는?
① 시멘트 모르타르
② 인조석 바름
③ 혼합석고 플라스터
④ 회반죽

해설 기경성 미장재료는 석회, 흙, 섬유벽 등이 있다.

정답 ④

예제 130 기출 2회

혼합한 미장재료에 아직 반죽용 물을 섞지 않은 상태로 정의되는 용어는?
① 실러
② 양생
③ 건비빔
④ 물걷힘

정답 ③

예제 131 기출 3회

미장재료 중 자신이 물리적 또는 화학적이고 고체화하여 미장바름의 주체가 되는 재료가 아닌 것은?
① 점토
② 석고
③ 소석회
④ 규산소다

해설 규산소다는 응결시간을 단축해주는 급결제이다.

정답 ④

예제 132 기출 2회

미장공사에서 사용되는 재료 중 결합재에 속하지 않는 것은?
① 시멘트　② 잔골재
③ 소석회　④ 합성수지

해설 결합재는 시멘트, 플라스터, 소석회, 벽토, 합성수지 등이 있다.

정답 ②

예제 133 기출 2회

회반죽에 여물을 사용하는 주된 이유는?
① 균열 방지
② 경화 촉진
③ 크리프 증가
④ 내화성 증가

해설 여물은 균열 방지 목적이 있다.

정답 ①

예제 134 기출 5회

미장재료 중 회반죽의 재료에 해당되지 않는 것은?
① 풀　② 종석
③ 여물　④ 소석회

해설 종석은 인조석의 재료이다.

정답 ②

예제 135 기출 6회

미장재료 중 돌로마이트 플라스터에 관한 설명으로 옳지 않은 것은?
① 기경성 미장재료이다.
② 소석회에 비해 점성이 높다.
③ 석고 플라스터에 비해 응결시간이 짧다.
④ 건조수축이 커서 수축균열이 발생하는 결점이 있다.

해설 응결시간이 길어 작업성이 좋다.

정답 ③

---

2) 풀

접착성을 개선하는 재료로 미역, 가사리, 황각 등 해초를 건조하여 사용한다.

3) 규산소다

응결시간을 단축하기 위해 사용되는 급결제이다.

(3) 여물과 풀 사용 여부

고결재 종류	여물	풀
석고	경화 수축이 작아 여물 불필요	점성이 가장 커서 해초풀 불필요
돌로마이트 석회	수축 균열이 커서 여물 필요	접착성이 커서 해초풀 불필요
점토	수축 균열이 커서 여물 필요	접착성이 있어 해초풀 불필요
소석회	수축 균열이 커서 여물 필요	접착성이 작아 해초풀 필요
석회	미세 수축 균열이 생겨 여물 필요	점성이 없어 해초풀 필요

3. 여러 가지 미장바름

(1) 회반죽 [16·12·11·08·06년 출제]

① 소석회+모래+풀+여물 등을 바르는 미장재료이다.
② 경화건조에 의한 수축률이 크기 때문에 여물로서 균열을 분산, 경감시킨다.
③ 목조바탕, 콘크리트 블록 및 벽돌 바탕 등에 사용된다.

(2) 돌로마이터 플라스터(기경성 재료) [22·14·13·12·10·06년 출제]

① 돌로마이트 석회+모래+여물 때로는 시멘트를 혼합 사용하여 마감 표면의 경도가 회반죽보다 크다.
② 소석회보다 점성이 높아 풀이 필요 없다.
③ 변색, 냄새, 곰팡이가 생기지 않는다.
④ 보수성이 크고 응결시간이 길다.
⑤ 건조, 경화 시에 수축률이 가장 커서 균열 보강을 위한 여물을 꼭 사용해야 한다.

(3) **석고 플라스터** [16·15·14·13·11·09·08·06년 출제]
   ① 경화, 건조 시 치수 안정성이 뛰어나 균열이 없는 마감이 가능하다.
   ② 점성이 많아 해초풀을 사용하지 않는다.
   ③ 내화성이 우수하다.
   ④ 수경성 미장재료이다.
   ⑤ 유성 페인트 마감이 가능하다.

(4) **석고보드** [08년 출제]
   ① 혼합 석고 플라스터보다 소석고의 함유량을 많게 하여 접착성을 높인 제품이다.
   ② 벽과 천장 등의 마감재로 사용한다.
   ③ 부식이 안 되고 충해를 받지 않는다.
   ④ 시공이 용이하고 표면가공이 다양하다.
   ⑤ 습기에 약하여 물을 사용하는 공간에는 피하는 것이 좋다.

(5) **킨즈 시멘트(경석고 플라스터)** [16·10·09년 출제]
   ① 고온소성의 무수석고에 특별한 화학처리를 한 것이다.
   ② 경화한 것은 강도가 크며, 표면 경도도 커서 광택이 있다.

(6) **인조석, 테라초 현장바름**
   ① 백색 시멘트＋모래＋종석＋안료＋물로서, 초벌에는 모래가 들어가고 정벌에는 모래를 넣지 않는다.
   ② 대리석 종석 사용 시 테라초라고 한다.
   ③ 화강암 종석 사용 시 인조석이라고 한다.

예제 136 기출 8회

석고 플라스터 미장재료에 관한 설명으로 옳지 않은 것은?
① 내화성이 우수하다.
② 수경성 미장재료이다.
③ 회반죽보다 건조수축이 크다.
④ 원칙적으로 해초 또는 풀즙을 사용하지 않는다.

해설 석고 플라스터는 건조수축이 작다.

정답 ③

예제 137 기출 1회

석고보드(Gypsum Board)에 대한 설명 중 틀린 것은?
① 부식이 안 되고 충해를 받지 않는다.
② 습기에 강하여 물을 사용하는 공간에 사용하면 좋다.
③ 벽과 천장 등의 마감재로 사용한다.
④ 시공이 용이하고 표면가공이 다양하다.

해설 석고보드는 습기에 약하다.

정답 ②

예제 138 기출 3회

고온소성의 무수석고를 특별하게 화학처리한 것으로, 킨즈 시멘트라고도 불리는 것은?
① 경석고 플라스터
② 순석고 플라스터
③ 혼합석고 플라스터
④ 보드용 석고 플라스터

정답 ①

15 합성수지의 성질

◆ SECTION ◆

예제 139   기출 6회

합성수지의 일반적인 성질에 대한 설명 중 틀린 것은?
① 가소성, 가공성이 크다.
② 내화, 내열성이 작고 비교적 저온에서 연화, 연질된다.
③ 흡수성이 크고 전성, 연성이 작다.
④ 내산, 내알칼리 등의 내화학성 및 전기절연성이 우수한 것이 많다.

해설 합성수지는 흡수성이 작다.

정답 ③

예제 140   기출 5회

플라스틱 재료에 대한 설명 중 틀린 것은?
① 착색이 자유롭고 가공성이 좋다.
② 내수성 및 내투습성은 일부를 제외하고 극히 양호하다.
③ 압축강도가 인장강도보다 작다.
④ 내약품성이 우수하다.

해설 플라스틱 재료는 압축강도가 인장강도보다 크다.

정답 ③

예제 141   기출 4회

플라스틱 건설재료의 일반적인 성질에 관한 설명으로 옳지 않은 것은?
① 일반적으로 전기절연성이 우수하다.
② 강성이 크고 탄성계수가 강재의 2배이므로 구조재료로 적합하다.
③ 가공성이 우수하여 가구류, 판류, 파이프 등의 성형품 등에 많이 쓰인다.
④ 접착성이 크고 기밀성, 안정성이 큰 것이 많으므로 접착제, 실링제 등에 적합하다.

해설 강성은 강재의 1/20 정도라 구조재로 부적당하다.

정답 ②

1. 합성수지의 개설

① 화학적인 합성에 의하여 인공적으로 만들어진 수지와 유사한 합성 고분자 화합물이다.
② 구조용재, 부품재 등에 많이 쓰인다.

2. 합성수지(플라스틱 재료)의 성질

[22 · 16 · 15 · 14 · 13 · 11 · 10 · 09 · 08 · 06년 출제]

① 가소성, 가공성이 우수하여 가구류, 판류, 파이프 등의 성형품 등에 사용된다.
② 내열성, 내화성이 작다.
③ 흡수성이 작고 투수성이 거의 없다.
④ 전성, 연성이 크다.
⑤ 내산, 내알칼리 등의 내화학성 및 전기절연성이 우수하다.
⑥ 접착성이 크고 기밀성, 안정성이 큰 것이 많으므로 접착제, 실링제 등에 적합하다.
⑦ 마모가 적고 탄력성이 크므로 바닥재료 등에 적합하다.
⑧ 형상 및 착색이 자유롭고 대량생산이 가능하다.
⑨ 전기절연성과 내산, 내약품성이 풍부하다.
⑩ 내수성 및 내투습성은 폴리초산비닐 등 일부를 제외하고는 극히 양호하다.
⑪ 강성이 작아 구조재로 부적합하다.
⑫ 비중이 철이나 콘크리트보다 작으나 압축강도가 인장강도보다 크다.

SECTION 16 합성수지의 이용

1. 열가소성 수지

(1) 성질
가열하면 연화되어 가소성이 생기지만 냉각하면 원래의 고체로 돌아가는 고분자 물질로 성형 후 다시 가열해 형태를 변형시킬 수 있어 재활용이 가능하다.

(2) 종류 [15·14·13·12년 출제]

종류	특징
염화비닐수지 (PVC)	① 내수, 내약품성, 전기절연성이 양호하고 내후성도 열가소성 수지 중에는 우수한 편이다. ② PVC 파이프, 전선 피복재 등에 사용된다.
폴리에틸렌 수지(PE)	① 저온에서도 유연성이 있고 내충격성은 일반 플라스틱의 5배 정도이며 내화학 약품성, 전기절연성, 내수성이 우수하다. ② 방수시트, 포장필름, 전선피복, 일용 잡화, 페트병의 원료이다.
폴리스티렌 수지 [15·12·11·10·07년 출제]	① 스티로폼은 벽이나 천장의 단열재로 사용된다. ② 유기용제에 침해되고 취약하며, 내수성, 내화학 약품성, 전기절연성, 가공성이 우수하다.
아크릴수지 [13·10년 출제]	① 투명도가 좋아 평판성형되어 글라스와 같이 이용되며 유기글라스라고 한다. ② 내충격강도는 유리의 10배 정도로 크며 절단, 가공성, 내후성, 내약품성, 전기절연성이 좋다. ③ 각종 성형품, 채광판, 시멘트 혼화재료 등에 사용된다.
메탈크릴 수지 [09년 출제]	① 투명도가 매우 높고, 내후성, 착색이 자유롭다. ② 항공기의 방풍유리, 조명기구, 도료, 접착제, 의치 등에 사용된다.
폴리 카보네이트 [23·13·08년 출제]	① 내충격성, 내열성, 내후성, 자기소화성, 투명성 등의 특징이 있고, 강화유리의 약 150배 이상의 충격도를 지니고 있어 유연성 및 가공성이 우수하다. ② 톱 라이트, 온수풀의 옥상, 아케이드 등에 유리의 대용품으로 사용한다.

예제 142 기출 4회

합성수지와 그 용도의 연결이 가장 부적절한 것은?
① 멜라민수지 – 접착제
② 염화비닐수지 – PVC 파이프
③ 폴리우레탄수지 – 도막 방수재
④ 폴리스티렌수지 – 발수성 방수도료

해설 폴리스티렌수지는 일명 스티로폼이라 하는 단열재로 사용된다.
정답 ④

예제 143 기출 10회

다음 중 열가소성 수지에 속하지 않는 것은?
① 아크릴수지
② 폴리에틸렌수지
③ 페놀수지
④ 염화비닐수지

해설 페놀수지는 열경화성 수지이다.
정답 ③

예제 144 기출 5회

폴리스티렌수지의 일반적 용도로 알맞은 것은?
① 단열재   ② 대용유리
③ 섬유제품   ④ 방수시트

해설 스티로폼이라고도 하는 폴리스티렌수지는 단열재의 용도로 사용된다.
정답 ①

예제 145 기출 2회

다음 설명에 알맞은 합성수지는?
- 평판성형되어 글라스와 같이 이용되는 경우가 많다.
- 유기글라스라고 불린다.

① 요소수지   ② 멜라민수지
③ 아크릴수지   ④ 염화비닐수지

정답 ③

2. 열경화성 수지 [16·12·10·09·08·06년 출제]

(1) 성질

① 가열하면 경화되고 한번 경화되면 아무리 가열하여도 연화되거나 용매에 녹지 않는 합성수지의 성질을 가진다.
② 열경화점이 높고 열가소성 수지보다 열과 화학약품에 비교적 안정적이다.

(2) 종류

종류	특징
페놀수지 (베이클라이트) [11년 출제]	① 전기절연성, 내열성, 내수성이 우수하며 목재합판 접착에 사용된다. ② 전기통신기재의 전수용량의 60% 이상 공급, 내수합판의 접착제, 화장판류 도료 등으로 사용한다.
폴리우레탄수지 [15·14·12·10·08·07년 출제]	① 내충격성, 내마모성, 강성 등이 우수하고 단열성이 있어 도막 방수재로 사용된다. ② 발포제를 혼합하여 현장사용이 용이한 폴리우레탄 폼이 있다.
요소수지	① 무색으로 착색이 자유롭고 내수성, 전기적 성질이 페놀수지보다 약하다. ② 일용품(완구, 장식품), 마감재, 가구재, 접착제(준내수합판) 등에 사용된다.
멜라민수지 [12·09년 출제]	① 요소수지보다 우수하고 무색, 투명하여 착색이 자유롭다. ② 기계적 강도, 전기적 성질이 우수하여 카운터나 조리대 등에 사용된다.
폴리에스테르수지 [15·14·11·09·06년 출제]	① 기계적 강도와 비항장력이 강철과 비등한 값으로 내수성이 좋다. ② 주요 성형품으로 유리섬유로 보강한 섬유강화 플라스틱(FRP) 등이 있다. ③ 항공기, 선박, 차량재, 건축용으로 글라스 섬유로 강화된 평판 또는 판상제품으로 사용된다.
실리콘수지 [15·13·11·09·07·06년 출제]	① 내열성이 우수하고 −60~260℃까지 안정하다. ② 탄력성, 내수성이 좋아 방수용 재료, 접착제 등으로 사용된다.
에폭시수지 [16·14·12·11·10·08·07년 출제]	① 기본 점성이 크며 내수성, 내약품성, 전기절연성이 우수하다. ② 금속, 플라스틱, 도자기, 유리, 콘크리트 등의 접착제로 사용된다.

예제 146 기출 3회

합성수지 재료 중 우수한 투명성, 내후성을 활용하여 톱 라이트, 온수풀의 옥상, 아케이드 등에 유리의 대용품으로 사용되는 것은?

① 실리콘수지
② 폴리에틸렌수지
③ 폴리스티렌수지
④ 폴리카보네이트

정답 ④

예제 147 기출 5회

건축용으로는 글라스 섬유로 강화된 평판 또는 판상제품으로 사용되는 열경화성 수지는?

① 아크릴수지
② 폴리에틸렌수지
③ 폴리스티렌수지
④ 폴리에스테르수지

정답 ④

예제 148 기출 12회

기본 점성이 크며 내수성, 내약품성, 전기절연성이 우수한 만능형 접착제로 금속, 플라스틱, 도자기, 유리, 콘크리트 등의 접합에 사용되는 것은?

① 요소수지 접착제
② 페놀수지 접착제
③ 멜라민수지 접착제
④ 에폭시수지 접착제

정답 ④

예제 149 기출 7회

내열성이 우수하고, −60~260℃의 범위에서 안정하며 탄력성, 내수성이 좋아 도료, 접착제 등으로 사용되는 합성수지는?

① 페놀수지 ② 요소수지
③ 실리콘수지 ④ 멜라민수지

정답 ③

도장재료의 성질 및 이용

1. 도장의 개요

(1) 정의
물체의 표면을 칠하여 표면을 보호하고 미관을 증진시키는 데 목적이 있고 도료를 물체에 칠하는 것이다.

(2) 요소
① 전색제 : 도료가 액체상태로 있을 때 안료를 분산, 현탁시키고 있는 매질의 부분이며 보일유가 한 종류이다. [10년 출제]
② 안료 : 용제에 녹지 않는 착색분말로서 도료를 착색하고 유색의 불투명한 도막을 만듦과 동시에 도막의 기계적 성질을 보강하는 요소이다. [11년 출제]
③ 용제 : 도막 주 요소를 용해시키고 적당한 점도로 조절 또는 도장하기 쉽게 하기 위하여 사용한다. [12년 출제]
④ 도료의 저장 중에 발생하는 결함에는 피막, 증점, 젤화가 있다. [15년 출제]
⑤ 도장과 건조 중에 발생하는 결함은 실끌림, 흐름성, 기포가 있다.

2. 도장의 종류

(1) 수성 페인트 [08년 출제]
① 아교(접착제), 카세인, 녹말, 안료, 물을 혼합한 페인트이다.
② 속건성이어서 작업의 단축이 가능하다.
③ 내수성이 없고 광택이 없다.
④ 알칼리에 침해되지 않기 때문에 콘크리트 면에 사용할 수 있다.

(2) 유성 페인트 [16·13·11·10·09년 출제]
① 안료와 건조성 지방유를 주원료로 하는 것으로, 지방유가 건조하여 피막을 형성하게 된다. (안료+보일유+희석제)
② 붓바름 작업성 및 내후성이 우수하다.
③ 건조시간이 길다.
④ 내알칼리성이 약하므로 모르타르, 콘크리트 등에 정벌바름하면 피막이 부서져 떨어진다.

예제 150 기출 1회

도료의 구성요소 중 도막 주요소를 용해시키고 적당한 점도로 조절 또는 도장하기 쉽게 하기 위하여 사용되는 것은?
① 안료   ② 용제
③ 수지   ④ 전색제

정답 ②

예제 151 기출 1회

다음 중 도료의 저장 중에 도료에 발생하는 결함에 속하지 않는 것은?
① 피막   ② 증점
③ 젤화   ④ 실끌림

해설 실끌림은 도장 중에 발생하는 결함이다.

정답 ④

예제 152 기출 1회

다음 중 수성 페인트의 원료에 속하지 않는 것은?
① 소석고   ② 안료
③ 지방유   ④ 접착제

해설 지방유는 유성 페인트의 주원료이다.

정답 ③

예제 153 기출 8회

유성 페인트에 관한 설명으로 옳지 않은 것은?
① 건조시간이 길다.
② 내후성이 우수하다.
③ 내알칼리성이 우수하다.
④ 붓바름 작업성이 우수하다.

해설 내알칼리성이 약하여 콘크리트에 정벌바름하면 피막이 부서져 떨어진다.

정답 ③

예제 154 　　기출 2회

유성 페인트의 성분 구성으로 가장 알맞은 것은?

① 안료+물
② 합성수지+용제+안료
③ 수지+건성유+희석제
④ 안료+보일유+희석제

해설 안료와 전색제인 보일유, 희석제로 구성된다.

정답 ④

예제 155 　　기출 10회

다음 중 내알칼리성이 가장 좋은 도료는?

① 유성 페인트
② 유성 바니시
③ 알루미늄 페인트
④ 염화비닐수지 도료

해설 합성수지 도료인 염화비닐수지 도료가 내알칼리성이 좋다.

정답 ④

예제 156 　　기출 2회

각종 도료의 일반적인 성질에 대한 설명 중 옳지 않은 것은?

① 유성 페인트는 내알카리성이 약하므로 콘크리트 바탕 면에 사용하지 않는다.
② 유성 바니시는 수지를 지방유와 가열융합하고, 건조제를 첨가한 다음 용제를 사용하여 희석한 것을 말한다.
③ 유성 에나멜 페인트는 유성 페인트에 비해 도막의 평활정도, 광택, 경도 등이 좋지 않다.
④ 유성 조합페인트는 붓바름 작업성 및 내후성이 우수하다.

해설 유성 에나멜 페인트는 도막이 견고하고 내후성, 내수성이 좋다.

정답 ③

예제 157 　　기출 8회

주로 목재 면의 투명 도장에 쓰이는 것으로 외부용으로 사용하기에 적당하지 않고 일반적으로 내부용으로 사용되는 것은?

① 에나멜 페인트
② 에멀션 페인트
③ 클리어 래커
④ 멜라민수지 도료

정답 ③

---

(3) 합성수지 도료 [23·22·16·15·13·12·10년 출제]

① 합성수지와 안료 및 휘발성 용제를 혼합하여 사용한다.
② 건조시간이 빠르고(1시간 이내), 도막이 견고하다.
③ 내산, 내알칼리성이 우수하여 콘크리트나 플라스터 면에 사용할 수 있다.
④ 염화비닐수지 도료, 에폭시 도료, 염화고무 도료 등이 있다.

(4) 에나멜 페인트 [09·06·07년 출제]

① 보통 페인트 안료에 니스를 용해한 착색 도료이다.
② 유성 페인트보다 도막이 견고하고 내후성과 내수성이 좋다.
③ 금속 면, 목재 면 등에 사용된다.

(5) 방청도료(녹막이 페인트) [14년 출제]

① 페인트에 연단, 연백 등을 혼합하여 광명단을 만들어 사용한다.
② 투수성이 적어 수분 침투를 막고 철강의 부식을 방지한다.
③ 에칭 프라이머, 아연분말 프라이머, 광명단 조합페인트 등이 있다.

(6) 래커 [16·14·13·12·08·06년 출제]

① 클리어 래커 : 건조가 빠르므로 스프레이 시공이 가능하고 목재 면의 투명 도장에 사용되며 내수성, 내후성은 약간 떨어져 내부용 중 목재 면에 사용된다.
② 에나멜 래커 : 도막이 얇고 견고하며 기계적 성질도 우수한 불투명한 도료이다.

(7) 유성 니스(유성 바니시) [08년 출제]

① 수지류 또는 섬유소를 건성유 또는 휘발성 용제로 용해한 도료이다.
② 무색 또는 담갈색 투명 도료로서, 목재부의 도장에 사용된다.
③ 목재를 착색하려면 스테인 또는 염료를 넣어 마감한다.

SECTION 18 방수재료의 성질 및 이용

1. 방수, 방습재료의 개요

(1) 정의
건축에 미치는 물은 우수뿐만 아니라 지하수, 생활용수, 작업용수 등 여러 종류의 물과 관계하고 있기 때문에 이들이 건축물에 흡수 또는 투수하는 현상을 막는 중요한 재료와 시공방법이 있다.

(2) 방습층
물의 이동을 방지하는 장치로 연속적인 막을 형성하는 재료이다.

(3) 공법에 따른 분류

1) 멤브레인(Membrane) 방수 [15 · 09년 출제]

   도막 방수, 아스팔트 방수, 합성고분자 시트 방수 등 바탕에 접착시켜 막모양의 방수층을 형성시키는 공법이다.

2) 침투성 방수

   경화된 표면에 발수성이 있는 유 · 무기질계의 침투성 방수제를 침투시켜 방수층을 형성하는 공법이다.

3) 실링(Sealing) 방수

   국부적인 방수재로서 건축물 각 부분의 접합부, 특히 스틸 새시 주위, 균열부 보수 등에 사용된다.

(4) 시공 부위에 따른 분류
① 바깥벽 방수 : 외벽을 방수 모르타르 등으로 바른다.
② 옥상방수 : 지붕층에 대한 방수이다.
③ 실내방수 : 실내에서 물을 사용하는 곳에 하는 방수이다.
④ 지하실 방수 : 지하실 방수에는 안방수와 바깥방수로 나뉜다.

예제 158 기출 2회

멤브레인 방수에 속하지 않는 것은?
① 도막 방수
② 아스팔트 방수
③ 시멘트모르타르 방수
④ 합성고분자시트 방수

해설 멤브레인 방수는 막모양의 방수층을 형성시키는 공법이다.

정답 ③

예제 159 〔기출 10회〕

다음 중 천연 아스팔트의 종류에 속하지 않는 것은?
① 레이크 아스팔트
② 블론 아스팔트
③ 록 아스팔트
④ 아스팔타이트

해설 블론 아스팔트는 석유 아스팔트계이다.

정답 ②

예제 160 〔기출 3회〕

다음 중 석유 아스팔트에 속하는 것은?
① 스트레이트 아스팔트
② 레이크 아스팔트
③ 록 아스팔트
④ 아스팔타이트

해설 석유 아스팔트계에는 스트레이트 아스팔트, 블론 아스팔트, 아스팔트 콤파운드가 있다.

정답 ①

예제 161 〔기출 6회〕

블론 아스팔트의 성능을 개량하기 위해 동식물성 유지와 광물질 분말을 혼입한 것으로 일반지붕 방수공사에 이용되는 것은?
① 아스팔트 펠트
② 아스팔트 프라이머
③ 아스팔트 콤파운드
④ 스트레이트 아스팔트

정답 ③

예제 162 〔기출 3회〕

주로 천연의 유기섬유를 원료로 한 원지에 스트레이트 아스팔트를 침투시켜 만든 아스팔트 방수 시트재는?
① 아스팔트 루핑
② 블론 아스팔트
③ 아스팔트 싱글
④ 아스팔트 펠트

정답 ④

2. 방수재료의 성질

(1) 아스팔트 방수

1) 천연 아스팔트 [22·16·15·13·12·11·10·08년 출제]

종류	설명
레이크 아스팔트	지면에 노출된 형태의 아스팔트이다.
록 아스팔트	다공질 암석에 스며든 형태의 아스팔트이다.
아스팔타이트	암석 틈에 스며든 형태의 아스팔트이다.

2) 석유 아스팔트 [23·10·08년 출제]

종류	설명
스트레이트 아스팔트	• 석유원류를 상압증류하여 휘발유, 등유, 경유 등을 뽑아내고 남은 것으로 만든다. • 아스팔트 펠트, 아스팔트 루핑의 바탕재에 침투시키기도 하고, 지하실 방수에 사용한다.
블론 아스팔트	• 원유에서 경유 등만을 뽑아내어 기타 여러 가지를 조합하여 연화점이 높고 침입도 신율 등을 조절한 것이다. • 열에 대한 안정성, 내후성이 크다. • 지붕 방수, 아스팔트 표층, 아스팔트 콘크리트 재료 등에 사용한다.
아스팔트 콤파운드 [16·14·11·09·07년 출제]	블론 아스팔트의 성능을 개량하기 위해 동식물성 유지와 광물질 분말을 혼입한 것으로 일반지붕 방수공사에 이용한다.

3. 아스팔트 제품

(1) 아스팔트 펠트 [16·09·07년 출제]

목면, 마사, 양모, 폐지 등을 원료로 만든 원지에 스트레이트 아스팔트를 침투시켜 만든 아스팔트 방수 시트재이다.

(2) 아스팔트 루핑 [14·08년 출제]

펠트의 양면에 블론 아스팔트를 피복하고 활석 분말 등을 부착하여 만든 제품으로 지붕에 기와 대신 사용한다.

(3) 아스팔트 싱글 [14·11·08년 출제]

① 돌입자로 코팅한 루핑을 각종 형태로 절단하여 경사진 지붕에 쓰이는 스트레이트형 지붕재료이다.
② 색상이 다양하고 외관이 미려한 지붕에 사용된다.

(4) 아스팔트 프라이머 [14·13·12·10·06년 출제]

① 블론 아스팔트를 휘발성 용제에 희석한 흑갈색의 저점도 액체이다.
② 방수시공의 첫 번째 공정에 쓰이는 바탕처리재이다.(초벌도료)

(5) 아스팔트 타일 [12·07년 출제]

아스팔트에 석면, 탄산칼슘, 안료를 가하고 가열 혼련하여 시트상으로 압연한 것으로서 내수성, 내습성이 우수한 바닥재료이다.

4. 아스팔트의 품질

(1) 침입도 [15·13·09년 출제]

아스팔트의 경도를 표시하는 것으로 규정된 조건에서 규정된 침입 시료 중에 진입된 길이를 환산하여 나타낸 것이다.

(2) 감온비

온도에 따른 침입도의 변화하는 비율이다.

(3) 신도

온도변화에 따라 점성이 늘어난 정도 비율이다.

예제 163 기출 4회

아스팔트 루핑을 절단하여 만든 것으로 지붕재료로 주로 사용되는 아스팔트 제품은?
① 아스팔트 펠트
② 아스팔트 유제
③ 아스팔트 타일
④ 아스팔트 싱글

정답 ④

예제 164 기출 5회

블론 아스팔트를 용제에 녹인 것으로 아스팔트 방수의 바탕처리재로 사용되는 방수재료는?
① 아스팔트 펠트
② 아스팔트 루핑
③ 아스팔트 콤파운드
④ 아스팔트 프라이머

정답 ④

예제 165 기출 2회

아스팔트에 석면, 탄산칼슘, 안료를 가하고 가열 혼련하여 시트상으로 압연한 것으로서 내수, 내습성이 우수한 바닥재료는?
① 아스팔트 타일
② 아스팔트 블록
③ 아스팔트 루핑
④ 아스팔트 펠트

정답 ①

예제 166 기출 2회

아스팔트의 경도를 표시하는 것으로 규정된 조건에서 규정된 침입 시료 중에 진입된 길이를 환산하여 나타낸 것은?
① 신율　② 침입도
③ 연화점　④ 인화점

정답 ②

19 단열재료

예제 167 기출 5회

단열재료에 관한 설명으로 옳지 않은 것은?
① 일반적으로 다공질 재료가 많다.
② 일반적으로 역학적인 강도가 크다.
③ 단열재료의 대부분은 흡음성도 우수하다.
④ 일반적으로 열전도율이 낮을수록 단열성능이 좋다.

해설 단열재료는 역학적인 강도가 작다.

정답 ②

예제 168 기출 3회

다음 중 건축용 단열재에 속하지 않는 것은?
① 암면 ② 유리섬유
③ 석고 플라스터 ④ 폴리우레탄 폼

해설 석고 플라스터는 열전도율이 높아 단열재로 부적합하다.

정답 ③

예제 169 기출 5회

폴리스티렌수지의 일반적 용도로 알맞은 것은?
① 단열재 ② 대용유리
③ 섬유제품 ④ 방수시트

해설 폴리스티렌수지는 일명 스티로폼이라고도 하며 단열재로 많이 사용한다.

정답 ①

예제 170 기출 2회

다음 설명에 알맞은 무기질 단열재료는?

암석으로부터 인공적으로 만들어진 내열성이 높은 광물섬유를 이용하여 만드는 제품으로, 단열성, 흡음성이 뛰어나다.

① 암면 ② 세라믹 파이버
③ 펄라이트 판 ④ 테라초

정답 ①

1. 단열재의 개요

(1) 단열의 목적

① 열의 이동을 억제할 목적으로 사용되는 재료이다.
② 단열재는 열전도율이 낮을수록 단열성능이 좋은 것으로 볼 수 있다.
③ 단열재료의 대부분은 흡음성도 우수하므로 흡음재료로서도 이용된다.

(2) 열전도율의 일례 [15 · 12 · 11 · 10 · 07년 출제]

알루미늄(181) > 강재(38.7) > 타일(1.118) > 유리(0.67) > 석고판(0.12) > 목재(0.103) > 유리섬유, 암면(0.033) > 폴리우레탄 폼, 폴리스티렌수지(0.022)

2. 단열재의 구비조건 [16 · 14 · 13 · 09 · 06년 출제]

① 열전도율이 적은 재료를 사용한다.
② 흡수율이 낮은 재료를 사용한다.
③ 보통 다공질 재료가 많다.
④ 역학적 강도가 작아 기계적 강도가 우수한 것을 사용한다.

3. 단열재의 분류

(1) 유리섬유

규사를 원료로 한 유리를 압축공기로 뿜어내어 섬유상태로 만든 것이다.

(2) 암면 [10 · 08년 출제]

① 암석으로부터 인공적으로 만들어진 내열성이 높은 광물섬유를 이용하여 만드는 제품이다.
② 열전도율은 0.039kcal/mh℃ 이하로 보온성, 내화성, 내구성이 뛰어나며 흡음성 및 단열성이 우수하여 음이나 열의 차단재로 사용된다.

PART 4

건축제도

CHAPTER 01 건축제도 용구 및 재료
CHAPTER 02 각종 제도 규약
CHAPTER 03 건축물의 묘사와 표현
CHAPTER 04 건축설계도면

 출제경향

개정 이후 매회 60문제 중 7~8문제가 출제되며, 제1장은 1~2문제, 제2장은 2~3문제, 제3~4장은 3~4문제가 출제되고 있다. 건축제도는 내용이 적고 쉬워, 여기서 문제를 많이 맞히면 합격점수인 36개 이상을 맞추기 쉽다.

# 건축제도 용구 및 재료

01 건축제도 용구

예제 01　　　　기출 3회
다음 중 T자를 사용하여 그을 수 있는 선은?
① 포물선　② 수평선
③ 사선　　④ 곡선
정답 ②

예제 02　　　　기출 7회
삼각자 1조로 만들 수 없는 각도는?
① 15°　　② 25°
③ 105°　④ 150°
해설 25°와 50°는 만들 수 없다.
정답 ②

예제 03　　　　기출 12회
다음 중 원호 이외의 곡선을 그릴 때 사용하는 제도용구는?
① 디바이더　② 운형자
③ 스케일　　④ 지우개판
정답 ②

예제 04　　　　기출 3회
일반적인 삼각 스케일에 표시되어 있지 않은 축척은?
① 1/100　② 1/300
③ 1/500　④ 1/700
해설 스케일자는 1/100, 1/200, 1/300, 1/400, 1/500, 1/600까지 6단계의 축척을 가지고 있다.
정답 ④

1. 제도기구

(1) 제도판
① 제도용지를 고정할 수 있는 직사각형의 멜라민수지로 코팅된 목재 또는 철재판이다.
② 제도판의 높이와 경사는 조절이 가능하며 10~15° 정도가 좋다.

(2) T자, I자 [15 · 12 · 08년 출제]
머리부분을 제도판의 한 면에 대고 상하로 움직여 수평선을 그릴 수 있다.

(3) 삼각자 [16 · 15 · 14 · 13 · 08 · 07 · 06년 출제]
① 일반적으로 45° 등변삼각형과 30°, 60°의 직각삼각형 두 가지가 한 쌍으로 이루어져 있고 눈금은 없다.
② 플라스틱 재질의 제품이 많이 사용된다.
③ 자유각도자는 각도를 자유롭게 조절할 수 있다.
④ T자와 함께 사용하여 수직선, 사선을 그릴 수 있다.

(4) 운형자 [22 · 21 · 16 · 15 · 14 · 13 · 12 · 09 · 07 · 06년 출제]
① 원호 이외의 곡선을 그을 때 사용하는 제도용구이다.
② 복잡한 곡선이나 호를 그을 때 사용한다.

(5) 스케일(축척자) [15 · 14 · 13 · 12 · 11 · 09년 출제]
① 실물을 확대 또는 축소하여 제도할 때 사용하는 자이다.
② 1/100, 1/200, 1/300, 1/400, 1/500, 1/600까지 6단계의 축척을 가지고 있다.

(6) 템플릿

원형, 각형 등 기호나 부호 및 기타 소품으로 자주 사용되는 도형을 그릴 수 있도록 만들어 놓은 자이다.

(7) 자유곡선자 [15·06년 출제]

선의 구부러진 정도가 급하지 않은 큰 곡선을 그리는 데 쓰이는 제도용구이다.

(8) 각도기

도면에서 선의 각도를 측정하거나 특정한 각도를 정하기 위하여 사용한다.

2. 기타 제도용구

(1) 컴퍼스

① 스프링 컴퍼스 : 반지름 50mm 이하의 작은 원을 그릴 때 사용한다.
[14·08·06년 출제]

② 빔 컴퍼스 : 큰 원을 그릴 때 사용한다. [10년 출제]

(2) 디바이더 [16·15·14·12·09년 출제]

① 직선이나 원주를 등분할 때 사용한다.
② 축척의 눈금을 제도용지에 옮길 때 사용한다.
③ 선을 분할할 때 사용한다.

(3) 연필심, 샤프펜슬, 홀더

연필심을 홀더에 끼워서 사용한다.

(4) 지우개 [22·12년 출제]

① 부드러우며 지운 후 지우개 색이 남지 않아야 한다.
② 종이면을 거칠게 상처 내지 않아야 한다.

예제 05   기출 2회

선의 구부러진 정도가 급하지 않은 큰 곡선을 그리는 데 쓰이는 제도용구는?

① T자   ② 자유곡선자
③ 디바이더   ④ 자유삼각자

정답 ②

예제 06   기출 3회

일반적으로 반지름 50mm 이하의 작은 원을 그리는 데 사용되는 제도용구는?

① 빔 컴퍼스
② 스프링 컴퍼스
③ 디바이더
④ 자유 삼각자

해설 컴퍼스는 큰 원을 그리는 빔 컴퍼스와 작은 원을 그리는 스프링 컴퍼스로 나뉜다.

정답 ②

예제 07   기출 4회

치수를 자 또는 삼각자의 눈금으로 잰 후 제도지에 같은 길이로 분할할 때 사용하는 제도용구는?

① 디바이더   ② 운형자
③ 컴퍼스   ④ T자

해설 디바이더의 사용방법이다.

정답 ①

예제 08   기출 4회

다음 중 건축제도용구가 아닌 것은?

① 홀더   ② 원형 템플릿
③ 타블렛   ④ 컴퍼스

해설 타블렛은 컴퓨터로 작도하는 용구이다.

정답 ③

02 건축제도재료

1. 묘사도구

(1) 연필 [16·14·13·08년 출제]
① 제도연필은 B<HB<F<H<2H 등이 쓰이며 H의 수가 많을수록 단단하다.
② 번지거나 더러워지는 단점이 있으나 지울 수 있다.
③ 폭넓은 명암을 나타낼 수 있다.

(2) 잉크
① 농도를 명확하게 나타낼 수 있고 다양한 묘사가 가능하다.
② 선명하게 보이므로 도면이 깨끗하다.

(3) 색연필
간단하게 도면을 채색하여 실물의 느낌을 표현하는 데 사용한다.

(4) 물감
수채화 물감은 투명하고 신선한 느낌을 주며 부드럽고 밝게 표현된다.

(5) 유성 마커펜
건축물의 묘사에 있어서 트레이싱지에 색을 표현하기 편리하다.

2. 제도용지

(1) 원고용지
켄트지, 와트먼지, 모조지 등이 있다.
① 켄트지 : 주로 연필제도나 먹물제도를 할 때 사용한다.
② 와트먼지 : 채색용으로 사용한다.

예제 09 기출 4회

제도연필의 경도에서 무르기부터 굳기의 순서대로 옳게 나열한 것은?
① HB－B－F－H－2H
② B－HB－F－H－2H
③ B－F－HB－H－2H
④ HB－F－B－H－2H

 제도연필은 B < HB < F < H < 2H 등이 쓰이며 H의 수가 많을수록 단단하다.
정답 ②

(2) 투사용지 [07년 출제]

미농지, 트레이싱지, 트레팔지, 황색 트레이싱지, 트레이싱 클로오드, 트레이싱 필름 등이 있다.

① 트레이싱지 : 투명하고 경질이며 수정이 용이하고 청사진 작업이 가능하나 습기에 약하다. [15 · 13 · 12 · 07년 출제]
② 트레팔지 : 프레젠테이션 도면을 제작할 때 주로 사용하는 도면이며, 종이에 파라핀이 포함되어 있어 종이 질감이 보이지 않는다.
③ 황색 트레이싱지 : 스케치 작업을 할 때 참조도면이 밑바탕으로 보이도록 사용하는 종이이다.

(3) 채색용지

MO지, 백아지, 목탄지 등이 있다.

(4) 방안지 [14 · 11 · 10 · 06년 출제]

종이에 일정한 크기의 격자형 무늬가 인쇄되어 있어서, 계획 도면을 작성하거나 평면을 계획할 때 사용하기 편리한 제도지이다.

예제 10   기출 3회

아래 설명에 가장 적합한 종이의 종류는?

> 실시도면을 작성할 때에 사용되는 원도지로 연필을 이용하여 그린다. 투명성이 있고 경질이며, 청사진 작업이 가능하고, 오랫동안 보존할 수 있고, 수정이 용한 종이로 건축제도에 많이 쓰인다.

① 켄트지 ② 방안지
③ 트레팔지 ④ 트레이싱지

정답 ④

예제 11   기출 4회

종이에 일정한 크기의 격자형 무늬가 인쇄되어 있어서, 계획 도면을 작성하거나 평면을 계획할 때 사용하기가 편리한 제도지는?

① 켄트지 ② 방안지
③ 트레이싱지 ④ 트레팔지

정답 ②

CHAPTER 02 각종 제도 규약

◆ SECTION ◆

01 건축제도통칙(규격, 척도, 표제란)

예제 01   기출 2회

제도용지의 세로(단변)와 가로(장변)의 길이 비율은?
① 1 : $\sqrt{2}$ ② 2 : $\sqrt{3}$
③ 1 : $\sqrt{3}$ ④ 2 : $\sqrt{2}$

해설 제도용지의 세로와 가로의 길이 비는 1 : $\sqrt{2}$ 로 한다.

정답 ①

1. 제도의 목적

건축에 관련된 공통적인 제도 규정을 정하여 도면 작성자의 설명 없이도 도면을 이해할 수 있게 하는 것을 목적으로 한다. 또한 작도 시 정확, 명료, 신속하게 나타내도록 한다.

예제 02   기출 5회

건축제도통칙(KS F 1501)에 따른 접은 도면의 크기는 무엇의 크기를 원칙으로 하는가?
① A1   ② A2
③ A3   ④ A4

해설 도면을 접을 때에는 A4의 크기를 기준으로 한다.

정답 ④

2. 표준규격

건축제도통칙은 KS F 1501을 기준으로 한다.

3. 제도용지의 규격 [16 · 15 · 10 · 06년 출제]

① 제도용지의 크기는 한국공업규격 KS A 5201(종이 재단 치수)의 규정에 따르며, 주로 A0~A4의 것을 사용한다.
② 제도용지의 세로와 가로의 길이 비는 1 : $\sqrt{2}$ 로 한다.
③ 도면을 접을 때에는 A4의 크기를 기준으로 한다.
④ 도면은 그 길이 방향을 좌우 방향으로 놓은 위치를 정위치로 한다.
⑤ 도면의 테두리를 만들 때는 테두리의 여백을 10mm 정도로 한다.
⑥ 도면을 철할 때에는 도면의 우측을 철함을 원칙으로 하고 철하는 도면은 철하는 쪽보다 25mm 이상의 여백을 둔다.

⑦ 도면의 여백은 다음과 같이 한다.[21 · 16 · 15 · 14 · 13 · 12 · 10 · 06년 출제]

제도용지의 크기		A0	A1	A2	A3	A4
A×B		841×1189	594×841	420×594	297×420	210×297
C(최소)		10	10	10	5	5
D (최소)	철하지 않을 때	10	10	10	5	5
	철할 때	25	25	25	25	25

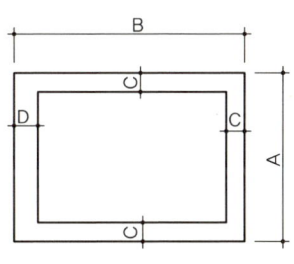

| 도면의 윤곽 |

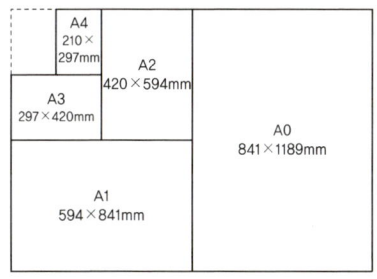

| 도면의 크기 |

예제 03 기출 4회

다음 중 A2 제도용지의 규격으로 옳은 것은?(단, 단위는 mm)
① 841×1189   ② 594×941
③ 420×594   ④ 297×420

해설 A3 사이즈 297×420을 기본으로 외우고 한 사이즈씩 커질 때 2배를 하면 된다.

정답 ③

4. 척도 [22 · 13 · 12 · 08년 출제]

① 척도는 반드시 도면에 기입하며, 1/10, 1 : 10 등을 표시한다.
② 치수에 비례하지 않을 경우 "비례가 아님" 또는 "NS"라고 표시한다.
③ 척도가 다른 도면을 1장에 기입할 경우 각각 기재하고 표제란에도 기입한다.
④ KS 규정의 제도통칙에 의한 척도의 종류는 24종이다.
⑤ 종류 [22 · 16 · 14 · 12 · 09 · 06년 출제]
  ㉠ 배척 : 실물을 일정한 비율로 확대한 것
  ㉡ 실척 : 실물과 같은 크기로 작도한 것
  ㉢ 축척 : 실물을 일정한 비율로 축소한 것

5/1, 2/1, 1/1	실척이나 배척에 사용된다.
1/2, 1/3, 1/4, 1/5, 1/10, 1/20, 1/25, 1/30, 1/40	부분상세도, 단면상세도에 사용된다.
1/50, 1/100, 1/200, 1/250, 1/300	평면도, 입면도 등 일반도, 기초평면도, 구조도, 설비도에 사용된다.
1/500, 1/600, 1/1000, 1/1200, 1/2000, 1/2500, 1/3000, 1/5000, 1/6000	배치도, 대규모 건물의 평면도에 사용된다.

예제 04 기출 4회

척도에 관한 설명으로 옳은 것은?
① 축척은 실물보다 크게 그리는 척도이다.
② 실척은 실물보다 작게 그리는 척도이다.
③ 배척은 실물과 같게 그리는 척도이다.
④ NS(No Scale)은 비례척이 아닌 것을 뜻한다.

해설 축척은 실물보다 작게, 실척은 같은 크기, 배척은 확대해서 그리는 것이다.

정답 ④

예제 05 기출 3회

건축제도통칙에서 규정하고 있는 척도가 아닌 것은?
① 5/1   ② 1/5
③ 1/150   ④ 1/250

해설 건축제도통칙에 규정되지 않은 척도는 1/15, 1/35, 1/60, 1/1500이다.

정답 ③

예제 06 기출2회

도면의 표제란에 기입할 사항과 가장 거리가 먼 것은?
① 기관 정보
② 프로젝트 정보
③ 도면번호
④ 도면크기

해설 도면크기는 기입하지 않는다.

정답 ④

5. 표제란 [14·11년 출제]

① 도면은 반드시 표제란을 기입해야 하며 위치는 도면 오른쪽 하단에 둔다.
② 도면번호, 공사명칭, 축척, 책임자의 서명, 설계자의 서명, 도면작성 연월일, 도면의 분류번호 등을 작성한다.
③ 시공자의 성명과 감리자의 성명은 기입하지 않는다.

02 건축제도통칙(선, 글자, 치수)

1. 선

(1) 선의 굵기 용도 [22 · 15 · 11년 출제]

단면선, 외형선 > 숨은 선 > 절단선 > 중심선 > 무게 중심선 > 치수보조선

1) 단면선

   단면의 윤곽을 나타내는 선으로 바깥 선을 굵은 선으로 나타낸다.

2) 파단선

   재장의 전부를 나타낼 수 없을 때, 긴 기둥을 도중에 자를 때 사용되는 것으로 여러 가지 표시법이 있다. 파단되어 있는 것이 명백할 때는 파단선을 생략해도 무관하다.

3) 절단선

   절단하여 보이려는 위치를 표시한 선으로 쇄선으로 표시하고, 이때 절단선에는 기호를 기입하고 단면을 보는 방향을 나타내는 화살표를 붙인다.

4) 숨은 선 [13 · 10년 출제]

   대상물의 보이지 않는 부분을 나타내는 선이며 파선으로 표현한다.

5) 가상선(상상선) [16 · 15 · 13 · 12 · 11 · 10년 출제]

   ① 가공하기 전의 모양을 나타내는 선이다.
   ② 움직이는 물체의 서로의 위치를 나타내는 선이다.
   ③ 가상단면을 나타내는 선이며 이점쇄선으로 표시한다.

6) 해칭선

   가는 선을 같은 간격으로 밀접하게 그은 선으로 단면의 표시에 사용한다.

예제 07 기출 3회

다음 중 선의 굵기가 가장 굵어야 하는 것은?
① 절단선   ② 지시선
③ 외형선   ④ 경계선

해설 외형선과 단면선을 가장 굵은 실선으로 한다.

정답 ③

예제 08 기출 6회

선의 종류 중 상상선에 사용되는 선은?
① 굵은 선   ② 가는 선
③ 일점쇄선   ④ 이점쇄선

해설 가상선 또는 상상선이라고 하며 이점쇄선으로 표시한다.

정답 ④

예제 09　기출 11회

건축 설계도면에서 중심선, 절단선, 경계선 등으로 사용되는 선은?

① 실선　　② 일점쇄선
③ 이점쇄선　④ 파선

해설 중심선은 일점쇄선의 가는 선으로 절단선, 경계선은 일점쇄선의 굵은 선으로 표시된다.

정답 ②

예제 10　기출 3회

다음 중 선의 표시가 옳지 않은 것은?

① 숨은 선 – 실선
② 중심선 – 일점쇄선
③ 치수선 – 가는 실선
④ 상상선 – 이점쇄선

해설 보이지 않는 부분인 숨은 선은 파선으로 표시한다.

정답 ①

예제 11　기출 4회

제도 글자에 대한 설명으로 옳지 않은 것은?

① 숫자는 아라비아숫자를 원칙으로 한다.
② 문장은 가로쓰기가 곤란할 때에는 세로쓰기도 할 수 있다.
③ 글자체는 수직 또는 45° 경사의 고딕체로 쓰는 것을 원칙으로 한다.
④ 글자의 크기는 각 도면의 상황에 맞추어 알아보기 쉬운 크기로 한다.

해설 글자체는 15° 경사의 고딕체로 한다.

정답 ③

예제 12　기출 11회

도면의 치수 표시방법에 대한 설명 중 옳지 않은 것은?

① 치수는 특별히 명기하지 않는 한 마무리 치수로 표시한다.
② 치수 기입은 치수선 중앙 윗부분에 기입하는 것이 원칙이다.
③ 치수는 mm 단위를 원칙으로 한다.
④ 치수는 위에서 아래로 읽을 수 있도록 기입한다.

해설 치수는 아래에서 위로 읽을 수 있도록 한다.

정답 ④

(2) 선의 종류 [22 · 15 · 14 · 13 · 12 · 11 · 10 · 09 · 08 · 06년 출제]

명칭		굵기(mm)	용도에 따른 명칭	용도
실선		굵은 선 (0.3~0.8)	단면선 외형선 파단선	• 벽체를 절단한 면의 선(평면도의 단면선) • 건물의 외곽 모양의 선(입면도의 입면선) • 전부를 나타낼 수 없을 때 도중에 생략하는 표현
실선		가는 선 (0.2~0.3)	치수선 치수보조선 지시선	• 치수를 기입하기 위한 선 • 치수를 기입하기 위해 도형에서 인출한 선 • 지시, 기호 등을 나타내기 위한 인출선
허선	파선	중간선	숨은 선 (은선)	물체의 보이지 않는 부분을 표시한 선
허선	일점쇄선	가는 선	중심선	• 도형의 중심축을 나타낸 선 • 중심이 이동한 중심 궤적을 나타내는 선
허선	일점쇄선	굵은 선	절단선 경계선 기준선	• 물체의 절단한 위치를 표시한 선 • 경계선으로 표시한 선 • 기준으로 표시한 선
허선	이점쇄선	가는 선	가상선 (상상선)	물체가 있는 것으로 가상하여 표시한 선

2. 글자 [14 · 09 · 08 · 06년 출제]

① 글자의 크기는 각 도면의 상황에 맞추어 알아보기 쉬운 크기로 한다.
② 글자체는 수직 또는 15° 경사의 고딕체로 쓰는 것을 원칙으로 한다.
③ 문장은 왼쪽에서부터 가로쓰기를 원칙으로 하고, 곤란한 경우 세로쓰기도 가능하다.
④ 숫자는 아라비아숫자를 원칙으로 한다.

3. 치수

(1) 단위 [15 · 14 · 10 · 09 · 07 · 06년 출제]

① 치수의 단위는 mm로 하고, 기호는 붙이지 않는다.
② 각도의 단위는 °(도)로 나타내며 필요에 따라 분, 초를 함께 사용한다.

(2) **치수선** [22 · 16 · 14 · 13 · 12 · 11 · 09 · 08년 출제]

① 치수는 특별히 명시하지 않는 한 마무리 치수로 한다.
② 필요한 치수의 기재가 누락되는 일이 없도록 한다.
③ 계산하지 않아도 알 수 있도록 기입한다.
④ 치수의 기입은 원칙적으로 치수선에 따라 도면에 평행하게 쓴다.
⑤ 치수는 도면의 아래에서 위로 또는 왼쪽에서 오른쪽으로 읽을 수 있도록 한다.
⑥ 치수기입은 치수선 중앙 윗부분에 기입하는 것이 원칙이다.
⑦ 치수를 기입할 여백이 없을 때에는 인출선을 사용한다.

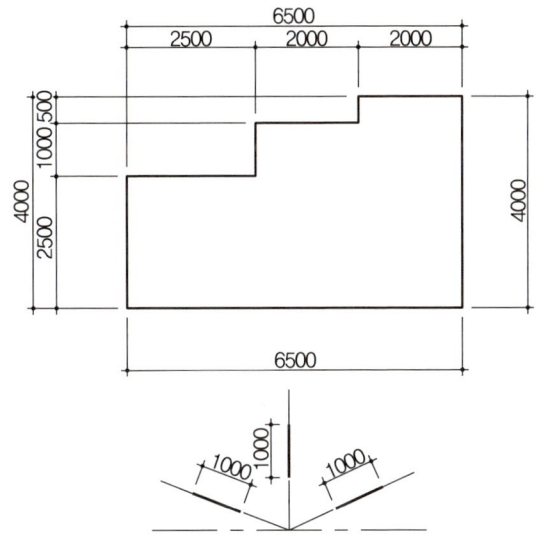

┃치수기입의 예┃ [10 · 08년 출제]

(3) **원호, 현의 길이 표시** [12 · 08 · 06년 출제]

① 지름의 기호는 φ, 반지름은 R, 정사각형의 기호는 □으로 치수 숫자 앞에 사용한다.
② 한 도면에 가능한 한 동일한 크기의 화살표를 사용한다.

(4) **경사(물매)** [14 · 11년 출제]

① 각도의 표시는 직삼각형의 직각을 낀 두 변에 대하여 그 높이/밑변, 즉 나타내려는 각도의 정접으로 표시하거나 각도로 표시한다.
② 지면의 물매나 바닥의 배수 물매와 같이 물매가 작을 때에는 분자를 1로 한 분수로 표시한다. 예 1/50, 1/100, 1/20
③ 지붕의 물매처럼 비교적 물매가 클 때에는 분모를 10으로 한 분수로 표시한다. 예 4/10, 10/10, 12/10

예제 13 기출 2회

건축제도에서 □ 기호는 어느 곳에 사용하는가?
① 치수 숫자 앞에 사용한다.
② 치수 숫자 뒤에 사용한다.
③ 치수 숫자 중간에 사용한다.
④ 치수 숫자 어느 곳에 사용해도 관계없다.

해설 기호는 치수 숫자 앞에 사용한다.

정답 ①

예제 14 기출 2회

도면 표시에서 경사에 대한 설명으로 틀린 것은?
① 밑변에 대한 높이의 비로 표시하고, 분자를 1로 한 분수로 표시한다.
② 지붕은 10을 분모로 하여 표시할 수 있다.
③ 바닥경사는 10을 분모로 하여 표시할 수 있다.
④ 경사는 각도로 표시하여도 좋다.

해설 바닥경사는 물매가 작아 분자를 1로 한 분수로 표시한다.

정답 ③

 ## 03 도면의 표시방법

예제 15 기출 3회

도면 표시기호 중 두께를 표시하는 기호는?
① THK ② A
③ V ④ H

해설 두께 표시는 THK이다.
정답 ①

1. 일반 표시기호 [15·14·12·11·10·09·08·07·06년 출제]

기호	명칭	기호	명칭	기호	명칭
L	길이	THK	두께	V	용적
H	높이	Wt	무게	D, φ	지름
W	너비	A	면적	R	반지름

① 지름이 13mm이고, 철근 간격이 250mm인 이형철근을 표시하는 방법은 D13@250이다. [13·12년 출제]
② 원형철근은 φ, 이형철근은 D로 표시한다.

예제 16 기출 5회

도면에 쓰이는 기호와 그 표시사항의 연결이 틀린 것은?
① THK – 두께 ② L – 길이
③ R – 반지름 ④ V – 너비

해설 V는 용적을 표시하고 W가 너비이다.
정답 ④

2. 일반적으로 사용되는 도면기호

(1) 창호기호 [16·13·06년 출제]

창호기호	의미	창호기호	의미
A	알루미늄합금	D	문
P	합성수지	W	창
S	강철	G	그릴
W	목재	Ss	셔터
SS	스테인리스 스틸		

예제 17 기출 3회

다음 창호 표시기호의 뜻으로 옳은 것은?

① 알루미늄합금 창 2번
② 알루미늄합금 창 2개
③ 알루미늄 2중창
④ 알루미늄 문 2짝

해설 A는 알루미늄 재료, W는 창의 기호, 2는 2번을 나타낸다.
정답 ①

(2) 창호표시 [16·13년 출제]

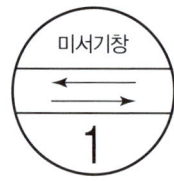 

① 미서기 목재창으로 번호가 1번이라는 뜻
② 목재 문으로 번호가 4번이라는 뜻

3. 평면 및 입면 창호표시기호 [13년 출제]

구분	명칭	작도법	구분	명칭	작도법
여닫이문 [07년 출제]	입면		미닫이문	입면	
	평면			평면	
쌍여닫이문	입면		오르내리기창	입면	
	평면			평면	
미서기문 [14년 출제]	입면		회전문 [14·11년 출제]	입면	
	평면			평면	
셔터창 [16·13·08년 출제]	입면		주름문	입면	
	평면			평면	
자재 여닫이문 [11년 출제]	입면		쌍미닫이문 [15·13년 출제]	입면	
	평면			평면	
접이문 [16·15·12년 출제]	입면		붙박이창 [16·13년 출제]	입면	
	평면			평면	

예제 18 기출 3회

다음의 평면 표시기호가 나타내는 것은?

① 셔터 달린 창 ② 오르내리기창
③ 주름문 ④ 미들창

해설 셔터 달린 창의 표시기호이다.

정답 ①

예제 19 기출 3회

건축제도에서 다음 평면 표시기호가 의미하는 것은?

① 미닫이문 ② 주름문
③ 접이문 ④ 연속문

해설 접이문의 표시기호이다.

정답 ③

예제 20 기출 4회

그림과 같은 단면용 재료 표시기호가 의미하는 것은?

① 목재(치장재)
② 석재
③ 인조석
④ 지반

해설 목재의 표시기호이다.

정답 ①

4. 재료구조 표시기호(단면용) [15·12·06년 출제]

표시사항 구분		표시기호
지반		
잡석 다짐		
석재		
목재	치장재	
	구조재	

건축물의 묘사와 표현

◆ SECTION ◆

01 건축물의 묘사

1. 선 긋기

(1) 선 긋기 시 유의사항 [16·15·14·13·11·10·09·08·07·06년 출제]

① 일정한 힘을 가하여 일정한 속도로 긋는다.
② 연필은 진행되는 방향으로 약간 기울여 그린다.
③ 필기구는 T자의 날에 꼭 닿아야 한다.
④ 한번 그은 선은 중복해서 긋지 않도록 한다.
⑤ 일점쇄선과 파선은 일정한 간격을 유지한다.
⑥ 교차점은 반드시 교차시키도록 한다.
⑦ 축척과 도면의 크기에 따라서 선의 굵기를 다르게 한다.
⑧ 용도에 따라 선의 굵기를 구분하여 사용한다.
⑨ 삼각자의 왼쪽 옆면을 이용하여 수직선을 그을 때는 아래에서 위쪽 방향으로 긋는다.
⑩ 수평선은 왼쪽에서 오른쪽으로 긋는다.
⑪ T자와 삼각자를 이용한다.
⑫ 삼각자끼리 맞댈 경우 틈이 생기지 않고 삼각자의 면은 눈금이 없다.
⑬ 조명은 좌측 상단이 좋다.

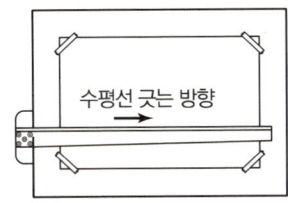
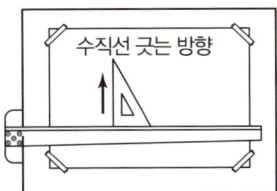
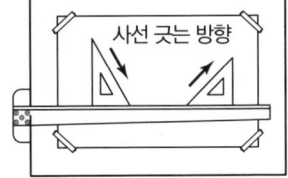

예제 01   기출 6회

건축제도 시 선 긋기에 대한 설명 중 옳지 않은 것은?
① 용도에 따라 선의 굵기를 구분하여 사용한다.
② 시작부터 끝까지 일정한 힘을 주어 일정한 속도로 긋는다.
③ 축척과 도면의 크기에 상관없이 선의 굵기는 동일하게 한다.
④ 한번 그은 선은 중복해서 긋지 않도록 한다.

해설 축척, 도면의 크기에 따라 선의 굵기를 다르게 한다.
정답 ③

예제 02   기출 3회

건축제도 시 선 긋기에 관한 설명 중 옳지 않은 것은?
① 수평선은 왼쪽에서 오른쪽으로 긋는다.
② 시작부터 끝까지 굵기가 일정하게 한다.
③ 연필은 진행되는 방향으로 약간 기울여서 그린다.
④ 삼각자의 왼쪽 옆면을 이용하여 수직선을 그을 때는 위쪽에서 아래 방향으로 긋는다.

해설 왼쪽 옆면을 이용하여 수직선을 그을 때는 아래에서 위쪽으로 긋는다.
정답 ④

| 예제 03 | 기출 5회 |

건축설계도면에서 배경을 표현하는 목적과 가장 관계가 먼 것은?
① 건축물의 스케일을 나타내기 위해서
② 건축물의 용도를 나타내기 위해서
③ 주변대지의 성격을 표시하기 위해서
④ 건축물 내부 평면상의 동선을 나타내기 위해서

해설 동선은 동선도에서 나타낼 수 있다.
정답 ④

2. 표현방법

(1) 배경 표현 [15 · 14 · 12 · 08 · 06년 출제]

① 주변대지의 성격 및 건축물의 스케일, 용도를 나타내기 위해서 그린다.
② 건물보다 앞쪽의 배경은 사실적으로, 뒤쪽의 배경은 단순하게 표현한다.
③ 사람의 크기나 위치를 통해 건축물의 크기 및 공간의 높이를 알 수 있다.
④ 사람의 수, 위치 및 복장 등으로 공간의 용도를 나타낼 수 있다.

(2) 음영 표현

① 건축물의 입체적 느낌을 나타내기 위해 표현한다.
② 물체의 위치, 빛의 방향에 맞게 정확하게 표현한다.
③ 윤곽선을 강하게 묘사하면 공간상의 입체를 돋보이게 하는 효과가 있다.
④ 그늘과 그림자는 물체의 위치, 보는 사람의 위치, 빛의 방향, 그림자가 비치는 칠 바닥의 형태에 따라 표현을 달리한다.
⑤ 건물의 그림자는 건물표면의 그늘보다 어둡다.

02 건축물의 표현

1. 소점 투시도의 종류

(1) **1소점 투시도(평행투시도)** [15·14·13·12·09·08·07년 출제]
  ① 실내투시도 또는 기념건축물과 같은 정적인 건물의 표현에 효과적이다.
  ② 화면에 그리려는 물체가 화면에 대하여 평행 또는 수직이 되게 놓여지는 경우로 소점이 1개가 된다.
  ③ 서 있는 위치결정 – 눈높이 결정 – 입면상태의 가구설정 – 질감의 표현 순으로 작도한다. [16·13·11·09년 출제]

(2) **2소점 투시도(유각투시도)**
  2개의 소점으로 단독 건물 투시, 일반 투시도에 사용된다.

(3) **3소점 투시도(사각투시도)**
  ① 건물 위에서 내려다보는 조감도를 표현할 때 사용된다.
  ② 물체가 돌려져 있고 화면에 대하여 기울어져 있는 경우로, 화면과 평행한 선이 없으므로 소점은 3개가 된다.

> **예제 04**   기출 8회
> 실내투시도 또는 기념건축물과 같은 정적인 건물의 표현에 효과적인 투시도는?
> ① 평행투시도   ② 유각투시도
> ③ 경사투시도   ④ 조감도
>
> **해설** 1소점 투시도(평행투시도)는 정적인 건물의 표현방법이다.
>
> **정답** ①

> **예제 05**   기출 4회
> 다음 중 실내건축 투시도 그리기에서 가장 마지막으로 하여야 할 작업은?
> ① 서 있는 위치결정
> ② 눈높이 결정
> ③ 입면상태의 가구설정
> ④ 질감의 표현
>
> **해설** 질감을 마지막에 작도한다.
>
> **정답** ④

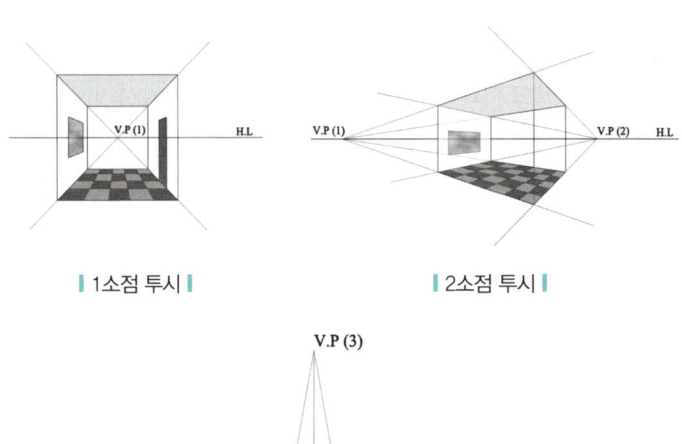

| 1소점 투시 | | 2소점 투시 |

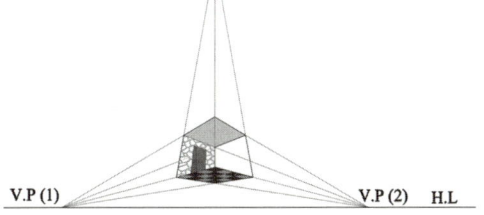

| 3소점 투시 |

2. 투시도의 용어 [15 · 14 · 12 · 10 · 06년 출제]

① 기선(G.L) : 기준선, 기면과 화면의 교차선
② 기면(G.P) : 사람이 서 있는 면
③ 화면(P.P) : 물체와 시점 사이에 기면과 수직한 평면
④ 정점(S.P) : 사람이 서 있는 곳(관찰자의 위치)
⑤ 시점(E.P) : 보는 사람의 눈 위치
⑥ 소점(V.P) : 수평선상에 존재하며 원근법을 표현하는 초점
⑦ 수평면(H.P) : 눈높이에 수평한 면
⑧ 수평선(H.L) : 수평면과 화면의 교차선

3. 투상도의 종류

(1) 정투상도 [13년 출제]

① 물체의 각 면에 화면을 평행하게 놓고 직각인 방향에서 바라본 물체의 모양을 작도하는 방법이다.
② 정면도 아래쪽은 평면도, 오른쪽은 우측면도, 왼쪽은 좌측면도, 배면도, 정면도 등으로 구분된다.
③ 투상법은 제3각법으로 작도함을 원칙으로 한다. [08 · 07년 출제]
④ 물체의 모양이나 크기를 정확하게 나타낸다.

(2) 등각투상도

물체의 옆면 모서리가 수평선과 30°가 되도록 회전시켜서, 세 각이 서로 120°가 되도록 작도하는 방법이다.

예제 06 기출 2회

투시도 작도에서 수평면과 화면이 교차되는 선은?
① 화면선 ② 수평선
③ 기선 ④ 시선

정답 ②

예제 07 기출 4회

건축물의 투시도법에 쓰이는 용어에 대한 설명 중 옳지 않은 것은?
① 화면(P.P)은 물체와 시점 사이에 기면과 수직한 직립 평면이다.
② 수평면(H.P)은 기선에 수평한 면이다.
③ 수평선(H.L)은 수평면과 화면의 교차선이다.
④ 시점(E.P)은 보는 사람의 눈 위치이다.

해설 수평면은 눈높이에 수평한 면이다.

정답 ②

예제 08 기출 2회

건축제도에 대한 다음 설명 중 옳지 않은 것은?
① 투상법은 제1각법으로 작도함을 원칙으로 한다.
② 투상면의 명칭에는 정면도, 평면도, 배면도 등이 있다.
③ 척도의 종류는 실척, 축척, 배척으로 구별한다.
④ 단면의 윤곽은 실선으로 표현한다.

해설 투상법은 제3각법을 원칙으로 사용한다.

정답 ①

건축설계도면

01 설계도면의 종류

1. 계획설계도 [15·14·12·11·07년 출제]

종류	설명
구상도	설계에 대한 최초 생각을 자유롭게 표현하는 스케치 등의 작업을 말한다.
동선도 [15·11·07년 출제]	사람, 차량, 화물 등의 움직이는 흐름을 도식화한 작업을 말한다. 동선계획을 가장 잘 나타낼 수 있는 평면계획이다.
조직도	공간의 용도 및 내용을 관련성 있게 정리하여 조직화한 작업을 말한다.
면적도표	소요공간의 면적비율을 산출하여 검토 작업을 하는 도면을 말한다.

2. 실시설계도

종류	설명
일반도 [22·16·15·14년 출제]	배치도, 평면도, 입면도, 단면도, 상세도, 전개도, 창호도 등
구조도	기초평면도, 지붕틀 평면도, 바닥틀 평면도, 기둥, 보 바닥 일람표, 배근도, 구조평면도, 골조도 및 각부상세도 등
설비도	전기, 위생, 냉난방, 공조, 가스, 상하수도, 환기, 승강기, 소방설비도 등

3. 시방서 [14·08년 출제]

설계도에 나타내기 어려운 시공내용을 문장으로 표현한 문서이다.

예제 01 기출 3회

건축물의 설계도면 중 사람이나 차, 물건 등이 움직이는 흐름을 도식화한 도면은?
① 구상도 ② 조직도
③ 평면도 ④ 동선도

정답 ④

예제 02 기출 5회

설계도면의 종류 중 계획설계도에 포함되지 않는 것은?
① 전개도 ② 조직도
③ 동선도 ④ 구상도

해설 전개도는 실시설계도이다.

정답 ①

예제 03 기출 7회

실시설계도에서 일반도에 해당하지 않는 것은?
① 전개도 ② 부분상세도
③ 배치도 ④ 기초평면도

해설 기초평면도는 구조도에 속한다.

정답 ④

예제 04 기출 2회

설계도에 나타내기 어려운 시공내용을 문장으로 표현한 것은?
① 시방서 ② 견적서
③ 설명서 ④ 계획서

정답 ①

02 설계도면의 작도법과 도면의 구성요소

◆ SECTION ◆

예제 05 기출 4회
건축도면 중 배치도에 명시되어야 하는 것은?
① 대지 내 건물의 위치와 방위
② 기둥, 벽, 창문 등의 위치
③ 건물의 높이
④ 승강기의 위치

해설 배치도에 위치와 방위를 표시를 한다.
정답 ①

예제 06 기출 3회
주택의 평면도에 표시되어야 할 사항이 아닌 것은?
① 가구의 높이
② 기준선
③ 벽, 기둥, 창호
④ 실내 배치와 넓이

해설 평면도에서 가구의 높이는 보이지 않는다.
정답 ①

예제 07 기출 6회
평면도는 건물의 바닥면으로부터 보통 몇 m 높이에서 절단한 수평 투상도인가?
① 0.5m ② 1.2m
③ 1.8m ④ 2.0m

해설 창틀 위인 1.2~1.5m에서 절단하여 아래로 투상한 도면이다.
정답 ②

1. 배치도 [14 · 13 · 11 · 09년 출제]

① 도로와 대지와의 고저차, 등고선 등을 기입한다.
② 인접대지의 경계와 주변의 담장, 대문 등의 위치를 표시한다.
③ 대지의 경계선과 건물과의 거리를 표시하고 부대설비를 표시한다.
④ 축척은 1/100~1/600 정도로 한다.
⑤ 정화조, 맨홀, 배수구 등 설비의 위치나 크기를 그린다.
⑥ 대지 내 건물의 위치와 방위를 표시한다.(위쪽을 북쪽으로)

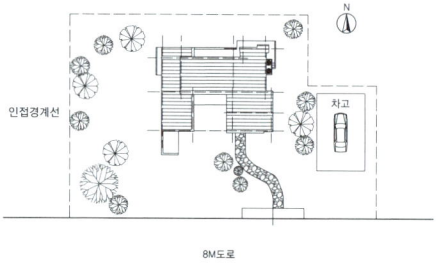
배치도
축척: 1/600

2. 평면도 [15 · 14 · 13 · 11 · 10 · 08년 출제]

① 기준 층의 바닥면에서 1.2~1.5m 높이인 창틀 위에서 수평으로 절단하여 내려다 본 도면이다.
② 실의 배치와 넓이, 개구부의 위치 및 크기를 표시한다.
③ 각 층마다 별개의 평면도를 작도하고 북쪽을 위로 하여 작도함을 원칙으로 한다.

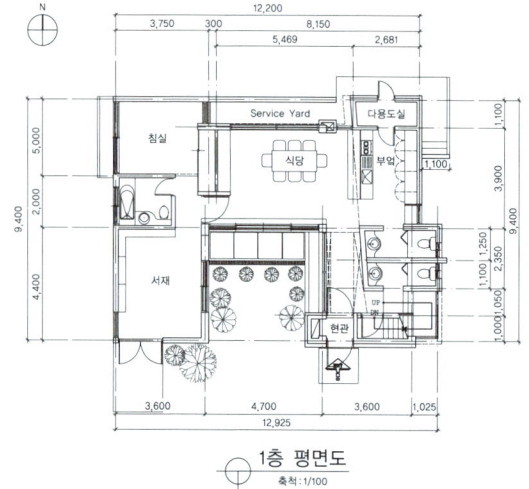
1층 평면도
축척: 1/100

3. 입면도

(1) 정의
① 건축물의 외형을 4면에 대해 투상한 도면으로 기본도면이다.
② 건물벽 직각 방향에서 건물의 외관을 그린 것이다.
③ 건축물의 높이 및 처마높이, 외부 마감재, 지붕의 경사 및 형상 등을 나타낸다.
④ 1/50, 1/100, 1/200 등의 축척을 사용한다.

(2) 입면도에 나타내야 할 사항 [16 · 14 · 13 · 10 · 09 · 07년 출제]
① 건물의 전체 높이(처마높이)
② 창과 문의 폭, 높이와 모양
③ 마감형태와 마감재료명
④ 조경, 그 밖의 효과들
⑤ 도면명 및 축척

FRONT ELEVATION
축척 : 1/100

EAST ELEVATION
축척 : 1/100

NORTH ELEVATION
축척 : 1/100

WEST ELEVATION
축척 : 1/100

예제 08 기출 6회

건축물의 입면도를 작도할 때 표시하지 않는 것은?
① 방위표시
② 건물의 전체 높이
③ 벽 및 기타 마감재료
④ 처마높이

해설 입면도는 건물의 외부 대부분을 표현한다.

정답 ①

예제 09 기출 1회

건축도면 중 입면도에 표기해야 할 사항으로 적합한 것은?
① 창호의 형상
② 실의 배치와 넓이
③ 기초판 두께와 너비
④ 건축물과 기초와의 관계

해설 입면도는 건물의 외부 대부분을 표현한다.

정답 ①

| 예제 10 | 기출 4회 |

단면도에 표기할 사항이 아닌 것은?
① 건물의 높이, 층높이, 처마높이
② 지붕의 물매
③ 지반에서 1층 바닥까지의 높이
④ 건축면적

해설 건축면적은 평면도와 면적표에서 확인할 수 있다.

정답 ④

| 예제 11 | 기출 1회 |

단면도에 대한 설명으로 옳은 것은?
① 건축물을 수평으로 절단하였을 때의 수평 투상도이다.
② 건축물의 외형을 각면에 대해 직각으로 투사한 도면이다.
③ 건축물을 수직으로 절단하여 수평 방향에서 본 도면이다.
④ 실의 넓이, 기초 판의 크기, 벽체의 하부 구조를 표현한 도면이다.

해설 단면도는 수직으로 절단하여 수평 방향으로 본 도면이다.

정답 ③

| 예제 12 | 기출 2회 |

기초평면도에 표기하는 사항이 아닌 것은?
① 기초의 종류
② 앵커볼트의 위치
③ 마루 밑 환기구 위치 및 형상
④ 기와의 치수 및 잇기방법

해설 기와치수와 잇기방법은 단면도에 표현한다.

정답 ④

4. 단면도 [14 · 10 · 08 · 06년 출제]

① 건물을 수직으로 절단하여 수평 방향으로 본 도면이다.
② 건물의 높이, 층높이, 처마높이, 창높이 등이 표현되며 지반과 바닥의 차이를 작도한다.
③ 평면상 이해가 어렵거나 전체 구조의 이해를 돕기 위해 그린다.
④ 계단의 치수와 지붕의 물매 등을 표현한다.

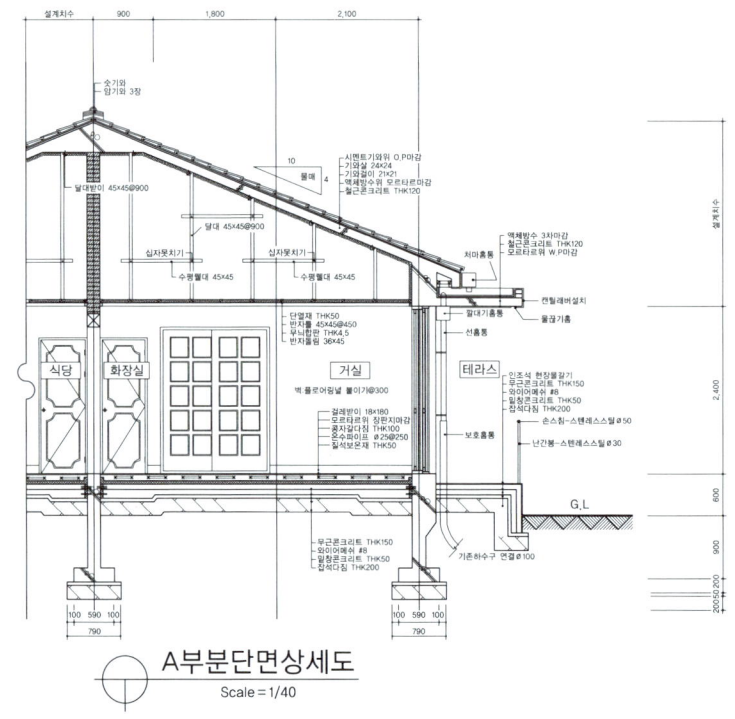

5. 기초평면도

(1) 정의
① 평면도의 방위와 축척을 같게 한다.
② 기초의 위치, 모양, 크기를 작도한다.

(2) 기초평면도에 나타내야 할 사항 [16 · 12년 출제]
① 기초의 종류
② 앵커볼트의 위치
③ 마루 밑 환기구 위치 및 형상

(3) 기초평면도 작도 순서 [09·07년 출제]

① 기초 크기에 알맞게 축척을 정한다.
② 테두리선을 긋는다.
③ 지반선과 벽체 중심선을 긋는다.
④ 앵커볼트와 같은 기초 구조 매설물의 위치를 지정하고 표현한다.
⑤ 기초의 크기와 모양을 그린다.
⑥ 기초선의 기입과 기둥심, 벽심과의 치수, 거리 등을 기입한다.

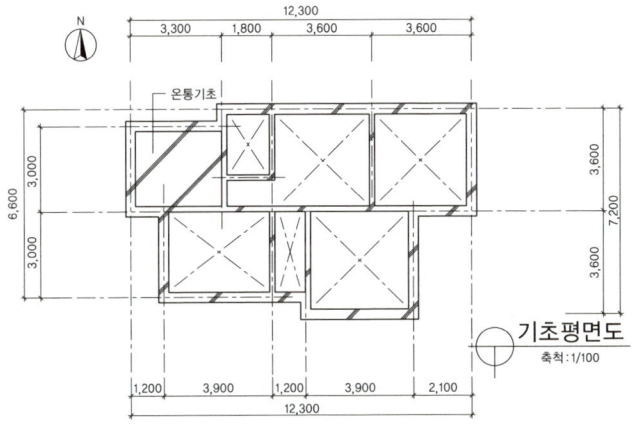

6. 전개도 [16·15·14·13·10·09·08년 출제]

① 각 실의 내부 의장을 나타내기 위한 도면이다.
② 벽면의 마감재료 및 치수를 기입하고, 창호의 종류와 치수를 기입한다.
③ 집기와 가구의 높이를 정확하게 표시한다.
④ 축척은 1/20~1/50 정도로 한다.
⑤ 각 실에 대하여 벽체 및 문의 모양을 그려야 한다.

예제 13 기출 2회

다음 중 기초도면 작성 시 가장 먼저 해야 할 사항은?
① 테두리선을 긋는다.
② 지반선과 벽체 중심선을 긋는다.
③ 재료의 단면표시를 한다.
④ 기초 크기에 알맞게 축척을 정한다.

해설 가장 먼저 기초 크기에 맞게 축척을 정한다.

정답 ④

예제 14 기출 3회

건축설계도면에서 전개도에 관한 설명 중 옳지 않은 것은?
① 각 실의 내부 의장을 명시하기 위해 작성하는 도면이다.
② 각 실에 대하여 벽체 및 문의 모양을 그려야 한다.
③ 일반적으로 축척은 1/200 정도로 한다.
④ 벽면의 마감재료 및 치수를 기입하고, 창호의 종류와 치수를 기입한다.

해설 전개도는 1/20~1/50의 축척을 사용한다.

정답 ③

예제 15 기출 3회

각 실내의 입면을 그려 벽면의 형상, 치수, 끝맺음 등을 나타내는 도면은?
① 평면도 ② 투시도
③ 단면도 ④ 전개도

정답 ④

7. 창호도

(1) 정의 [16·07년 출제]

① 사용하는 창호 전부에 대하여 종류별로 일람표를 작성한다.
② 형태, 개폐방법, 재종, 치수, 개수, 사용장소 등의 항을 만들고, 창호 철물, 유리의 종류, 마무리 도장방법 등을 기입한다.
③ 축척은 1/50~1/100로 한다.
④ 창호의 위치는 평면도에 직접 표시하거나 약식 평면도에 표시한다.

(2) 창호도에 나타내야 할 사항

① 창호와 문의 길이와 높이, 형태
② 창호와 문의 재질과 설치위치

기호	④WD	①WD	②WD	①SD
입면				
형식	갤러리문	미서기4짝문	여닫이문	방화문
재료	목재	목재	목재	스틸
유리	없음	3mm 투명유리	없음	없음
위치	베란다	거실	침실	현관
개수	1	1	3	1
마감	클리어래커	클리어래커	클리어래커	클리어래커

예제 16 　　　　기출 2회

건축설계도면에서 창호도에 관한 설명 중 틀린 것은?

① 축척은 보통 1/50~1/100로 한다.
② 창호의 위치는 평면도에 직접 표시하거나 약식 평면도에 표시한다.
③ 창호기호에서 W는 창, D는 문을 의미한다.
④ 창호 재질의 종류와 모양, 크기 등은 기입할 필요가 없다.

해설 창호일람표에는 문과 창호의 재질, 모양, 크기 등을 입력한다.

정답 ④

8. 천장평면도

① 천장면을 나타내는 도면으로 천장면에 배치된 조명, 공조설비, 천장의 형태와 고저 등이 표현되는 도면이다. [15·09년 출제]
② 축척은 1/20~1/100 정도로 하고 방위는 평면도와 같게 배치한다.
③ 환기구, 조명 등 설치기구의 위치를 표시하고, 마감재의 이름과 재질을 기입한다.
④ 마감부의 치수와 규격을 기입한다.

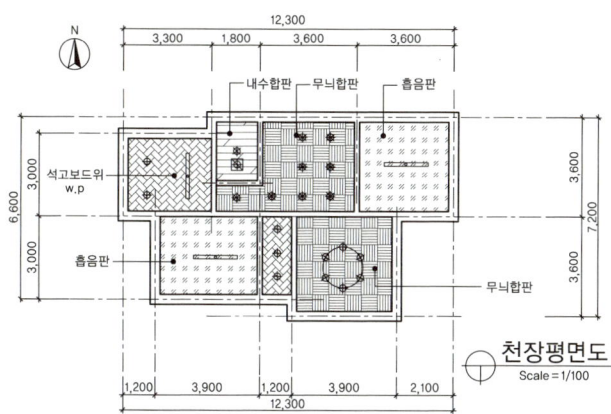

예제 17 기출 2회

설계도면이 갖추어야 할 요건에 대한 설명 중 옳지 않은 것은?
① 객관적으로 이해되어야 한다.
② 일정한 규칙과 도법에 따라야 한다.
③ 정확하고 명료하게 합리적으로 표현되어야 한다.
④ 모든 도면의 축척은 하나로 통일되어야 한다.

해설 도면의 축척은 특성에 따라 서로 다를 수 있다.

정답 ④

MEMO

일반구조

CHAPTER 01 건축구조의 일반사항
CHAPTER 02 건축물의 각 구조

 출제경향

개정 이후 매회 60문제 중 12문제가 출제되며, 제1장은 1~2문제, 제2장은 9~11문제가 출제되고 있다. 특히, 제2장에서 목구조와 조적구조 관련 문제가 많이 출제되고 있으며 전반적으로 개념 위주로 공부하고 과년도 문제를 풀어보기를 권한다.

건축구조의 일반사항

01 건축구조의 개념과 분류

예제 01 기출 8회

다음 중 건축물의 구조형식에 따른 분류와 가장 거리가 먼 것은?
① 일체식 ② 가구식
③ 절충식 ④ 조적식

해설 절충식 구조는 한식 구조에 해당한다.
정답 ③

예제 02 기출 5회

건축구조의 구조형식에 따른 분류 중 가구식 구조로만 짝지어진 것은?
① 벽돌구조 - 돌구조
② 철근콘크리트구조 - 목구조
③ 목구조 - 철골구조
④ 블록구조 - 돌구조

해설 가구식 구조에는 목재, 강재 등 가늘고 긴 부재를 접합하여 만든 구조이다.
정답 ③

예제 03 기출 2회

건축구조의 분류에서 일체식 구조로만 구성된 것은?
① 돌구조 - 목구조
② 철근콘크리트 구조 - 철골철근 콘크리트 구조
③ 목구조 - 철골구조
④ 철골구조 - 벽돌구조

해설 일체식 구조는 콘크리트를 부어 만든 구조형식이다.
정답 ②

1. 건축구조의 개념

(1) 의의

건축구조의 요건인 안전성, 거주성, 내구성, 경제성을 충족시킬 수 있는 건축물을 구조적으로 형태화하는 데 그 목적이 있다.

(2) 건축의 3요소 [14·13·12년 출제]

① 구조 : 안전하고 내구성, 경제성, 거주성이 있어야 한다.
② 기능 : 인간이 편리하게 생활할 수 있어야 한다.
③ 미 : 정신적 안정을 취할 수 있어야 한다.

2. 구조형식에 따른 분류 [16·15·14·13·11·10·09·08·07·06년 출제]

건축물의 주요 구조부 뼈대인 기둥, 보, 벽 등의 구조형식에 따라 분류할 수 있다.

구조	설명	예
가구식 구조	• 목재, 강재 등 가늘고 긴 부재를 접합하여 뼈대를 만드는 구조로 기둥 위에 보를 겹쳐 올려놓은 목구조 등을 말한다. • 공사기간이 짧고 지진에 강하지만 물과 불에는 약하다.	• 목구조 • 철골구조 (※ 용접은 일체식 구조로 본다.)
조적식 구조	• 벽돌 등과 같은 조적재인 단일 부재와 접착제를 사용하여 쌓아 올려 만든 구조이다. • 횡력(지진)에 약하므로, 고층·대형건물에 부적당하다.	• 벽돌구조 • 돌구조 • 블록구조

구조	설명	예
일체식 구조	• 전체가 하나가 되도록 현장에서 거푸집을 짜서 콘크리트를 부어 만든 구조이다. • 내구성, 내화성, 내진성이 우수하지만 자중이 무겁고 시공과정이 복잡하며 공사기간이 긴 단점이 있다.	• 철근콘크리트구조 • 철골철근콘크리트구조

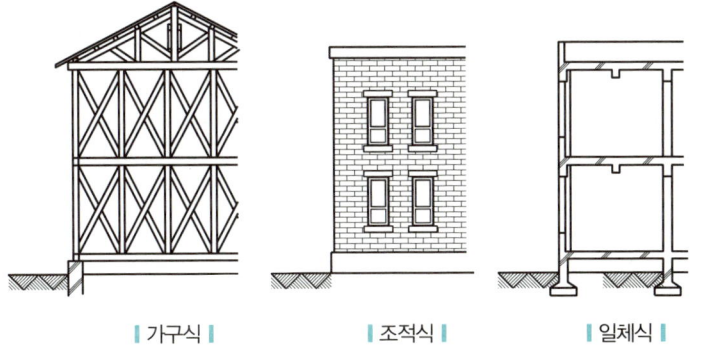

| 가구식 | 조적식 | 일체식 |

3. 시공방식에 따른 분류 [15 · 13 · 12 · 11 · 10 · 09 · 08 · 07년 출제]

건축물의 설계도를 가지고 건축재료를 이용하여 건축물로 변환시키는 과정에 따라 분류할 수 있다.

구조	설명	예
건식 구조	• 현장에서 물을 거의 쓰지 않으며 규격화된 기성재를 짜맞추어 구성하는 구조이다.	• 목구조 • 철골구조
습식 구조	• 건축재료에 물을 사용하여 축조하는 방법이다. • 물을 건조시켜야 하기 때문에 공사기간이 길다.	• 벽돌구조 • 돌구조 • 블록구조 • 철근콘크리트구조 • 철골철근콘크리트구조
조립식 구조	• 자재를 공장에서 제조하여 현장에서 조립하는 구조이다. • 동절기, 공기단축, 대량생산이 가능(모듈 개념 도입)하다. • 공사비가 감소한다. • 접합부의 일체화가 곤란하다. • 설계작업이 단순하고 용이하다.	• 프리패브 • 조립식 철근콘크리트

예제 04 기출 3회

건축구조에서의 시공과정에 따른 분류 중 하나로 현장에서 물을 거의 쓰지 않으며 규격화된 기성재를 짜맞추어 구성하는 구조는?
① 습식 구조 ② 건식 구조
③ 조립식 구조 ④ 일체식 구조

정답 ②

예제 05 기출 3회

시공과정에 따른 분류에서 습식 구조 끼리 짝지어진 것은?
① 목구조 – 돌구조
② 돌구조 – 철골구조
③ 벽돌구조 – 블록구조
④ 철골구조 – 철근콘크리트구조

정답 ③

예제 06 기출 14회

조립식(Pre-fabrication) 구조의 특징이 아닌 것은?
① 생산성을 향상시킬 수 있다.
② 현장에서의 작업량이 극대화된다.
③ 대량생산이 가능하다.
④ 공기단축이 가능하다.

해설 조립식은 공장생산이므로 현장작업이 감소한다.

정답 ②

예제 07 기출 2회

조립식 구조에 관한 설명으로 옳지 않은 것은?
① 공기를 단축시킬 수 있다.
② 창의성이 결여될 수 있다.
③ 설계작업이 단순하고 용이하다.
④ 건물 외관이 복잡해져 현장작업이 증가한다.

해설 조립식은 공장생산이므로 현장작업이 감소한다.

정답 ④

> **예제 08** 기출 8회
>
> 다음의 각종 구조에 대한 설명 중 옳지 않은 것은?
> ① 목구조는 시공이 용이하며, 공사기간이 짧다.
> ② 벽돌구조는 횡력에는 강하나 대규모 건물에는 부적합하다.
> ③ 철근콘크리트구조는 내구, 내화, 내진적이다.
> ④ 철골구조는 고층이나 간사이가 큰 대규모 건축물에 적합하다.
>
> **해설** 벽돌구조는 횡력에 약하다.
>
> **정답** ②

4. 구조재료에 따른 분류 [15・10・09・08・07・06년 출제]

건축물을 지을 때 주로 사용한 재료에 따라 분류할 수 있다.

구조	설명
목구조	• 시공이 용이하고 공사기간이 짧다. • 소규모 건축에 많이 쓰이며 화재에 취약하다.
벽돌구조, 블록구조	• 내화, 방한, 방서, 내구적이다. • 횡력(지진)에 약해서 고층구조에 부적당하다.
석조구조	• 내수성, 내구성, 내화학성이 좋고 내마모성이 크다. • 중량이 크고 견고하여 시공이 어렵다. • 고열에 약하여 화열이 닿으면 균열이 발생한다.
철근 콘크리트 구조	• 구조물의 크기와 형태의 설계가 자유롭다. • 내화, 내구, 내진성이 좋은 구조이다. • 자체 자중이 크다. • 해체, 이전 등이 어렵다.
철골구조 (강구조)	• 건물 무게가 가벼워 고층 건물이나 스팬이 큰 건물, 대규모 건축에 적당하다. • 해체, 이동, 수리가 가능하나 정밀 시공을 요구한다. • 내진과 내풍에 안정적이다. • 가늘고 길어서 좌굴하기 쉽다. • 재료가 철이라 화재와 부식에 약하다. • 공사비가 고가이다.
철골철근 콘크리트 구조	• 내화성이 좋고 자중이 가벼운 이점이 있다. • 공사비가 고가이다. • 해체, 이전 등이 어렵다. • 습식이라 공사기간이 길다.

 ## 각종 건축구조의 특성

1. 기초

(1) 기초의 정의 [12·07·06년 출제]

건물 지하부의 구조부로서 건물의 무게를 지반에 전달하여 안전하게 지탱시키는 구조부분이다.

(2) 기초의 종류

1) 온통기초 [22·15·09년 출제]

건축물의 밑바닥 전부를 일체화하여 두꺼운 기초판으로 구축한다.

2) 연속기초(줄기초) [14·12·07·06년 출제]

철근 콘크리트나 조적식으로 된 주택의 내력벽 또는 일렬로 된 기둥을 연속으로 따라서 기초 벽을 설치한다.

3) 독립기초

한 개의 기둥에서 전달되는 하중을 하나의 기초 판으로 단독 설치한 단순 기초구조이다.

4) 복합기초

한 개의 기초판에 두 개 이상의 기둥을 지지한다.

2. 지내력 시험

(1) 허용 지내력도 순서 [10·07년 출제]

경암반(가장 강함) > 연암반 > 자갈 > 자갈 + 모래 > 모래 + 점토 > 모래 또는 점토(가장 약함)

(2) 부동침하의 원인 [07년 출제]

① 하부지반이 연약하거나 지반의 구조가 서로 이질지반일 경우
② 건축물이 너무 길거나 경사지 또는 축대에 접근되어 있는 경우
③ 건축물이 서로 다른 지층에 걸쳐 있을 경우 또는 일부를 다시 증축할 경우
④ 지하수위가 일부 변경되었을 경우와 지반을 메운 지층일 경우

예제 09 기출 3회

건물 지하부의 구조부로서 건물의 무게를 지반에 전달하여 안전하게 지탱시키는 구조부분은?
① 기초   ② 기둥
③ 지붕   ④ 벽체

해설 기초의 정의이다.

정답 ①

예제 10 기출 3회

기초의 설명 중 옳은 것은?
① 독립기초 : 벽 또는 일렬의 기둥을 받치는 기초
② 복합기초 : 단일 기둥을 받치는 기초
③ 연속기초 : 2개 이상의 기둥을 한 개의 기초판으로 받치는 기초
④ 온통기초 : 건물 하부 전체에 걸쳐 받치는 기초

해설 온통기초는 건축물의 밑바닥 전부를 일체화하여 두꺼운 기초판으로 만든다.

정답 ④

예제 11 기출 4회

기초판의 형식에 따른 분류 중 벽 또는 일렬의 기둥을 받치는 기초는?
① 줄기초   ② 독립기초
③ 온통기초 ④ 복합기초

해설 줄기초 또는 연속기초라 한다.

정답 ①

예제 12 기출 2회

다음 중 허용 지내력도가 가장 작은 지반은?
① 점토   ② 모래 + 점토
③ 자갈 + 모래 ④ 자갈

해설 점토 < 모래 + 점토 < 자갈 + 모래 < 자갈

정답 ①

예제 13 기출 1회

다음 중 기초의 부동침하 원인과 가장 관계가 먼 것은?
① 지하수위가 변경되었을 때
② 이질지정을 하였을 때
③ 기초의 배근량이 부족하였을 때
④ 일부 증축하였을 때

해설 부동침하는 기초가 가라앉는 현상이다.

정답 ③

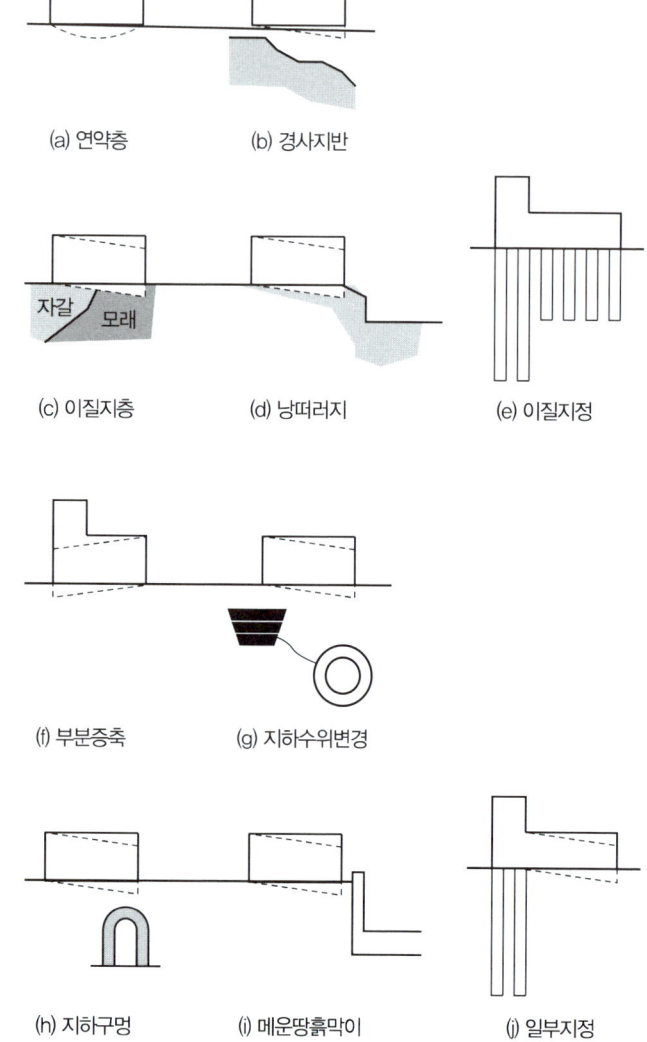

(a) 연약층   (b) 경사지반
(c) 이질지층   (d) 낭떠러지   (e) 이질지정
(f) 부분증축   (g) 지하수위변경
(h) 지하구멍   (i) 메운땅흙막이   (j) 일부지정

예제 14 기출 2회

다음 중 연약지반에서 부동침하를 방지하는 대책과 가장 관계가 먼 것은?
① 건물 상부구조를 경량화한다.
② 상부구조의 길이를 길게 한다.
③ 이웃 건물과의 거리를 멀게 한다.
④ 지하실을 강성체로 설치한다.

해설 상부구조의 길이를 짧게 한다.

정답 ②

(3) **연약지반에 대한 대책** [11 · 07년 출제]
① 건물의 무게를 가볍게 한다. (경량화)
② 상부구조의 길이를 짧게 한다.
③ 건물의 강성을 높인다.
④ 이웃 건물과의 거리를 멀게 한다.
⑤ 건축물의 중량을 잘 배분한다.
⑥ 지하실을 강성체로 설치한다.
⑦ 온통기초를 이용한 지하실을 설치한다.
⑧ 지붕 보를 이용하여 기초 상호 간을 연결한다.

3. 각 구조부의 설명

(1) 기둥(Column, Post) [10·07년 출제]
보나 도리, 바닥판과 같은 가로재의 하중을 받아 기초에 전달하는 수직재이다.

(2) 벽(Wall) [08년 출제]
① 대개 수직으로 공간을 막는 것으로 안팎의 구별이 있으며, 외부에 있는 벽을 변두리벽, 바깥벽 또는 외벽이라 하고, 건물 내부에 있는 것을 내벽이라고 한다.
② 서로 직각으로 교차되는 벽을 대린벽이라 한다.
③ 상부에서 오는 하중을 받는 벽을 내력벽이라 한다.

(3) 보(Beam, Girder)
기둥과 기둥을 연결하고 상부의 하중을 기둥에 전달하는 수평부재로 작은 보(Beam), 큰 보(Girder)가 있으며 구조재이다.

(4) 바닥(Floor, Slab)
인간이 생활하고 작업하기 위해 또는 물품 저장의 목적으로 건물 내부를 구획한 수평재이다.

(5) 지붕(Roof)
건물의 최상부를 막아 비와 눈을 막는 구조체이다.

(6) 계단(Stairs, Stair Way)
층대 또는 층계라고도 하며 고저 차가 있는 상하를 연결시키는 통로가 된다.

4. 하중

(1) 하중의 종류

1) 고정하중
지붕, 기둥바닥과 같은 건물의 자중으로서 정하중이라고 부른다.

2) 적재하중
사람이나 가구, 차량 등의 중량으로서 동하중이라고 부른다.

예제 15 기출 2회

건축물의 구성요소로서 보나 도리, 바닥판과 같은 가로재의 하중을 받아 기초에 전달하는 것은?
① 마루 ② 천장
③ 지붕틀 ④ 기둥

정답 ④

예제 16 기출 1회

서로 직각으로 교차되는 벽을 무엇이라 하는가?
① 내력벽 ② 대린벽
③ 부축벽 ④ 칸막이벽

정답 ②

예제 17 기출 2회

건물의 구성 부분 중 구조재에 해당되지 않는 것은?
① 기둥 ② 내력벽
③ 천장 ④ 기초

해설 천장은 수장재이다.

정답 ③

3) 적설하중 [13년 출제]

지붕면에 쌓인 눈의 중량으로서 적재하중의 일종이다.

4) 풍하중

건물의 외벽 또는 지붕에 미치는 바람의 압력을 말한다.

(2) **작용방향에 따른 종류**

1) 연직하중

고정하중, 적재하중, 적설하중이 있다.

2) 수평하중 [12·10·08·06년 출제]

풍하중, 지진력, 토압, 수압이 있다.

5. 외력에 저항하는 힘들

(1) **응력**

물체에 외력이 작용하였을 때, 그 외력에 저항하여 물체의 형태를 그대로 유지하려고 물체 내에 생기는 내력을 말한다.

(2) **인장력** [16·09년 출제]

줄다리기처럼 양쪽으로 잡아당길 때 재축방향으로 발생한다.

(3) **압축력**

누를 때 생기는 응력을 말한다.

(4) **전단응력**

부재를 직각으로 자를 때 생기는 응력을 말한다.

(5) **휨응력** [09년 출제]

부재가 휘어질 때 단면상에 생기는 수직응력이다.

예제 18 기출 4회

다음 중 주로 수평방향으로 작용하는 하중은?
① 고정하중 ② 활하중
③ 풍하중   ④ 적설하중

해설 풍하중, 지진력 등이 있다.

정답 ③

예제 19 기출 2회

부재를 양 끝단에서 잡아당길 때 재축방향으로 발생하는 주요 응력은?
① 인장응력 ② 압축응력
③ 전단응력 ④ 휨모멘트

정답 ①

6. 지점의 반력

(1) 회전단
이동이 불가능하지만 힌지로 고정된 형태로 회전이 자유로운 상태로 수직과 수평반력이 생긴다.

(2) 고정단
강접합으로 고정되어 수직, 수평, 회전모멘트 반력이 생긴다.

(3) 이동단
핀으로 고정된 상태로 평행이동이 가능하여 수직반력만 생긴다.

(4) 자유단
아무런 지지나 구속을 받지 않는 부재이다.

예제 20 　　　 기출 2회

건축구조물에서 지점의 종류 중 지지대에 평행으로 이동이 가능하고 회전이 자유로운 상태이며 수직반력만 발생하는 것은?

① 회전단　　② 고정단
③ 이동단　　④ 자유단

정답 ③

CHAPTER 02 건축물의 각 구조

◆ SECTION ◆

 목구조

예제 01 기출 14회

목구조에 대한 설명 중 옳지 않은 것은?
① 비중에 비해 강도가 크다.
② 함수율에 따른 변형이 거의 없으며 내화성이 크다.
③ 나무 고유의 색깔과 무늬가 있어 아름답다.
④ 건물의 무게가 가볍고, 가공이 비교적 용이하다.

해설 함수율에 따른 변형이 크고 화재 위험이 높다.
정답 ②

예제 02 기출 1회

가볍고 가공성이 좋은 장점이 있으나 강도가 작고 내구력이 약해 부패, 화재 위험 등이 높은 구조는?
① 목구조
② 블록구조
③ 철골구조
④ 철골철근콘크리트구조

정답 ①

예제 03 기출 4회

목재의 이음과 맞춤을 할 때에 주의해야 할 사항으로 옳지 않은 것은?
① 이음과 맞춤의 위치는 응력이 큰 곳으로 하여야 한다.
② 공작이 간단하고 튼튼한 접합을 선택하여야 한다.
③ 맞춤면은 정확히 가공하여 서로 밀착되어 빈틈이 없게 한다.
④ 이음 맞춤의 단면은 응력의 방향에 직각으로 한다.

해설 응력이 작은 곳이 적당하다.
정답 ①

1. 목구조의 특징 [16 · 14 · 13 · 12 · 11 · 10 · 09 · 08 · 07 · 06년 출제]

장점	단점
• 가볍고 가공성이 좋으며 친화감이 있다. • 비중에 비하여 강도가 크다. (인장, 압축강도) • 열전도율이 작아 보온, 방한, 방서에 뛰어나다. • 시공이 용이하며 공사기간이 짧다. • 색채 및 무늬가 있어 미려하다.	• 내화, 내구성이 작다. • 큰 부재를 얻기 어렵다. • 함수율에 따른 변형이 크고 부식, 부패에 약하다. • 접합부의 강성이 약하다.

2. 목재의 접합

(1) 이음과 맞춤 시 유의사항 [10 · 09 · 07년 출제]

① 이음과 맞춤의 위치는 응력이 작은 곳으로 하여야 한다.
② 공작이 간단하고 튼튼한 접합을 선택하여야 한다.
③ 맞춤면은 정확히 가공하여 서로 밀착되어 빈틈이 없게 한다.
④ 이음 맞춤의 단면은 응력의 방향에 직각으로 한다.
⑤ 접합부는 가능한한 적게 깎아내는 것이 좋다.
⑥ 이음, 맞춤의 끝 부분에 작용하는 응력이 균등하도록 한다.

(2) 이음 [12·09년 출제]

2개 이상의 목재를 길이방향으로 붙여 1개의 부재로 만드는 것이다.

① 맞댐이음 : 두 부재를 맞대고 덧판을 대 큰못이나 볼트로 쥠하는 것이 보통이다.
② 겹침이음 : 2개의 부재를 단순 겹쳐대고 큰못, 볼트 등으로 보강한 것이다.
③ 턱솔이음 : 걸레받이에 사용되며 가로방향으로 움직이는 것을 방지한다.
④ 빗이음 : 서까래, 띠장, 장선 등에 쓰이며 서로 빗잘라 이음한 것이다.
⑤ 은장이음 : 난간에 쓰이며 2개의 부재를 맞대고 나비형으로 은장을 만들어 끼운다.
⑥ 엇걸이 산지이음 : 토대, 처마도리, 중도리 등에 쓰이며, 엇걸이 부재 춤의 3~3.5배로 하고 중간을 빗물려 옆에서 산지를 박아 더욱 튼튼하게 한다.

(3) 맞춤 [15·10년 출제]

길이방향에 직각 또는 경사지게 맞추는 방법을 짜임 또는 맞춤이라 한다.

① 짧은 장부맞춤 : 부재춤의 1/2~1/3 정도 되는 반장부로 맞춤, 왕대공과 평보의 맞춤, 토대와 기둥에 사용한다.
② 주먹장부맞춤 : 주먹 모양의 장부로 맞춤, 가공이 간단하고 토대의 T형 부분, 토대와 멍에, 달대공의 맞춤에 사용한다.
③ 가름장 장부맞춤 : 마구리 중간을 따서 두 갈래로 한 것이며 양식 지붕틀의 왕대공과 마룻대의 맞춤에 사용한다.
④ 반턱장부맞춤 : 부재를 경사지게 따낸 자리에 짧은 장부를 내서 맞춤, 왕대공과 ㅅ자보의 맞춤에 사용한다.
⑤ 걸침턱맞춤 : 접합면을 서로 따서 맞물리게 한 것이며 평보와 깔도리의 맞춤에 사용한다.
⑥ 반턱맞춤 : 평보와 ㅅ자보의 맞춤에 사용한다.
⑦ 연귀맞춤 : 접합재의 마구리를 감추기 위해 45도로 잘라 맞춤, 창문 등 마구리에 사용한다.

예제 04 기출 2회

목재 접합 중 2개 이상의 목재를 길이방향으로 붙여 1개의 부재로 만드는 것은?
① 이음 ② 쪽매
③ 맞춤 ④ 장부

정답 ①

예제 05 기출 2회

목재 접합방법 중 길이방향에 직각이나 일정한 각도를 가지도록 경사지게 붙여대는 것은?
① 이음 ② 맞춤
③ 쪽매 ④ 산지

정답 ②

예제 06 기출 1회

아래에서 설명하는 목재 접합의 종류는?

> 나무 마구리를 감추면서 튼튼한 맞춤을 할 때, 예를 들어 창문 등의 마구리에 이용되며, 일반적으로 2개의 목재 귀를 45°로 빗잘라 직각으로 맞댄다.

① 연귀맞춤 ② 통맞춤
③ 턱이음 ④ 맞댄쪽매

정답 ①

예제 07   기출 6회

목재의 접합에서 널 등을 모아대어 넓게 접합하는 것을 무엇이라 하는가?
① 쪽매   ② 이음
③ 맞춤   ④ 장부

정답 ①

예제 08   기출 1회

다음 중 가장 이상적인 쪽매 형태로 못으로 보강 시 진동에도 못이 솟아오르지 않는 특성이 있는 것은?
① 빗쪽매   ② 오니쪽매
③ 제혀쪽매   ④ 반턱쪽매

정답 ③

예제 09   기출 2회

다음 중 지붕공사에서 금속판을 잇는 방법이 아닌 것은?
① 평판잇기   ② 기와가락잇기
③ 마름모잇기   ④ 쪽매잇기

해설 지붕공사에서는 쪽매잇기를 하지 않는다.

정답 ④

예제 10   기출 5회

목재의 접합철물로 주로 전단력에 저항하는 철물은?
① 듀벨   ② 볼트
③ 인서트   ④ 클램프

해설 듀벨은 목재의 끼워 전단력에 보강하는 철물이다.

정답 ①

(4) **쪽매**

1) 쪽매의 사용법 [16 · 13 · 11 · 07 · 06년 출제]

목재판과 널판재의 좁은 폭의 널을 옆으로 붙여 면적을 넓게 하는 접합 방법이다.

2) 쪽매의 종류

① 제혀쪽매 : 가장 많이 사용되며, 마룻널 깔기에 이용하고 진동에도 못이 솟아오르지 않는 특성이 있다.
② 반턱쪽매 : 거푸집, 15mm 미만에 사용한다.
③ 맞댄쪽매 : 경미한 구조에 이용된다.
④ 오니쪽매 : 흙막이 널말뚝에 이용된다.
⑤ 딴혀쪽매 : 마룻널 깔기에 사용된다.
⑥ 빗쪽매 : 지붕널, 반자널에 사용된다.
⑦ 틈막이대쪽매 : 징두리 판벽에 사용된다.

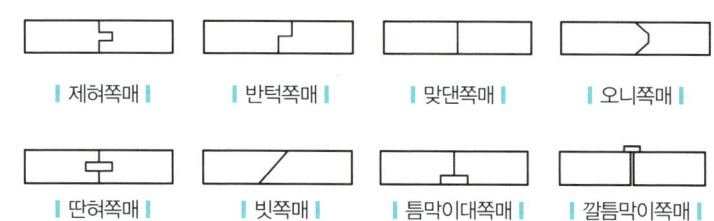

| 제혀쪽매 | 반턱쪽매 | 맞댄쪽매 | 오니쪽매 |
| 딴혀쪽매 | 빗쪽매 | 틈막이대쪽매 | 깔틈막이쪽매 |

3. 보강철물

(1) **주걱볼트**

주걱모양의 철물로 기둥과 처마도리 접합 시 사용된다.

(2) **꺾쇠**

몸통이 정방형, 원형, 평판형인 것을 각각 각꺾쇠, 원형꺾쇠, 평꺾쇠라 한다.

(3) **듀벨** [13 · 12 · 11 · 10년 출제]

접합부에서 볼트의 파고들기를 막기 위해 사용하는 보강철물이며, 전단보강으로 목재 상호 간의 변위를 방지한다.

(4) **감잡이쇠** [16 · 11년 출제]

ㄷ자형의 철물로 왕대공과 평보 맞춤 시 보강철물로 사용한다.

(5) 띠쇠

일자형으로 된 철판에 못, 볼트 구멍이 뚫린 것으로 ㅅ자보와 왕대공, 기둥과 층도리의 연결에 사용된다.

(6) 안장쇠

안장 모양으로 한 부재에 걸쳐놓고 다른 부재를 받게 하는 이음, 맞춤의 보강철물이다. 큰보와 작은보의 연결에 사용한다.

(7) ㄱ자쇠 [16·15·11·08년 출제]

가로재와 세로재가 직교하는 모서리 부분에 직각이 변하지 않도록 보강하는 철물이다.

(8) 촉 [14년 출제]

목재의 접합면에 사각 구멍을 파고 한편에 작은 나무토막을 반 정도 박아 넣고 포개어 접합재의 이동을 방지하는 나무 보강재이다.

(9) 쐐기 [15년 출제]

목재 접합에 사용되는 보강재 중 직사각형 단면에 길이가 짧은 나무토막을 사다리꼴로 납작하게 만든 것이다.

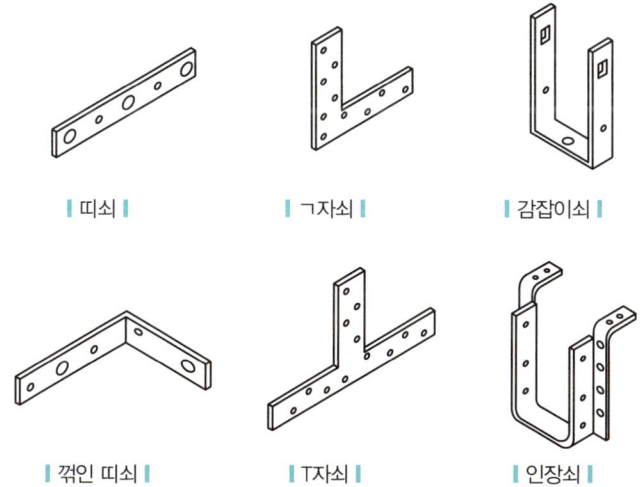

| 띠쇠 | | ㄱ자쇠 | | 감잡이쇠 |

| 꺾인 띠쇠 | | T자쇠 | | 인장쇠 |

예제 11 기출 4회

목구조에 사용되는 연결철물에 관한 설명으로 옳은 것은?

① 띠쇠는 ㄷ자형으로 된 철판에 못, 볼트 구멍이 뚫린 것이다.
② 감잡이쇠는 평보를 ㅅ자보에 달아맬 때 연결시키는 보강철물이다.
③ ㄱ자쇠는 가로재와 세로재가 직교하는 모서리부분에 직각이 맞도록 보강하는 철물이다.
④ 안장쇠는 큰보를 따낸 후 작은보를 걸쳐 받게 하는 철물이다.

해설 띠쇠는 일자모양의 철물이고 감잡이쇠는 ㄷ모양의 철물이다.

정답 ③

예제 12 기출 4회

목구조에서 가로재와 세로재가 직교하는 모서리 부분에 직각이 변하지 않도록 보강하는 철물은?

① 감잡이쇠 ② ㄱ자쇠
③ 띠쇠   ④ 안장쇠

정답 ②

예제 13 기출 1회

목재 접합에 사용되는 보강재 중 직사각형 단면에 길이가 짧은 나무토막을 사다리꼴로 납작하게 만든 것은?

① 쐐기 ② 산지
③ 촉   ④ 이음

정답 ①

예제 14 기출 7회

목구조에 대한 설명으로 옳지 않은 것은?

① 부재에 흠이 있는 부분은 가급적 압축력이 작용하는 곳에 두는 것이 유리하다.
② 목재의 이음 및 맞춤은 응력이 적은 곳에서 접합한다.
③ 큰 압축력이 작용하는 부재에는 맞댄이음이 적합하다.
④ 토대는 크기가 기둥과 같거나 다소 작은 것을 사용한다.

해설 토대는 크기가 기둥과 같거나 좀 더 큰 것을 사용한다.

정답 ④

예제 15 기출 2회

목구조에서 벽체의 제일 아랫부분에 쓰이는 수평재로서 기초에 하중을 전달하는 역할을 하는 부재의 명칭은?

① 기둥   ② 인방보
③ 토대   ④ 가새

정답 ③

4. 목조의 벽체

(1) 토대 [21·16·13·11·09·08·07년 출제]

① 제일 아랫부분에 쓰이는 수평재로서 상부의 하중을 기초에 전달하는 역할을 한다.
② 기둥과 기둥을 고정하고 벽을 설치하는 기준이 된다.
③ 단면은 기둥과 같거나 좀 더 크게 한다.

(2) 벽체

1) 심벽식 벽체

① 뼈대 사이에 벽을 만들어 뼈대가 보이도록 만든 벽체이다.
② 목조 뼈대가 노출되어 목재 고유의 아름다움을 표현할 수 있다.
③ 한식 건축물에 많이 사용한다.

2) 평벽식 벽체

① 벽체가 뼈대를 감싸서 안으로 감춰진 형식이다.
② 단면이 큰 가새를 배치하여 구조적으로 튼튼하고 방한, 방습 효과가 크다.

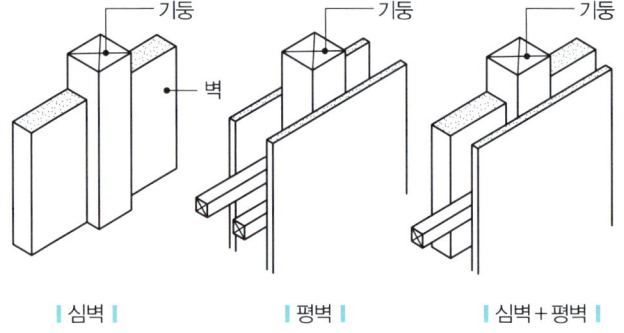

| 심벽 | | 평벽 | | 심벽+평벽 |

(3) 외벽

1) 판벽

① 가로판벽(영국식, 턱솔, 누름대)

② 세로판벽(세움벽, 틈막이대)

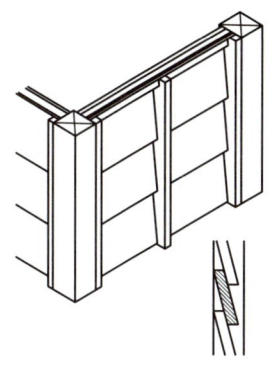
▎누름비닐판벽 ▎

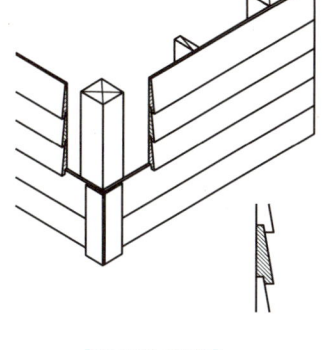
▎영식비닐판벽 ▎

2) 징두리판벽 [09년 출제]

실내부의 벽 하부를 보호하기 위하여 높이 1~1.5m 정도로 널을 댄 벽을 말한다.

5. 목조의 기둥(수직재)

(1) 기둥의 구조 [13·08년 출제]

상부의 지붕 또는 바닥의 하중을 받아 토대에 전달하는 수직재이다.

(2) 기둥의 종류

1) 통재기둥 [16·15·12·10·09·07·06년 출제]

2층 이상의 기둥 전체를 하나의 단일재로 사용하는 기둥으로 상하를 일체화시켜 수평력에 견디게 하는 기둥이다.

2) 평기둥

층별로 구성된 기둥으로 가로재인 층도리에 의해 분리된 것이다.

3) 샛기둥 [15·12년 출제]

본기둥 사이에 벽을 이루는 것으로서, 가새의 옆 휨을 막는 역할을 한다.

예제 16 기출 1회

실내부의 벽하부를 보호하기 위하여 높이 1~1.5m 정도로 널을 댄 벽을 무엇이라 하는가?

① 코펜하겐 리브
② 걸레받이
③ 커튼월
④ 징두리판벽

정답 ④

예제 17 기출 2회

목구조에서 사용되는 수평부재가 아닌 것은?

① 층도리   ② 처마도리
③ 토대   ④ 평기둥

해설 기둥은 수직재이다.

정답 ④

예제 18 기출 7회

2층 이상의 기둥 전체를 하나의 단일재로 사용하는 기둥으로 상하를 일체화시켜 수평력에 견디게 하는 기둥은?

① 통재기둥 ② 평기둥
③ 층도리   ④ 샛기둥

정답 ①

예제 19 기출 2회

목구조에서 본기둥 사이에 벽을 이루는 것으로서, 가새의 옆휨을 막는 데 유효한 기둥은?

① 평기둥   ② 샛기둥
③ 동자기둥 ④ 통재기둥

정답 ②

6. 목조의 도리(수평재)

(1) 층도리
위층과 아래층의 중간에 쓰는 가로재로 각 층을 만들고 바닥하중을 기둥에 골고루 전달시킨다.

(2) 깔도리 [10년 출제]
기둥 맨 위 처마 부분에 수평으로 설치되며 기둥머리를 고정하여 지붕틀을 받아 기둥에 전달한다.

(3) 처마도리
지붕틀에서 평보 위에 깔도리와 같은 방향으로 처마도리를 걸친다.

(4) 중도리
ㅅ자보 위에 수평재로 올라가며 서까래를 받는다.

(5) 서까래 [11년 출제]
절충식 지붕틀에서 처마도리, 중도리, 마룻대 위에 지붕물매의 방향으로 걸쳐 대는 부재이다.

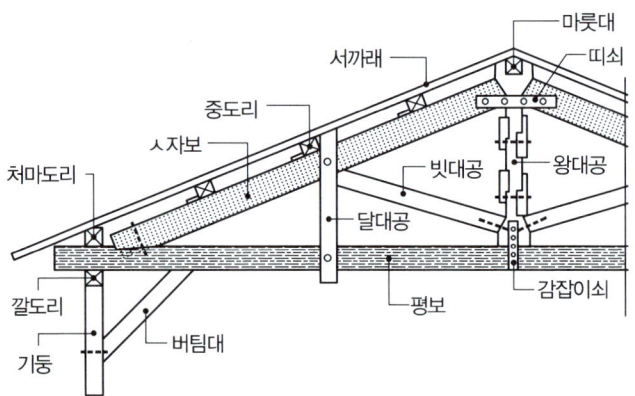

예제 20 　기출 2회

목구조의 각 부재에 대한 설명으로 옳지 않은 것은?
① 층도리 : 기둥을 연결하는 한편 샛기둥받이나 보받이의 역할을 한다.
② 깔도리 : 기둥 하단 처마 부분에 수평으로 걸어 기둥의 휨을 방지하는 부재이다.
③ 처마도리 : 지붕틀의 평보 위에 깔도리와 같은 방향으로 걸쳐댄다.
④ 꿸대 : 기둥과 기둥 사이를 가로 꿰뚫어 넣어 연결하는 수평구조재이다.

해설 깔도리는 기둥 맨 위 처마 부분에 수평으로 설치되며 기둥머리를 고정하여 지붕틀을 받아 기둥에 전달한다.

정답 ②

7. 목조의 보강부재

(1) 가새 [16 · 14 · 13 · 07 · 06년 출제]

① 목조 벽체를 수평력(횡력)에 견디며 안정한 구조로 만든다.
② 경사는 45°에 가까울수록 유리하다.
③ 압축력 또는 인장력에 대한 보강재이다.
④ 주요 건물의 경우 한 방향으로만 만들지 않고, X자형으로 만들어 압축과 인장을 겸하도록 한다.
⑤ 가새는 절대로 따내거나 결손시키지 않는다.

(2) 귀잡이보(수평재+수평재) [07년 출제]

보, 도리 등의 가로재가 서로 수평방향으로 만나는 귀부분을 안정한 삼각형 구조로 만드는 것으로, 가새로 보강하기 어려운 곳에 사용되는 부재이다.

(3) 꿸대

기둥과 기둥 사이를 가로질러 벽을 보강하는 부재이다.

8. 마루

(1) 1층 마루 [14 · 12년 출제]

1) 동바리마루 [14 · 12 · 08 · 06년 출제]
  ① 호박돌 위에 동바리를 세운 다음 멍에를 걸고 장선을 걸치고 마룻널을 깐다.
  ② 동바리 마루틀은 방습과 위생을 고려하여 마루의 윗면이 지면에서 450mm 이상 높게 설치한다.

2) 납작마루 [12 · 11 · 08 · 07 · 06년 출제]
  ① 1층 마루로 간단한 창고, 공장, 기타 임시 건물 등의 콘크리트 슬래브 위로 멍에와 장선을 걸고 마룻널을 깐 마루를 말한다.
  ② 장선의 간격은 450~500mm 정도, 크기는 45~60mm 정도 한다.

(2) 2층 마루

1) 홑마루(장선마루) [15 · 09년 출제]
  ① 2층 마루틀의 주 보를 쓰지 않고 직접 장선을 걸쳐 대고 마룻널을 깐다.
  ② 간사이가 2.4m 미만인 좁은 복도에 사용한다.

예제 21　　기출 5회

다음 보기에서 설명하는 부재명은?

- 횡력에 잘 견디기 위한 구조물이다.
- 경사는 45°에 가까운 것이 좋다.
- 압축력 또는 인장력에 대한 보강재이다.
- 주요 건물의 경우 한 방향으로만 만들지 않고, X자형으로 만들어 압축과 인장을 겸하도록 한다.

① 층도리　② 샛기둥
③ 가새　　④ 꿸대

정답 ③

예제 22　　기출 1회

목구조에서 보, 도리 등의 가로재가 서로 수평방향으로 만나는 귀부분을 안정한 삼각형 구조로 만드는 것으로, 가새로 보강하기 어려운 곳에 사용되는 부재는?

① 꿸대　　② 귀잡이보
③ 깔도리　④ 버팀대

정답 ②

예제 23　　기출 2회

목조건축에서 1층 마루인 동바리마루에 사용되는 것이 아닌 것은?

① 동바리돌　② 멍에
③ 층보　　　④ 장선

해설 동바리마루에는 층보가 없다.

정답 ③

예제 24　　기출 3회

다음 중 목구조의 2층 마루에 속하지 않는 것은?

① 홑마루　　② 보마루
③ 동바리마루④ 짠마루

해설 동바리마루는 1층 마루이다.

정답 ③

예제 25 기출 2회

1층 마루의 일종으로 간단한 창고, 공장, 기타 임시적 건물 등의 마루를 낮게 놓을 때에 사용하는 것은?
① 납작마루   ② 홑마루
③ 짠마루   ④ 보마루

정답 ①

예제 26 기출 2회

2층 마루틀의 주 보를 쓰지 않고 장선을 사용하여 마룻널을 깐 것은?
① 홑마루틀   ② 보마루틀
③ 짠마루틀   ④ 납작마루틀

정답 ①

2) 보마루

보를 걸고 그 위에 장선을 배치하고 장선 위에 마룻널을 깐다.

3) 짠마루

① 마루가 넓어 처짐을 막기 위해 큰보와 작은보를 사용한다.
② 간사이가 6m 이상일 때 사용한다.

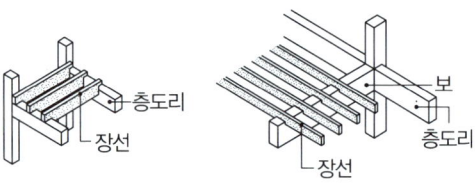

| 장선마루틀 | | 보마루틀 |

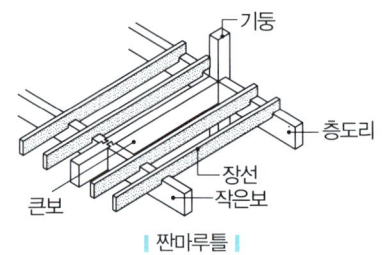

| 짠마루틀 |

9. 지붕

지붕은 건축물의 최상부를 덮어 햇빛과 비, 눈, 바람으로부터 실내를 보호하는 역할을 한다.

(1) 지붕모양의 분류 [16 · 12 · 08 · 07 · 04년 출제]

① 박공지붕

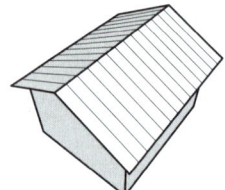
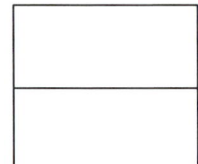

② 모임지붕

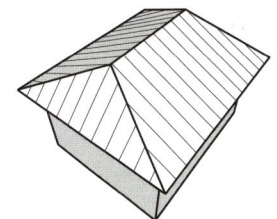 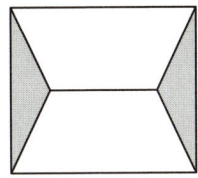

(2) **지붕물매** [14년 출제]
　① 지붕의 경사를 물매라고 하며, 간사이의 크기, 건물의 용도, 강우량, 강설량에 따라 정해진다.
　② 빗물이 흐르도록 지붕면을 경사지게 한 것이다.
　③ 물매는 수평거리 10cm에 대한 직각 삼각형의 수직높이로 표시한다.
　④ 수평거리 10cm에 대해 수직높이 4cm의 경사를 4/10 물매 또는 4cm 물매라고 한다.

(3) **왕대공 지붕틀** [09·06년 출제]
　① 양식 지붕틀에서 가장 많이 사용하는 구조이다.
　② 왕대공, 평보, ㅅ자보, 빗대공, 달대공의 부재로 안전한 삼각형 구조로 만든다.
　③ 간사이는 큰 구조물에 사용하며(최대 20m) 간격은 2~3m 벽체 위에 걸쳐댄다.
　④ 압축력을 받는 부재 : ㅅ자보, 빗대공 등의 사재
　⑤ 인장력을 받는 부재 : 왕대공, 평보, 달대공 등의 직재
　⑥ 압축력과 휨모멘트를 동시에 받는 부재 : ㅅ자보

예제 27   기출 1회

목조 왕대공 지붕틀에서 압축력을 받는 부재는?
① 달대공　② 왕대공
③ 평보　　④ 빗대공

해설 압축력을 받는 부재는 빗대공, ㅅ자보 등이다.
정답 ④

예제 28   기출 1회

목조 왕대공 지붕틀에서 압축력과 휨모멘트를 동시에 받는 부재는?
① 왕대공　② ㅅ자보
③ 달대공　④ 평보

정답 ②

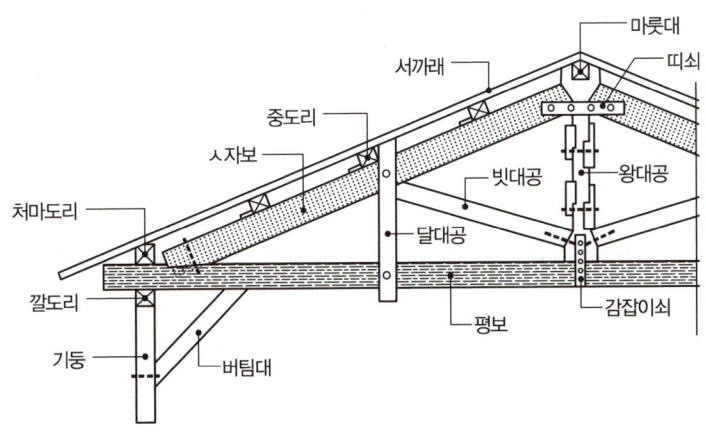

| 왕대공 지붕틀 |

예제 29 　　　기출 2회

절충식 지붕틀에서 지붕 하중이 크고 간사이가 넓은 때 중간에 기둥을 세우고 그 위 지붕보에 직각으로 걸쳐대는 부재의 명칭은?

① 베개보　② 서까래
③ 추녀　　④ 우미량

정답 ①

예제 30 　　　기출 3회

주심포식과 다포식으로 나뉘어지며 목구조 건축물에서 처마 끝의 하중을 받치기 위해 설치하는 것은?

① 공포　　② 부연
③ 너새　　④ 서까래

정답 ①

예제 31 　　　기출 3회

반자틀의 구성과 관계없는 것은?

① 징두리　② 달대
③ 달대받이　④ 반자돌림대

해설 반자틀은 반자돌림<반자틀<반자틀받이<달대<달대받이 순서로 지붕 쪽으로 올라간다.

정답 ①

(4) 절충식 지붕틀 [23·14·13·11·08년 출제]

① 구조가 간단하고 소규모 건축물에 사용된다.
② 동자기둥 : 보 위에 세워 중도리, 마룻대를 받는 부재의 명칭이다.
③ 베개보 : 지붕 하중이 크고 간사이가 넓은 때 중간에 기둥을 세우고 그 위 지붕보에 직각으로 걸쳐 대는 부재의 명칭이다.
④ 서까래 : 처마도리, 중도리, 마룻대 위에 지붕물매의 방향으로 걸쳐 대는 부재의 명칭이다.
⑤ 공포 : 목구조 건축물에서 처마 끝의 하중을 받치기 위해 설치하는 것으로 주심포식과 다포식으로 나누어진다.

11. 수장 및 내장

(1) 반자의 뜻

방, 마루의 천장을 평평하게 만드는 시설로 단열, 소음과 장식 목적으로 밑바닥 아래에 다른 구조물을 매단 것이다.

(2) 반자틀의 구성 [12·08·07년 출제]

① 구성요소로는 반자돌림<반자틀<반자틀받이<달대<달대받이 순서로 지붕 쪽으로 올라간다.
② 반자틀 간격 : 45cm, 반자틀받이 간격 : 90cm, 달대의 거리간격 : 90cm, 달대받이 간격 : 90cm
③ 반자돌림대 : 벽과 반자의 연결을 어울림하기 위하여 대는 가로재이다.

(3) 인방 [11·06년 출제]

목구조에서 기둥과 기둥에 가로대어 창문틀의 상하벽을 받고 하중은 기둥에 전달하며 창문틀을 끼워대는 뼈대가 되는 것을 말한다.

(4) 처마

처마는 도리의 바깥부분을 구성하며 지붕의 밑부분을 이루는 것으로 비, 바람, 햇빛으로부터 바깥 벽을 보호한다.

(5) 홈통 [22·09년 출제]

① 지붕의 빗물을 지상으로 유도하기 위해 선홈통을 설치한다.

② 홈통에서 우수의 배수과정

처마홈통 → 깔때기홈통 → 장식통 → 선홈통 → 보호관 → 낙수받이 돌

(6) 걸레받이

실내바닥에 접한 밑부분의 벽면 보호와 장식을 위해 높이 100~200mm 정도, 벽면에서 10~20mm 정도 나오거나 들어가게 댄 것을 말한다.

> **예제 32** 기출 2회
> 지붕의 빗물을 흘려보내기 위해 지상으로 유도하는 수직홈통은?
> ① 선홈통 ② 깔대기홈통
> ③ 낙수받이 ④ 처마홈통
> **정답** ①

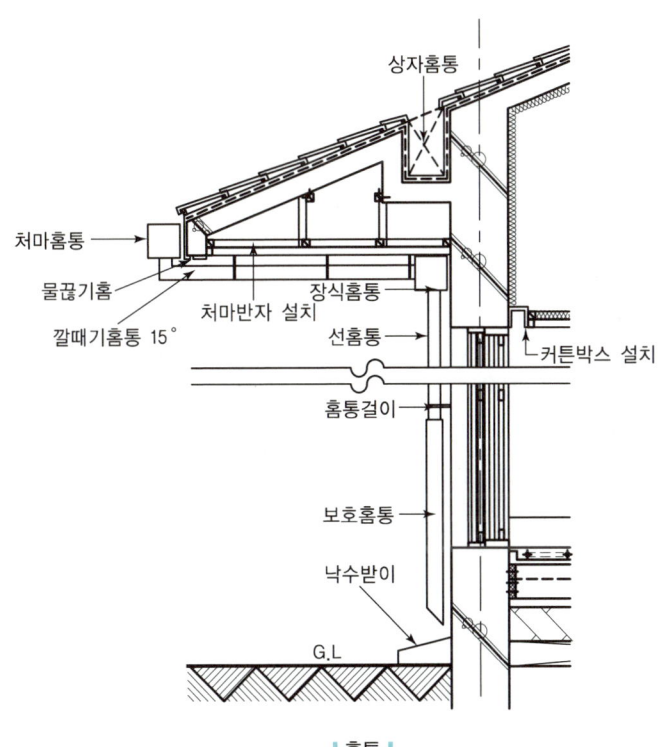

| 홈통 |

02 조적구조

예제 33   기출 10회
조적구조의 특징으로 옳지 않은 것은?
① 내구, 내화적이다.
② 건식구조이다.
③ 각종 횡력에 약하다.
④ 고층 건물에 적용이 어렵다.

해설 조적구조의 특징은 습식 구조이다.
정답 ②

예제 34   기출 5회
균열이 발생되기 쉬우며 횡력과 진동에 가장 약한 구조는?
① 목구조
② 조적구조
③ 철근콘크리트구조
④ 철골구조

해설 조적구조는 횡력에 가장 약하다.
정답 ②

예제 35   기출 5회
건설공사표준품셈에서 정의하는 기본 벽돌의 크기는?(단, 단위는 mm)
① 210×100×60   ② 190×90×57
③ 210×90×57   ④ 190×100×60

정답 ②

예제 36   기출 3회
벽돌벽 쌓기에서 1.5B 쌓기의 두께는?
① 90mm   ② 190mm
③ 290mm   ④ 330mm

해설 190+10+90=290
정답 ③

1. 벽돌구조

(1) 벽돌구조의 특징 [22·16·14·13·11·10·09·08·07·06년 출제]

장점	단점
• 내화, 내구, 방한, 방서 구조이다. • 시공이 간단하고 외관이 아름답다. • 구조, 시공이 간단하고 용이하다.	• 횡력(지진)에 약하다. • 고층구조가 부적당하다. • 벽체가 두꺼워 실내가 좁아진다.

(2) 벽돌의 규격 및 두께

1) 규격

① 기본형(재래식) : 210×100×60

② 표준형 : 190×90×57 [15·10·09·08·07년 출제]

2) 두께

구분	0.5B	1.0B	1.5B	2.0B	2.5B	0.5B씩 증가
표준형	90	190	290	390	490	0.5B를 기준으로 100씩 증가
공간쌓기 (70mm)	90	250	350	450	550	
계산식 예	1.5B의 두께 [16·13·09년 출제] 190(1.0B) + 10(줄눈) + 90(0.5B) = 290mm 2.0B의 두께 [12년 출제] 190(1.0B) + 10(줄눈) + 190(1.0B) = 390mm					

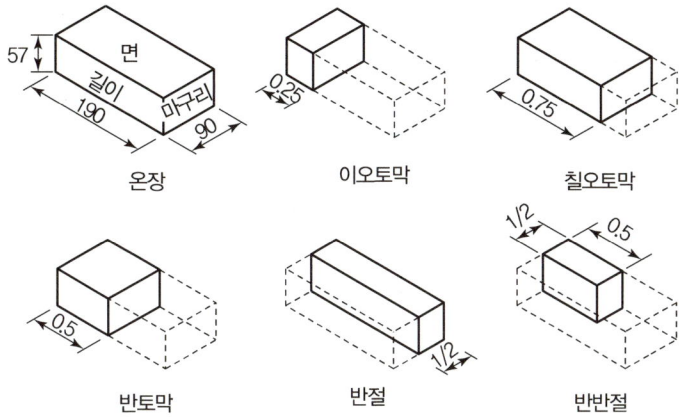

① 이오토막 크기 : 벽돌 한 장 길이의 1/4 토막 [15 · 06년 출제]
② 칠오토막 크기 : 벽돌 한 장 길이의 3/4 토막 [23 · 22 · 15 · 13년 출제]

(3) 벽돌 제품

① 시멘트벽돌 : 시멘트와 모래를 혼합하여 만든 벽돌이다.
② 붉은 벽돌 : 점토＋석회＋모래로 만든 벽돌이다.
③ 이형벽돌 : 모양이나 치수가 다른 벽돌이다.(아치나 창대 등)
④ 다공벽돌 : 톱밥을 넣어 소성한 것으로 경량벽돌로 톱질이 가능하고 절단, 못치기 등의 가공이 유리한 벽돌이다. [16 · 11년 출제]
⑤ 공동벽돌 : 벽돌 내에 구멍이 있는 벽돌이다.
⑥ 포도용 벽돌 : 흡수율이 적고 내마모성이 커서 바닥 포장용(인도)으로 쓰이는 벽돌이다. [15 · 12년 출제]
⑦ 내화벽돌 : 내화점토를 이용하여 소성한 것으로 굴뚝, 용광로 등에 쓰이는 벽돌이다.[230×114×65(mm)] [12년 출제]

(4) 품질 [09 · 08 · 07 · 06년 출제]

점토벽돌의 품질결정에 주요한 요소는 흡수율과 압축강도이다.

품질기준	종류		기타
	1종	2종	
흡수율(%)	10 이하	13 이하	1종 : 내 · 외장용
압축강도(N/mm²)	24.50 이상	14.70 이상	2종 : 내장용

예제 37 기출 4회

기본 벽돌에서 칠오토막의 크기로 옳은 것은?
① 벽돌 한 장 길이의 1/2 토막
② 벽돌 한 장 길이의 직각 1/2 반절
③ 벽돌 한 장 길이의 3/4 토막
④ 벽돌 한 장 길이의 1/4 토막

해설 칠오토막은 온장에 0.75%이다.
정답 ③

예제 38 기출 2회

이오토막 벽돌의 치수를 옳게 나타낸 것은?(단, 표준형 벽돌이며 단위는 mm이다.)
① 142.5×90×57 ② 47.5×90×57
③ 190×45×57   ④ 95×45×57

해설 이오토막은 온장 190×0.25=47.5이다.
정답 ②

예제 39 기출 2회

다음 중 경량벽돌에 속하는 것은?
① 다공벽돌   ② 내화벽돌
③ 광재벽돌   ④ 홍예벽돌

해설 다공벽돌은 톱밥을 넣어 소성한 것이다.
정답 ①

예제 40 기출 2회

도로 포장용 벽돌로서 주로 인도에 많이 쓰이는 것은?
① 이형벽돌   ② 포도용 벽돌
③ 오지벽돌   ④ 내화벽돌

해설 포도용 벽돌은 흡수율이 작고 내마모성이 커서 바닥 포장용으로 사용된다.
정답 ②

예제 41 기출 2회

점토벽돌 품질시험의 주된 대상은?
① 흡수율 및 전단강도
② 흡수율 및 압축강도
③ 흡수율 및 휨강도
④ 흡수율 및 인장강도

정답 ②

(5) 벽돌쌓기

1) 모르타르 배합

① 시멘트＋모래＋물을 혼합하여 만든 수경성 접착제이다.
② 물을 부어 섞은지 1시간부터 응결이 시작되므로 가수 후 1시간 이내에 사용한다.(경화시간 1～10시간)
③ 모르타르의 강도는 벽돌강도와 동일 혹은 이상의 것을 사용한다.
④ 배합비(시멘트＋모래) : 쌓기용(1 : 3～1 : 5), 아치용(1 : 2), 치장용(1 : 1)

2) 줄눈

① 벽돌과 벽돌 사이의 모르타르 부분을 줄눈의 너비로 채워 서로 붙이는 역할로, 가로세로 줄눈의 너비는 10mm를 표준으로 한다.
② 막힌줄눈 : 벽돌이 받는 하중을 균등하게 하기 위하여 엇갈리게 쌓은 벽돌의 줄눈이다. [14 · 10 · 09년 출제]
③ 통줄눈 : 세로줄눈과 위, 아래가 통하는 줄눈으로 상부에서 오는 하중을 집중적으로 전달 받아 균열의 원인이 되므로 구조용으로는 사용하지 않는다.

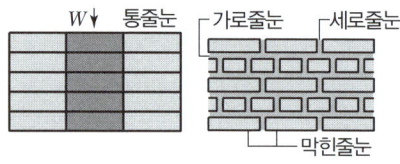

벽돌 줄눈과 하중전달 범위

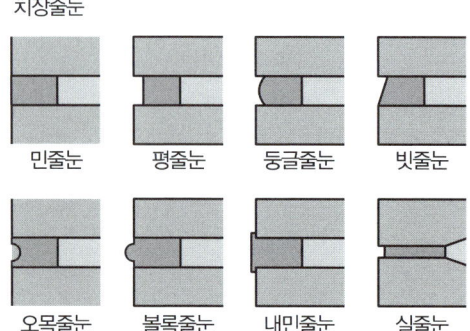

④ 민줄눈과 평줄눈의 차이를 확인한다. [16 · 15 · 06년 출제]

예제 42 기출 3회

벽돌쌓기에서 막힌줄눈을 사용하는 가장 중요한 이유는?
① 외관의 아름다움
② 시공의 용이성
③ 응력의 분산
④ 재료의 경제성

해설 막힌줄눈은 하중을 균등하게 전달하여 응력을 분산시킨다.

정답 ③

예제 43 기출 3회

다음 치장줄눈의 이름은?

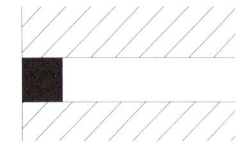

① 민줄눈   ② 평줄눈
③ 오늬줄눈 ④ 맞댄줄눈

정답 ①

3) 각종 벽돌쌓기

종류	형식	특징
길이쌓기	벽돌의 길이 면만 보이게 쌓는 방법이다.	칸막이 벽체
마구리쌓기	벽돌의 마구리 면만 보이게 쌓는 방법이다.	굴뚝, 사일로
영식 쌓기 [16·14·12·11·07·06년 출제]	• 한 켜는 길이, 다음 켜는 마구리로 쌓는 방법이다. • 마구리 켜의 모서리에 반절 또는 이오토막을 사용해서 통줄눈이 생기는 것을 막는다. • 가장 튼튼한 쌓기 공법이다. • 내력벽으로 사용된다.	이오토막, 반절 사용 가장 튼튼함
화란식 (네덜란드식) 쌓기 [12·10·08년 출제]	• 쌓기방법은 영식 쌓기와 같으나 모서리 또는 끝부분에 칠오토막을 사용한다. • 가장 많이 사용되며 작업하기 쉽다.	칠오토막 사용 일하기 쉽고 견고함
불식 (프랑스식) 쌓기 [14·13·06년 출제]	• 한 켜에 길이와 마구리를 병행하여 같이 쌓는 방법이다. • 통줄눈이 생겨 내력벽으로 부적합하다. • 비내력벽, 장식용 벽돌담 등으로 사용한다.	의장적 벽체 (통줄눈 때문)
미식 쌓기	• 5켜 정도 길이쌓기, 다음 한 켜는 마구리쌓기로 한다. • 뒷면을 영식 쌓기로 물리는 방식이다.	외부 붉은 벽돌, 내부 시멘트벽돌로 쌓는 경우
영롱쌓기 [15년 출제]	• 벽돌 면에 구멍을 내어 쌓는 방식이다. • 장식적인 효과가 우수한 쌓기이다.	장식적 벽돌담
엇모쌓기 [12년 출제]	벽돌쌓기 중 담 또는 처마부분에서 내쌓기를 할 때에 벽돌을 45° 각도로 모서리가 면에 돌출되도록 쌓는 방식이다.	장식적 벽돌담

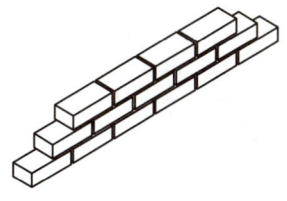

∥ 길이쌓기 ∥

∥ 마구리쌓기 ∥

예제 44 기출 7회

벽돌쌓기법 중 벽의 모서리나 끝에 반절이나 이오토막을 사용하는 것으로 가장 튼튼한 쌓기법은?
① 미국식 쌓기
② 프랑스식 쌓기
③ 영식 쌓기
④ 네덜란드식 쌓기

정답 ③

예제 45 기출 3회

벽돌쌓기법 중 한 켜는 길이쌓기로 하고 다음은 마구리쌓기로 하며 모서리 또는 끝에서 칠오토막을 사용하는 것은?
① 네덜란드식 쌓기
② 프랑스식 쌓기
③ 미국식 쌓기
④ 영롱쌓기

해설 네덜란드식 쌓기는 모서리에 칠오토막을 사용하는 것이 특징이다.

정답 ①

예제 46 기출 3회

벽돌쌓기 방법에서 한 켜 안에 길이쌓기와 마구리쌓기를 병행하며 부분적으로 통줄눈이 생겨 내력벽으로 부적합한 것은?
① 프랑스식 쌓기
② 네덜란드식 쌓기
③ 영국식 쌓기
④ 미국식 쌓기

정답 ①

예제 47 기출 1회

벽돌쌓기 중 벽돌 면에 구멍을 내어 쌓는 방식으로 방막벽이며 장식적인 효과가 우수한 쌓기 방식은?
① 엇모쌓기 ② 영롱쌓기
③ 영식쌓기 ④ 무늬쌓기

정답 ②

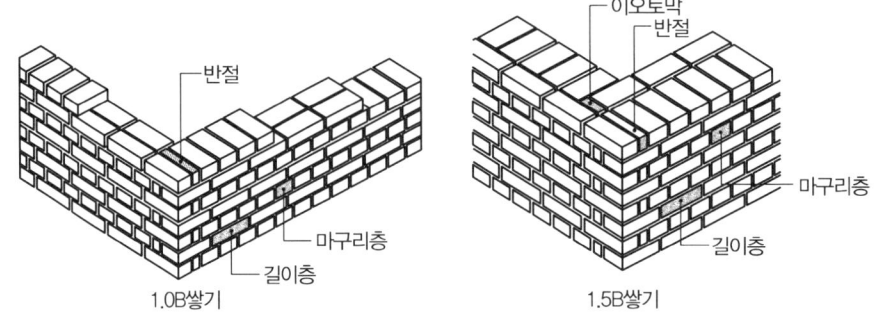

| 영식 쌓기 |

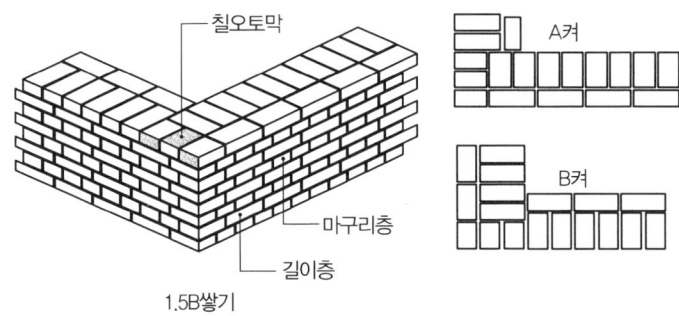

| 화란식 쌓기 |

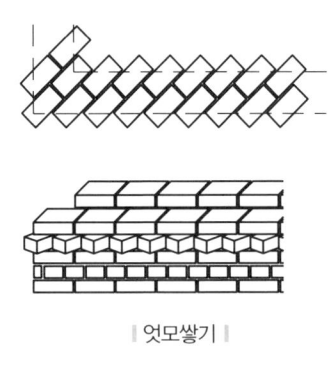

| 엇모쌓기 |

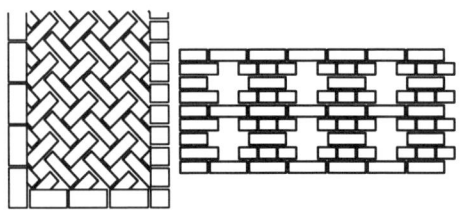

| 영롱쌓기 |

4) 각 부분별 쌓기법

종류	형식
내쌓기 [11년 출제]	• 벽체 마루를 받치거나 지붕의 돌출된 처마 부분을 가리고자 할 때 내밀어 쌓는 방식이다. • 장선받이, 보받이를 만들기 위해서도 사용된다. • 1/8B는 한 켜, 1/4B는 두 켜를 내쌓는다. • 내쌓기의 한도는 2.0B 이하이다.
공간쌓기 [06년 출제]	• 벽을 이중으로 하고 중간에 공간을 두고 쌓는 방법이다. • 방습, 방열, 방한, 방서를 목적으로 한다. • 공간의 간격은 5~10cm 정도 한다. • 연결철물은 수직거리 45cm, 수평거리 90cm 이내, 벽면적 $0.4m^2$ 이내마다 1개씩 사용한다.

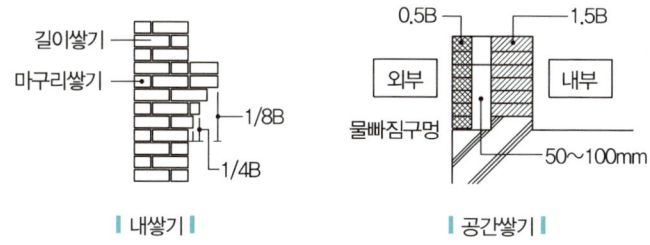

| 내쌓기 | 공간쌓기 |

5) 조적 쌓기 전 주의사항 [15·12·08·07년 출제]

① 하루의 쌓기 높이는 평균 1.2m(18켜)에서 최대 1.5m(22켜)로 한다.
② 응력 분산을 할 수 있는 막힌줄눈을 원칙으로 한다.
③ 모르타르는 벽돌의 강도 이상으로 한다.
④ 벽돌을 쌓기 전 물 축이기를 한다.

(6) **벽돌벽의 백화현상** [14·11년 출제]

1) 백화현상의 원인

벽에 침투한 빗물에 의해서 모르타르의 석회분이 공기 중의 탄산가스(CO_2)와 결합하여 벽돌이나 조적벽면을 하얗게 오염시키는 현상이다.

2) 백화방지법

① 양질의 벽돌을 사용한다.
② 줄눈의 방수제 사용과 충분한 사춤으로 빗물이 스며들지 않게 한다.
③ 차양, 루버, 돌림띠 등의 비막이를 설치한다.

예제 48 기출 1회

벽돌벽체의 내쌓기 목적 중 옳지 않은 것은?
① 지붕의 돌출된 처마 부분을 가리기 위해
② 벽체에 마루를 설치하기 위해
③ 장선받이, 보받이를 만들기 위해
④ 내력벽으로서 집중하중을 받기 위해

해설 내력벽으로는 영식 쌓기가 있다.
정답 ④

예제 49 기출 1회

벽돌쌓기에서 바깥벽의 방습, 방열, 방한, 방서 등을 위하여 벽돌벽을 이중으로 하고 중간을 띄워 쌓는 법은?
① 공간쌓기 ② 내쌓기
③ 들여쌓기 ④ 띄워쌓기

정답 ①

예제 50 기출 4회

다음 중 벽돌쌓기에 대한 설명으로 옳지 않은 것은?
① 벽돌벽 등에 장식적으로 구멍을 내어 쌓는 것을 영롱쌓기라 한다.
② 벽돌쌓기법 중 영식 쌓기는 가장 튼튼한 쌓기법이다.
③ 하루 쌓기의 높이는 1.8m를 표준으로 한다.
④ 가로 및 세로 줄눈의 너비는 10mm을 표준으로 한다.

해설 하루 쌓기의 높이는 최대 1.5m이다.
정답 ③

예제 51 기출 2회

벽돌구조의 백화현상 방지법으로 옳지 않은 것은?
① 파라핀 도료를 발라 염류가 나오는 것을 막는다.
② 양질의 벽돌을 사용한다.
③ 빗물이 스며들지 않게 한다.
④ 하루 쌓기 높이 이상 시공하여 공기를 단축한다.

해설 하루 쌓기와는 상관이 없다.
정답 ④

④ 파라핀 도료를 발라 염류가 나오는 것을 막는다.

2. 벽돌조의 벽체

(1) 벽체의 형식

① 내력벽 : 벽, 지붕, 바닥 등의 수직하중과 풍력, 지진 등의 수평하중을 받는 중요 벽체이다. [09년 출제]
② 비내력벽 : 장막벽이라 하고 칸막이 역할과 자체 하중만 지지하는 벽을 말한다.
③ 대린벽 : 서로 직각으로 교차되는 벽을 말한다. [11년 출제]
④ 공간 조적벽 : 벽체의 공간을 두어 이중으로 쌓는 벽을 말한다.
⑤ 테두리보 : 벽돌 벽체를 일체로 하고 튼튼하게 보강하기 위해 설치하는 것이다.

(2) 벽체두께 및 벽량 [22 · 14 · 08년 출제]

① 내력벽 두께는 그 벽 높이의 1/20 이상으로 한다.
② 칸막이벽의 두께는 9cm 이상으로 한다.
③ 내력벽 길이의 합계를 그 층의 바닥면적으로 나눈 값으로 최소 벽량은 15cm/m² 이상으로 한다.
④ 계산식 : 벽량(cm/m²) = 내력벽의 길이(cm)/바닥면적(m²)

(3) 벽체길이 및 바닥면적 [21 · 16 · 06 출제]

① 길이는 10m 이하로 하고 초과 시 붙임기둥이나 부축벽으로 보강한다.
② 내력벽으로 둘러싸인 부분의 바닥면적은 80m² 이하로 하고 높이는 4m 이하로 한다.

예제 52 기출 1회

서로 직각으로 교차되는 벽을 무엇이라 하는가?
① 내력벽 ② 대린벽
③ 부축벽 ④ 칸막이벽

정답 ②

예제 53 기출 3회

벽돌조에서 벽량이란 바닥면적과 벽의 무엇에 대한 비를 말하는가?
① 벽의 전체면적
② 개구부를 제외한 면적
③ 내력벽의 길이
④ 벽의 두께

해설 벽량(cm/m²)
= 내력벽의 길이(cm)/바닥면적(m²)

정답 ③

예제 54 기출 2회

조적조의 내력벽으로 둘러싸인 부분의 바닥면적은 몇 m² 이하로 해야 하는가?
① 80   ② 90
③ 100 ④ 120

해설 조적조의 내력벽으로 둘러싸인 바닥면적은 80m² 이하로 한다.

정답 ①

(4) 벽의 홈파기 [09·06년 출제]

① 층 높이의 3/4 이상 연속되는 홈을 세로로 팔 때는 그 벽 두께의 1/3 이하의 깊이로 파야 한다.
② 가로로 홈을 팔 때는 길이 3m 이하로 하고 그 벽 두께의 1/3 이하의 깊이로 파야 한다.

3. 벽돌조의 개구부

(1) 인방보와 개구부 [22·11년 출제]

① 창문 위를 가로질러 상부에서 오는 하중을 좌우벽으로 전달하는 부재를 인방보라 한다.
② 개구부가 1.8m 이상의 폭일 경우 상부에 철근콘크리트 인방보를 설치한다.
③ 인방보는 양쪽 벽체에 20cm 이상 물려야 한다. [16·15·12년 출제]
④ 각 층의 대린벽으로 구획된 벽에서 개구부의 폭 합계는 그 벽 길이의 1/2 이하로 한다.
⑤ 개구부와 바로 위 개구부의 수직거리는 60cm 이상으로 한다.
⑥ 개구부의 상호거리 또는 개구부와 대린벽 중심과의 수평거리는 그 벽 두께의 2배 이상으로 한다.

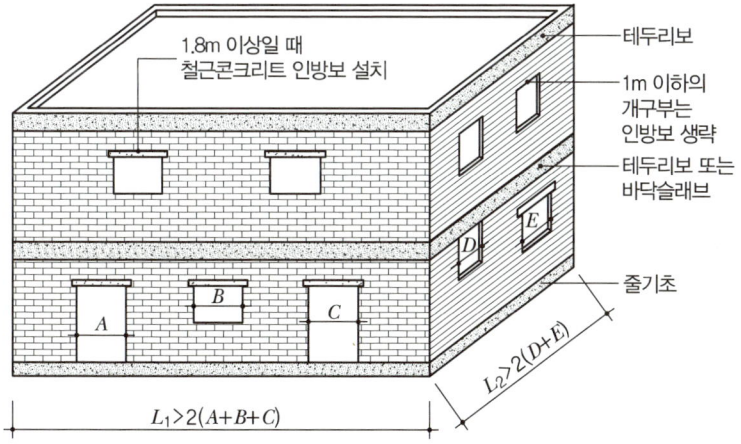

예제 55   기출 2회

벽돌에 배관, 배선, 기타용으로 층 높이의 3/4 이상 연속되는 세로 홈을 팔 때, 홈의 깊이는 그 벽 두께에서 최대 얼마 이하로 하는가?

① 1/2　　② 1/3
③ 1/4　　④ 1/5

정답 ②

예제 56   기출 1회

조적구조에서 창문 위를 가로질러 상부에서 오는 하중을 좌우벽으로 전달하는 부재는?

① 테두리보　② 인방보
③ 지중보　　④ 평보

정답 ②

예제 57 | 기출 2회

벽돌구조의 아치(Arch) 중 특별히 주문 제작한 아치벽돌을 사용해서 만든 것은?

① 본아치   ② 층두리아치
③ 거친 아치   ④ 막만든 아치

정답 ①

예제 58 | 기출 1회

벽돌구조의 아치에 대한 설명으로 적당하지 않은 것은?

① 아치는 수직 압력을 분산하여 부재의 하부에 인장력이 생기지 않도록 한 구조이다.
② 창문의 너비가 1m 정도일 때 평아치로 할 수 있다.
③ 문꼴 너비가 1.8m 이상으로 집중 하중이 생길 때에는 인방보로 보강한다.
④ 본아치는 보통벽돌을 사용하여 줄눈을 쐐기모양으로 만든 것이다.

해설 ④는 거친 아치에 대한 설명이다.

정답 ④

예제 59 | 기출 2회

블록구조에 대한 설명으로 옳지 않는 것은?

① 단열, 방음효과가 크다.
② 타 구조에 비해 공사비가 비교적 저렴한 편이다.
③ 콘크리트구조에 비해 자중이 가볍다.
④ 균열이 발생하지 않는다.

해설 블록구조는 균열이 발생하기 쉽다.

정답 ④

---

(2) 아치 [07·06년 출제]

① 개구부의 상부하중을 지지하기 위하여 조적재를 곡선형으로 쌓아서 압축력만이 작용되도록 한 구조로 하부에 인장력이 생기지 않는 구조이다.
② 조적 벽체의 개구부는 원칙적으로 아치를 틀어야 한다. 그러나 개구부 너비가 1m 정도일 때는 평아치로 할 수 있다.

(3) 아치의 종류 [12·06년 출제]

① 본아치 : 아치벽돌을 주문하여 제작한 것을 사용하여 쌓는 아치이다.
② 거친 아치 : 보통벽돌은 그대로 사용하고 줄눈을 쐐기모양으로 하여 쌓는 아치이다.
③ 막만든 아치 : 보통벽돌을 아치벽돌처럼 다듬어 쌓는 아치이다.
④ 층두리아치 : 아치 너비가 클 때 아치를 여러 겹으로 둘러쌓아 만든 아치이다.

4. 블록구조

(1) 블록구조의 특징 [16·07년 출제]

장점	단점
• 단열, 방음효과가 크다. • 자중이 가볍고 내화적이다. • 타 구조에 비해 공사비가 저렴하다.	• 진동과 횡력에 약하다. • 균열이 발생하기 쉽다. • 고층 건물에 적합하지 않다.

(2) 블록구조의 분류

1) **조적식 블록조**

   막힌줄눈 형식의 내력벽으로 소규모 건물에 적합하다.

2) **보강블록조** [06년 출제]

   블록을 통줄눈으로 쌓고 블록의 구멍에 철근과 콘크리트로 채워 보강한 구조로 아주 튼튼하며, 4~5층까지 가능하다.

3) **장막벽 블록조**

   구조체인 철근콘크리트에 힘을 받지 않는 내부를 쌓는 구조로 비내력벽, 칸막이벽에 적당하다.

4) 거푸집 블록조

속이 빈 형태의 블록을 거푸집으로 구성하는 구조로 ㄱ, ㄷ, ㅁ, T 자형이 있다.

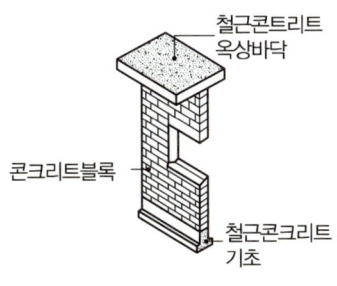

▌조적식 블록조 ▌

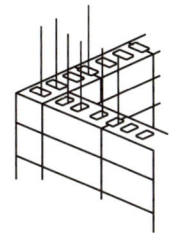

▌보강블록조 ▌

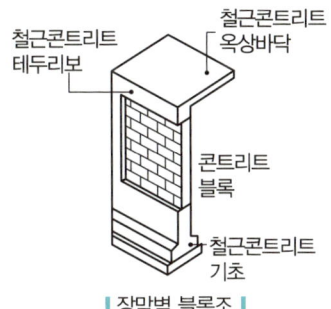

▌장막벽 블록조 ▌

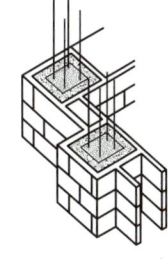

▌거푸집 블록조 ▌

예제 60   기출 1회

블록구조 중 블록의 빈 공간에 철근과 모르타르를 채워 넣은 튼튼한 구조이며, 블록구조로 지어지는 비교적 규모가 큰 건물에 이용되는 것은?

① 보강블록조
② 조적식 블록조
③ 장막벽 블록조
④ 거푸집 블록조

정답 ①

(3) 블록 제품의 종류

① 기본형 : 390(길이)×190(높이)×190(150, 100)(두께)
② 표준형 : 290×190×190(150, 100) [13·08년 출제]
③ 압축강도에 의해 A, B, C종으로 구분된다.

구분	전단면적에 대한 압축강도 MPa/[kgf/cm²]
A종 블록	4(41) 이상 [16·09년 출제]
B종 블록	6(61) 이상
C종 블록	8(81) 이상

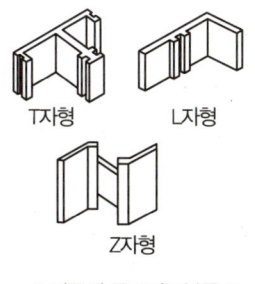

▌거푸집 콘크리트블록 ▌

예제 61   기출 2회

속이 빈 콘크리트 블록에서 A종 블록의 전 단면적에 대한 압축강도는 최소 얼마 이상인가?

① 4MPa   ② 6MPa
③ 8MPa   ④ 10MPa

해설 압축강도에 의해 A, B, C종으로 구분된다.

정답 ①

예제 62   기출 2회

속 빈 콘크리트 기본 블록의 두께 치수가 아닌 것은?

① 220mm   ② 190mm
③ 150mm   ④ 100mm

해설 기본 블록 두께 치수는 190, 150, 100mm이다.

정답 ①

예제 63 · 기출 1회

그림과 같은 블록의 명칭은?

① 반블록   ② 창쌤블록
③ 인방블록 ④ 창대블록

정답 ④

예제 64 · 기출 1회

다음 중 창문틀 옆에 사용되는 블록은?
① 창쌤블록   ② 창대블록
③ 인방블록   ④ 양마구리블록

정답 ①

예제 65 · 기출 3회

보강블록조에서 내력벽으로 둘러싸인 부분의 바닥면적은 최대 얼마를 넘지 않도록 하여야 하는가?
① 60m²   ② 70m²
③ 80m²   ④ 90m²

해설 바닥면적은 80m²를 넘을 수 없다.

정답 ③

예제 66 · 기출 3회

보강블록조 벽체의 보강철근 배근과 관련된 내용으로 옳지 않은 것은?
① 철근의 정착이음은 기초보다 테두리보에 만든다.
② 철근이 배근된 곳은 피복이 충분하도록 콘크리트로 채운다.
③ 보강철근은 내력벽의 끝부분·문꼴 갓둘레에는 반드시 배치되어야 한다.
④ 철근은 가는 것을 많이 넣는 것보다 굵은 것을 조금 넣는 것이 좋다.

해설 철근은 가는 것을 많이 넣는 것이 유리하다.

정답 ④

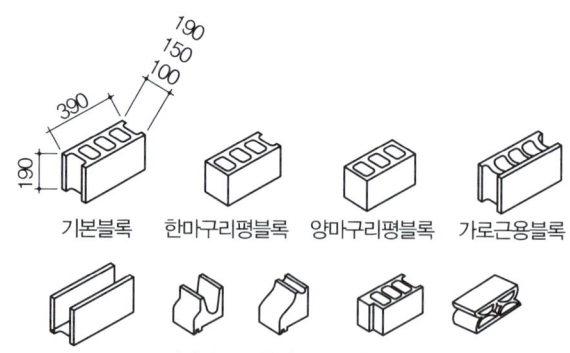

| 공동 콘크리트블록 | [16년 출제]

◆ 읽어보기 ◆

1. 창쌤블록
   창문틀의 옆에 창문틀이 끼워지기 위해 만든 창문틀 옆에 쌓는 블록이다.

2. 창대블록
   창의 하부에 건너 댄 블록으로 빗물을 처리하고 장식적으로 사용된다.

5. 보강블록조의 구조

(1) 두께 및 배치 [08·07년 출제]

① 내력벽의 두께는 15cm 이상, 벽 높이의 1/16 이상, 벽 길이 1/50 이상 중에서 큰 값으로 한다.
② 좁은 벽이 많은 것보다 긴 벽이 연속된 것이 좋다.
③ 내력벽으로 둘러싸인 부분의 바닥면적은 80m²를 넘을 수 없다.
④ 벽 길이는 10m 이하로 하고 10m가 넘을 때는 부축벽, 붙임벽, 붙임기둥 등을 쌓고 부축벽 등의 길이는 벽 높이의 1/3 이상으로 한다.
⑤ 최소 벽량은 15cm/m² 이상으로 한다.
⑥ 계산식 : 벽량(cm/m²) = 내력벽의 길이(cm)/바닥면적(m²)

(2) 보강철근 배근방법 [13·11·07년 출제]

① 가는 것을 많이 넣는 것이 굵은 것을 적게 넣는 것보다 유리하다.
② 철근의 정착, 이음은 기초보다 테두리보에 둔다.
③ 세로근은 기초에서 보까지 하나의 철근으로 하는 것이 좋다.
④ 세로근은 40D 이상, 가로근은 25D 이상 정착한다.
⑤ 철근이 배근된 것은 피복이 충분하도록 모르타르로 채운다.

(3) 테두리보 [13 · 08년 출제]

① 분산된 벽체를 일체화하여 하중을 균등히 배분, 수직균열을 방지한다.
② 최상층을 철근콘크리트 바닥으로 할 때를 제외하고는 철근콘크리트의 테두리보를 설치한다.
③ 너비는 대린벽 중심 간의 거리의 1/20 이상 또는 밑에 있는 내력벽의 두께와 같게 하거나 다소 크게 한다.
④ 춤은 2~3층 건물일 때는 내력벽 두께의 1.5배 이상, 단층에서는 25cm 이상으로 한다.
⑤ 세로철근의 끝을 정착시킨다.

6. 인방 [16 · 12년 출제]

① 철근콘크리트 현장붓기 또는 기성 콘크리트 보 설치 등을 사용한다.
② 인방보는 양쪽 벽체에 20cm 이상 물려야 한다.

7. 돌구조

(1) 돌구조의 특징 [16 · 15 · 14 · 13 · 12 · 11 · 10 · 09 · 08 · 07 · 06년 출제]

장점	단점
• 불연성이고 압축강도가 크다. • 내구성, 내화학성, 내마모성이 우수하다. • 외관이 장중하고 치밀하며, 갈면 아름다운 광택이 난다.	• 인장 및 휨강도는 압축강도에 비해 매우 작다. • 비중이 크고 가공성이 좋지 않다. • 길고 큰 부재를 얻기 어렵다. • 흡수율이 클수록 풍화나 동해를 받기 쉽다.

예제 67 기출 2회

보강블록구조에서 테두리보를 설치하는 목적과 가장 관계가 먼 것은?
① 하중을 직접 받는 블록을 보강한다.
② 분산된 내력벽을 일체로 연결하여 하중을 균등히 분포시킨다.
③ 횡력에 대한 벽면의 직각방향 이동으로 인해 발생하는 수직균열을 막는다.
④ 가로철근의 끝을 정착시킨다.

해설 세로철근의 끝을 정착시킨다.
정답 ④

예제 68 기출 2회

블록조에서 창문의 인방보는 벽단부에 최소 얼마 이상 걸쳐야 하는가?
① 5cm ② 10cm
③ 15cm ④ 20cm

해설 인방보는 양쪽 벽체에 20cm 이상 물린다.
정답 ④

예제 69 기출 12회

석재의 일반적 성질에 관한 설명으로 옳지 않은 것은?
① 불연성이며, 내화학성이 우수하다.
② 대체로 석재의 강도가 크며 경도도 크다.
③ 석재는 압축강도에 비해 인장강도가 특히 크다.
④ 일반적으로 흡수율이 클수록 풍화나 동해를 받기 쉽다.

해설 석재는 압축강도에 비해 인장 및 휨강도가 매우 작다.
정답 ③

예제 70 기출 2회

석재의 강도 중 일반적으로 가장 큰 것은?
① 휨강도 ② 인장강도
③ 전단강도 ④ 압축강도

정답 ④

예제 71 기출 6회
다음 중 석재 가공 시 잔다듬에 사용되는 공구는?
① 도드락망치 ② 날망치
③ 쇠메 ④ 정

정답 ②

예제 72 기출 2회
다음의 석재 가공순서 중 가장 나중에 하는 것은?
① 혹두기 ② 정다듬
③ 잔다듬 ④ 물갈기

해설 물갈기 및 광내기를 나중에 한다.

정답 ④

예제 73 기출 10회
석재를 인력으로 가공할 때 표면이 가장 거친 것에서 고운 순으로 바르게 나열한 것은?
① 혹두기 → 도드락다듬 → 정다듬 → 잔다듬 → 물갈기
② 정다듬 → 혹두기 → 잔다듬 → 도드락다듬 → 물갈기
③ 정다듬 → 혹두기 → 도드락다듬 → 잔다듬 → 물갈기
④ 혹두기 → 정다듬 → 도드락다듬 → 잔다듬 → 물갈기

해설 혹두기 > 정다듬 > 도드락다듬 > 잔다듬 > 물갈기 순이다.

정답 ④

(2) 석재의 가공 및 종류

1) 가공 [12 · 11 · 10 · 08 · 07년 출제]

가공 종류	가공 공구	내용
혹두기 (메다듬)	쇠메	마름돌의 거친 면과 큰 요철만 없애는 단계
정다듬	정	혹두기면을 정으로 곱게 쪼아서 평탄하게 하는 단계
도드락다듬	도드락망치	거친 정다듬면을 도드락망치로 평탄하게 하는 단계
잔다듬	날망치	날망치로 곱게 쪼아서 표면을 매끈하게 다듬는 단계
물갈기 및 광내기	금강사, 숫돌	금강사, 모래, 숫돌 등으로 물을 주어 갈아 광택이 나도록 다듬는 단계

| 혹두기 |

| 정다듬 |

| 도드락다듬 |

2) 석재의 가공 및 표면마무리 시공순서
[16 · 14 · 13 · 12 · 09 · 08 · 07 · 06년 출제]

① 혹두기 → ② 정다듬 → ③ 도드락다듬 → ④ 잔다듬 → ⑤ 거친갈기 · 물갈기 → ⑥ 광내기 → ⑦ 플레이너 다듬 또는 버너 다듬

| 혹두기 마감 |

| 정다듬 거친 마감 |

| 정다듬 고운 마감 |

| 도드락 마감 |

| 물갈기 마감 |

3) 석재의 형상
① 견치돌 : 면길이 300mm 정도의 사각뿔형으로 석축에 많이 사용되는 돌이다. [12·10·09년 출제]
② 판돌 : 두께는 15cm 미만, 폭은 두께 3배 이상으로 넓이가 큰 돌로 바닥, 도로, 구들장에 사용된다.

(3) 돌쌓기

1) 거친돌쌓기(허튼쌓기)
거친 다듬으로 하여 불규칙하게 쌓는 것이다.

2) 다듬돌쌓기
일정하게 다듬어 쌓기의 원칙에 따라 쌓는 것이다.

3) 바른층쌓기 [08년 출제]
돌쌓기의 1켜 높이는 모두 동일한 것을 쓰고 수평줄눈이 일직선으로 통하게 쌓는 것이다.

4) 허튼층쌓기
네모돌을 수평줄눈이 부분적으로만 연속되게 쌓고, 일부 상하 세로줄눈이 통하게 쌓는 방식이다.

┃다듬돌 바른층쌓기┃

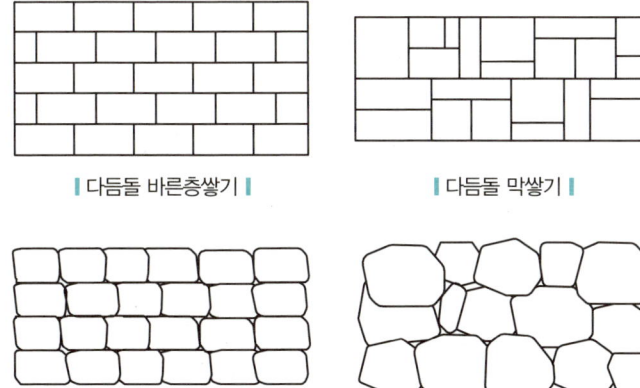

예제 74 기출 3회
석재의 형상에 따른 분류에서 면길이 300mm 정도의 사각뿔형으로 석축에 많이 사용되는 돌은?
① 간석   ② 견치돌
③ 사괴석   ④ 각석
정답 ②

예제 75 기출 1회
돌쌓기의 1켜 높이는 모두 동일한 것을 쓰고 수평줄눈이 일직선으로 통하게 쌓는 돌쌓기의 방식은?
① 층지어쌓기   ② 허튼층쌓기
③ 바른층쌓기   ④ 허튼쌓기
정답 ③

| 예제 76 | 기출 4회 |

다음 중 석재 사용상의 주의사항에 대한 설명으로 옳지 않은 것은?

① 산출량을 조사하여 동일건축물에는 동일석재로 시공하도록 한다.
② 압축강도가 인장강도에 비해 작으므로 석재를 구조용으로 사용할 경우 압축력을 받는 부분은 피해야 한다.
③ 내화구조물은 내화석재를 선택해야 한다.
④ 외벽, 특히 콘크리트표면 첨부용 석재는 연석을 피해야 한다.

[해설] 석재는 압축강도가 인장강도보다 커서 압축재로 사용한다.

[정답] ②

(4) 석재 사용상 주의사항 [11·10·09·07년 출제]

① 산출량을 조사하여 동일건축물에는 동일석재로 시공하도록 한다.
② 재형(材形)에 예각부가 생기면 결손되기 쉽고 풍화 방지에 나쁘다.
③ 외벽 콘크리트 표면 침투용 석재는 연석을 피한다.
④ 내화구조물은 내화석재를 선택해야 한다.
⑤ 중량이 큰 것은 높은 곳에 사용하지 않도록 한다.
⑥ 석재는 인장재로 취약하므로 구조재는 직압력재로 사용한다.

03 철근콘크리트구조

1. 철근콘크리트구조의 특징 [12년 출제]

(1) 정의 [22년 출제]
거푸집을 짜고 철근을 조립한 다음 콘크리트를 부어 일체식이 되게 만드는 구조이다.

(2) 철근과 콘크리트 결합의 우수성 [14·08·07·06년 출제]
① 철근과 콘크리트의 선팽창계수가 거의 같다.
② 콘크리트는 압축력에 강하고 인장력에 약하며, 철근은 인장력에 강하고, 압축력에 약하기 때문에 상호보완관계가 있다.
③ 철근과 콘크리트는 부착강도가 우수하며 콘크리트의 알칼리성은 철근의 부식을 방지한다.
④ 콘크리트와 철근이 강력히 부착되면 철근의 좌굴이 방지된다.

(3) 철근콘크리트구조의 장단점 [22·14·13·12·11·10·09·07년 출제]

장점	단점
• 내화, 내구, 내진성이 우수하다. • 설계가 비교적 자유롭다. • 고층 건물에 적합하다.	• 자중이 무겁고 시공과정이 복잡하다. • 균일시공이 어렵다. • 습식이라 공사기간이 길고 거푸집 비용이 많이 든다.

2. 재료의 특성

(1) 철근콘크리트의 중량 및 강도 [13년 출제]
① 철근콘크리트의 중량 : $2.4t/m^3$
② 철근콘크리트의 4주 압축강도 : $150kg/m^3$
③ 철근콘크리트 강도측정을 위한 비파괴시험에 슈미트해머법이 있다.

예제 77 기출 5회

철근콘크리트구조의 원리에 대한 설명으로 틀린 것은?
① 콘크리트는 압축력에 취약하므로 철근을 배근하여 철근이 압축력에 저항하도록 한다.
② 콘크리트와 철근은 완전히 부착되어 일체로 거동하도록 한다.
③ 콘크리트는 알칼리성이므로 철근을 부식시키지 않는다.
④ 콘크리트와 철근의 선팽창계수가 거의 같다.

해설 콘크리트는 압축력에 강하고 철근은 인장력에 강하다.

정답 ①

예제 78 기출 8회

철근콘크리트구조의 장점이 아닌 것은?
① 내화성과 내구성이 크다.
② 목구조에 비해 횡력에 강하다.
③ 설계가 비교적 자유롭다.
④ 공사기간이 짧고 기후의 영향을 받지 않는다.

해설 공사기간이 길다.

정답 ④

예제 79 기출 2회

철골철근콘크리트구조에 대한 설명 중 옳지 않은 것은?
① 작은 단면으로 큰 힘을 발휘할 수 있다.
② 철골구조에 비해 내화성이 부족하다.
③ 내진성이 우수한 구조이다.
④ 대규모 고층 건물 하중부를 짓는 데 널리 이용되고 있다.

해설 내화성이 우수하다.

정답 ②

예제 80 　　기출 1회

철근콘크리트 강도측정을 위한 비파괴시험에 해당하는 것은?
① 슈미트해머법　② 언더컷
③ 라멜라테어링　④ 슬럼프검사

해설 철근콘크리트 강도측정은 슈미트해머법으로 한다.

정답 ①

예제 81 　　기출 7회

일반적으로 이형철근이 원형철근보다 우수한 것은?
① 인장강도　② 압축강도
③ 전단강도　④ 부착강도

해설 이형철근은 부착강도가 우수하다.

정답 ④

예제 82 　　기출 2회

철근콘크리트구조에서 철근과 콘크리트의 부착에 영향을 주는 요인에 관한 설명으로 옳지 않은 것은?
① 철근의 표면상태 : 이형철근의 부착강도는 원형철근보다 크다.
② 콘크리트의 강도 : 부착강도는 콘크리트의 압축강도나 인장강도가 작을수록 커진다.
③ 피복두께 : 부착강도를 제대로 발휘시키기 위해서는 충분한 피복두께가 필요하다.
④ 다짐 : 콘크리트의 다짐이 불충분하면 부착강도가 저하된다.

해설 압축강도가 클수록 커진다.

정답 ②

예제 83 　　기출 1회

철근콘크리트구조에서 적정한 피복두께를 유지해야 하는 이유와 가장 거리가 먼 것은?
① 내화성 유지
② 철근의 부착강도 확보
③ 좌굴방지
④ 철근의 녹 발생 방지

해설 피복두께는 철근의 부식 방지, 내화, 부착력 증가의 목적이 있다.

정답 ③

(2) 철근

1) 종류 [15·14·13·12·11·08·07년 출제]

① 원형철근 : φ로 표시하며 φ10의 공칭지름은 10mm이며 공사현장에서 잘 사용하지 않는다.
② 이형철근 : D로 표시하며 부착력을 높이기 위해서 철근 표면에 마디와 리브를 붙인 것이다.

2) 철근과 콘크리트 부착에 영향을 주는 요소 [16·15·08·07·06년 출제]

① 콘크리트강도 : 압축강도가 클수록 커진다.
② 철근의 표면상태 : 이형철근의 부착강도는 원형철근의 2배 정도이다.
③ 피복두께 : 부착강도를 제대로 발휘시키기 위해서는 충분한 피복두께가 필요하다.
④ 다짐 : 콘크리트의 다짐이 불충분하면 부착강도가 저하된다.
⑤ 철근의 주장 : 가는 철근을 많이 쓰는 것이 굵은 철근을 적게 쓰는 것보다 좋다.

3) 철근의 피복두께 [15년 출제]

① 콘크리트 표면에서 가장 바깥쪽 철근(주근 아님) 표면까지의 최단거리이다.
② 철근의 녹 발생 방지, 내화성 유지, 철근 부착력 증가를 위해 적정한 피복두께를 유지해야 한다.

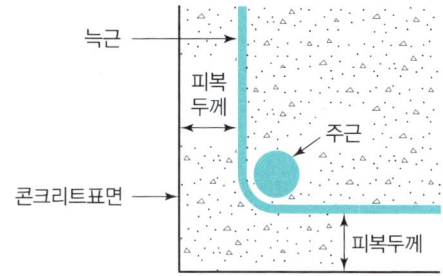

(3) 배근

1) 배근의 기본원칙
① 휨모멘트에 의해 생기는 인장력이 작용하는 부분에 배근한다.
② 휨모멘트와 축방향력에 저항하는 철근이 주근이다.
③ 보 또는 기둥에서 주근과 직각방향으로 감는 철근을 보에서는 늑근, 기둥에서는 띠철근이라 한다.

2) 정착위치
① 보의 주근은 기둥에 정착한다.
② 기둥의 주근은 기초에 정착한다.
③ 지중보의 주근은 기초 또는 기둥에 정착한다.
④ 벽의 철근은 기둥, 보 또는 바닥판에 정착한다.
⑤ 바닥의 철근은 보 또는 벽체에 정착한다. [10년 출제]

> **예제 84** 기출 1회
>
> 철근의 정착위치에 대한 설명으로 옳지 않은 것은?
> ① 바닥의 철근은 기둥에 정착시킨다.
> ② 기둥의 주근은 기초에 정착시킨다.
> ③ 벽의 철근은 기둥, 보 또는 바닥판에 정착시킨다.
> ④ 보의 주근은 기둥에 정착시킨다.
>
> **해설** 바닥의 철근은 보 또는 벽체에 정착한다.
>
> **정답** ①

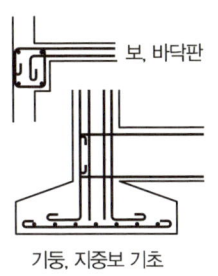
기둥, 지중보 기초

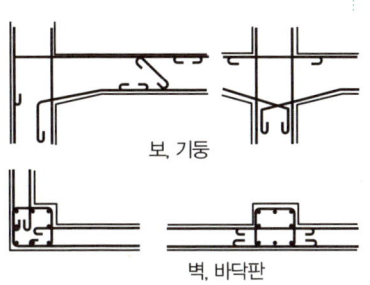
보, 바닥판
보, 기둥
벽, 바닥판

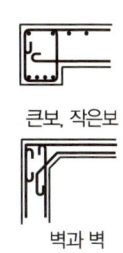
큰보, 작은보
벽과 벽

│ 기둥, 보, 철근의 정착 및 이음위치 │

3) 정착길이 [07년 출제]
① 콘크리트의 강도가 클수록 짧아진다.
② 철근의 지름이 클수록 길어진다.
③ 철근의 항복강도가 클수록 길어진다.
④ 철근의 종류에 따라 정착길이는 달라진다.
⑤ 갈고리의 유무에 따라 달라진다.

4) 이음 [12·08·06년 출제]
① 이음의 위치는 응력이 큰 곳을 피하고 한곳에 집중하지 않도록 한다.
② 이음은 한 곳에서 철근 수의 1/2 이상을 이어서는 안 된다.
③ 인장력을 받는 이형철근의 겹침 이음길이는 300mm 이상이어야 한다.

> **예제 85** 기출 3회
>
> 다음 중 철근 이음에 대한 설명으로 옳지 않은 것은?
> ① 응력이 큰 곳은 피하고 한곳에 집중하지 않도록 한다.
> ② 겹침이음, 용접이음, 기계적 이음 등이 있다.
> ③ D35를 초과하는 철근은 겹침이음으로 하여야 한다.
> ④ 인장력을 받는 이형철근의 겹침 이음길이는 300mm 이상이어야 한다.
>
> **해설** D29(ϕ28) 이상은 겹침이음을 하지 않는다.
>
> **정답** ③

예제 86 기출 2회

철근콘크리트구조 형식 중 라멘구조에 대한 설명으로 옳은 것은?
① 다른 형식의 구조보다 층고를 줄일 수 있어 주상 복합 건물이나 지하 주차장 등에 주로 사용한다.
② 기둥, 보, 바닥 슬래브 등이 강접합으로 이루어져 하중에 저항하는 구조이다.
③ 보를 없애고 바닥판을 두껍게 해서 보의 역할을 겸하도록 하는 구조이다.
④ 보와 기둥 대신 슬래브와 벽이 일체가 되도록 구성한 구조이다.

 해설 ①, ③은 플랫슬래브구조, ④는 벽식 구조에 대한 설명이다.

정답 ②

예제 87 기출 6회

보를 없애고 바닥판을 두껍게 해서 보의 역할을 겸하도록 한 구조로, 기둥이 바닥 슬래브를 지지해 주상 복합이나 지하 주차장에 주로 사용되는 구조는?
① 플랫슬래브구조
② 절판구조
③ 벽식 구조
④ 쉘구조

정답 ①

예제 88 기출 9회

층고를 최소화할 수 있으나 바닥판이 두꺼워서 고정하중이 커지며, 뼈대의 강성을 기대하기가 어려운 구조는?
① 튜브구조   ② 전단벽구조
③ 박판구조   ④ 무량판구조

정답 ④

---

④ D29(ϕ28) 이상은 겹침이음을 하지 않는다.
⑤ 겹침이음, 용접이음, 기계적 이음 등이 있다.

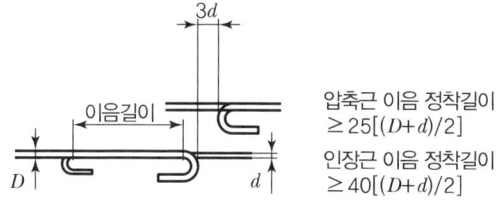

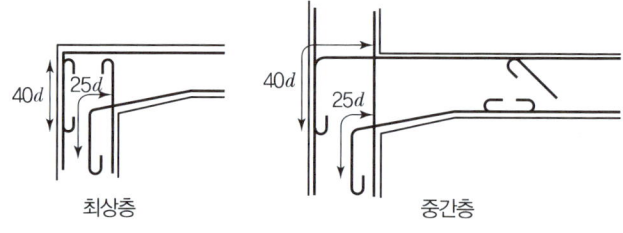

최상층   중간층

3. 구조형식

1) 라멘구조 [10·08년 출제]

① 기둥, 보, 바닥 슬래브 등이 강접합으로 이루어져 하중에 저항하는 구조이다.
② 지진 등 재해에도 잘 견디는 비교적 튼튼한 구조이다.

2) 플랫슬래브(무량판)구조 [16·15·13·12·11·09·08년 출제]

① 보를 없애고 바닥판을 두껍게 해서 보의 역할을 겸하도록 한 구조이다.
② 기둥이 바닥 슬래브를 지지해 주상 복합이나 지하 주차장에 주로 사용되는 구조이다.
③ 플랫슬래브의 두께는 최소 15cm 이상으로 한다.
④ 실내공간의 이용도가 좋다.
⑤ 층고를 최소화할 수 있다.

3) 벽식 구조 [16·12년 출제]
① 수직의 벽체와 수평의 바닥판을 평면적인 구조체만으로 구성한 구조이다.
② 기둥이나 보가 차지하는 공간이 없기 때문에 건축물의 층고를 줄일 수 있다. (아파트, 호텔 등)

4) 와플슬래브구조 [15년 출제]
장선 슬래브의 장선을 직교시켜 구성한 우물반자 형태로 된 2방향 장선 슬래브구조이다.

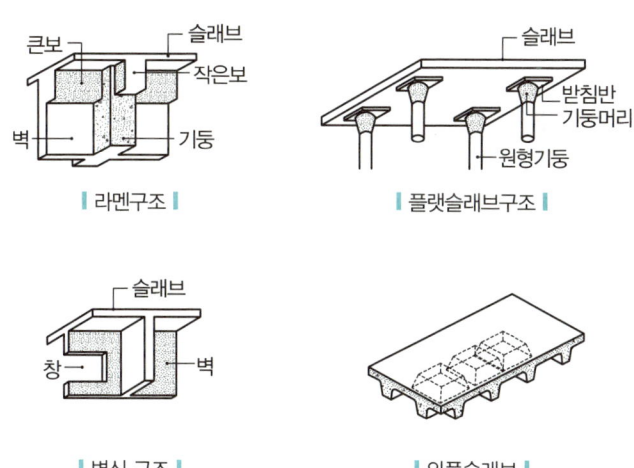

4. 기둥

(1) 기둥의 형태
① 사각형 또는 원형의 띠철근 기둥과 원형의 나선철근 기둥이 있다.
② 기둥의 최소 단면 치수는 200mm 이상, 기둥의 단면적은 60,000mm² 이상이 되어야 기둥으로 인정한다. [07·06년 출제]

(2) 기둥의 주근 [15·11·08·06년 출제]
① 휨모멘트와 축방향에 저항하는 철근을 주근이라 하고 직각방향으로 감아대는 것을 띠철근이라 한다.
② 주근은 D13 이상으로, 사각 및 원형 띠철근 기둥에는 4개, 원형 나선철근 기둥에는 6개 이상을 사용한다.
③ 주근의 간격은 2.5cm 이상, 철근 지름의 1.5배, 자갈 지름의 1.25배 이상으로 한다.
④ 주근의 이음은 층 높이의 2/3 이내 또는 1m 이상으로 하며 분산하여 배치한다.

예제 89 기출 2회
벽체나 바닥판을 평면적인 구조체만으로 구성한 구조는?
① 현수구조   ② 막구조
③ 돔구조   ④ 벽식 구조
정답 ④

예제 90 기출 1회
장선 슬래브의 장선을 직교시켜 구성한 우물반자 형태로 된 2방향 장선 슬래브구조는?
① 1방향 슬래브
② 데크플레이트
③ 플랫슬래브
④ 와플슬래브
정답 ④

예제 91 기출 2회
철근콘크리트구조의 띠철근 압축부재의 최소 단면적은?
① 30,000mm²   ② 40,000mm²
③ 50,000mm²   ④ 60,000mm²
해설 띠철근 압축부재는 기둥을 말하며 기둥의 단면적은 600cm² 이상이어야 한다.
정답 ④

예제 92 기출 1회
철근콘크리트구조에서 나선철근으로 둘러싸인 원형단면 기둥 주근의 최소 개수는?
① 3개   ② 4개
③ 6개   ④ 8개
해설 나선철근의 원형기둥은 주근을 6개 이상 사용한다.
정답 ③

예제 93 　 기출 2회

철근콘크리트 압축부재의 축방향 주철근의 개수는 최소 몇 개 이상으로 하여야 하는가?(단, 사각형이나 원형띠철근으로 둘러싸인 경우)
① 3개　② 4개
③ 6개　④ 8개

해설 띠철근 기둥은 주근을 4개 이상 사용한다.

정답 ②

예제 94 　 기출 1회

철근콘크리트구조 기둥에서 주근의 좌굴과 콘크리트가 수평으로 터져나가는 것을 구속하는 철근은?
① 주근　② 띠철근
③ 온도철근　④ 배력근

해설 띠철근은 전단력에 저항하고, 주근의 위치를 고정하며 좌굴을 막아준다.

정답 ②

예제 95 　 기출 2회

다음 중 기둥의 띠철근 수직간격 기준으로 옳은 것은?
① 철선 지름의 25배 이하
② 띠철근 지름의 16배 이하
③ 축방향 철근 지름의 36배 이하
④ 기둥 단면의 최소 치수 이하

해설 띠철근의 간격은 기둥의 최소 치수 이하, 주근 지름의 16배, 띠철근 지름의 48배 이하, 30cm 이하 중 가장 작은 값이다.

정답 ④

예제 96 　 기출 4회

철근콘크리트구조에서 스팬이 긴 경우에 보의 단부에 발생하는 휨모멘트와 전단력에 대한 보강으로 보 단부의 춤을 크게 한 것을 무엇이라 하는가?
① 드롭패널　② 플랫슬래브
③ 헌치　④ 주두

정답 ③

(3) 기둥의 띠철근(대근) [12 · 09 · 06년 출제]

① 띠철근은 전단력에 저항하고, 주근의 위치를 고정하며 좌굴을 막아준다.
② 띠철근 끝은 135° 이상 굽힌 갈고리를 사용한다.
③ 띠철근은 지름 6mm 이상의 것을 사용한다.
④ 띠철근의 간격은 기둥의 최소 치수 이하, 주근 지름의 16배, 띠철근 지름의 48배 이하, 30cm 이하 중 가장 작은 값으로 배근한다.
⑤ 단면이 큰 기둥의 경우 띠철근의 2~3단마다 보조철근을 넣는다.

5. 보

(1) 보의 특징 [14 · 10 · 09 · 08년 출제]

① 바닥 슬래브로부터 하중을 전달 받아 기둥에 전달한다. 보에 하중이 실리면 휨모멘트와 전단력이 생긴다.
② 단수보의 중앙부에서는 통상적으로 보의 하단부가 인장측이 되어 주근을 배치한다.
③ 헌치
　㉠ 스팬이 긴 경우에 보의 단부에 발생하는 휨모멘트와 전단력에 대한 보강으로 보 단부의 춤을 크게 한 것
　㉡ 보 양단부의 단면을 경사지게 하여 중앙부보다 크게 한 부분
④ 보의 휨 강도를 증가시키기 위해 보의 춤을 크게 한다.

(2) 보의 배치

① 큰보는 기둥과 기둥을 연결하는 부재이다.
② 작은보는 큰보와 큰보를 연결하는 부재이다.

(3) 보의 주근

① 인장력은 중앙에서는 아래쪽으로, 양단부에서는 위쪽으로 생기므로 그 부분에 철근을 집중 배치한다.
② 주근은 D13 이상 철근으로 배근한다.
③ 간격은 2.5cm 이상, 주근 지름의 1.0배 이상, 굵은 골재의 4/3배 이상 중 큰 값으로 한다.
④ 주근의 이음위치는 큰 인장력이 생기는 곳을 피한다.

(4) 보의 늑근(스터럽, Stirrup) [16·13·10·09·08·07·06년 출제]

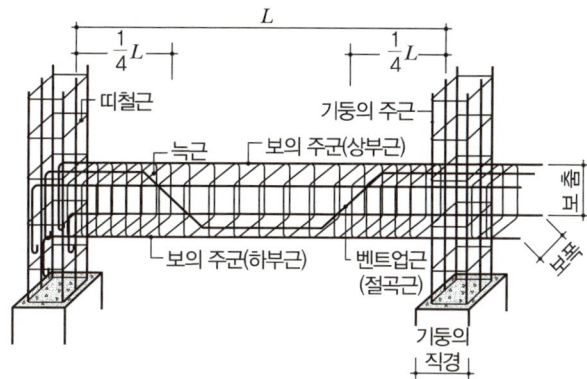

① 보가 전단력에 저항할 수 있게 보강을 하는 역할로 주근의 직각방향에 배치한다.
② 늑근은 지름 6mm 이상의 것을 사용한다.
③ 전단력은 단부로 갈수록 커지기 때문에 양단부에 가까울수록 간격을 좁게 한다.

6. 바닥 슬래브

(1) 바닥 슬래브 구조(수평구조체) [12·11년 출제]
① 단변 방향의 인장철근을 주근으로 배근한다.
② 장변 방향의 인장철근을 배력근으로 배근한다.
③ 배력근(부근)은 반드시 주근의 안쪽에 배치한다.
④ 철근콘크리트 바닥 슬래브의 두께는 8cm 이상으로 하고, 보통은 12~15cm 정도로 시공한다.
⑤ 주근, 부근 모두 D10(ϕ9) 이상의 철근을 사용한다.
⑥ 철근의 간격으로 중앙부의 주근은 20cm 이하로 하고, 배력근(부근)의 간격은 30cm 이하로 한다.
⑦ 바닥 피복의 두께는 2cm 이상으로 한다.

(2) 바닥의 형태

1) 2방향 슬래브 [16·11년 출제]
① $\lambda = l_y/l_x \leq 2$ (l_x = 단변길이, l_y = 장변길이)
② 장변과 단변의 길이의 비가 2 이하인 슬래브이다.
③ 단변 방향에는 주근을 배치, 장변 방향에는 배력근을 배치한다.

예제 97 기출 7회

철근콘크리트 보에서 늑근의 주된 사용목적은?
① 압축력에 대한 저항
② 인장력에 대한 저항
③ 전단력에 대한 저항
④ 휨에 대한 저항

해설 보의 늑근은 전단력에 저항할 수 있게 보강하는 역할이다.

정답 ③

예제 98 기출 2회

다음 철근 중 슬래브구조와 가장 거리가 먼 것은?
① 주근　② 배력근
③ 수축온도철근　④ 나선철근

해설 나선철근은 원형기둥에 사용된다.

정답 ④

예제 99 기출 2회

철근콘크리트구조에서 단변(l_x)과 장변(l_y)의 길이의 비(l_x/l_y)가 얼마 이하일 때 2방향 슬래브로 정의하는가?
① 1　② 2
③ 3　④ 4

정답 ②

예제 100	기출 4회

철근콘크리트구조의 1방향 슬래브의 최소 두께는?

① 80mm   ② 100mm
③ 120mm   ④ 150mm

정답 ②

2) 1방향 슬래브 [16 · 12 · 09 · 08년 출제]

① $\lambda = l_y/l_x > 2$ (l_x = 단변길이, l_y = 장변길이)
② 바닥판의 하중이 단변 방향으로만 전달되는 슬래브이다.
③ 방향 슬래브의 최소 두께는 100mm로 한다.
④ 단변 방향에는 주근을 배치, 장변 방향에는 수축온도철근을 배치한다.

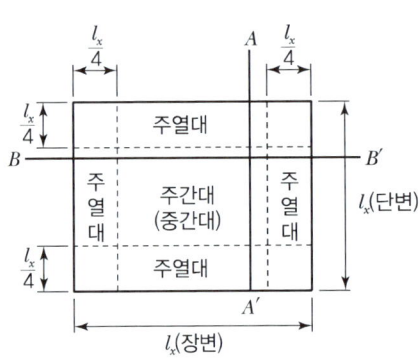

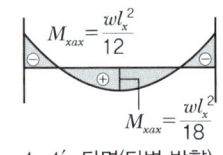

A–A' 단면(단변 방향)

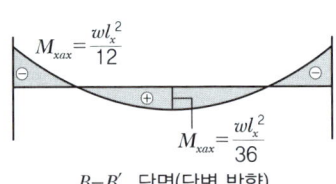

B–B' 단면(단변 방향)

8. 벽체

(1) 내력벽 [10 · 06년 출제]

① 기둥과 보로 둘러싸인 벽으로 지진, 풍향 등의 수평하중을 받는다.
② 벽 두께는 보통 15cm 이상으로 하며, 25cm 이상인 경우 복배근으로 한다.
③ 철근은 D10(ϕ9) 이상으로 하고, 배근 간격은 45cm 이하로 한다.

(2) 장막벽

단순히 공간을 막아주는 역할로 반드시 철근콘크리트구조로 할 필요는 없다.

예제 101	기출 2회

구조부재인 콘크리트 내력벽의 두께는 최소 얼마 이상으로 해야 하는가?

① 150mm 이상   ② 200mm 이상
③ 250mm 이상   ④ 300mm 이상

해설 보통 15cm 이상으로 하며, 25cm 이상인 경우 복배근으로 한다..

정답 ①

# 04 철골구조

1. 철골구조의 특징

(1) 철골구조의 정의 [16·08·07년 출제]
① 구조상 주요한 골조 부분에 형강, 강관, 강판 등의 강재를 조립하여 구성한 구조로서, 강구조라고도 불린다.
② 1889년 프랑스 파리에 만든 에펠탑의 건축구조가 있다.

(2) 장단점 [14·12·10·08년 출제]

장점	단점
• 강도가 크고 연성이 좋아 고층, 스팬이 큰 대규모 건축에 유리하다. • 내진성과 내풍성이 좋다. • 이동, 해체, 수리가 용이하다. • 철근콘크리트에 비해 가볍다.	• 부재의 단면이 비교적 가늘고 길어서 좌굴하기 쉽다. • 화재에 취약하며 녹슬기 쉽다. • 공사비가 고가이다.

(3) 강재의 종류 [15·14·13·12·11년 출제]

1) 단일재
 기존에 만들어진 H형강, I형강, 강판을 그대로 사용한 것이다.

2) 조립재
 기존에 만들어진 H형강, I형강, 강판을 리벳과 용접 등으로 조립하여 사용한 것이다.

3) 경량형강
 무게를 감소시키기 위해 두께를 얇게 한 형강으로 두께에 비해 단면치수가 크기 때문에 단면 2차 모멘트가 크다.

예제 102 기출 3회

재료의 강도가 크고 연성이 좋아 고층이나 스팬이 큰 대규모 건축물에 적합한 건축구조는?
① 철골구조 ② 목구조
③ 돌구조 ④ 조적식 구조

정답 ①

예제 103 기출 2회

1889년 프랑스 파리에 만든 에펠탑의 건축구조는?
① 벽돌구조
② 블록구조
③ 철골구조
④ 철근콘크리트구조

해설 주요한 골조의 부분인 뼈대를 강재를 조립하여 구성한 철골구조이다.

정답 ③

예제 104 기출 5회

철골구조의 특징에 대한 설명으로 옳지 않은 것은?
① 내화적이다.
② 내진적이다.
③ 장스팬이 가능하다.
④ 해체, 수리가 용이하다.

해설 철골구조는 화재에 취약하다.

정답 ①

예제 105   기출 4회

철골구조에 대한 설명 중 옳지 않은 것은?

① 철골구조는 하중을 전달하는 주요 부재인 보나 기둥 등을 강재를 이용하여 만든 구조이다.
② 철골구조를 재료상 라멘구조, 가새골조구조, 튜브구조, 트러스구조 등으로 분류할 수 있다.
③ 철골구조는 일반적으로 부재를 접합하여 뼈대를 구성하는 가구식 구조이다.
④ 내화피복을 필요로 한다.

해설 철골구조의 재료상 형강구조, 강관구조, 경량철골구조 등으로 분류할 수 있다.

정답 ②

예제 106   기출 2회

경량형강의 특성으로 옳지 않은 것은?

① 가공이 용이한 편이다.
② 볼트, 용접 등의 다양한 방법을 적용할 수 있다.
③ 주요 구조부는 대칭되게 조립해야 한다.
④ 두께에 비해 단면치수가 작기 때문에 단면 2차 모멘트가 작다.

해설 경량형강은 두께에 비해 단면치수가 크기 때문에 단면 2차 모멘트가 크다.

정답 ④

예제 107   기출 2회

휨, 전단, 비틀림 등에 대하여 역학적으로 유리하며, 특히 단면에 방향성이 없으므로 뼈대의 입체구성을 하는 데 적합하고 공장, 체육관, 전시장 등의 건축물에 많이 사용되는 구조는?

① 경량철골구조
② 강관구조
③ 막구조
④ 조립식 구조

해설 강관구조는 속이 비어 있는 관의 형태로 콘크리트 타설 시 거푸집이 필요 없으며 방향에 관계없이 같은 내력을 발휘한다.

정답 ②

---

4) 강관구조

속이 비어 있는 관의 형태로 휨, 전단, 비틀림 등에 대하여 역학적으로 유리하며, 특히 단면에 방향성이 없으므로 뼈대의 입체구성을 하는 데 적합하고 공장, 체육관, 전시장 등의 건축물에 많이 사용되는 구조이다.

5) 경량철골구조

두께가 6mm 이하 경량 형강을 주요 구조부분에 사용한 구조로 운반이 용이하며, 용접 시 판 두께가 얇아 구멍이 뚫리지 않게 주의해야 한다. 또한 두께가 너비에 비해 얇기 때문에 비틀림. 국부 좌굴 등이 생기지 않게 조심한다.

(4) 강재의 표시법

1) 재료의 표시법

① 형강의 종류 : ㄱ형강, ㄷ형강, H형강, I형강, T형강, Z형강
② 형강의 표시법 [11 · 10년 출제]

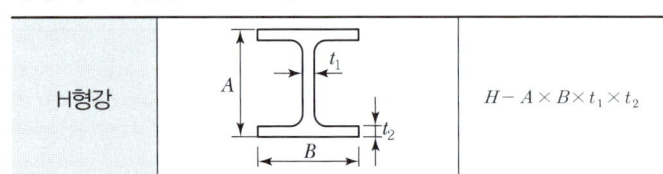

여기서, A : 높이, B : 너비, t_1 : 웨브 두께, t_2 : 플랜지 두께

2) 철골공사의 가공작업 순서 [15년 출제]

공작도 및 원척도 작성 → 본뜨기 → 금매김(금긋기) → 절단 → 구멍뚫기 → 가조립 → 본조립 → 검사 → 녹막이칠 → 운반

2. 철골조의 접합

(1) 리벳접합
① 2장 이상의 강재에 구멍을 뚫어 약 800~1,000℃ 정도 가열한 리벳을 압축공기로 타격하여 리벳을 박는다.
② 소음이 심하며 강재에 구멍으로 인해 결손, 파괴가 우려되면 시공이 불가능한 곳도 있다.
③ 주요 구조체의 접합방법으로 최근 거의 사용하지 않는다.

(2) 고력볼트접합 [16·15·13·12·10·09·07년 출제]
① 부재 간의 마찰력에 의하여 응력을 전달하는 접합방식이다.
② 피로강도가 높고 접합부의 강성이 높아 변형이 적다.
③ 시공 시 소음이 없고 시공이 용이하며, 노동력절약과 공기단축효과가 있다.
④ 임팩트렌치 및 토크렌치로 조인다.
⑤ 조임순서는 중앙에서 단부 쪽으로 조여 간다.

(3) 용접접합 [13·12·11·10년 출제]
① 부재단면 결손이 없고 경량이 된다.
② 접합부의 연속성 및 강성이 확보된다.
③ 용접은 부재의 손실이 없는 대신 용접열에 의한 변위가 생길 수 있다.
④ 검사가 곤란하여 시공 결함을 발견하기 어렵고 아크용접이 많이 사용된다.
⑤ 침투탐상법으로 용접부의 비파괴검사를 한다.
⑥ 용접법 [14·08년 출제]

용접명	용접방법
맞댐용접	접합하려는 2개의 부재를 한쪽 또는 양쪽면을 절단, 개선하여 용접하는 방법으로 모재와 같은 허용응력도를 가진 용접
모살용접	직각이나 45° 등의 일정한 각도로 용접
플러그 및 슬롯 용접	접합재의 구멍을 용착 금속으로 전부 채움

예제 108 기출 2회

H형강의 치수 표시법 중 H-150×75×5×7에서 '7'은 무엇을 나타낸 것인가?
① 플랜지 두께 ② 웨브 두께
③ 플랜지 너비 ④ H 형강의 개수

해설 H는 형태, 150은 높이, 75는 너비, 5는 웨브의 두께, 7은 플랜지의 두께이다.

정답 ①

예제 109 기출 1회

철골공사의 가공작업 순서로 옳은 것은?
① 원척도-본뜨기-금긋기-절단-구멍뚫기-가조립
② 원척도-금긋기-본뜨기-절단-구멍뚫기-가조립
③ 원척도-절단-금긋기-본뜨기-구멍뚫기-가조립
④ 원척도-구멍뚫기-금긋기-절단-본뜨기-가조립

해설 원척도-본뜨기-금긋기-절단-구멍뚫기-가조립-리벳치기까지이다.

정답 ①

예제 110 기출 6회

철골구조 접합방법 중 부재 간의 마찰력에 의하여 응력을 전달하는 접합방법은?
① 듀벨접합
② 핀접합
③ 고력볼트접합
④ 용접접합

구분	맞댐이음	각이음	T이음
맞댐용접 (Groove)		덧판	
모살용접 (Fillet)	겹침이음	덧판이음	

예제 111 기출 4회
철골의 접합방법 중 다른 접합보다 단면 결손이 거의 없는 접합방식은?
① 용접접합
② 리벳접합
③ 일반볼트접합
④ 고력볼트접합

정답 ①

예제 112 기출 2회
접합하려는 2개의 부재를 한쪽 또는 양쪽면을 절단, 개선하여 용접하는 방법으로 모재와 같은 허용응력도를 가진 용접의 종류는?
① 모살용접   ② 맞댐용접
③ 플러그용접 ④ 슬롯용접

정답 ②

예제 113 기출 2회
용착금속이 끝부분에서 모재와 융합하지 않고 덮인 부분이 있는 용접결함을 무엇이라 하는가?
① 언더컷(Under Cut)
② 오버랩(Overlap)
③ 크랙(Crack)
④ 클리어런스(Clearance)

정답 ②

⑦ **용접결함** [22·15·14·13·11·10·08·07년 출제]

용접결함	특징
슬래그 감싸들기	용접 시 슬래그가 용착금속 안에 혼입되는 현상
오버랩(Overlap)	용착금속이 모재에 융합되지 않고 들떠 있는 현상
언더컷(Under Cut)	용접선 끝에 용착금속이 채워지지 않아서 생긴 작은 홈
블로홀(Blowhole)	용접부에 발생하는 작은 기포나 틈
크랙(Crack)	용접 후 냉각 시 발생하는 갈라짐
피트(Pit)	용접부분 표면에 생기는 작은 구멍으로 블로홀이 표면에 부상하여 생긴 것
위핑홀	용접부에 생기는 미세한 구멍
피시아이 (Fish Eye)	슬래그 혼입 및 공기구멍 등으로 인한 생선 눈 모양의 은색 반점

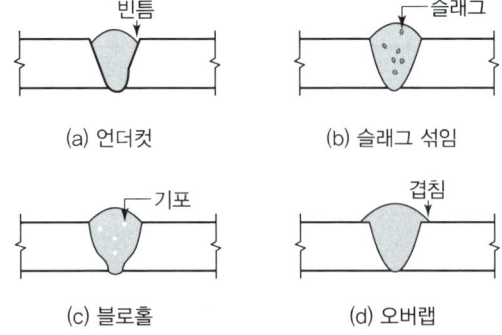

(a) 언더컷   (b) 슬래그 섞임
(c) 블로홀   (d) 오버랩

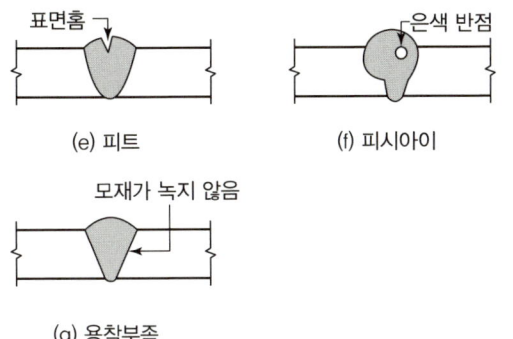

(e) 피트   (f) 피시아이

(g) 용착부족

(4) 핀접합 [11 · 08 · 06년 출제]

아치의 지점이나 트러스의 단부, 주각 또는 인장재의 접합부에 사용되며, 베어링과 같은 회전자유의 절점으로 구성된다.

3. 주각부

(1) 주각의 개념
① 철골구조에서 기둥과 보, 지붕 등의 하중을 기초에 전달하는 역할을 한다.
② 베이스 플레이트는 기둥이 받는 하중을 기초에 전달하고 윙 플레이트를 대서 힘을 분산시킨다.

(2) 구성재 [16 · 14 · 13 · 11 · 08년 출제]

베이스 플레이트, 리브 플레이트, 윙 플레이트, 클립앵글, 사이드앵글, 앵커볼트 등이 있다.

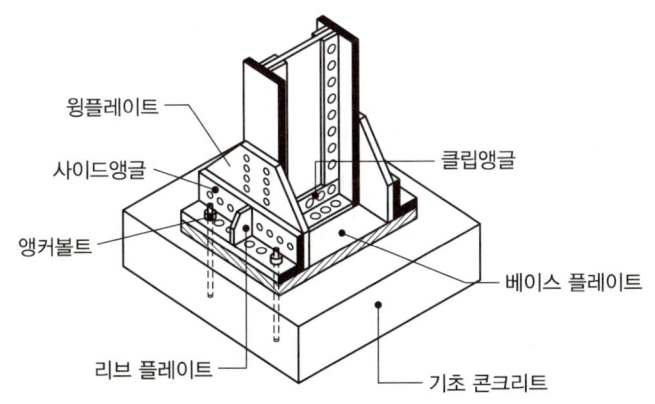

예제 114 기출 6회

다음 중 용접불량에 속하지 않는 것은?
① 언더컷(Under Cut)
② 오버랩(Overlap)
③ 피트(Pit)
④ 피치(Pitch)

해설 피치는 리벳 간격이다.

정답 ④

예제 115 기출 3회

용착금속이 홈에 차지 않고 홈 가장자리가 남아 있는 불완전 용접을 무엇이라 하는가?
① 언더컷   ② 블로홀
③ 오버랩   ④ 피트

정답 ①

예제 116 기출 3회

철골구조의 접합방법 중 아치의 지점이나 트러스의 단부, 주각 또는 인장재의 접합부에 사용되며, 회전자유의 절점으로 구성되는 것은?
① 강접합   ② 핀접합
③ 용접접합 ④ 고력볼트접합

정답 ②

예제 117 기출 9회

철골구조에서 주각부의 구성재가 아닌 것은?
① 베이스 플레이트
② 리브 플레이트
③ 거싯 플레이트
④ 윙 플레이트

해설 거싯 플레이트는 트러스보 구조에 사용된다.

정답 ③

예제 118   기출 2회

철골구조에서 단일재를 사용한 기둥은?

① 형강 기둥
② 플레이트 기둥
③ 트러스 기둥
④ 래티스 기둥

해설 형강 기둥은 단독으로 사용하는 것으로 소규모 건물에 사용된다.

정답 ①

4. 기둥

(1) 형강 기둥 [16 · 10년 출제]

① 단일재로 I형강, H형강, ㄷ형강을 쓴다.
② 소규모 건물의 지붕을 받는 정도의 기둥으로 사용한다.

(2) 플레이트 기둥

① 플렌지 부분에는 L형강을, 웨브 부분에는 강판을 사용하여 I자형으로 만들어 저항력을 크게 만든 기둥이다.
② 하중에 따라 조립할 수 있다.

(3) 래티스 기둥, 사다리 기둥

래티스에는 약 30°, 복래티스는 약 45°로 구조물을 만든다.

(4) 트러스 기둥

큰 구조물에 주로 사용된다.

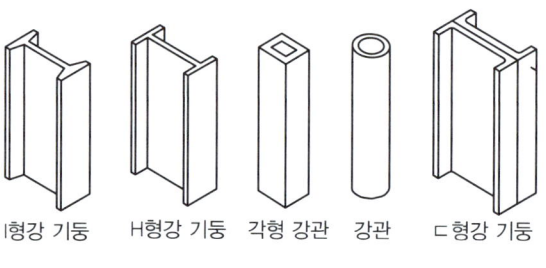

I형강 기둥   H형강 기둥   각형 강관   강관   ㄷ형강 기둥

┃단일기둥┃

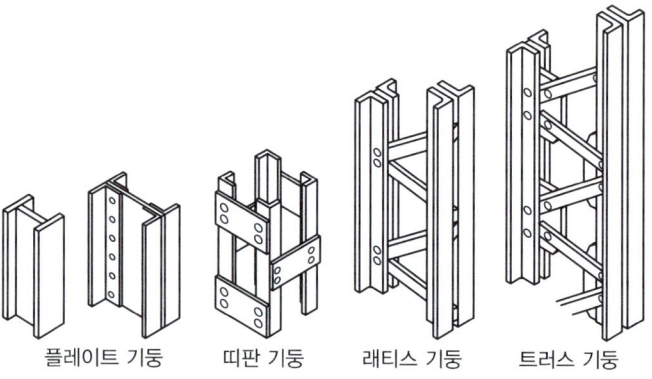

플레이트 기둥   띠판 기둥   래티스 기둥   트러스 기둥

┃조립기둥┃

(5) **좌굴** [12 · 08년 출제]

단면에 비하여 길이가 긴 장주에서 중심축 하중을 받는데도 부재의 불균일성에 기인하여 하중이 집중되는 부분에 편심 모멘트가 발생함에 따라 압축응력이 허용강도에 도달하기 전에 휘어져 버리는 현상이다.

5. 보

(1) 보의 종류별 특징

1) 형강보 [10년 출제]

단일 형강을 보로 쓰며 I형강, H형강이 사용되고 단면을 보강하기 위해 플레이트를 덧붙인다.

2) 플레이트보(판보) [09년 출제]

① L형강과 강판을 접합하여 I형 모양으로 조립한 보이다.
② 하중과 응력에 따라 단면을 자유로이 조절할 수 있다.
③ 커버 플레이트는 휨모멘트에 저항하기 위해 사용되고, 매수가 결정되며 4장 이하로 한다.
④ 웨브 플레이트는 전단력 크기에 따라 결정되며 6mm 이상으로 한다.
⑤ 스티프너는 웨브 플레이트의 좌굴을 방지하기 위해 설치한다.
[16 · 15 · 13 · 12 · 11 · 10 · 09 · 08 · 07 · 06년 출제]

3) 허니콤보 [10 · 09년 출제]

I형강 또는 H형강의 웨브를 절단하여 6각형 구멍이 생기도록 용접한 것이다.

4) 래티스보 [11 · 07 · 06년 출제]

① 상하 플랜지에 ㄱ형강을 쓰고 웨브재로 평강을 45°, 60°, 90° 등의 일정한 각도로 접합한 조립보이다.
② 웨브재를 현재에 90°로 댄 것을 사다리보라 한다.
③ 거싯 플레이트를 사용하지 않는다.

5) 트러스보 [16 · 08년 출제]

① 플레이트보의 웨브재로 수직재와 경사재를 거싯 플레이트(접합판)로 조립한 보이다.
② 간사이가 큰 구조물에 사용한다.

예제 119 기출 2회

강구조 기둥에서 발생하는 다음과 같은 현상을 무엇이라 하는가?

> 단면에 비하여 길이가 긴 장주에서 중심축 하중을 받는데도 부재의 불균일성에 기인하여 하중이 집중되는 부분에 편심 모멘트가 발생함에 따라 압축응력이 허용강도에 도달하기 전에 휘어져 버리는 현상

① 처짐 ② 좌굴
③ 인장 ④ 전단

정답 ②

예제 120 기출 2회

다음 중 철골구조에서 플레이트보에 사용하는 부재가 아닌 것은?
① 커버 플레이트
② 웨브 플레이트
③ 스티프너
④ 베이스 플레이트

해설 베이스 플레이트는 주각에 사용된다.

정답 ④

예제 121 기출 2회

철골구조보에서 L형강과 강판을 접합하여 I형 모양으로 조립한 보는?
① 형강보   ② 플레이트보
③ 허니콤보 ④ 상자형보

정답 ②

예제 122 기출 11회

웨브 플레이트의 좌굴을 방지하기 위하여 설치하는 것은?
① 앵커볼트
② 베이스 플레이트
③ 스티프너
④ 플랜지

정답 ③

예제 123	기출 2회

I형강의 웨브를 절단하여 6각형 구멍이 줄지어 생기도록 용접하여 춤을 높인 것은?

① 허니콤보   ② 플레이트보
③ 트러스보   ④ 래티스보

정답 ①

예제 124	기출 3회

철골조립보 중 상하플랜지에 ㄱ형강을 쓰고 웨브재로 평강을 45°, 60°, 90° 등의 일정한 각도로 접합한 것은?

① 허니콤보   ② 플레이트보
③ 래티스보   ④ 비렌딜거더

정답 ③

③ 전단력은 웨브재의 축방향력으로 작용하므로 부재는 모두 인장재 또는 압축재로 설계한다.
④ 웨브재로서 빗재, 수직재를 사용하고 휨모멘트는 현재에 부담된다.

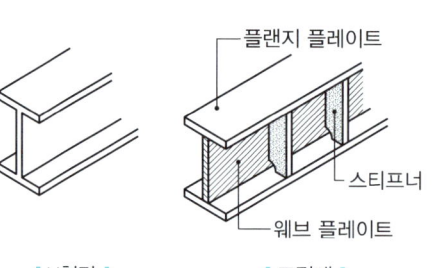

|래티스보|　　　|트러스보|

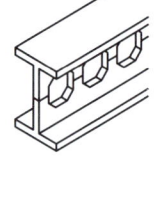

|H형강|　　조립재　　|허니콤 H-beam|

6. 바닥과 계단

(1) 데크 플레이트

① 두께 1~2mm의 강판을 구부려 만든 데크 플레이트는 거푸집 대신 바닥 판으로 깔고, 철근으로 보강하여 사용한다.
② 바닥 판의 두께를 얇게 할 수 있으며 시공이 간단하고, 공기가 짧아 고층 건물에 많이 사용한다.

(2) 철골 계단

① 건식 구조로 시공이 간편하고 제작기간이 짧다.
② 형태를 자유로이 만들 수 있고 무게가 가볍다.
③ 불연성이나 내화적이지는 않다.
④ 옥내 계단뿐만 아니라, 비상용 옥외 피난계단에서도 널리 사용된다.

 ## 05 조립식 구조

1. 조립식 구조의 특징

(1) 정의
건축물의 구조 부재를 공장에서 생산가공 또는 부분 조립한 후 현장에서 짜 맞추는 공정으로 대량생산, 공사기간 단축 등을 도모한 구조법이다.

(2) 장단점 [11·10·09·08·07년 출제]

장점	단점
• 공장생산이 가능하며 대량생산을 할 수 있다. • 기계화 시공으로 공사기간을 단축할 수 있다. • 대부분의 작업을 공업력에 의존하므로 노동력을 절감할 수 있다. • 현장작업이 간편하므로 나쁜 기후 조건을 극복할 수 있다.	• 획일적이어서 다양성의 문제가 제기된다. • 각 부재의 접합부를 일체화하기 어렵다.

2. 조립식 구조의 종류

(1) 가구 조립식 구조
뼈대는 현장에서 조립하고 바닥, 벽, 지붕판을 끼워 조립하는 형식이다.

(2) 패널(판)구조 [11·09년 출제]
기둥, 보 등의 골조와 바닥, 벽, 천장, 지붕 등을 일정한 형태와 치수로 만든 판으로 구성하는 구조법이다.

(3) 상자 조립식 구조
컨테이너와 같은 방식으로 유닛상자를 공장에서 가져와 현장에서 조립하는 방식이다.

예제 125 기출 2회

조립구조의 일종으로 기둥, 보 등의 골조를 구성하고 바닥, 벽, 천장, 지붕 등을 일정한 형태와 치수로 만든 판으로 구성하는 구조법은?

① 셸구조
② 프리스트레스트 콘크리트 구조
③ 커튼월구조
④ 패널구조

정답 ④

06 기타 구조

| 예제 126 | 기출 7회 |

곡면판이 지니는 역학적 특성을 응용한 구조로서 외력은 주로 판의 면내력으로 전달되기 때문에 경량이고 내력이 큰 구조물을 구성할 수 있는 구조는?
① 패널구조 ② 커튼월구조
③ 블록구조 ④ 셸구조

정답 ④

| 예제 127 | 기출 2회 |

강재나 목재를 삼각형을 기본으로 짜서 하중을 지지하는 것으로 결점이 핀으로 구성되어 있으며 부재는 인장과 압축력만 받도록 한 구조는?
① 트러스구조 ② 내력벽구조
③ 라멘구조   ④ 아치구조

정답 ①

| 예제 128 | 기출 4회 |

트러스를 종횡으로 배치하여 입체적으로 구성한 구조로서 형강이나 강관을 사용하여 넓은 공간을 구성하는 데 이용되는 것은?
① 막구조
② 스페이스 프레임
③ 절판구조
④ 돔구조

정답 ②

| 예제 129 | 기출 2회 |

와이어로프(Wire Rope) 또는 PS 와이어 등을 사용하여 주로 인장재가 힘을 받도록 설계된 철골구조는?
① 경량철골구조
② 현수구조
③ 철골철근 콘크리트구조
④ 강관구조

정답 ②

(1) **절판구조**

판을 아코디언과 같이 주름지게 하는 평면형상으로 시공이 쉽고 구조적 강성이 우수하여 대공간 지붕구조로 적합하다.

(2) **셸구조** [15·14·12·09·08·06년 출제]

① 곡면판이 지니는 역학적 특성을 응용한 구조로서 외력은 주로 판의 면내력으로 전달되기 때문에 경량이고 내력이 큰 구조물을 구성할 수 있는 구조이다. 시드니의 오페라하우스가 셸구조에 해당된다.
② 공장, 건축현장에서 용이하게 만들어지는 것이어야 한다.
③ 역학적인 면에서 재하방법이 지지 능력과 어긋나지 않아야 한다.

(3) **트러스구조** [16·09년 출제]

강재나 목재를 삼각형을 기본으로 짜서 하중을 지지하는 것으로 결점이 핀으로 구성되어 있으며 부재는 인장과 압축력만 받도록 한 구조이다.

(4) **입체트러스구조(스페이스 프레임)** [16·11·09·07년 출제]

① 트러스를 종횡 배치하여 입체적으로 구성한 구조로서, 형상이나 강관을 사용하여 넓은 공간을 구성할 수 있다.
② 삼각형 또는 사각형의 구성요소로서 축방향만으로 힘을 받는 직선재를 핀으로 결합하여 효율적으로 힘을 전달하는 구조 시스템이다.

(5) **현수구조** [12·11년 출제]

① 주 케이블이 양쪽 주탑으로 연결되어 있고, 주 케이블에 보조 케이블이 내려와 상판을 잡아주고 지지한다.
② 케이블로 와이어로프 또는 PS 와이어 등을 사용하여 주로 인장재가 힘을 받도록 설계된 것이다.
③ 남해대교, 샌프란시스코의 금문교 등이 있다.

(6) **사장구조**

① 주탑에서 주케이블이 바로 상판을 지지한다.
② 서해대교, 올림픽대교 등이 있다.

(7) 막구조 [15 · 09년 출제]
① 인장력에 강한 얇은 막을 잡아 당겨 공간을 덮는 구조방식이다.
② 구조체 자체의 무게가 적어 넓은 공간의 지붕 등에 쓰인다.
③ 상암 월드컵 경기장, 제주 월드컵 경기장 등이 있다.

(8) 라멘구조
기둥과 보, 슬래브의 절점이 강접합하여 하중에 대하여 일체로 저항하도록 하는 구조이다.

(9) 튜브구조 [12 · 07년 출제]
초고층 구조의 건물에서 사용하는 구조시스템으로 내부기둥을 줄여 내부공간을 넓게 조성할 수 있는 이점이 있다.

(10) 콘크리트 충전 강관구조(CFT) [09년 출제]
원형 또는 각형강관에 콘크리트를 충전하여 철과 콘크리트의 장점을 이용한 합성구조로 강관을 거푸집으로 이용하므로 별도의 거푸집이 필요 없다.

(11) 아치구조 [07 · 06년 출제]
개구부의 상부하중을 지지하기 위하여 조적재를 곡선형으로 쌓아서 압축력만이 작용되도록 한 구조로 하부에 인장력이 생기지 않는 구조이다.

(12) PC구조 [23년 출제]
프리캐스트 콘크리트(Precast Concrete)를 사용하여 건축물을 짓는 구조 공법이다. PC공법은 기둥, 보, 슬래브, 벽체와 같은 콘크리트 부재를 공장에서 미리 제작하고, 현장에서 조립하여 건설하는 방식으로 공기 단축, 대량생산이 가능하나 접합부의 일체화가 어렵다.

예제 130 기출 2회

구조체 자체의 무게가 적어 넓은 공간의 지붕 등에 쓰이는 것으로, 상암 월드컵 경기장, 제주 월드컵 경기장에서 볼 수 있는 구조는?
① 절판구조 ② 막구조
③ 셸구조 ④ 현수구조

정답 ②

예제 131 기출 2회

다음 중 초고층 건물의 구조로 가장 적합한 것은?
① 현수구조
② 절판구조
③ 입체트러스구조
④ 튜브구조

해설 튜브구조는 초고층 건물에 사용된다.
정답 ④

예제 132 기출 2회

개구부의 상부하중을 지지하기 위하여 조적재를 곡선형으로 쌓아서 압축력만이 작용되도록 한 구조는?
① 트러스구조 ② 래티스구조
③ 셸구조 ④ 아치구조

정답 ④

MEMO

과년도 기출문제

- 2011년 제2회 기출문제
- 2012년 제4회 기출문제
- 2013년 제1회 기출문제
- 2014년 제2회 기출문제
- 2015년 제5회 기출문제
- 2016년 제4회 기출문제

2011년 제2회 기출문제

01 실내공간을 넓어 보이게 하는 방법과 가장 거리가 먼 것은?
① 큰 가구는 벽에 부착시켜 배치한다.
② 벽면에 큰 거울을 장식해 실내공간을 반사시킨다.
③ 빈 공간에 화분이나 어항 또는 운동기구 등을 배치한다.
④ 창이나 문 등의 개구부를 크게 하여 옥외공간과 시선이 연장되도록 한다.

▶ 실내공간 [11·09·08년 출제]
크기가 작은 가구를 이용하고 최대한 빈 공간을 두어 넓게 보이게 한다.

02 점과 선의 조형효과에 대한 설명 중 옳지 않은 것은?
① 점은 선과 달리 공간의 착시효과를 이끌어 낼 수 없다.
② 선은 여러 개의 선을 이용하여 움직임, 속도감 등을 시각적으로 표현할 수 있다.
③ 배경의 중심에 있는 하나의 점은 점에 시선을 집중시키고 정지의 효과를 느끼게 한다.
④ 동일한 크기의 두 개의 점이 있을 때 두 점 사이에는 상호 장력이 발생하여 선의 효과가 생긴다.

▶ 점과 선
점이 연속되면 선의 느낌을 주고, 가까운 거리에 있는 점은 선으로 지각되어 도형을 느끼게 착시효과를 줄 수 있다.

03 동적이고 불안정한 느낌을 주나, 건축에 강한 표정을 주기도 하는 선은?
① 곡선
② 수직선
③ 수평선
④ 사선

▶ 사선 [14·13·12·11·10·08·07년 출제]
운동성, 약동감, 불안정, 반항의 동적인 느낌을 줄 수 있다.

정답
01 ③ 02 ① 03 ④

04 동선계획을 가장 잘 나타낼 수 있는 실내계획은?

① 천장계획　　② 입면계획
③ 평면계획　　④ 구조계획

▶ 동선계획 [15 · 11 · 07년 출제]
동선계획은 평면계획에서 한다.

05 다음 설명에 알맞은 부엌의 작업대 배치방식은?

- 인접한 세 벽면에 작업대를 붙여 배치한 형태이다.
- 비교적 규모가 큰 공간에 적합하다.

① 일렬형　　② ㄴ자형
③ ㄷ자형　　④ 병렬형

▶ 부엌가구의 ㄷ자형(U자형) [07년 출제]
① 인접된 3면의 벽에 배치한 형태로 가장 편리하고 능률적이다.
② 식탁과의 연결이 다소 불편해질 수 있다.

06 실내디자인에서 가구나 실의 크기를 결정하는 기준이 되는 것은?

① 그리드　　② 휴먼스케일
③ 모듈　　　④ 공간의 형태

▶ 휴먼스케일 [09년 출제]
인간의 신체를 기준으로 파악, 측정하여 실내디자인 설계에 반영 결정하는 척도가 된다.

07 상업공간에서 디스플레이의 궁극적 목적은?

① 상품 소개
② 상품 판매
③ 쾌적한 관람
④ 학습능률의 향상

▶ 상업공간 [21 · 16 · 11년 출제]
상업공간의 실내디자인은 공간을 효율적으로 계획하여 판매신장 및 수익증가를 기대하는 의도된 행위이다. 따라서 디스플레이의 궁극적 목적은 상품 판매를 위한 것이다.

정답
04 ③　05 ③　06 ②　07 ②

08 다음 설명에 알맞은 디자인 구성 원리는?

> 일반적으로 규칙적인 요소들의 반복으로 디자인에 시각적인 질서를 부여하는 통제된 운동감각을 말한다.

① 균형　　　② 비례
③ 통일　　　④ 리듬

▶▶ 리듬 [10·08·07·06년 출제]
일반적으로 규칙적인 요소들의 반복으로 디자인에 시각적인 질서를 부여하는 통제된 운동감각을 의미한다.

09 균형의 원리에 대한 설명 중 옳지 않은 것은?

① 크기가 큰 것이 작은 것보다 시각적 중량감이 크다.
② 기하학적 형태가 불규칙적인 형태보다 시각적 중량감이 크다.
③ 색의 중량감은 색의 속성 중 특히 명도, 채도에 따라 크게 작용한다.
④ 복잡하고 거친 질감이 단순하고 부드러운 것보다 시각적 중량감이 크다.

▶▶ 균형의 원리 [21·16·13·12·11년 출제]
수평선, 크기가 큰 것, 불규칙적인 것, 색상이 어두운 것, 거친 질감, 차가운 색이 시각적 중량감이 크다.

10 실내공간의 바닥부분에 있어 공간에 대한 스케일감의 변화를 줄 수 있는 방법으로 가장 적당한 것은?

① 질감의 변화
② 색채의 변화
③ 단차(Level)의 변화
④ 인테리어 구성재의 변화

▶▶ 바닥 차가 있는 경우
칸막이 없이 공간을 분할하는 효과가 있고, 심리적인 구분감과 변화감을 준다.

11 특정 상품을 효과적으로 비추어 상품을 강조할 때 이용되는 조명 방식은?

① 다운라이트　　　② 브래킷
③ 스포트라이트　　　④ 펜던트

▶▶ 스포트라이트
노출식 할로겐 조명으로 벽면의 그림이나 특정한 곳의 물체를 비추는 데 쓰이는 정식 조명이다. 할로겐은 주로 부분적인 조명 효과를 위해 많이 사용한다.

정답
08 ④　09 ②　10 ③　11 ③

12 건물과 일체화하여 만든 가구로서 공간을 최대한 활용할 수 있는 가구는?

① 가동 가구
② 붙박이 가구
③ 모듈러 가구
④ 작업용 가구

▶ 붙박이 가구 [16·15·14·12·11·10·09·08·07·06년 출제]
① 건축물과 일체화하여 설치하는 건축화된 가구이다.
② 가구배치의 혼란감을 없애고 공간을 최대한 활용, 효율성을 높일 수 있는 가구이다.

13 실내디자인의 가장 중요한 목표는 생활공간을 쾌적하게 하는 것이다. 이를 위해 일반적으로 가장 우선시되어야 하는 것은?

① 기능
② 미
③ 개성
④ 유행

▶ 실내디자인의 목표 [16·13·11·09·08년 출제]
기능성은 실내디자인의 기본 조건 중 가장 우선시되며, 공간배치 및 동선의 편리성과 가장 관련이 있다.

14 다음 중 주택의 부엌과 식당 계획 시 가장 중요하게 고려하여야 할 사항은?

① 조명배치
② 작업동선
③ 색채조화
④ 채광계획

▶ 부엌의 기능과 위치
식당, 마당, 가사실, 다용도실 등과 연결하여 작업동선을 짧게 한다.

15 주택 실내공간의 색채계획에 대한 설명 중 옳지 않은 것은?

① 화장실은 전체를 밝은 느낌의 색조로 처리하는 것이 바람직하다.
② 바닥은 벽면보다 약간 어두우며 안정감 있는 색을 사용한다.
③ 침실은 보통 깊이 있는 중명도의 저채도로 정돈한다.
④ 낮은 천장을 높게 보이게 하려면 천장의 색을 벽보다 어두운 색채로 한다.

▶ 실내공간 색채계획
낮은 천장을 높게 보이게 하려면 천장의 색을 벽보다 밝은색으로 한다.

정답
12 ② 13 ① 14 ② 15 ④

16 천장, 벽의 구조체에 의해 광원의 빛이 천장 또는 벽면으로 가려지게 하여 반사광으로 간접 조명하는 건축화조명방식은?

① 코니스조명　　② 코브조명
③ 광창조명　　　④ 광천장조명

▶▶ **코브조명** [12 · 11 · 10 · 09년 출제]
광원을 벽, 천장 내 가림막 등으로 가려지게 하여 반사광으로 채광하는 간접조명방식이다.

17 다음 설명에 알맞은 환기방법은?

- 실내공기를 강제적으로 배출시키는 방법으로 실내는 부압이 된다.
- 주택의 화장실, 욕실 등의 환기에 적합하다.

① 자연환기
② 압입식 환기(급기팬과 자연배기의 조합)
③ 흡출식 환기(자연급기와 배기팬의 조합)
④ 병용식 환기(급기팬과 배기팬의 조합)

▶▶ **흡출식 환기** [16 · 15 · 13 · 12 · 11년 출제]
흡출식 환기인 3종 환기의 설명이다.

18 음의 고저(Pitch)를 결정하는 요소는?

① 음속　　② 음색
③ 주파수　④ 잔향시간

▶▶ **주파수**
음의 고조(높이)는 주파수에 따라 결정되며 저주파수는 낮게, 고주파수는 높게 감지된다.

19 열에 관한 설명으로 옳지 않은 것은?

① 열은 온도가 낮은 곳에서 높은 곳으로 이동한다.
② 열이 이동하는 형식에는 복사, 대류, 전도가 있다.
③ 대류는 유체의 흐름에 의해서 열이 이동되는 것을 총칭한다.
④ 벽과 같은 고체를 통하여, 유체(공기)에서 유체(공기)로 열이 전해지는 현상을 열관류라고 한다.

▶▶ **전열**
열이 고온에서 저온으로 흐르는 현상이다.

정답
16 ②　17 ③　18 ③　19 ①

20 조도 분포의 정도를 표시하며 최고조도에 대한 최저조도의 비율로 나타내는 것은?

① 휘도
② 조명도
③ 균제도
④ 광도

▶ 균제도

$$균제도 = \frac{가장\ 어두운\ 주광률}{평균\ 주광률}$$

21 석재의 사용상 주의점으로 옳지 않은 것은?

① 동일 건축물에는 동일 석재로 시공하도록 한다.
② 중량이 큰 것은 높은 곳에 사용하지 않도록 한다.
③ 재형(材形)에 예각부가 생기며 결손되기 쉽고 풍화 방지에 나쁘다.
④ 석재는 취약하므로 구조재는 직압력재로 사용하지 않도록 한다.

▶ 석재의 특징 [15·14·11·10·08·06년 출제]
① 불연성이고 압축강도가 크다.
② 내수성, 내구성, 내화학성이 풍부하고 내마모성이 크다.
③ 인장강도가 압축강도의 1/10~1/20 정도여서 장대재를 얻기 어렵다.

22 목재의 심재에 대한 설명 중 옳지 않은 것은?

① 변재보다 비중이 크다.
② 변재보다 신축이 적다.
③ 변재보다 내후성·내구성이 크다.
④ 일반적으로 변재보다 강도가 작다.

▶ 심재 [22·16·15·11년 출제]
수분 함량이 적어 단단하며, 부패되지 않고 변재보다 강도가 크다.

23 모래붙임루핑에 유사한 제품을 지붕재료로 사용하기 좋은 형으로 만든 것으로 기와나 슬레이트 대용으로 사용되는 것은?

① 아스팔트 펠트
② 아스팔트 유제
③ 아스팔트 블록
④ 아스팔트 싱글

▶ 아스팔트 싱글 [14·11·08년 출제]
색상이 다양하고 외관이 미려한 지붕에 사용된다.

정답
20 ③ 21 ④ 22 ④ 23 ④

24 골재 중의 유해물에 속하지 않는 것은?

① 쇄석
② 후민산
③ 이분(泥分)
④ 염분

▶ 골재
천연골재와 인공골재가 있으며 쇄석은 인공골재에 속한다.

25 합성수지에 관한 설명 중 옳지 않은 것은?

① 가공성이 크다.
② 흡수성이 크다.
③ 전성, 연성이 크다.
④ 내열, 내화성이 작다.

▶ 합성수지의 일반적인 성질 [10·06년 출제]
① 흡수성이 작고 투수성이 없으므로 습기가 많은 곳에 적합하다.
② 전성과 연성이 크고, 피막이 강하고 광택이 있어 도료에 적당하다.
③ 내산, 내알칼리 등의 내화학성 및 전기절연성이 우수한 것이 많다.

26 다음 중 시멘트 페이스트(Cement Paste)에 대한 설명으로 가장 알맞은 것은?

① 시멘트와 물을 혼합한 것이다.
② 시멘트와 물, 잔골재를 혼합한 것이다.
③ 시멘트와 물, 잔골재, 굵은골재를 혼합한 것이다.
④ 시멘트와 물, 잔골재, 굵은골재, 혼화재료를 혼합한 것이다.

▶ 시멘트 페이스트
시멘트와 물을 혼합한 것을 시멘트 풀 또는 시멘트 페이스트라 한다.

27 재료의 역학적 성질 중 물체에 외력이 작용하면 순간적으로 변형이 생기나 외력을 제거하면 순간적으로 원래의 형태로 회복되는 성질은?

① 전성
② 소성
③ 탄성
④ 연성

▶ 탄성 [07·06년 출제]
재료에 외력이 작용하면 순간적으로 변형이 생기지만 외력을 제거하면 순간적으로 원형으로 회복되는 성질이다.

정답
24 ①　25 ②　26 ①　27 ③

28 강화유리에 대한 설명 중 옳지 않은 것은?

① 안전유리의 일종이다.
② 현장에서 가공 및 절단이 용이하다.
③ 파괴 시 작은 파편이 되어 부상을 입을 우려가 적다.
④ 보통판유리와 광낸 판유리를 열처리하여 강화시킨 것이다.

29 다음 중 합판에 대한 설명으로 옳지 않은 것은?

① 함수율 변화에 따른 팽창 수축의 방향성이 크다.
② 단판(Veneer)을 섬유방향이 서로 직교하도록 겹쳐 붙인 것이다.
③ 뒤틀림이나 변형이 적은 비교적 큰 면적의 평면재료를 얻을 수 있다.
④ 합판을 구성하는 단판의 매수는 일반적으로 3겹, 5겹, 7겹 등 홀수 매수로 한다.

30 다음 점토제품 중 흡수성이 가장 작은 것은?

① 토기　　② 도기
③ 석기　　④ 자기

31 유성 페인트에 대한 설명 중 옳지 않은 것은?

① 건조시간이 가장 짧다.
② 내알칼리성이 약하다.
③ 붓바름 작업성 및 내후성이 우수하다.
④ 모르타르, 콘크리트 등에 정벌바름하면 피막이 부서져 떨어진다.

▶ **강화유리(열처리 유리)** [07·06년 출제]
① 판유리를 600℃ 정도로 가열했다가 급랭하여 기계적 성질을 증가시킨 유리이다.
② 보통유리의 강도의 3~4배 정도 크며, 충격강도는 7~8배 정도이다.
③ 파괴 시 모래처럼 잘게 부서지므로 파편에 의한 부상을 줄일 수 있다.
④ 현장에서 손으로는 절단이 불가능하다.

▶ **합판의 특성** [10·07·06년 출제]
① 판재에 비해 균질하고, 목재의 이용률을 높일 수 있으며 강도가 크다.
② 단판을 서로 직교로 붙인 구조로 되어 있어 방향에 따른 강도 차가 적다.
③ 너비가 큰 판을 얻을 수 있고 곡면가공을 해도 균열이 없고 무늬도 일정하다.
④ 표면가공법으로 흡음효과를 낼 수 있고 의장적 효과도 높일 수 있다.
⑤ 함수율 변화에 따른 팽창, 수축의 방향성이 없다.

▶ **점토제품의 분류** [07·06년 출제]
자기는 양질의 도토와 자토로 만들며 흡수성이 아주 작다.(0~3%)

▶ **유성 페인트** [16·13·11·10·09년 출제]
① 안료와 건조성 지방유를 주원료로 하는 것으로, 지방유가 건조하여 피막을 형성하게 된다.(안료+보일드유+희석제)
② 붓바름 작업성 및 내후성이 우수하다.
③ 건조시간이 길다.
④ 내알칼리성이 약하므로 모르타르, 콘크리트 등에 정벌바름하면 피막이 부서져 떨어진다.

정답
28 ② 　 29 ① 　 30 ④ 　 31 ①

32 강의 열처리법에 속하지 않는 것은?

① 불림
② 풀림
③ 단조
④ 담금질

> **강의 열처리방법** [12·11·10·08년 출제]
> 열처리방법에는 불림, 풀림, 담금질, 뜨임이 있고, 단조는 성형방법이다.

33 포틀랜드 시멘트의 알루민산철3석회를 극히 적게 한 것으로 소량의 안료를 첨가하면 좋아하는 색을 얻을 수 있으며 건축물 내외면의 마감, 각종 인조석 제조에 사용되는 것은?

① 백색 포틀랜드 시멘트
② 저열 포틀랜드 시멘트
③ 내황산염 포틀랜드 시멘트
④ 조강 포틀랜드 시멘트

> **백색 포틀랜드 시멘트**
> ① 시멘트 성분 중 산화철 및 마그네시아 함유를 제한한 시멘트이다.
> ② 표면마무리 및 착색시멘트에 적합하며 구조체의 축조에는 거의 사용되지 않는다.
> ③ 미장재, 도장재, 마감재, 인조석 제조에 사용한다.

34 점토에 톱밥, 겨, 목탄가루 등을 혼합, 소성한 것으로 절단, 못치기 등의 가공이 우수하며 방음, 흡음성이 좋은 건축용 벽돌은?

① 내화벽돌
② 다공벽돌
③ 이형벽돌
④ 포도벽돌

> **다공벽돌(경량벽돌)**
> ① 점토에 톱밥, 목탄가루 등을 혼합하여 성형한 벽돌이다.
> ② 비중이 보통 벽돌보다 작으며, 강도도 작다.
> ③ 톱질과 못박기가 가능하다.
> ④ 방음벽, 단열층, 보온벽, 간막이벽에 사용된다.

35 다음 중 건축용 단열재에 속하지 않는 것은?

① 유리섬유
② 석고 플라스터
③ 암면
④ 폴리 우레탄폼

> **석고 플라스터**
> 석고 플라스터는 미장재료이다.

정답
32 ③   33 ①   34 ②   35 ②

36 미장재료 중 자신이 물리적 또는 화학적으로 고체화하여 미장바름의 주체가 되는 재료가 아닌 것은?

① 소석회
② 규산소다
③ 점토
④ 석고

▶ **미장재료의 구성**
독자적으로 물리적, 화학적으로 경화하여 미장재료의 주체가 되는 재료를 고결재라 하며 수경성과 기경성 재료로 나눈다. 수경성에는 시멘트와 석고가 있고 기경성에는 석회와 점토가 있다.

37 내열성, 내화성이 우수한 수지로 −60~260℃의 범위에서는 안정하고 탄성을 가지며 내후성 및 내화학성이 우수한 열경화성 수지는?

① 염화비닐수지
② 요소수지
③ 아크릴수지
④ 실리콘수지

▶ **실리콘수지** [09·07·06년 출제]
① 내열성이 우수하고 −60~260℃까지 탄성이 유지되며, 270℃에서도 수 시간 이용 가능하다.
② 탄력성, 내수성이 좋아 방수용 재료, 접착제 등으로 사용된다.

38 목재의 접합부에 끼워 볼트와 같이 사용하는 것으로, 주로 전단력에 작용시켜 접합부재 상호 간의 변위를 방지하여 강성의 이음을 얻기 위한 목적으로 쓰이는 것은?

① 클램프
② 스터럽
③ 메탈라스
④ 듀벨

▶ **듀벨**
구조부재 접합에서 2개의 부재 접합에 끼워 볼트와 같이 사용하여 전단에 견디도록 한다.

39 다음 ( ) 안에 알맞은 석재는?

대리석은 ( )이 변화되어 결정화한 것으로 주성분은 탄산석회로 이 밖에 탄소질, 산화철, 휘석, 각섬석, 녹니석 등을 함유한다.

① 석회석
② 감람석
③ 응회암
④ 점판암

▶ **대리석** [09·07·06년 출제]
① 석회석이 오랜 세월 동안 땅속에서 지열과 지압으로 인하여 변질되어 결정화된 것이다.
② 주성분은 탄산석회이며 치밀하고, 견고하다.
③ 색채와 반점이 아름다워 실내장식재, 조각재로 사용된다.
④ 열, 산에 약하므로 장식용 석재 중에 가장 고급재료이다.(내화도 700~800℃)
⑤ 강도는 매우 높지만 풍화되기 쉽기 때문에 실외용으로는 적합하지 않다.

정답
36 ② 37 ④ 38 ④ 39 ①

40 다음 중 콘크리트의 컨시스턴시(Consistency) 측정방법에 해당하지 않는 것은?

① 브레인법
② 슬럼프시험
③ 비비(Vee-Bee)시험
④ 다짐계수시험

▶ 워커빌리티의 측정방법(콘크리트의 컨시스턴시(Consistency) 측정방법)
① 슬럼프시험, 흐름시험, 비비(Vee-Bee Test) 시험, 다짐계수(Compaction Factor) 시험 등이 있다.
② 브레인법은 분말도 측정방법이다.

41 철골조의 주각을 이루는 부재가 아닌 것은?

① 베이스 플레이트(Base Plate)
② 리브 플레이트(Rib Plate)
③ 거싯 플레이트(Gusset Plate)
④ 윙 플레이트(Wing Plate)

▶ 철골조의 주각 [16·14·13·11·08년 출제]
거싯 플레이트는 트러스보 구조에 사용된다.

42 실내의 유효면적을 감소시키는 단점이 있는 목재 창호는?

① 미서기 창호
② 여닫이 창호
③ 미닫이 창호
④ 붙박이 창호

▶ 여닫이 창호 [10·08·07·06년 출제]
열고 닫을 때 문 주위에 장애물이 없어야 한다.

43 주택 평면계획의 순서가 옳게 연결된 것은?

㉠ 대안 설정
㉡ 계획안 확정
㉢ 동선 및 공간구성 분석
㉣ 소요공간 규모 산정
㉤ 도면 작성

① ㉠ → ㉡ → ㉢ → ㉣ → ㉤
② ㉡ → ㉠ → ㉢ → ㉤ → ㉣
③ ㉢ → ㉣ → ㉠ → ㉡ → ㉤
④ ㉣ → ㉠ → ㉡ → ㉢ → ㉤

▶ 주택 평면계획
기본 구상[동선 및 공간구성 분석] → 소요공간 규모 산정 → 대안의 평가 및 의뢰인 승인[대안 설정 → 계획안 확정] → 도면화[도면 작성]

정답
40 ① 41 ③ 42 ② 43 ③

44. 다음 중 목구조에 대한 설명으로 옳지 않은 것은?
   ① 건물의 무게가 가볍고, 가공이 비교적 용이하다.
   ② 내화성이 부족하다.
   ③ 함수율에 따른 변형이 거의 없다.
   ④ 나무 고유의 색깔과 무늬가 있어 아름답다.

▶ 목구조 [16·14·13·12·11·10·09·08·07·06년 출제]
함수율에 따른 변형이 크고 부식, 부패에 약하다.

45. 철골구조의 용접접합에 대한 설명으로 옳은 것은?
   ① 검사가 어렵고 비용과 시간이 많이 소요된다.
   ② 강재의 재질에 대한 영향이 적다.
   ③ 용접부 내부의 결함을 육안으로 관찰할 수 있다.
   ④ 용접공의 기능에 따른 품질의존도가 적다.

▶ 용접접합
① 리벳 및 볼트에 비해 부재단면 결손이 없고 경량이 된다.
② 접합부의 연속성 및 강성이 확보된다.
③ 용접은 부재의 손실이 없는 대신 용접열에 의한 변위가 생길 수 있다.
④ 검사가 곤란하여 시공 결함을 발견하기 어렵다.

46. 종이에 일정한 크기의 격자형 무늬가 인쇄되어 있어서, 계획 도면을 작성하거나 평면을 계획할 때 사용하기가 편리한 제도지는?
   ① 켄트지
   ② 방안지
   ③ 트레이싱지
   ④ 트레팔지

▶ 방안지(Section Paper) [10·06년 출제]
같은 간격의 직교된 선을 그은 도면이나 통계용 용지로 모눈종이 또는 섹션 페이퍼라고도 한다. 얇은 백상지(白上紙 : 모조지)·풀스캡(Foolscap)·트레이싱페이퍼 등으로 만든다.

47. 조립식 구조에 대한 설명으로 옳지 않은 것은?
   ① 건축의 생산성을 향상시키기 위한 방안으로 조립식 건축이 성행되었다.
   ② 규격화된 각종 건축 부재를 공장에서 대량생산 할 수 있다.
   ③ 기계화 시공으로 단기 완성이 가능하다.
   ④ 각 부재의 접합부를 일체화하기 쉽다.

▶ 조립식 구조 [11·10·09·08·07년 출제]
각 부재의 접합부를 일체화하기 어렵다.

정답
44 ③ 45 ① 46 ② 47 ④

48 단면에 방향성이 없으며 콘크리트 타설 시 별도의 거푸집이 불필요한 구조는?

① 경량철골구조
② 강관구조
③ PS콘크리트구조
④ 철골철근콘크리트구조

▶ PS콘크리트구조 [16 · 11 · 09 · 06년 출제]
거푸집이 불필요한 구조로 고강도의 PC 강재나 피아노선과 같은 특수선재를 사용하여 인장재에 대한 저항력이 작은 콘크리트에 미리 긴장재에 의한 압축력을 가하여 만든 구조이다.

49 다음 중 건축제도의 치수기입에 관한 설명으로 옳지 않은 것은?

① 협소한 간격이 연속될 때에는 인출선을 사용하여 치수를 쓴다.
② 치수는 특별히 명시하지 않는 한 마무리 치수로 표시한다.
③ 치수기입은 치수선에 평행하게 도면의 왼쪽에서 오른쪽으로, 아래로부터 위로 읽을 수 있도록 기입한다.
④ 치수기입은 항상 치수선 중앙 아랫부분에 기입하는 것이 원칙이다.

▶ 치수선 [22 · 16 · 14 · 13 · 12 · 11 · 09 · 08년 출제]
치수기입은 치수선 중앙 윗부분에 기입하는 것이 원칙이다.

50 조적구조에서 창문 위를 가로질러 상부에서 오는 하중을 좌 · 우 벽으로 전달하는 부재는?

① 테두리보   ② 인방보
③ 지중보   ④ 평보

▶ 인방
① 목구조에서 기둥과 기둥에 가로대어 창문틀의 상하벽을 받치고 하중은 기둥에 전달하며 창문틀을 끼워대는 뼈대가 되는 것을 말한다.
② 조적식이나 목구조나 인방의 역할은 동일하다.

51 조적구조에 대한 내용으로 옳지 않은 것은?

① 내구, 내화적이다.
② 건식 구조이다.
③ 각종 횡력에 약하다.
④ 고층 건물에의 적용이 어렵다.

▶ 조적구조 [15 · 13 · 12 · 11 · 10 · 09 · 08 · 07년 출제]
조적구조는 습식 구조이다.

정답
48 ③   49 ④   50 ②   51 ②

52 서로 직각으로 교차되는 벽을 무엇이라 하는가?

① 내력벽
② 대린벽
③ 부축벽
④ 칸막이벽

▶ ① 내력벽 : 벽, 지붕, 바닥 등의 수직하중과 풍력, 지진 등의 수평하중을 받는 중요 벽체이다.
② 대린벽 : 서로 직각으로 교차되는 벽을 말한다.
③ 부축벽 : 벽 길이가 10m 이상일 경우 부축벽으로 보강한다.
④ 칸막이벽 : 장막벽이라 하고 칸막이 역할과 자체 하중만 지지하는 벽을 말한다.

53 철골 판보에서 웨브의 두께가 춤에 비해서 얇은 때, 웨브의 국부좌굴을 방지하기 위해서 사용되는 것은?

① 스티프너
② 커버 플레이트
③ 거싯 플레이트
④ 베이스 플레이트

▶ 스티프너 [16 · 15 · 13 · 12 · 11 · 10 · 09 · 08 · 07 · 06년 출제]
웨브 플레이트의 좌굴을 방지하기 위해 설치하며 평강이나 L형강을 사용한다.

54 철근콘크리트구조의 장점이 아닌 것은?

① 내화성과 내구성이 크다.
② 목구조에 비해 횡력에 강하다.
③ 설계가 비교적 자유롭다.
④ 공사기간이 짧고 기후의 영향을 받지 않는다.

▶ 철근콘크리트구조
콘크리트 부어넣기 온도는 5℃ 이상 20℃ 미만으로 한다.

55 철골구조에 대한 설명 중 옳지 않은 것은?

① 철골구조는 하중을 전달하는 주요 부재인 보나 기둥 등을 강재를 이용하여 만든 구조이다.
② 철골구조를 재료상 라멘구조, 가새골조구조, 튜브구조, 트러스구조 등으로 분류할 수 있다.
③ 철골구조는 일반적으로 부재를 접합하여 뼈대를 구성하는 가구식 구조이다.
④ 내화피복을 필요로 한다.

▶ 철골구조
① 재료상 분류 : 형강구조, 경량철골구조, 강관구조, 케이블구조 등이 있다.
② 구조형식상 분류 : 라멘구조, 트러스구조, 가새골조구조, 튜브구조 등이 있다.

정답							
52	②	53	①	54	④	55	②

56 다음 중 건축 설계도면에서 중심선, 절단선, 경계선 등으로 사용되는 선은?

① 실선　　　　　② 일점쇄선
③ 이점쇄선　　　④ 파선

▶ **일점쇄선** [22·15·14·13·12·11·10·09·08·06년 출제]
중심선은 일점쇄선의 가는 선으로 절단선, 경계선은 일점쇄선의 굵은 선으로 표시된다.

57 블록조 벽체의 보강철근 배근요령으로 옳지 않은 것은?

① 철근의 정착, 이음은 기초보나 테두리보에 만든다.
② 철근이 배근된 것은 피복이 충분하도록 모르타르로 채운다.
③ 세로근은 기초에서 보까지 하나의 철근으로 하는 것이 좋다.
④ 철근은 가는 것을 많이 넣는 것보다 굵은 것을 조금 넣는 것이 좋다.

▶ **보강철근 배근방법**
① 가는 것을 많이 넣는 것이 굵은 것을 적게 넣는 것보다 유리하다.
② 철근의 정착, 이음은 기초보나 테두리보에 둔다.
③ 세로근은 기초에서 보까지 하나의 철근으로 하는 것이 좋다.
④ 세로근은 40D 이상 정착, 가로근은 25D 이상 정착한다.

58 목구조에서 벽체의 제일 아랫부분에 쓰이는 수평재로서 기초에 하중을 전달하는 역할을 하는 부재의 명칭은?

① 기둥　　　　　② 인방보
③ 토대　　　　　④ 가새

▶ **토대**
① 기초 위에 가로 놓아서 상부의 하중을 기초에 전달하는 역할을 한다.
② 기둥과 기둥을 고정하고 벽을 설치하는 기준이 된다.
③ 단면은 기둥과 같거나 좀 더 크게 한다.

59 건축물을 각 층마다 창틀 위에서 수평으로 자른 수평투상도로서 실의 배치 및 크기를 나타내는 도면은?

① 평면도　　　　② 입면도
③ 단면도　　　　④ 전개도

▶ **평면도** [15·14·13·11·10·08년 출제]
창틀 위인 1.2m에서 절단하여 아래로 투상한 도면이다.

정답
56 ②　57 ④　58 ③　59 ①

60 건물 구조의 기본조건 중 내구성을 가장 강조한 설명은?

① 최소의 공사비로 만족할 수 있는 공간을 만드는 것
② 건물 자체의 아름다움뿐만 아니라 주위의 배경과도 조화를 이루게 만드는 것
③ 오래 사용해야 하기에 안전과 역학적 및 물리적 성능이 잘 유지되도록 만드는 것
④ 건물 안에는 항상 사람이 생활한다는 생각을 두고 아름답고 기능적으로 만드는 것

▶ 내구성
내구성에는 내마모성, 내생물성, 내식성 등이 있으며, 오래 사용할 수 있으며 역학적 및 물리적 성능을 잘 유지하면서 안전하게 사용하는 것을 말한다.

정답
60 ③

2012년 제4회 기출문제

01 상점의 공간구성에 있어서 판매공간에 해당하는 것은?

① 파사드공간　　② 상품관리공간
③ 시설관리공간　　④ 상품전시공간

▶ **상업공간**
상업공간의 실내디자인은 공간을 효율적으로 계획하여 판매시장 및 수익증가를 기대하는 의도된 행위이다. 따라서 디스플레이어(상품의 전시)의 궁극적 목적은 상품의 판매를 위한 것이다.

02 다음과 같은 특징을 갖는 창의 종류는?

- 열리는 범위를 조절할 수 있다.
- 안으로나 밖으로 열리는데 특히 안으로 열릴 때는 열릴 수 있는 면적이 필요하므로 가구배치 시 이를 고려하여야 한다.

① 미닫이창　　② 여닫이창
③ 미서기창　　④ 오르내리기창

▶ **여닫이창호** [11 · 10 · 08 · 06년 출제]
여닫이창호는 문단속은 편리하나 개폐 시 실내 유효면적을 감소시킨다.

03 다음은 피보나치수열의 일부분이다. "21" 바로 다음에 나오는 숫자는?

1, 2, 3, 5, 8, 13, 21, …

① 30　　② 34
③ 42　　④ 44

▶ **피보나치수열**
어떤 수열의 항이, 앞의 두 항의 합과 같은 수열을 피보나치(Fibonacci) 수열이라고 한다. 따라서 13+21=34이다.

04 다음 설명에 알맞은 착시의 종류는?

- 같은 길이의 수직선이 수평선보다 길어 보인다.
- 사선이 2개 이상의 평행선으로 중단되면 서로 어긋나 보인다.

① 운동의 착시　　② 다의도형 착시
③ 역리도형 착시　　④ 기하학적 착시

▶ **기하학적 착시**
길이 · 면적 · 각도 · 방향 · 만곡 등의 기하학적 관계가 객관적 관계와 다르게 보이는 일종의 시각적인 착각이다.

정답
01 ④　02 ②　03 ②　04 ④

05 주택에서 거실에 식사공간을 부속시키고, 부엌을 분리한 형식은?

① D형   ② LD형
③ DK형 ④ LDK형

> **LD형(리빙다이닝 : 거실 – 식당)** [16 · 13 · 08 · 06년 출제]
> 거실의 한 부분에 식탁을 설치하는 형태로, 식사실의 분위기 조성에 유리하며, 거실의 가구들을 공동으로 이용할 수 있으나, 부엌과의 연결로 작업동선이 길어질 우려가 있다.

06 광원을 넓은 면적의 벽면에 매입하여 비스타(Vista)적인 효과를 낼 수 있으며 시선에 안락한 배경으로 착용하는 건축화조명방식은?

① 코브조명   ② 코퍼조명
③ 광창조명   ④ 광천장조명

> **광창조명** [22 · 21 · 16 · 15 · 13 · 12년 출제]
> 넓은 4각형의 면적을 가진 광원을 천장, 또는 벽에 매입한 것으로 시선에 안락한 배경으로 작용한다.

07 다음 설명에 알맞은 가구는?

> 가구와 인간과의 관계, 가구와 건축구체와의 관계, 가구와 가구와의 관계 등을 종합적으로 고려하여 적합한 치수를 산출한 후 이를 모듈화시킨 각 유닛이 모여 전체 가구를 형성한 것이다.

① 인체계 가구   ② 수납용 가구
③ 시스템 가구   ④ 빌트인 가구

> **시스템 가구**
> 한 가구가 여러 개의 유닛으로 구성되며 각 유닛은 폭, 길이, 높이 치수가 규격화, 모듈화되어 제작된다.

08 다음 설명과 가장 관계가 깊은 형태의 지각심리는?

> 한 종류의 형틀이 동등한 간격으로 반복되어 있을 경우에는 이를 그룹화하여 평면처럼 지각되고 상하와 좌우의 간격이 다를 경우 수평, 수직으로 지각된다.

① 유사성   ② 폐쇄성
③ 연속성   ④ 근접성

> **근접성** [14 · 12 · 06년 출제]
> 가까이 있는 요소끼리 그룹화하여(뭉쳐) 지각되고 상하와 좌우의 간격이 다를 경우 수평, 수직으로 지각된다.

정답
05 ②　06 ③　07 ③　08 ④

09 다음 설명에 알맞은 선의 종류는?

> 약동감, 생동감 넘치는 에너지와 운동감, 속도감을 주며 위험, 긴장, 변화 등의 느낌을 받게 되므로 너무 많으면 불안정한 느낌을 줄 수 있다.

① 사선
② 수평선
③ 수직선
④ 기하곡선

▶▶ 사선 [22·15·13·12·11·10·09년 출제]
운동성, 약동감, 불안정, 반항 등 동적인 느낌을 줄 수 있다.

10 간접조명방식에 관한 설명으로 옳지 않은 것은?

① 조명률이 높다.
② 실내반사율의 영향이 크다.
③ 그림자가 거의 형성되지 않는다.
④ 경제성보다 분위기를 목표로 하는 장소에 적합하다.

▶▶ 간접조명방식 [15·13·12·11·10·07·06년 출제]
조명률이 가장 낮고 경제성이 떨어진다.

11 생활에 적합한 건축을 위해 인체와 관련된 모듈의 사용에 있어 단순한 길이의 배수보다는 황금비례를 이용함이 타당하다고 주장한 사람은?

① 르 코르뷔지에
② 월터 그로피우스
③ 미스 반 데어 로에
④ 프랭크 로이드 라이트

▶▶ 모듈러 [14·12·10·09·07년 출제]
르 코르뷔지에의 건축법 비례로, 인간의 신체를 기준으로 나타냈다.

12 주택의 부엌가구 배치 유형 중 내의 벽면을 이용하여 작업대를 배치한 형식으로 작업면이 넓어 작업 효율이 가장 좋은 것은?

① 一자형
② L 자형
③ ㄷ자형
④ 아일랜드형

▶▶ ㄷ자형 [21·16·12·11·07년 출제]
인접된 3면의 벽에 배치한 형태로 작업면이 넓어 작업 효율이 좋다.

정답
09 ① 10 ① 11 ① 12 ③

13 디자인 원리 중 유사조화에 관한 설명으로 옳은 것은?

① 통일보다 대비의 효과가 더 크게 나타난다.
② 질적, 양적으로 전혀 상반된 2개의 요소의 조합으로 성립된다.
③ 개개의 요소 중에서 공통성이 존재하므로 뚜렷하고 선명한 이미지를 준다.
④ 각각의 요소가 하나의 객체로 존재하며 다양한 주제와 이미지들이 요구될 때 주로 사용된다.

▶▶ 유사조화 [14·12년 출제]
공통성의 요소로 뚜렷하고 선명한 이미지를 준다. 대비보다 통일에 조금 더 치우쳐 있다고 볼 수 있다.

14 등받이와 팔걸이가 없는 형태의 보조의자로 가벼운 작업이나 잠시 걸터앉아 휴식을 취하는 데 사용되는 것은?

① 스툴　　　　　② 카우치
③ 이지 체어　　　④ 라운지 체어

▶▶ 스툴 [15·11·12·08년 출제]
등받이와 팔걸이가 없는 형태로 잠시 앉거나 가벼운 작업을 할 수 있는 보조의자이다.

15 공간의 동선에 관한 설명으로 옳지 않은 것은?

① 동선의 유형 중 직선형은 최단거리의 연결로 통과시간이 가장 짧다.
② 실내에 2개 이상의 출입구는 그 개수에 비례하여 동선이 원활해지므로 통로면적이 감소된다.
③ 동선이 교차하는 지점은 잠시 멈추어 방향을 결정할 수 있도록 어느 정도 충분한 공간을 마련해 준다.
④ 동선은 짧으면 짧을수록 효율적이나 공간의 성격에 따라 길게 하여 더 많은 시간 동안 머무르도록 유도하기도 한다.

▶▶ 현관의 동선
주택의 내외부의 동선이 연결되며 주택면적에 7%가 적당하다. 출입구가 2개일 경우 통로면적이 증가되어 소규모 주택에서는 비경제적이다.

16 일조의 확보와 관련하여 공동주택의 인동간격 결정과 가장 관계가 깊은 것은?

① 춘분　　　　② 하지
③ 추분　　　　④ 동지

▶▶ 일조계획 [14·13·12·07년 출제]
건물 배치는 정남향보다는 동남향이 좋고 최소 일조시간을 동지 기준 4시간 이상으로 한다.

정답
13 ③　14 ①　15 ②　16 ④

17 벽과 같은 고체를 통하여 유체(공기)에서 유체(공기)로 열이 전해지는 현상은?

① 복사
② 대류
③ 열관류
④ 열전도

▶ 열관류 [14·12·11·09·08년 출제]
열전도와 열전달의 복합 형식으로 벽과 같은 고체를 통하여 유체에서 유체로 열이 전달되는 것이다.

18 결로 방지대책과 가장 관계가 먼 것은?

① 환기
② 난방
③ 단열
④ 방수

▶ 결로 방지대책 [11·10·09년 출제]
실내의 습한 공기가 벽, 천장 등에 접촉할 때 이슬이 맺히는 현상이므로 방수와는 상관이 없다.

19 공동주택의 거실에서 환기를 위하여 설치하는 창문의 면적은 최소 얼마 이상이어야 하는가?

① 거실 바닥면적의 1/5 이상
② 거실 바닥면적의 1/10 이상
③ 거실 바닥면적의 1/20 이상
④ 거실 바닥면적의 1/40 이상

▶ 환기기준
거실 바닥면적의 1/20 이상의 환기에 유효한 개구부 면적을 확보하도록 건축법으로 규정하고 있다.

20 다음의 설명에 알맞은 음의 성질은?

서로 다른 음원에서의 음이 중첩되면 합성되어 음은 쌍방의 상황에 따라 강해지거나 약해진다.

① 반사
② 회절
③ 굴절
④ 간섭

▶ 간섭 [15·12·08년 출제]

정답
17 ③   18 ④   19 ③   20 ④

21 기본 점성이 크며 내수성, 내약품성, 전기절연성이 모두 우수한 만능형 접착제로 금속, 플라스틱, 도자기, 유리, 콘크리트 등의 접합에 사용되는 것은?

① 요소수지 접착제
② 비닐수지 접착제
③ 멜라민수지 접착제
④ 에폭시수지 접착제

▶▶ 에폭시수지 접착제 [16·14·12·11·10·08·07년 출제]
에폭시수지의 특징이다.

22 석회석이 변화되어 결정화한 것으로 주성분은 탄산석회이며, 갈면 광택이 나는 석재는?

① 응회암　　② 화강암
③ 대리석　　④ 점판암

▶▶ 대리석 [16·15·14·12·11·10·09·08·07·06년 출제]
석질이 치밀하고 견고할 뿐 아니라 외관이 미려하여 실내장식재 또는 조각재로 사용된다.

23 건조실에 목재를 쌓고 온도, 습도, 풍속 등을 인위적으로 조절하면서 건조하는 목재의 인공건조 방법은?

① 대기건조　　② 침수건조
③ 진공건조　　④ 열기건조

▶▶ 열기건조법 [16·12·07년 출제]
밀폐 건조실 내부 압력을 감소시킨 후 가열공기를 건조하는 방법이다.

24 시멘트가 습기를 흡수하여 경미한 수화반응을 일으켜 생성된 수산화칼슘과 공기 중의 탄산가스가 반응하여 탄산칼슘을 생성하는 작용을 의미하는 것은?

① 풍화　　② 응결
③ 크리프　　④ 중성화

▶▶ 시멘트의 풍화 [12년 출제]
풍화의 설명으로, 공기 중의 수분 및 이산화탄소와 접하여 반응이 일어나 응결이 지연되고 비중이 떨어지며 강도가 저하된다.

정답
21 ④　22 ③　23 ④　24 ①

25 다음 중 기경성 미장재료에 해당되는 것은?

① 시멘트 모르타르
② 경석고 플라스터
③ 혼합석고 플라스터
④ 돌로마이트 플라스터

▶ 미장재료 구분 [09 · 07년 출제]
① 기경성 미장재료 : 석회계 또는 흙반죽이 들어간 재료들
② 수경성 미장재료 : 시멘트계와 석고계 플라스터 재료들

26 다음 설명에 알맞은 재료의 역학적 성질은?

재료에 외력이 작용하면 순간적으로 변형이 생기나 외력을 제거하면 원래의 형태로 회복되는 성질을 말한다.

① 소성   ② 점성
③ 탄성   ④ 인성

▶ 탄성 [16 · 15 · 13 · 12 · 11년 출제]
탄성은 고무줄 같이 원래 형태로 회복되는 성질을 말한다.

27 화강암에 관한 설명으로 옳지 않은 것은?

① 내화성이 크다.
② 내구성이 우수하다.
③ 구조재 및 내외장재로 사용이 가능하다.
④ 절리의 거리가 비교적 커서 대재(大才)를 얻을 수 있다.

▶ 화강암 [15 · 12 · 10 · 09 · 06년 출제]
내화도가 낮아 고열을 받는 곳에는 적당하지 않으며, 600℃ 정도에서 강도가 저하된다.

28 다음 중 콘크리트의 신축이음(Expansion Joint) 재료에 요구되는 성능조건과 가장 관계가 먼 것은?

① 콘크리트에 잘 밀착하는 밀착성
② 콘크리트 이음 사이의 충분한 수밀성
③ 콘크리트의 수축에 순응할 수 있는 탄성
④ 콘크리트의 팽창에 저항할 수 있는 압축강도

▶ 콘크리트의 신축이음 [08 · 07년 출제]
콘크리트 부재에 열팽창 및 수축 등 응력에 의한 균열을 방지하기 위해 설치하는 줄눈을 의미한다.

정답
25 ④   26 ③   27 ①   28 ④

29 건축재료의 요구성능 중 감각적 성능이 특히 요구되는 건축재료는?
① 구조재료　　② 마감재료
③ 차단재료　　④ 내화재료

▶ 마감재료 [12년 출제]
마감재료는 감각적 성능 중에서도 색채, 촉감과 밀접하다.

30 아스팔트의 연성을 나타내는 수치로서 온도의 변화와 함께 변화하는 것은?
① 신도　　② 인화점
③ 침입도　　④ 연화점

▶ 신도
아스팔트의 연성을 나타내는 것으로, 규정된 모양으로 한 시료의 양 끝을 규정한 온도와 규정한 속도로 인장했을 때까지 늘어나는 길이를 cm로 표시한다.

31 경화 콘크리트의 역학적 기능을 대표하는 것으로, 경화 콘크리트의 강도 중 일반적으로 가장 큰 것은?
① 휨강도　　② 압축강도
③ 인장강도　　④ 전단강도

▶ 콘크리트의 특징 [12·10·06년 출제]
압축강도는 크나 인장강도는 작다.

32 콘크리트 내부에 미세한 독립된 기포를 발생시켜 콘크리트의 작업성 및 동결융해 저항성능을 향상시키기 위해 사용되는 화학 혼화제는?
① AE제　　② 기포제
③ 유동화제　　④ 플라이애시

▶ AE제 [10·09·08·06년 출제]
시공연도가 좋아지며 콘크리트의 작업성이 향상되지만 압축강도가 감소한다.

33 단열유리라고도 하며 철, Ni, Cr 등이 들어 있는 유리로서, 서향 일광을 받는 창 등에 사용되는 것은?
① 내열유리　　② 열선 흡수유리
③ 열선 반사유리　　④ 자외선 차단유리

▶ 열선 흡수유리 [12·09년 출제]
차량유리, 서향의 창문 등에 사용된다.

정답
29 ②　30 ①　31 ②　32 ①　33 ②

34 도료의 구성요소 중 도막 주요소를 용해시키고 적당한 점도로 조절 또는 도장하기 쉽게 하기 위하여 사용되는 것은?

① 안료　　　　　　② 용제
③ 수지　　　　　　④ 전색제

▶ **용제**
도료에 있어서 고체의 도막결정 성분을 용해하는 성분으로 도막결정 성분이 유동체인 경우에는 이것을 희석하여 점도를 조절한다. 일반적으로 유기용제를 사용하지만, 수성도료의 경우에는 물을 사용한다.

35 강의 열처리방법에 해당되지 않는 것은?

① 불림　　　　　　② 인발
③ 풀림　　　　　　④ 뜨임질

▶ **강의 열처리** [16·15·13·12·11·10·09·08·07·06년 출제]
강의 열처리는 풀림, 불림, 담금질, 뜨임질이 있으며, 인발은 성형방법이다.

36 자기질 타일의 흡수율 기준으로 옳은 것은?

① 3.0% 이하　　　② 5.0% 이하
③ 8.0% 이하　　　④ 18.0% 이하

▶ **자기질 타일** [09·08·06년 출제]
자기질은 양질의 도토와 자토로 만들며 흡수성이 아주 작다.(0~3%)

37 다음은 한국산업표준에 따른 점토벽돌 중 미장벽돌에 관한 용어의 정의이다. ( ) 안에 알맞은 것은?

점토 등을 주원료로 하여 소성한 벽돌로서 유공형 벽돌은 하중지면의 유효 단면적이 전체 단면적의 ( ) 이상이 되도록 제작한 벽돌

① 30%　　　　　　② 40%
③ 50%　　　　　　④ 60%

▶ **미장벽돌의 구분**
미장벽돌과 유약벽돌이 있으며 품질에 따라 1종, 2종, 3종으로, 모양에 따라 일반형과 유공형으로 구분한다.
① 미장벽돌 : 속이 빈 벽돌은 하중지면의 유효 단면적이 전체 단면적의 50% 이상이 되도록 제작
② 유약벽돌 : 외부에 노출되는 표면에 유약 또는 유사한 원료로 용융된 상태로 소성한 벽돌

38 다음 중 열경화성 수지에 해당되는 것은?

① 아크릴수지　　　② 염화비닐수지
③ 폴리우레탄수지　④ 폴리에틸렌수지

▶ **열경화성 수지** [16·12·10·09·08·06년 출제]
폴리우레탄수지, 폴리에스테르수지, 실리콘수지, 에폭시수지 등이 있다.
※ ①, ②, ④는 열가소성 수지이다.

정답
34 ②　35 ②　36 ①　37 ③　38 ③

39 보통 합판의 제조방법에 따른 구분에 해당되지 않는 것은?

① 일반 ② 내수
③ 난연 ④ 무취

▶▶ 합판
① 접착성에 따른 구분 : 내수, 준내수, 비내수
② 제조방법에 따른 구분 : 일반, 무취, 방충, 난연

40 창호철물과 사용되는 창호의 연결이 옳지 않은 것은?

① 레일 – 미닫이문
② 크레센트 – 오르내리기창
③ 플로어 힌지 – 여닫이문
④ 레버터리 힌지 – 쌍여닫이창

▶▶ 창호철물 [10년 출제]
레버터리 힌지는 공중 화장실이나 전화실 출입문에 사용된다.

41 다음 중 건축제도의 치수기입에 관한 설명으로 옳은 것은?

① 협소한 간격이 연속될 때에는 치수 간격을 줄여 치수를 쓴다.
② 치수는 특별히 명시하지 않는 한 마무리 치수로 표시한다.
③ 치수기입은 치수선에 평행하게 도면의 오른쪽에서 왼쪽으로, 아래로부터 위로 읽을 수 있도록 기입한다.
④ 치수기입은 항상 치수선 중앙 아랫부분에 기입하는 것이 원칙이다.

▶▶ 치수기입 [22·16·14·13·12·11·09·08년 출제]
① 치수를 기입할 여백이 없을 때에는 인출선을 사용한다.
③ 치수는 도면의 아래로부터 위로 또는 왼쪽에서 오른쪽으로 읽을 수 있도록 한다.
④ 치수기입은 치수선 중앙 윗부분에 기입하는 것이 원칙이다.

42 철골구조의 접합방법 중 접합된 판 사이에 강한 압력으로 접합재 간의 마찰저항에 의하여 힘을 전달하는 접합방식은?

① 강접합 ② 핀접합
③ 용접접합 ④ 고력볼트접합

▶▶ 고력볼트접합 [16·15·13·12·10·09·07년 출제]
부재 간의 마찰력에 의하여 응력을 전달하는 접합방식이다.

정답
39 ② 40 ④ 41 ② 42 ④

43 철근콘크리트구조의 1방향 슬래브의 최소 두께는 얼마 이상인가?

① 80mm
② 100mm
③ 150mm
④ 200mm

▶ 1방향 슬래브 [16·12·09·08년 출제]
1방향 슬래브의 최소 두께는 100mm로 한다.

44 창문틀의 좌우에 수직으로 세워댄 틀은?

① 아래틀
② 위틀
③ 선틀
④ 중간틀

▶ 창호
창호틀은 좌우 수직의 선틀과 위틀, 아래틀로 이루어졌다.

45 다음 중 주로 수평방향으로 작용하는 하중은?

① 고정하중
② 활하중
③ 풍하중
④ 적설하중

▶ 수평하중 [10·06년 출제]
풍하중, 지진력, 토압, 수압 등이 있다.

46 도면 표시기호 중 동일한 간격으로 철근을 배치할 때 사용하는 기호는?

① @
② φ
③ THK
④ R

▶ 도면 표시기호 [12·06년 출제]
@ : 간격, THK : 두께, R : 반지름

47 도로 포장용 벽돌로서 주로 인도에 많이 쓰이는 것은?

① 이형벽돌
② 포도용 벽돌
③ 오지벽돌
④ 내화벽돌

▶ 포도용 벽돌
마멸이나 충격에 강하며 흡수율이 적고, 내구성이 좋고 내화력이 강하여 도로 포장용, 건물 옥상 포장용 및 공장 바닥용으로 사용된다.

정답
43 ② 44 ③ 45 ③ 46 ① 47 ②

48 다음의 재료 표시기호에서 목재의 구조재 표시기호는?

① 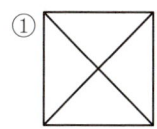 ②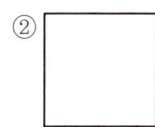

③ 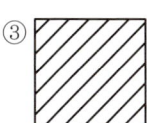 ④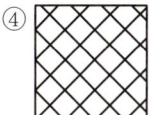

49 철근콘크리트구조에 관한 설명 중 옳지 않은 것은?

① 각 구조부를 일체로 구성한 구조이다.
② 자중이 무겁고 기후의 영향을 많이 받는다.
③ 내구, 내화성이 뛰어나다.
④ 철근과 콘크리트 간 선팽창계수가 크게 다른 점을 이용한 구조이다.

50 목구조에서 2층 이상의 기둥 전체를 하나의 단일재로 사용하는 기둥은?

① 통재기둥 ② 평기둥
③ 샛기둥 ④ 동자기둥

51 다음 중 목구조에 대한 설명으로 옳지 않은 것은?

① 건물의 무게가 가볍고, 가공이 비교적 용이하다.
② 내화성이 좋다.
③ 함수율에 따른 변형이 크다.
④ 나무 고유의 색깔과 무늬가 있어 아름답다.

▶ **구조재 표시**
① 목재의 구조재
③ 목재의 치장재
④ 단열재

▶ **철근콘크리트의 특징** [09·07년 출제]
철근과 콘크리트의 선팽창계수는 거의 같다.

▶ **통재기둥** [16·15·12·10·09·07·06년 출제]
2층 이상의 기둥 전체를 하나의 단일재로 사용하는 기둥으로 상하를 일체화시켜 수평력에 견디게 하는 기둥이다.

▶ **목구조의 특징** [16·14·13·12·11·10·09·08·07·06년 출제]
내화, 내구성이 작다.

정답			
48 ①	49 ④	50 ①	51 ②

52 목재접합 중 2개 이상의 목재를 길이 방향으로 붙여 1개의 부재로 만드는 것은?

① 이음　　② 쪽매
③ 맞춤　　④ 장부

▶ 이음 [12·09년 출제]
2개 이상의 목재를 길이 방향으로 붙여 1개의 부재로 만드는 것이다.

53 다음 중 목구조의 구조부위와 이음방식이 잘못 짝지어진 것은?

① 서까래 이음 – 빗이음
② 걸레받이 – 턱솔이음
③ 난간두겁대 – 은장이음
④ 기둥의 이음 – 엇걸이 산지이음

▶ 엇걸이 산지이음
토대, 처마도리, 중도리 등에 쓰이며, 엇걸이 부재춤의 3~3.5배로 하고 촉을 만들지 않고 중간을 빗물려 옆에서 산지를 박아 연결시킨다.

54 한 변이 300mm 정도인 사각뿔형의 돌로서 석축에 사용되는 돌을 무엇이라고 하는가?

① 호박돌　　② 잡석
③ 견치돌　　④ 장대석

▶ 견치돌 [12·10·09년 출제]
면길이 300mm 정도의 사각뿔형으로 석축에 많이 사용되는 돌이다.

55 그림과 같은 지붕 평면을 구성하는 지붕의 명칭은?

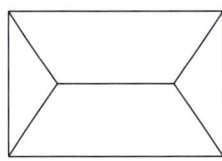

① 합각지붕　　② 모임지붕
③ 박공지붕　　④ 꺾인지붕

▶ 모임지붕 [06년 출제]

56 다음 중 철골구조의 보에 대한 설명으로 옳지 않은 것은?

① 플레이트보에서 웨브의 국부 좌굴을 방지하기 위해 거짓 플레이트를 사용한다.
② 휨강도를 높이기 위해 커버 플레이트를 사용한다.
③ 하이브리드 거더는 다른 성질의 재질을 혼성하여 만든 일종의 조립보이다.
④ 플랜지는 H형강, 플레이트보 또는 래티스보 등에서 보의 단면의 상하에 날개처럼 내민 부분을 말한다.

▶ 스티프너 [16·08년 출제]
웨브 플레이트의 좌굴을 방지하기 위해 스티프너를 사용한다.
※ 거짓 플레이트는 트러스보에 사용된다.

정답
52 ①　53 ④　54 ③　55 ②　56 ①

57 다음 중 목구조의 2층 마루에 속하지 않는 것은?
① 홑마루 ② 보마루
③ 동바리마루 ④ 짠마루

> **2층 마루** [12 · 07 · 06년 출제]
> 장선마루(홑마루), 보마루, 짠마루가 있다. 동바리마루는 1층 마루이다.

58 고층 건물의 구조형식에서 층고를 최소로 할 수 있고 외부 보를 제외하고 내부에는 보 없이 바닥판만으로 구성되는 구조는?
① 내력벽 구조 ② 전단 코어 구조
③ 강성 골조 구조 ④ 무량판 구조

> **무량판 구조** [16 · 15 · 13 · 12 · 11 · 09 · 08년 출제]
> 보를 없애고 바닥판을 두껍게 해서 보의 역할을 겸하도록 한 구조이다.

59 슬래브 배근에서 가장 하단에 위치하는 철근은?
① 장변 단부 하부 배력근
② 단변 하부 주근
③ 장변 중앙 하부 배력근
④ 장변 중앙 굽힘철근

> **슬래브 배근** [12 · 11년 출제]
> 짧은 변(단변) 방향에 주근을 배치하고, 긴 변(장변) 방향에 배력근을 배치한다. 배력근은 주근의 안쪽에 배치한다.

60 설계도면의 종류 중 실시설계도에 해당되는 것은?
① 구상도 ② 조직도
③ 전개도 ④ 동선도

> **계획설계도** [11 · 07년 출제]
> 구상도, 조직도, 동선도, 조직도, 면적도표는 계획설계도에 해당된다.

정답
57 ③ 58 ④ 59 ② 60 ③

2013년 제1회 기출문제

01 커튼의 유형 중 창문 전체를 커튼으로 처리하지 않고 반 정도만 친 형태를 갖는 것은?

① 새시 커튼　　② 글라스 커튼
③ 드로우 커튼　④ 드레이퍼리 커튼

▶▶ **새시 커튼** [14·13·09년 출제]
창문 전체를 커튼으로 처리하지 않고 반 정도만 친 형태를 갖는 커튼을 말한다.

02 공간을 실제보다 더 높아 보이게 하며, 공식적이고 위엄 있는 분위기를 만드는 데 효과적인 선의 종류는?

① 사선　　② 곡선
③ 수직선　④ 수평선

▶▶ **수직선** [14·13·12·11·10·08·07년 출제]
고결, 희망, 상승, 위엄, 존엄성, 긴장감을 표현할 수 있다.

03 인간의 주의력에 의해 감지되는 시각적 무게의 평형상태를 의미하는 디자인 원리는?

① 균형　② 비례
③ 대립　④ 대비

▶▶ **균형** [14·13·11·09·07년 출제]
시각적 무게의 평형상태를 의미한다.

04 부엌의 작업순서에 따른 작업대의 배치순서로 가장 알맞은 것은?

① 가열대 → 배선대 → 준비대 → 조리대 → 개수대
② 개수대 → 준비대 → 조리대 → 배선대 → 가열대
③ 배선대 → 가열대 → 준비대 → 개수대 → 조리대
④ 준비대 → 개수대 → 조리대 → 가열대 → 배선대

▶▶ **부엌의 작업대** [21·16·15·14·13·12·10·07·06년 출제]
준비대 – 개수대 – 조리대 – 가열대 – 배선대 순으로 구성한다.

정답
01 ①　02 ③　03 ①　04 ④

05 원룸 주택 설계 시 고려해야 할 상항으로 옳지 않은 것은?

① 내부공간을 효과적으로 활용한다.
② 환기를 고려한 설계가 이루어져야 한다.
③ 사용자에 대한 특성을 충분히 파악한다.
④ 원룸이므로 활동공간과 취침공간을 구분하지 않는다.

▶▶ 원룸 주택 설계 [16·13·10·07년 출제]
활동공간과 취침공간을 구분한다.

06 다음 설명에 알맞은 조명방식은?

- 천장에 매달려 조명하는 조명방식이다.
- 조명기구 자체가 빛을 발하는 액세서리 역할을 한다.

① 코브조명
② 브래킷조명
③ 펜던트조명
④ 캐노피조명

▶▶ 펜던트조명 [13·08년 출제]
펜던트는 식탁의 조명에서 국부조명으로 이용된다.

07 실내디자인에 관한 설명으로 옳지 않은 것은?

① 미적인 문제가 중요시되는 순수예술이다.
② 인간생활의 쾌적성을 추구하는 디자인 활동이다.
③ 가장 우선시되어야 하는 것은 기능적인 면의 해결이다.
④ 실내디자인의 평가기준은 누구나 공감할 수 있는 객관성이 있어야 한다.

▶▶ 실내디자인 [12·10·09년 출제]
실내디자인은 미적인 문제가 중요시되는 순수예술에 해당하지 않는다.

08 Modular Coordination에 관한 설명으로 옳지 않은 것은?

① 공기를 단축시킬 수 있다.
② 창의성이 결여될 수 있다.
③ 설계작업이 단순하고 용이하다.
④ 건물 외관이 복잡하게 되어 현장작업이 증가한다.

▶▶ 모듈러 코디네이션 [13·10년 출제]
모듈을 건축 생산 전반에 적용함으로써 건축재료를 규격화하여 치수의 유기적 연계성을 가진다. 생산의 합리화, 단순화, 작업의 용이함으로 공사가 쉬워지고 빨라진다.

정답
05 ④ 06 ③ 07 ① 08 ④

09 다음 설명에 알맞은 형태의 지각심리는?

- 유사한 배열로 구성된 형들이 방향성을 지니고 연속되어 보이는 하나의 그룹으로 지각되는 법칙을 말한다.
- 공동운명의 법칙이라고도 한다.

① 연속성의 원리　② 폐쇄성의 원리
③ 유사성의 원리　④ 근접성의 원리

▶ 연속성의 원리 [16·13·10년 출제]
유사한 배열이 하나의 묶음으로 인식되는 지각심리이다.

10 다음 설명에 알맞은 의자의 종류는?

- 필요에 따라 이동시켜 사용할 수 있는 간이의자로, 크지 않으며 가벼운 느낌의 형태를 갖는다.
- 이동하기 쉽도록 잡기 편하고 들기에 가볍다.

① 카우치(Couch)
② 풀업 체어(Pull-up chair)
③ 체스터필드(Chesterfield)
④ 라운지 체어(Lounge chair)

▶ 의자의 종류
① 카우치 : 긴 의자로 몸을 기댈 수 있도록 좌판의 한쪽 끝이 올라간 형태를 가진다.
② 풀업 체어 : 이동하기 쉽고 잡기 편하고 들기 쉬운 간이의자이다.
③ 체스터필드 : 속을 많이 채워 넣고 천으로 감싼 소파이다.
④ 라운지 체어 : 누워 잘 수 있게 만든 편안한 의자이다.

11 디자인 구성요소 중 사선이 주는 느낌과 가장 거리가 먼 것은?

① 약동감　② 안정감
③ 운동감　④ 생동감

▶ 사선 [22·15·13·12·11·10·09년 출제]
운동성, 약동감, 불안정, 반항 등 동적인 느낌을 줄 수 있다.

12 디자인의 원리 중 시각적으로 초점이나 흥미의 중심이 되는 것을 의미하며, 실내디자인에서 충분한 필요성과 한정된 목적을 가질 때에 적용하는 것은?

① 리듬　② 조화
③ 강조　④ 통일

▶ 강조 [15·13·11·08년 출제]
시각적인 힘의 강약에 단계를 주어 디자인의 일부분에 초점이나 흥미를 부여한다.

정답
09 ①　10 ②　11 ②　12 ③

13 동일 층에서 바닥에 높이 차를 둘 경우에 관한 설명으로 옳지 않은 것은?

① 안전에 유념해야 한다.
② 심리적인 구분감과 변화감을 준다.
③ 칸막이 없이 공간 구분을 할 수 있다.
④ 연속성을 주어 실내를 더 넓어 보이게 한다.

▶▶ 바닥 차가 있는 경우 [11·07년 출제]
분할하는 효과가 있어 실내가 좁아 보인다.

14 주거공간을 주 행동에 따라 개인공간, 사회공간, 노동공간, 보건·위생공간으로 구분할 때, 다음 중 사회공간으로만 구성된 것은?

① 침실, 공부방, 서재
② 부엌, 세탁실, 다용도실
③ 식당, 거실, 응접실
④ 화장실, 세면실, 욕실

▶▶ 사회(동적)공간 [22·16·15·13·12·11·10·09·07년 출제]
가족 중심의 공간으로 모두 같이 사용하는 공간을 말한다.(거실, 응접실, 식당, 현관)

15 다음 중 창의 설치목적과 가장 거리가 먼 것은?

① 채광
② 단열
③ 조망
④ 환기

▶▶ 창의 설치목적 [11·09년 출제]
채광, 통풍, 조망, 환기의 역할을 한다.

16 건구온도 28℃인 공기 80kg과 건구온도 14℃인 공기 20kg을 단열혼합하였을 때, 혼합공기의 건구온도는?

① 16.8℃
② 18℃
③ 21℃
④ 25.2℃

▶▶ 혼합공기의 건구온도 t_3(℃)
공기 각각의 건구온도에 무게를 곱한 값을 합한 후 혼합공기의 무게로 나눈다.
$t_3 = \dfrac{t_1 \cdot G_1 + t_2 \cdot G_2}{G_1 + G_2}$ 에서
$t_3 = [(28 \times 80) + (14 \times 20)]/80 + 20$
$= [2,240 + 280]/100 = 2,520/100$
$= 25.2℃$

정답
13 ④   14 ③   15 ②   16 ④

17 표면결로 방지방법으로 옳지 않은 것은?

① 벽체의 열관류저항을 낮춘다.
② 실내에서 발생하는 수증기를 억제한다.
③ 환기를 통해 실내 절대습도를 저하한다.
④ 직접가열이나 기류촉진에 의해 표면온도를 상승시킨다.

▶▶ **표면결로 방지** [16·15·14·13·12·10·08·07·06년 출제]
벽체의 열관류저항을 낮추면 실내 측 벽체의 온도가 낮아져 결로가 발생한다.

18 자연환기량에 관한 설명으로 옳지 않은 것은?

① 개구부 면적이 클수록 많아진다.
② 실내외의 온도차가 클수록 많아진다.
③ 공기유입구와 유출구의 높이의 차이가 클수록 많아진다.
④ 중성대에서 공기유출구까지의 높이가 작을수록 많아진다.

▶▶ **자연환기량** [10·08·07년 출제]
중성대에서 공기유출구까지의 높이가 클수록 많아진다.

19 실내 음향계획에 관한 설명으로 옳지 않은 것은?

① 음이 실내에 골고루 분산되도록 한다.
② 반사음이 한곳으로 집중되지 않도록 한다.
③ 실내 잔향시간은 실용적이 크면 클수록 짧다.
④ 음악을 연주할 때에는 강연 때보다 잔향시간이 다소 긴 편이 좋다.

▶▶ **음향계획** [13·08·07·06년 출제]
실내 잔향시간은 실용적이 크면 클수록 길다.

20 건축적 채광방식 중 측광에 관한 설명으로 옳지 않은 것은?

① 개폐 등의 조작이 용이하다.
② 구조·시공이 용이하며 비막이에 유리하다.
③ 근린의 상황에 의한 채광 방해의 우려가 있다.
④ 편측 채광은 양측 채광에 비해 조도분포가 균일하다.

▶▶ **측창 채광** [12·10·09·08년 출제]
실내의 조도분포가 균일하지 못하다.

정답
17 ① 18 ④ 19 ③ 20 ④

21 공동(空胴)의 대형 점토제품으로 난간벽, 돌림대, 창대 등에 사용되는 것은?

① 타일
② 도관
③ 테라초
④ 테라코타

▶▶ 테라코타 [11 · 10년 출제]
공동(空胴)의 대형 점토제품으로 건축물의 패러핏, 난간벽, 주두, 돌림대, 창대 등에 장식적으로 사용된다.

22 천연 아스팔트에 해당하지 않는 것은?

① 아스팔타이트
② 록 아스팔트
③ 블론 아스팔트
④ 레이크 아스팔트

▶▶ 천연 아스팔트 [22 · 16 · 15 · 13 · 12 · 11 · 10 · 08년 출제]
블론 아스팔트는 석유 아스팔트계이다.

23 ALC(Autoclaved Lightweight Concrete) 제품에 관한 설명으로 옳지 않은 것은?

① 중성화의 우려가 높다.
② 단열성능이 우수하다.
③ 습기가 많은 곳에서의 사용은 곤란하다.
④ 압축강도에 비해 휨강도, 인장강도가 크다.

▶▶ ALC [15 · 13 · 10년 출제]
콘크리트는 압축강도가 휨강도, 인장강도보다 크다. 그중 ALC는 단열성능이 우수하고 내화성능이 우수하다.

24 콘크리트의 중성화를 억제하기 위한 방법으로 옳지 않은 것은?

① 혼합 시멘트를 사용한다.
② 물시멘트비를 작게 한다.
③ 단위 수량을 최소화한다.
④ 환경적으로 오염되지 않게 한다.

▶▶ 콘크리트의 중성화 [16 · 13 · 11 · 10년 출제]
경량골재, 혼합 시멘트를 사용하지 않는다.

정답
21 ④   22 ③   23 ④   24 ①

25 다음 설명에 알맞은 합성수지는?

- 평판 성형되어 글라스와 같이 이용되는 경우가 많다.
- 유기글라스라고 불린다.

① 요소수지 ② 멜라민수지
③ 아크릴수지 ④ 염화비닐수지

▶▶ 아크릴수지 [10년 출제]
아크릴수지는 투명하여 글라스와 같이 사용할 수 있다.

26 금속재료의 방식방법으로 옳지 않은 것은?

① 건조한 상태로 유지한다.
② 부분적인 녹은 즉시 제거한다.
③ 상이한 금속은 맞대어 사용한다.
④ 도료를 이용하여 수밀성 보호 피막 처리를 한다.

▶▶ 금속 방식방법 [16·15·14·13·12·10·09·08·07·06년 출제]
다른 종류의 금속을 서로 잇대어 사용하지 않는다.

27 플라스틱 재료의 일반적인 성질에 관한 설명으로 옳지 않은 것은?

① 내약품성이 우수하다.
② 착색이 자유롭고 가공성이 좋다.
③ 압축강도가 인장강도보다 매우 작다.
④ 내수성 및 내투습성은 일부를 제외하고 극히 양호하다.

▶▶ 플라스틱 재료의 성질 [11·10·09년 출제]
플라스틱 재료는 압축강도가 인장강도보다 크다.

28 강의 열처리방법에 해당하지 않는 것은?

① 불림 ② 단조
③ 풀림 ④ 담금질

▶▶ 강의 열처리방법 [12·11·10·08년 출제]
열처리방법에는 불림, 풀림, 담금질, 뜨임이 있으며, 단조는 성형방법이다.

정답
25 ③ 26 ③ 27 ③ 28 ②

29 콘크리트의 혼화제 중 AE제의 사용효과에 관한 설명으로 옳지 않은 것은?

① 콘크리트의 작업성을 향상시킨다.
② 블리딩 등의 재료분리를 감소시킨다.
③ 콘크리트의 동결융해 저항성능을 향상시킨다.
④ 플레인 콘크리트와 동일 물시멘트비인 경우 압축강도를 증가시킨다.

▶ AE제 [22·16·15·14·13·12·09·07년 출제]
시공연도가 좋아지며 콘크리트의 작업성이 향상되지만 압축강도가 감소한다.

30 기경성 미장재료에 해당하지 않는 것은?

① 회반죽
② 회사벽
③ 시멘트 모르타르
④ 돌로마이트 플라스터

▶ 기경성 미장재료 [09·08·07년 출제]
① 기경성 미장재료 : 석회, 흙, 섬유벽 등
② 수경성 미장재료 : 시멘트와 석고계

31 유성 페인트에 관한 설명으로 옳지 않는 것은?

① 건조시간이 길다.
② 내후성이 우수하다.
③ 붓바름 작업성이 우수하다.
④ 모르타르, 콘크리트 벽의 정벌바름에 주로 사용된다.

▶ 유성 페인트 [16·13·11·10·09년 출제]
내알칼리성이 약하여 콘크리트에 정벌바름하면 피막이 부서져 떨어진다.

32 석재의 일반적 성질에 관한 설명으로 옳지 않은 것은?

① 불연성이며, 내화학성이 우수하다.
② 대체로 석재의 강도가 크며 경도도 크다.
③ 석재는 압축강도에 비해 인장강도가 특히 크다.
④ 일반적으로 흡수율이 클수록 풍화나 동해를 받기 쉽다.

▶ 석재의 장단점 [15·14·12·09·07·06년 출제]
인장 및 휨강도는 압축강도에 비해 매우 작다.

정답
29 ④ 30 ③ 31 ④ 32 ③

33 다음 설명에 알맞은 성분별 유리의 종류는?

- 용융되기 쉽다.
- 내산성이 높으나 알칼리에 약하다.
- 건축일반용 창호유리에 사용된다.

① 고규산유리　　② 소다석회유리
③ 붕사석회유리　④ 칼륨석회유리

▶ **소다석회유리** [12·11년 출제]
일반적인 유리로 창호유리, 병유리에 사용된다.

34 목재의 강도 중 응력방향이 섬유방향에 평행할 경우 일반적으로 가장 큰 것은?

① 휨강도　　② 인장강도
③ 전단강도　④ 압축강도

▶ **목재의 강도** [15·13·12·10·08년 출제]
목재의 강도는 인장강도＞휨강도＞압축강도＞전단강도 순서로 작아진다.

35 건축재료를 화학조성에 따라 분류할 경우, 무기재료에 속하지 않는 것은?

① 흙　　② 목재
③ 석재　④ 알루미늄

▶ **무기재료** [15·14·13·10·09·08년 출제]
목재는 유기재료에 들어간다.

36 점토에 관한 설명으로 옳지 않은 것은?

① 압축강도와 인장강도는 같다.
② 알루미나가 많은 점토는 가소성이 좋다.
③ 양질의 점토는 습윤상태에서 현저한 가소성을 나타낸다.
④ Fe_2O_3와 기타 부성분이 많은 것은 고급 제품의 원료로 부적당하다.

▶ **점토의 성질** [15·14·13·12·11·10·09·08·07·06년 출제]
압축강도는 인장강도의 약 5배 정도이다.

정답

33 ②　34 ②　35 ②　36 ①

37 목재제품에 관한 설명으로 옳지 않은 것은?

① 파티클보드는 합판에 비해 휨강도가 매우 우수하다.
② 합판은 함수율 변화에 따른 팽창·수축의 방향성이 없다.
③ 섬유판은 목재 또는 기타 식물을 섬유화하여 성형한 판상제품이다.
④ 집성재는 부재를 서로 섬유방향을 평행하게 하여 집성, 접착시킨 것이다.

▶ 파티클보드 [16·15·10년 출제]
절삭 또는 나뭇조각을 건조하여 합성수지 접착제와 유기질 접착제를 첨가하여 열압 제판한 목재제품이다.

38 수성암의 일종으로 석질이 치밀하고 박판으로 채취할 수 있으므로 슬레이트로서 지붕 등에 사용되는 것은?

① 트래버틴　② 점판암
③ 화강암　④ 안산암

▶ 점판암 [16·13·12·11·07·06년 출제]
점판암은 석질이 치밀하고 흡수율이 작아 지붕재료로 사용된다.

39 석고 플라스터 미장재료에 관한 설명으로 옳지 않은 것은?

① 내화성이 우수하다.
② 수경성 미장재료이다.
③ 회반죽보다 건조수축이 크다.
④ 원칙적으로 해초 또는 풀즙을 사용하지 않는다.

▶ 석고 플라스터 [16·15·14·13·11·09·08·06년 출제]
석고 플라스터는 건조수축이 작다.

40 시멘트가 경화될 때 용적이 팽창하는 정도를 의미하는 것은?

① 응결　② 풍화
③ 안정성　④ 크리프

▶ 시멘트의 안정성 [16·15·13·06년 출제]
시멘트가 경화 중에 체적이 팽창하여 팽창균열이나 휨 등이 생기는 정도, 즉 반응상의 안정성을 말한다.

정답			
37 ①	38 ②	39 ③	40 ③

41 목재의 접합에서 널판재의 면적을 넓히기 위해 두 부재를 나란히 옆으로 대는 것을 무엇이라 하는가?

① 쪽매　　② 장부
③ 맞춤　　④ 연귀

▶▶ **쪽매** [16·13·11·07·06년 출제]
목재판과 널판재의 좁은 폭의 널을 옆으로 붙여 면적을 넓히는 접합방법이다.

42 1889년 프랑스 파리에 만든 에펠탑의 건축구조는?

① 벽돌구조
② 블록구조
③ 철골구조
④ 철근콘크리트구조

▶▶ **철골구조** [10·06년 출제]
주요한 골조 부분인 뼈대를 강재를 조립하여 구성한 철골구조이다.

43 철골구조에서 스티프너를 사용하는 가장 중요한 목적은?

① 보의 휨내력 보강
② 웨브 플레이트의 좌굴 방지
③ 보의 처짐 보강
④ 플랜지 앵글의 단면 보강

▶▶ **스티프너** [16·15·13·12·11·10·09·08·07·06년 출제]
스티프너는 웨브 플레이트의 좌굴을 방지하기 위해 설치한다.

44 다음 중 기둥과 기둥 사이의 간격을 나타내는 용어는?

① 좌굴　　② 스팬
③ 면내력　④ 접합부

▶▶ **스팬**
기둥과 기둥 사이의 간격을 나타내며, 간 사이라고도 한다.

정답
41 ①　42 ③　43 ②　44 ②

45 건축구조물에서 지점의 종류 중 지지대에 평행으로 이동이 가능하고 회전이 자유로운 상태이며 수직반력만 발생하는 것은?

① 회전단　　② 고정단
③ 이동단　　④ 자유단

▶ **지점의 반력** [10년 출제]
① 회전단 : 이동이 불가능하지만 힌지로 고정된 형태로 회전이 자유로운 상태로 수직과 수평반력이 생긴다.
② 고정단 : 강접합으로 고정되어 수직, 수평, 회전모멘트 반력이 생긴다.
③ 이동단 : 핀으로 고정된 상태로 평행이동이 가능하여 수직반력만 생긴다.
④ 자유단 : 아무런 지지나 구속을 받지 않는 부재이다.

46 다음 철근 중 슬래브구조와 가장 거리가 먼 것은?

① 주근　　② 배력근
③ 수축온도철근　　④ 나선철근

▶ **바닥 슬래브구조**
① 1방향 슬래브 : 단변방향에는 주근 배치, 장변방향에는 수축온도철근을 배치한다.
② 2방향 슬래브 : 단변방향에는 주근 배치, 장변방향에는 배력근을 배치한다.
※ 나선철근은 원형인 나선철근기둥의 주근을 감싸는 철근이다.

47 굴뚝과 같은 독립구조물의 기초를 설계할 때 고려해야 할 하중으로 거리가 먼 것은?

① 지진하중　　② 고정하중
③ 적설하중　　④ 풍하중

▶ **적설하중**
눈의 하중을 말하며 주로 지붕을 설계할 때 고려한다.

48 조적구조의 특징으로 옳지 않은 것은?

① 내구 · 내화적이다.
② 건식 구조이다.
③ 각종 횡력에 약하다.
④ 고층 건물에의 적용이 어렵다.

▶ **조적구조의 특징** [10 · 09년 출제]
모르타르가 사용되므로 습식 구조이다.

49 철근콘크리트 강도측정을 위한 비파괴시험에 해당하는 것은?

① 슈미트해머법　　② 언더컷
③ 라멜라테어링　　④ 슬럼프검사

▶ **슈미트해머법**
재료의 표면 경도를 측정하는 시험기. 계기에 내장하는 스프링과 추에 의해 반발계수를 계측하여 그 재료의 세기를 추정한다. 철근콘크리트 강도측정에 비파괴시험으로 널리 쓰이고 있다.

정답
45 ③　46 ④　47 ③　48 ②　49 ①

50 주심포식과 다포식으로 나누어지며 목구조 건축물에서 처마 끝의 하중을 받치기 위해 설치하는 것은?

① 공포　　　　　② 부연
③ 너새　　　　　④ 서까래

▶ 공포 [08년 출제]
목구조 건축물에서 처마 끝의 하중을 받치기 위해 설치하는 것으로, 주심포식과 다포식으로 나누어진다.

51 건축도면의 치수에 대한 설명으로 옳지 않은 것은?

① 치수는 특별히 명시하지 않는 한 마무리 치수로 표시한다.
② 치수는 치수선 중앙 윗부분에 기입하는 것이 원칙이다.
③ 치수선의 양 끝 표시는 화살표 또는 점으로 표시할 수 있으며, 같은 도면에서 2종을 혼용할 수 있다.
④ 협소한 간격이 연속될 때에는 인출선을 사용하여 치수를 쓴다.

▶ 치수 [12 · 11 · 10 · 09년 출제]
치수선의 양 끝 표시는 같은 도면에서는 한 가지만 사용한다.

52 제도용구에 대한 설명으로 옳은 것은?

① 자유곡선자 : 투시도 작도 시 긴 선이나 직각선을 그릴 때 많이 사용된다.
② 삼각자 : 75°, 35° 자를 주로 사용하며 재질은 플라스틱 제품이 많이 사용된다.
③ 자유삼각자 : 하나의 자로 각도를 조절하여 지붕의 물매 등을 그릴 때 사용한다.
④ 운형자 : 원호로 된 곡선을 자유자재로 그릴 때 사용하며 고무 제품이 많이 사용된다.

▶ 제도용구 [12 · 09년 출제]
① 자유곡선자 : 큰 곡선을 그릴 때 사용한다.
② 삼각자 : 일반적으로 45° 등변삼각형과 30°, 60°의 직각삼각형 두 가지가 한 쌍으로 이루어져 있고 눈금은 없다.
④ 운형자 : 원호 이외의 곡선을 그을 때 사용한다.

53 아래 표시기호의 명칭은 무엇인가?

① 붙박이문　　　　② 쌍미닫이문
③ 쌍여닫이문　　　④ 두짝 미서기문

▶ 쌍미닫이문
문을 100% 열 수 있게 벽속으로 들어가는 문이다.

정답

50	51	52	53
①	③	③	②

54 제도용구 중 치수를 옮기거나 선과 원주를 같은 길이로 나눌 때 사용하는 것은?

① 컴퍼스 　　　② 디바이더
③ 삼각스케일 　④ 운형자

55 원호 이외의 곡선을 그을 때 사용하는 제도용구는?

① 운형자 　　　② 템플릿
③ 컴퍼스 　　　④ 디바이더

56 건축에 대한 일반적인 내용으로 옳지 않은 것은?

① 건축은 구조·기능·미를 적절히 조화시켜 필요로 하는 공간을 만드는 것이다.
② 건축구조의 변천은 동굴주거 – 움집주거 – 지상주거 순으로 발달하였다.
③ 건물을 구성하는 구조재에는 기둥, 벽, 바닥, 천장 등이 있다.
④ 건축물은 거주성, 내구성, 경제성, 안전성, 친환경성 등의 조건을 갖추어야 한다.

57 목구조의 가새에 대한 설명으로 옳은 것은?

① 가새의 경사는 60°에 가깝게 하는 것이 좋다.
② 주요 건물인 경우에도 한 방향 가새로만 만들어야 한다.
③ 목조 벽체를 수평력에 견디며 안정한 구조로 하기 위해 사용한다.
④ 가새에는 인장응력만이 발생한다.

▶▶ 제도용구 [12·10·09·08년 출제]
① 컴퍼스 : 원을 그릴 때 사용한다.
② 디바이더 : 직선이나 원주를 등분할 때 사용한다.
③ 삼각스케일 : 실물을 확대 또는 축소하여 제도할 때 사용하는 자이다.
④ 운형자 : 원호 이외의 곡선을 그을 때 사용한다.

▶▶ 운형자 [21·16·15·14·13·12·09·07·06년 출제]
원호 이외의 곡선을 그을 때 사용하는 제도용구이다.

▶▶ 건축물의 구성요소 [06년 출제]
구조재는 건축물의 주체가 되는 기둥, 보, 벽, 바닥 등에 해당하며, 천장은 수장에 속하며 마감재이다.

▶▶ 가새 [16·14·13·07·06년 출제]
① 목조 벽체를 수평력에 견디며 안정한 구조로 만든다.
② 경사는 45°에 가까울수록 유리하다.
③ 압축력 또는 인장력에 대한 보강재이다.
④ 주요 건물의 경우 한 방향으로만 만들지 않고, X자형으로 만들어 압축과 인장을 겸하도록 한다.
⑤ 가새는 절대로 따내거나 결손시키지 않는다.

정답
54 ②　55 ①　56 ③　57 ③

58 아래 설명에 가장 적합한 종이의 종류는?

> 실시 도면을 작성할 때에 사용되는 원도지로, 연필을 이용하여 그린다. 투명성이 있고 경질이며, 청사진 작업이 가능하고, 오랫동안 보존할 수 있으며, 수정이 용이한 종이로 건축제도에 많이 쓰인다.

① 켄트지　② 방안지
③ 트레팔지　④ 트레이싱지

▶ **트레이싱지** [15·13·12·07년 출제]
청사진을 만들기 위한 원도지로서 도면을 장기간 보존, 납품용 도면을 제작하기 위하여 사용한다.

59 건축도면 중 전개도에 대한 정의로 옳은 것은?

① 부대시설의 배치를 나타낸 도면
② 각 실 내부의 의장을 명시하기 위해 작성하는 도면
③ 지반, 바닥, 처마 등의 높이를 나타낸 도면
④ 실의 배치 및 크기를 나타낸 도면

▶ **전개도** [13·12·11·10·08년 출제]
각 실의 내부 의장을 나타내기 위한 도면이다.

60 보강블록구조에서 테두리보를 설치하는 목적과 가장 관계가 먼 것은?

① 하중을 직접 받는 블록을 보강한다.
② 분산된 내력벽을 일체로 연결하여 하중을 균등히 분포시킨다.
③ 횡력에 대한 벽면의 직각방향 이동으로 인해 발생하는 수직균열을 막는다.
④ 가로철근의 끝을 정착시킨다.

▶ **보강블록조의 테두리보** [08년 출제]
세로철근의 끝을 정착시킨다.

정답
58 ④　59 ②　60 ④

2014년 제2회 기출문제

01 프라이버시에 관한 설명으로 옳지 않은 것은?

① 가족 수가 많은 경우 주거공간을 개방형 공간계획으로 하는 것이 프라이버시를 유지하기에 좋다.
② 프라이버시란 개인이나 집단이 타인과의 상호작용을 선택적으로 통제하거나 조절하는 것을 말한다.
③ 주거공간은 가족생활의 프라이버시는 물론, 거주하는 개인의 프라이버시가 유지되도록 계획되어야 한다.
④ 주거공간의 프라이버시는 공간의 구성, 벽이나 천장의 구조와 재료, 창이나 문의 종류와 위치 등에 의해 많은 영향을 받는다.

▶ **프라이버시**
개방형 공간계획은 프라이버시를 유지하는 데 불리하다.

02 문양(Pattern)에 관한 설명으로 옳지 않은 것은?

① 장식의 질서와 조화를 부여하는 방법이다.
② 작은 공간에서는 서로 다른 문양의 혼용을 피하는 것이 좋다.
③ 형태에 패턴이 적용될 때 형태는 패턴을 보완하는 기능을 갖게 된다.
④ 연속성에 의한 운동감이 있고, 디자인 전체 리듬과도 관계가 있다.

▶ **형태**
① 형태는 입체적, 공간적 구조의 특성을 가지고 있어 표현을 구체적으로 나타낼 수 있다.
② 패턴이 오히려 형태를 보완하는 기능을 갖는다.

03 다음 설명에 알맞은 공간의 조직형식은?

> 하나의 형이나 공간이 지배적이고 이를 둘러싼 주위의 형이나 공간이 종속적으로 배열된 경우로 보통 지배적인 형태는 종속적인 형태보다 크기가 크며 단순하다.

① 직선식　　　② 방사식
③ 군생식　　　④ 중앙집중식

▶ **중앙집중식**
핵심적 요소가 중앙에 배치되고 종속되는 요소를 주위로 둘러싸는 형태이다.

정답
01 ①　02 ③　03 ④

04 주거공간을 주 행동에 따라 개인공간, 사회공간, 노동공간 등으로 구분할 경우, 다음 중 개인공간에 속하는 것은?

① 서재
② 거실
③ 응접실
④ 가사실

> **개인공간(정적)** [22·16·14·13·12·11·10·09·08·06년 출제]
> 각 개인의 사생활을 위한 사적인 공간을 말한다.(침실, 서재, 자녀방)

05 실내공간을 형성하는 주요 기본요소 중 바닥에 관한 설명으로 옳지 않은 것은?

① 고저차로 공간의 영역을 조정할 수 있다.
② 촉각적으로 만족할 수 있는 조건이 요구된다.
③ 다른 요소에 비해 시대와 양식에 의한 변화가 현저하다.
④ 공간을 구성하는 수평적 요소로서 생활을 지탱하는 가장 기본적인 요소이다.

> **바닥** [16·15·14·13·10·09년 출제]
> 벽이나 천장은 시대와 양식에 의한 변화가 현저한 데 비해 바닥은 매우 고정적이다.

06 평범하고 단순한 실내에 흥미를 부여하려고 하는 경우 가장 적합한 디자인 원리는?

① 조화
② 통일
③ 강조
④ 균형

> **강조** [15·13·11·08년 출제]
> 시각적인 힘의 강약에 단계를 주어 디자인의 일부분에 초점이나 흥미를 부여한다.

07 실내디자인의 기본적인 프로세스로 옳은 것은?

① 설계 → 계획 → 기획 → 시공 → 평가
② 설계 → 기획 → 계획 → 시공 → 평가
③ 계획 → 기획 → 설계 → 시공 → 평가
④ 기획 → 계획 → 설계 → 시공 → 평가

> **실내디자인 프로세스** [14·12·11·08년 출제]
> 기획(요구분석, 각종 자료분석) – 계획 – 설계(디자인 의도 확인, 설계도 제시, 설계도 완성) – 시공 – 평가

08 창문 전체를 커튼으로 처리하지 않고 반 정도만 친 형태를 갖는 커튼의 종류는?

① 새시 커튼
② 글라스 커튼
③ 드로우 커튼
④ 크로스 커튼

> **새시 커튼** [14·13·09년 출제]
> 창문 전체를 커튼으로 처리하지 않고 반 정도만 친 형태를 갖는 커튼을 말한다.

> **정답**
> 04 ① 05 ③ 06 ③ 07 ④ 08 ①

09 상점계획에서 파사드 구성에 요구되는 소비자 구매심리 5단계에 속하지 않는 것은?

① 기억(Memory)　② 욕망(Desire)
③ 주의(Attention)　④ 유인(Attraction)

▶▶ 소비자 구매심리 [21 · 16 · 14 · 10 · 09 · 07년 출제]
구매심리 5단계는 주의, 흥미, 욕망, 기억, 행동이다.

10 다음 설명에 알맞은 형태의 지각심리는?

> 여러 종류의 형틀이 모두 일정한 규모, 색채, 질감, 명암, 윤곽선을 갖고 모양만 다를 경우에는 모양에 따라 그룹화되어 지각된다.

① 근접성　② 연속성
③ 유사성　④ 폐쇄성

▶▶ 유사성 [14 · 13 · 12년 출제]
비슷한 형상의 요소를 한번에 인식하는 심리이다.

11 할로겐램프에 관한 설명으로 옳지 않은 것은?

① 휘도가 낮다.
② 백열전구에 비해 수명이 길다.
③ 연색성이 좋고 설치가 용이하다.
④ 흑화가 거의 일어나지 않고 광속이나 색온도의 저하가 극히 적다.

▶▶ 할로겐램프
휘도가 높아 눈부심이 있다.

12 실내공간을 넓어 보이게 하는 방법과 가장 거리가 먼 것은?

① 큰 가구는 벽에 부착시켜 배치한다.
② 벽면에 큰 거울을 장식해 실내공간을 반사시킨다.
③ 빈 공간에 화분이나 어항 또는 운동기구 등을 배치한다.
④ 창이나 문 등의 개구부를 크게 하여 옥외공간과 시선이 연장되도록 한다.

▶▶ 실내공간 [11 · 09 · 08년 출제]
크기가 작은 가구를 이용하고 최대한 빈 공간을 두어 넓어 보이게 한다.

정답
09 ④　10 ③　11 ①　12 ③

13 다음 중 부엌의 효율적인 작업순서에 따른 작업대의 배치순서로 가장 알맞은 것은?

① 준비대 → 가열대 → 개수대 → 조리대 → 배선대
② 준비대 → 개수대 → 조리대 → 가열대 → 배선대
③ 개수대 → 조리대 → 배선대 → 가열대 → 준비대
④ 준비대 → 배선대 → 개수대 → 조리대 → 가열대

▶ 부엌의 작업대 [21·16·15·14·13·12·10·07·06년 출제]
준비대 – 개수대 – 조리대 – 가열대 – 배선대 순으로 구성한다.

14 특정한 사용목적이나 많은 물품을 수납하기 위해 건축화된 가구는?

① 이동 가구
② 유닛 가구
③ 붙박이 가구
④ 수납용 가구

▶ 붙박이 가구 [16·15·14·12·11·10·09·08·07·06년 출제]
건축물과 일체화하여 설치하는 건축화된 가구이다.

15 리듬의 원리에 속하지 않는 것은?

① 반복
② 대칭
③ 점이
④ 방사

▶ 리듬 [22·15·14·13년 출제]
반복, 점층, 변이, 방사 등으로 표현할 수 있다.

16 실내외의 온도 차에 의한 공기의 밀도 차가 원동력이 되는 환기 방법은?

① 기계환기
② 인공환기
③ 풍력환기
④ 중력환기

▶ 중력환기 [13·10·08년 출제]
부력에 의한, 즉 실내외 공기의 온도 차에 의해 환기를 할 수 있다.

17 여름보다 겨울에 남쪽 창의 일사량이 많은 가장 주된 이유는?

① 여름에는 태양의 고도가 높기 때문에
② 여름에는 태양의 고도가 낮기 때문에
③ 여름에는 지구와 태양의 거리가 가깝기 때문에
④ 여름에는 나무에 의한 일광 차단이 적기 때문에

▶ 일사량
여름에는 태양의 고도가 높고 겨울에는 태양의 고도가 낮기 때문에 남향으로 창을 만들면 지붕 차양 등으로 여름의 일사량 유입은 적어 시원하고 겨울철 일사량은 많아 실내가 따뜻하다.

정답
13 ② 14 ③ 15 ② 16 ④ 17 ①

18 건물의 단열계획에 관한 설명으로 옳지 않은 것은?

① 외벽 부위는 내단열로 시공한다.
② 건물의 창호는 가능한 작게 설계한다.
③ 외피의 모서리 부분은 열교가 발생하지 않도록 한다.
④ 건물 옥상에는 조경을 하여 최상층 지붕의 열저항을 높인다.

▶ 단열계획 [16·15·14·10·09·08·06년 출제]
외벽 부위는 외단열로 시공한다.

19 고체 양쪽의 유체 온도가 다를 때 고체를 통하여 유체에서 다른 쪽 유체로 열이 전해지는 현상은?

① 대류
② 복사
③ 증발
④ 열관류

▶ 열관류 [14·12·11·09·08년 출제]
열전도와 열전달의 복합 형식으로 벽과 같은 고체를 통하여 유체에서 유체로 열이 전달되는 것이다.

20 음의 잔향시간에 관한 설명으로 옳지 않은 것은?

① 잔향시간은 실의 용적에 비례한다.
② 잔향시간이 길면 앞소리를 듣기 어렵다.
③ 잔향시간은 벽면 흡음도의 영향을 받는다.
④ 실의 형태는 잔향시간의 가장 주된 결정요소이다.

▶ 잔향시간 [16·14·13·11·10·09·06년 출제]
잔향시간은 실의 형태와 무관하다.

21 다음 중 콘크리트 바탕에 사용이 가장 용이한 도료는?

① 유성 바니시
② 유성 페인트
③ 래커 에나멜
④ 염화고무 도료

▶ 염화비닐수지 도료(염화고무 도료) [22·16·15·13·12·10년 출제]
① 합성수지 도료는 내산성, 내알칼리성이 우수하여 콘크리트나 플라스터면에 사용할 수 있다.
② 염화비닐수지 도료, 에폭시 도료, 염화고무 도료 등이 있다.

22 미장공사에 사용되는 결합재에 속하지 않는 것은?

① 소석회
② 시멘트
③ 플라스터
④ 플라이애시

▶ 플라이애시 [16·14·11·10·06년 출제]
시멘트에 사용하면 콘크리트 유동성이 개선되고 수화열이 감소하며 장기강도가 증가되는 혼화재이다.

정답
18 ① 19 ④ 20 ④ 21 ④ 22 ④

23 알루미늄에 관한 설명으로 옳지 않은 것은?

① 콘크리트에 부식된다.
② 은백색의 반사율이 큰 금속이다.
③ 압연, 인발 등의 가공성이 나쁘다.
④ 맑은 물에 대해서는 내식성이 크나 해수에 침식되기 쉽다.

▶▶ 알루미늄 [10 · 07 · 06년 출제]
전성, 연성이 좋아 압연, 인발 등의 가공성이 좋다.

24 미장공사에 사용하며 기둥이나 벽의 모서리 부분을 보호하고 정밀한 시공을 위해 사용하는 철물은?

① 폼 타이
② 코너비드
③ 메탈 라스
④ 메탈 폼

▶▶ 코너비드 [15 · 14 · 13 · 07 · 06년 출제]
벽, 기둥 등의 모서리를 보호하기 위하여 미장공사 전에 사용하는 철물이다.

25 석재의 일반적인 성질에 관한 설명으로 옳지 않은 것은?

① 길고 큰 부재를 얻기 쉽다.
② 불연성이고 압축강도가 크다.
③ 내구성, 내화학성, 내마모성이 우수하다.
④ 외관이 장중하고 치밀하며, 갈면 아름다운 광택이 난다.

▶▶ 석재의 성질 [15 · 14 · 12 · 09 · 07 · 06년 출제]
길고 큰 부재를 얻기 어렵다.

26 다음 중 열가소성 수지에 속하지 않는 것은?

① 에폭시수지
② 아크릴수지
③ 염화비닐수지
④ 폴리에틸렌수지

▶▶ 열가소성 수지 [15 · 14 · 13 · 12 · 10 · 09 · 08년 출제]
에폭시수지는 열경화성 수지이다.

27 다음 중 혼합 시멘트에 속하지 않는 것은?

① 팽창 시멘트
② 고로 시멘트
③ 플라이애시 시멘트
④ 포틀랜드 포졸란 시멘트

▶▶ 혼합 시멘트 [12 · 10년 출제]
팽창 시멘트는 특수 시멘트이다.

정답
23 ③ 24 ② 25 ① 26 ① 27 ①

28 기본 점성이 크며 내수성, 내약품성, 전기절연성이 우수한 만능형 접착제로 금속, 플라스틱, 도자기, 유리, 콘크리트 등의 접합에 사용되는 것은?

① 요소수지 접착제
② 페놀수지 접착제
③ 멜라민수지 접착제
④ 에폭시수지 접착제

▶▶ 에폭시수지 [16 · 14 · 12 · 11 · 10 · 08 · 07년 출제]
금속, 플라스틱, 도자기, 유리, 콘크리트 등의 접착제로 사용된다.

29 목재의 방부제에 관한 설명으로 옳지 않은 것은?

① 크레오소트유는 유성 방부제로 방부력이 우수하다.
② PCP는 방부력이 약하고 페인트칠이 불가능하다.
③ 황산동 1% 용액은 철재를 부식시키고 인체에 유해하다.
④ 콜타르는 목재가 흑갈색으로 착색되므로 사용장소가 제한된다.

▶▶ 목재의 방부제 [14 · 09 · 07 · 06년 출제]
PCP는 무색에 방부력이 가장 우수하고 페인트칠을 할 수 있다.

30 건축재료를 화학조성에 따라 분류할 경우, 다음 중 무기재료에 속하지 않는 것은?

① 석재   ② 철강
③ 목재   ④ 콘크리트

▶▶ 무기재료 [15 · 14 · 13 · 10 · 09 · 08년 출제]
목재는 유기재료에 속한다.

31 콘크리트용 혼화제 중 고성능 AE감수제의 사용목적으로 옳지 않은 것은?

① 단위수량 대폭 감소
② 유동화 콘크리트의 제조
③ 응결시간이나 초기수화의 촉진
④ 고강도 콘크리트의 슬럼프 로스 방지

▶▶ AE제 [22 · 16 · 15 · 14 · 13 · 12 · 09 · 07년 출제]
미세기포를 발생하여 시공연도가 좋아지며 콘크리트의 작업성이 향상되지만 응결시간이나 초기수화의 촉진에 영향을 주지 않는다.

정답
28 ④ 29 ② 30 ③ 31 ③

32 콘크리트의 성질에 관한 설명으로 옳지 않은 것은?

① 내화적이다.
② 인장강도가 크다.
③ 균일시공이 곤란하다.
④ 철근과의 접착성이 우수하다.

▶ 콘크리트 성질 [16·15·12년 출제]
콘크리트 강도는 압축강도를 말한다.

33 목재에 관한 설명으로 옳지 않은 것은?

① 추재는 일반적으로 춘재보다 단단하다.
② 열대지방의 나무는 나이테가 불명확하다.
③ 섬유포화점 이상에서는 함수율의 증가에 따라 강도가 증대한다.
④ 목재의 압축강도는 함수율 및 외력이 가해지는 방향 등에 따라 달라진다.

▶ 목재의 강도 [09·08·07·06년 출제]
섬유포화점 이상에서는 압축강도가 일정하다.

34 점토에 관한 설명으로 옳지 않은 것은?

① 점토의 주성분은 실리카와 알루미나이다.
② 압축강도는 인장강도의 약 5배 정도이다.
③ 점토 입자가 미세할수록 가소성은 나빠진다.
④ 점토의 비중은 일반적으로 2.5~2.6 정도이다.

▶ 점토 [13·12·11·09·07년 출제]
입자가 고운 양질의 점토일수록 가소성이 좋다.

35 다음 중 경량골재의 종류에 속하지 않는 것은?

① 중정석 ② 석탄재
③ 팽창질석 ④ 팽창슬래그

▶ 중정석
비중이 4.3~4.7이므로 중량골재(2.8 이상)에 속한다.

36 다음 중 내화성이 가장 약한 석재는?

① 화강암 ② 안산암
③ 사암 ④ 응회암

▶ 석재의 내화성 [21·16·15·14·13·11·08·07년 출제]
내화성의 크기는 응회암 > 안산암 > 사암 > 대리석 > 화강암 순서다.

정답
32 ② 33 ③ 34 ③ 35 ① 36 ①

37 플로트 판유리의 한쪽 면에 세라믹 도료를 코팅한 후 고온에서 융착하여 반강화시킨 불투명한 색유리는?

① 에칭 글라스
② 스팬드럴유리
③ 스테인드글라스
④ 저방사(Low-E)유리

▶ **스팬드럴유리(Spandrel Glass)**
판유리의 한쪽 면에 세라믹질의 도료를 코팅한 다음 고온에서 융착, 반강화시킨 불투명한 색유리로 미려한 금속성을 가진다. 코팅 처리 후 강화되기 때문에 일반 유리에 비해 내구성이 뛰어나고 일반 유리보다 몇 배의 강도를 가진다. 제조 후 절단 가공할 수 없으므로 주문 시 모양, 치수 등을 정확히 해야 한다.

38 다음 설명에 알맞은 벽돌의 종류는?

- 점토에 분탄, 톱밥 등을 혼합하여 성형한 후 소성한 것이다.
- 절단, 못치기 등의 가공이 가능하다.

① 다공벽돌
② 내화벽돌
③ 광재벽돌
④ 점토벽돌

▶ **다공벽돌** [16·14·12·11·09·07년 출제]
다공벽돌의 특징으로 방음벽, 단열층, 보온벽, 간막이벽에 사용된다.

39 아스팔트 제품 중 펠트의 양면에 블론 아스팔트를 피복하고 활석 분말 등을 부착하여 만든 제품은?

① 아스팔트 루핑
② 아스팔트 타일
③ 아스팔트 프라이머
④ 아스팔트 콤파운드

▶ **아스팔트 루핑** [14·11·08년 출제]
펠트의 양면에 블론 아스팔트를 피복하고 활석 분말 등을 부착하여 만든 제품으로 지붕에 기와 대신 사용한다.

정답
37 ② 38 ① 39 ①

40 재료의 역학적 성질 중 재료에 사용하는 외력이 어느 한도에 도달하면 외력의 증감 없이 변형만이 증대하는 성질을 의미하는 것은?

① 탄성　　② 소성
③ 점성　　④ 강성

▶ 소성 [16·14·11년 출제]
외력을 제거해도 원형으로 회복되지 않는 성질이다.

41 건축제도용구 중 디바이더의 용도로 옳은 것은?

① 원호를 용지에 직접 그릴 때 사용한다.
② 직선이나 원주를 등분할 때 사용한다.
③ 각도를 조절하여 지붕물매를 그릴 때 사용한다.
④ 투시도 작도 시 긴 선을 그릴 때 사용한다.

▶ 디바이더 [16·15·14·12·09년 출제]
직선이나 원주를 분할할 때 사용한다.

42 목구조의 장점에 해당하는 것은?

① 열전도율이 낮다.
② 내화성이 뛰어나다.
③ 함수율에 따른 변형이 적다.
④ 장스팬 건축물을 시공하기에 용이하다.

▶ 목구조의 장점 [16·14·13·12·11·10·09·08·07·06년 출제]
열전도율이 낮아 보온, 방한, 방서에 뛰어나다.

43 다음 보기가 설명하는 것은?

> 벽에 침투한 빗물에 의해서 모르타르의 석회분이 공기 중의 탄산가스(CO_2)와 결합하여 벽돌이나 조적벽면을 하얗게 오염시키는 현상

① 블리딩 현상　　② 백화현상
③ 사운딩 현상　　④ 히빙 현상

▶ 백화현상의 방지 [14·11년 출제]
양질의 벽돌 사용, 빗물이 스며들지 않게 충분한 사출 또는 비막이 설치, 벽에 파라핀 도료 바르기 등이 있다.

44 건축물의 입면도를 작도할 때 표시하지 않는 것은?

① 방위표시　　② 건물의 전체 높이
③ 벽 및 기타 마감재료　　④ 처마높이

▶ 입면도 [16·14·13·10·09·07년 출제]
입면도는 대부분 건물의 외부를 표현한다.

정답
40 ②　41 ②　42 ①　43 ②　44 ①

45 도면의 표제란에 기입할 사항과 가장 거리가 먼 것은?

① 기관 정보　　　② 프로젝트 정보
③ 도면번호　　　④ 도면크기

▶ 표제란 [14·10년 출제]
도면번호, 공사명칭, 축척, 책임자의 서명, 설계자의 서명, 도면작성 연월일, 도면의 분류번호 등을 작성한다.

46 어떤 물건의 실제 길이가 4m이고, 축척이 1/200일 때 도면에 나타나는 길이로 옳은 것은?

① 4mm　　　② 20mm
③ 40mm　　　④ 80mm

▶ 축척 계산 [10년 출제]
단위를 mm로 만들어 계산을 한다.
4,000×1/200 = 20mm

47 제도 글자에 대한 설명으로 옳지 않은 것은?

① 숫자는 아라비아 숫자를 원칙으로 한다.
② 문장은 가로쓰기가 곤란할 때에는 세로쓰기도 할 수 있다.
③ 글자체는 수직 또는 45° 경사의 고딕체로 쓰는 것을 원칙으로 한다.
④ 글자의 크기는 각 도면의 상황에 맞추어 알아보기 쉬운 크기로 한다.

▶ 제도 글자 [14·09·08·06년 출제]
글자체는 수직 또는 15° 경사의 고딕체로 쓰는 것을 원칙으로 한다.

48 셸(Shell)구조에 대한 설명으로 옳지 않은 것은?

① 큰 공간을 덮는 지붕에 사용되고 있다.
② 가볍고 강성이 우수한 구조 시스템이다.
③ 상부는 주로 직선형 디자인이 많이 사용되는 구조물이다.
④ 면에 분포되는 하중을 인장력·압축력과 같은 면내력으로 전달시키는 역학적 특성을 가지고 있다.

▶ 셸구조 [15·14·12·09·08·06년 출제]
곡면판이 지니는 역학적 특성을 응용한 구조로서 외력은 주로 판의 면내력으로 전달되기 때문에 경량이고 내력이 큰 구조물을 구성할 수 있는 구조이다.

49 도면 표시기호 중 반지름을 나타내는 기호는?

① V　　　② D
③ THK　　　④ R

▶ 도면 표시기호 [15·14·12·11·10·09·08·07·06년 출제]
V : 용적, D : 지름, THK : 두께, R : 반지름

정답
45 ④　46 ②　47 ③　48 ③　49 ④

50 각 실의 내부 의장을 나타내기 위한 도면으로 실의 입면을 그려 벽면의 마감재료와 치수, 형상 등을 나타내는 도면은?

① 평면도　　② 창호도
③ 단면도　　④ 전개도

▶ 전개도 [13 · 12 · 11 · 10 · 08년 출제]
각 실의 내부 의장을 나타내기 위한 도면이다.

51 재료에 따른 단면용 표시기호가 옳게 표기된 것은?

번호	표시사항 구분	표시기호
A	석재	
B	인조석	
C	잡석다짐	
D	지반	

① A　　② B
③ C　　④ D

▶ 재료 표시기호 [15 · 12 · 06년 출제]
B : 콘크리트, C : 치장목재, D : 구조목재

52 절충식 지붕틀에서 지붕 하중이 크고 간사이가 넓을 때 중간에 기둥을 세우고 그 위 지붕보에 직각으로 걸쳐대는 부재의 명칭은?

① 베개보　　② 서까래
③ 추녀　　　④ 우미량

▶ 베개보
층보 또는 지붕보를 가로로 받치는 보이다.

53 중심선, 절단선, 기준선으로 사용되는 선의 종류는?

① 2점쇄선　　② 1점쇄선
③ 파선　　　　④ 실선

▶ 1점쇄선 [14 · 11년 출제]
중심선, 절단선, 경계선, 기준선 등이 있다.

정답
50 ④　51 ①　52 ①　53 ②

54 설계도면 중 일반도에 속하지 않은 것은?

① 평면도　　② 전기설비도
③ 배치도　　④ 단면상세도

> **일반도** [22 · 16 · 15 · 14년 출제]
> 배치도, 평면도, 입면도, 단면도, 상세도, 전개도, 창호도 등이며, 전기설비도는 설비도에 속한다.

55 철골구조의 특징에 대한 설명으로 옳지 않은 것은?

① 내화적이다.
② 내진적이다.
③ 장스팬이 가능하다.
④ 해체, 수리가 용이하다.

> **철골구조의 특징**
> 내진적이나 내화성이 취약하여 내화피복 등의 조치가 필요하다.

56 45°와 60° 삼각자의 2개 1조로 그을 수 있는 빗금의 각도가 아닌 것은?

① 30°　　② 50°
③ 75°　　④ 105°

> **삼각자** [09 · 08 · 07 · 06년 출제]
> 45°+60° = 105°,
> 45°+30° = 75°,
> 45°, 90°, 30°, 60°
> 즉, 25°와 50°는 만들 수 없다.

57 건축제도에 사용되는 삼각자에 대한 설명으로 옳지 않은 것은?

① 일반적으로 45° 등변삼각형과 30°, 60°의 직각삼각형 두 가지가 한 쌍으로 이루어져 있다.
② 재질은 플라스틱 제품이 많이 사용된다.
③ 모든 변에 눈금이 기재되어 있어야 한다.
④ 삼각자의 조합에 따라 여러 가지 각도를 표현할 수 있다.

> **삼각자** [16 · 15 · 14 · 13 · 09 · 08 · 07 · 06년 출제]
> 일반적으로 45° 등변삼각형과 30°, 60°의 직각삼각형 두 가지가 한 쌍으로 이루어져 있고 눈금은 없다.

58 철골구조에서 주각부에 사용되는 부재는?

① 커버 플레이트　　② 웨브 플레이트
③ 스티프너　　④ 베이스 플레이트

> **철골의 주각부** [16 · 14 · 13 · 11 · 08년 출제]
> 베이스 플레이트, 리브 플레이트, 윙 플레이트, 클립앵글, 사이드앵글, 앵커볼트 등이 있다.

> **정답**
> 54 ②　55 ①　56 ②　57 ③　58 ④

59 철근콘크리트구조에 대한 설명 중 옳은 것은?

① 타 구조에 비해 자중이 가볍다.
② 타 구조에 비해 시공기간이 짧다.
③ 콘크리트 자체의 인장력이 매우 크다.
④ 철근과 콘크리트는 선팽창계수가 거의 같다.

▶ 철근콘크리트구조 [13·12·11·07년 출제]
콘크리트는 압축력에 강하고 인장력에 약하며, 철근은 인장력에 강하고 압축력에 약하기 때문에 상호보완관계가 있다.

60 철골 용접 시 발생하는 결함의 종류가 아닌 것은?

① 블로홀
② 언더컷
③ 오버랩
④ 침투탐상

▶ 용접의 결함 [11·08년 출제]
용접결함은 블로홀, 언더컷, 오버랩 등이 있고, 침투탐상법은 용접부의 비파괴검사 중 하나이다.

정답
59 ④ 60 ④

2015년 제5회 기출문제

01 일반적으로 실내 벽면에 부착하는 조명의 통칭적 용어는?

① 브래킷(Bracket)
② 펜던트(Pendant)
③ 캐스케이드(Cascade)
④ 다운 라이트(Down Light)

▶ 브래킷 [15 · 14 · 10년 출제]
벽면에 부착하는 조명방식으로 장식조명에 속한다.

02 밖으로 창과 함께 평면이 돌출된 형태로 아늑한 구석 공간을 형성할 수 있는 창의 종류는?

① 고정창
② 윈도 월
③ 베이 윈도
④ 픽처 윈도

▶ 베이 윈도 [15 · 12년 출제]
건물 밖으로 창이 돌출된 형태이다.

03 부엌가구의 배치 유형 중 양쪽 벽면에 작업대가 마주보도록 배치한 것으로 폭이 길이에 비해 넓은 부엌의 형태에 적합한 것은?

① 일자형
② L자형
③ 병렬형
④ 아일랜드형

▶ 병렬형 [15 · 12년 출제]
작업대를 마주보도록 배치하여 동선이 짧아지나, 몸을 앞뒤로 바꿔야 하는 불편함이 있다.

04 조선시대 주택에서 남자 주인이 거처하던 방으로서 서재와 접객 공간으로 사용된 공간은?

① 안방
② 대청
③ 침방
④ 사랑방

▶ 사랑채(사랑방) [13 · 11 · 07년 출제]
남편이 기거하며 독서와 응접을 할 수 있는 곳으로, 외부에 가까운 곳에 위치하며 사랑 마당이 있다.

정답
01 ① 02 ③ 03 ③ 04 ④

05 다음 중 실용적 장식품에 속하지 않은 것은?

① 모형 ② 벽시계
③ 스크린 ④ 스탠드 램프

▶ **장식적 장식품** [13년 출제]
실내 분위기를 위해 설치해 놓은 감상 위주의 물품을 말하며, 수석, 모형, 수족관 등이 있다.

06 동선계획을 가장 잘 나타낼 수 있는 실내계획은?

① 천장계획 ② 입면계획
③ 평면계획 ④ 구조계획

▶ **평면계획** [15년 출제]
동선계획은 평면계획에서 하고 식당과 주방에서는 주부의 작업동선을 가장 우선적으로 고려한다.

07 우리나라의 전통가구 중 장과 더불어 가장 일반적으로 쓰이던 수납용 가구로 몸통이 2층 또는 3층으로 분리되어 상자 형태로 포개 놓아 사용된 것은?

① 농 ② 함
③ 궤 ④ 소반

▶ **농** [15 · 09 · 08년 출제]
수납용 가구로 몸통이 2층 또는 3층으로 분리되는 상자 형태이다.

08 상점의 공간구성에 있어서 판매공간에 속하는 것은?

① 파사드공간 ② 상품관리공간
③ 시설관리공간 ④ 상품전시공간

▶ **판매공간** [15 · 12년 출제]
도입공간, 통행공간, 상품전시공간, 서비스공간으로 구분한다.

09 다음 설명에 알맞은 디자인 원리는?

디자인의 모든 요소가 중심점으로부터 중심 주변으로 퍼져 나가는 양상을 구성하여 리듬을 이루는 것

① 강조 ② 조화
③ 방사 ④ 통일

▶ **방사** [15 · 09 · 06년 출제]
외부로 퍼져 나가는 리듬감으로 생동감이 있다.

정답
05 ① 06 ③ 07 ① 08 ④ 09 ③

10 다음과 같은 특징을 갖는 의자는?

- 등받이와 팔걸이가 없는 형태의 보조의자이다.
- 가벼운 작업이나 잠시 걸터앉아 휴식을 취하는 데 사용된다.

① 스툴 ② 카우치
③ 이지 체어 ④ 라운지 체어

▶ 스툴 [15·11·12·08년 출제]
등받이와 팔걸이가 없는 형태로 잠시 앉거나 가벼운 작업을 할 수 있는 보조의자이다.

11 다음 중 부엌에서 작업 삼각형(Work Triangle)의 각 변의 길이 합계로 가장 알맞은 것은?

① 1.5m ② 2.5m
③ 5m ④ 7m

▶ 작업 삼각형 [15·14·11년 출제]
3.6~6.6m로 하는 것이 능률적이며 개수대는 창에 면하는 것이 좋다.

12 실내공간을 실제 크기보다 넓어 보이게 하는 방법과 가장 거리가 먼 것은?

① 크기가 작은 가구를 이용한다.
② 큰 가구는 벽에서 떨어뜨려 배치한다.
③ 마감은 질감이 거친 것보다는 고운 것을 사용한다.
④ 창이나 문 등의 개구부를 크게 하여 시선이 연결되도록 계획한다.

▶ 실내공간 [14년 출제]
큰 가구는 벽에 붙여야 넓어 보인다.

13 천창에 관한 설명으로 옳지 않은 것은?

① 통풍, 차열에 유리하다.
② 벽면을 다양하게 활용할 수 있다.
③ 실내 조도분포의 균일화에 유리하다.
④ 밀집된 건물에 둘러싸여 있어도 일정량의 채광을 확보할 수 있다.

▶ 천창 [21·16·15·13·10·07·06년 출제]
시공, 관리가 어렵고, 빗물이 새기 쉬우며 통풍과 열 조절이 불리하다.

정답
10 ① 11 ③ 12 ② 13 ①

14 주거공간의 동선에 관한 설명으로 옳지 않은 것은?

① 주부 동선은 길수록 좋다.
② 동선이 짧을수록 에너지 소모가 적다.
③ 상호 간에 상이한 유형의 동선은 분리하도록 한다.
④ 동선을 줄이기 위해 다른 공간의 독립성을 저해해서는 안 된다.

▶▶ **동선계획** [15·13·12·10·09·08·07·06년 출제]
단순, 명쾌하게 하며 빈도가 높은 동선은 짧게 처리한다.

15 특정한 사용목적이나 많은 물품을 수납하기 위해 건축화된 가구를 의미하는 것은?

① 가동 가구   ② 이동 가구
③ 유닛 가구   ④ 붙박이 가구

▶▶ **붙박이 가구** [16·15·14·12·11·10·09·08·07·06년 출제]
건축물과 일체화하여 설치하는 건축화된 가구이다.

16 다음 중 옥내조명의 설계에서 가장 먼저 이루어져야 하는 것은?

① 광원의 선정   ② 조도의 결정
③ 조명방식의 결정   ④ 조명가구의 결정

▶▶ **조명설계** [15·09·07년 출제]
소요조도의 결정 → 조명방식의 결정 → 광원의 선정 → 조명기구의 선정 → 조명기구 배치 → 검토

17 음의 대소를 나타내는 감각량을 음의 크기라고 하는데, 음의 크기 단위는?

① pH   ② dB
③ sone   ④ phon

▶▶ **음의 크기 단위**
① pH : 수소이온의 농도 지수
② dB : 음압의 레벨
③ sone : 음의 대소
④ phon : 음 크기의 레벨

18 열기나 유해물질이 실내에 널리 산재되어 있거나 이용되는 경우에 급기로 실내의 전체 공기를 희석하여 배출시키는 방법은?

① 집중환기   ② 전체환기
③ 국소환기   ④ 고정환기

▶▶ **전체환기**(General Ventilation, Dilution Ventilation)
유해물질을 오염원에서 완전히 배출하는 것이 아니라 신선한 공기를 공급하여 유해물질의 농도를 낮추는 방법을 말하는 것으로 고온, 독성이 낮은 물질, 유해물질의 농도가 낮은 경우에 사용한다. 전체환기를 사용할 경우 유해물질의 농도가 감소되어 근로자의 건강을 유지, 증진시키며 화재나 폭발을 예방하고 온도와 습도를 조절할 수 있다.

정답
14 ①   15 ④   16 ②   17 ③   18 ②

19 다음 중 열전도율이 가장 큰 것은?

① 동판
② 목재
③ 대리석
④ 콘크리트

▶ 열전도율
동 370 > 대리석 2.8 > 콘크리트 1.6 > 유리 0.67 > 목재 0.103

20 겨울철 실내에서 발생하는 표면결로 방지방법으로 옳지 않은 것은?

① 실내에서 발생하는 수증기를 억제한다.
② 실내온도를 노점온도 이하로 유지시킨다.
③ 환기에 의해 실내 절대습도를 저하시킨다.
④ 단열강화에 의해 실내 측 표면온도를 상승시킨다.

▶ 표면결로 방지법 [16·15·14·13·12·10·08·07·06년 출제]
실내온도를 노점온도 이상으로 유지시킨다.

21 점토의 일반적인 성질에 관한 설명으로 옳지 않은 것은?

① 양질의 점토는 습윤 상태에서 현저한 가소성을 나타낸다.
② 일반적으로 점토의 압축강도는 인장강도의 약 5배이다.
③ 점토제품의 색상은 철산화물 또는 석회물질에 의해 나타난다.
④ 점토의 비중은 불순점토일수록 크고, 알루미나분이 많을수록 작다.

▶ 점토의 성질 [15·14·13·12·11·10·09·08·07·06년 출제]
비중은 불순물이 많은 점토일수록 작고, 알루미나분이 많을수록 크고 가소성도 좋다.

22 다음 중 콘크리트용 골재로서 요구되는 성질과 가장 거리가 먼 것은?

① 내화성이 있을 것
② 함수량이 많고 흡습성이 클 것
③ 콘크리트 강도를 확보하는 강성을 지닐 것
④ 콘크리트의 성질에 나쁜 영향을 끼치는 유해물질을 포함하지 않을 것

▶ 콘크리트용 골재의 성질 [15·14·13·11·09·07·06년 출제]
함수량이 적고 흡습성이 작은 것이 좋다.

정답
19 ① 20 ② 21 ④ 22 ②

23 재료의 역학적 성질 중 물체에 외력이 작용하면 변형이 생기나 외력을 제거하면 순간적으로 원래의 형태로 회복되는 성질은?

① 전성　　② 소성
③ 탄성　　④ 연성

▶▶ **탄성** [16·15·13·12·11년 출제]
원형으로 회복하는 성질을 말한다.

24 다음 중 도료의 저장 중에 도료에 발생하는 결함에 속하지 않은 것은?

① 피막　　② 증점
③ 젤화　　④ 실끌림

▶▶ **도료의 결함**
실끌림은 도료를 분무 도장할 때 노즐에서 미립자가 나오지 않고 실모양이 되어 나오는 현상으로, 도장과 건조과정에서 발생한다.

25 강화유리에 관한 설명으로 옳지 않은 것은?

① 보통 유리보다 강도가 크다.
② 파괴되면 작은 파편이 되어 분쇄된다.
③ 열처리 후에는 절단 등의 가공이 쉬워진다.
④ 유리를 가열한 다음 급격히 냉각시켜 제작한 것이다.

▶▶ **강화유리** [15·14·11·06년 출제]
열처리 후에는 절단 등이 어렵다.

26 다음 중 역학적 성능이 가장 요구되는 건축재료는?

① 차단재료　　② 내화재료
③ 마감재료　　④ 구조재료

▶▶ **역학적 성능** [15·12·10년 출제]
구조재료는 역학적 성능인 강도, 강성, 내피로성이 요구된다.

27 강의 열처리방법에 속하지 않은 것은?

① 압출　　② 불림
③ 풀림　　④ 담금질

▶▶ **강의 열처리방법** [13·12·11·10·08년 출제]
열처리방법에는 불림, 풀림, 담금질, 뜨임이 있다.
※ 압출은 성형방법이다.

정답
23 ③　24 ④　25 ③　26 ④　27 ①

28 금속의 방식방법에 관한 설명으로 옳지 않은 것은?

① 가능한 한 건조 상태로 유지할 것
② 큰 변형을 주지 않도록 주의할 것
③ 상이한 금속은 인접, 접촉시켜 사용하지 말 것
④ 부분적으로 녹이 생기면 나중에 함께 제거할 것

▶ 금속의 부식방지 [14·13·12년 출제]
부분적으로 녹이 생기면 즉시 제거한다.

29 조강 포틀랜드 시멘트에 관한 설명으로 옳지 않은 것은?

① 경화에 따른 수화열이 작다.
② 공기 단축을 필요로 하는 공사에 사용된다.
③ 초기에 고강도를 발생시키는 시멘트이다.
④ 보통 포틀랜드 시멘트보다 C_3S나 석고가 많다.

▶ 조강 포틀랜드 시멘트 [15·14·13·09년 출제]
조강 포틀랜드 시멘트는 수화열이 크다.

30 다음의 석재 중 내화성이 가장 약한 것은?

① 사암
② 화강암
③ 안산암
④ 응회암

▶ 석재의 내화성 [21·16·15·14·13·11·08·07년 출제]
내화성의 크기는 응회암 > 안산암 > 사암 > 대리석 > 화강암 순서다.

31 석재의 강도라 하면 보통 어떤 강도를 의미하는가?

① 휨강도
② 전단강도
③ 압축강도
④ 인장강도

▶ 석재의 강도 [15·14·12·09·07·06년 출제]
석재는 압축강도가 크고 인장강도나 휨강도는 매우 작다.

32 합판에 관한 설명으로 옳지 않은 것은?

① 곡면가공이 가능하다.
② 함수율 변화에 의한 신축변형이 적다.
③ 표면가공법으로 흡음효과를 낼 수 있고 의장적 효과도 높일 수 있다.
④ 2장 이상의 단판인 박판을 2, 4, 6매 등의 짝수로 섬유방향이 직교하도록 붙여 만든 것이다.

▶ 합판의 특징
홀수로 적층하여 접착제로 붙여서 만든다.

정답

28 ④ 29 ① 30 ② 31 ③ 32 ④

33 목재의 부패에 관한 설명으로 옳지 않은 것은?

① 부패 발생 시 목재의 내구성이 감소된다.
② 목재의 함수율이 15%일 때 부패균 번식이 가장 왕성하다.
③ 생재가 부패균의 작용에 의해 변재부가 청색으로 변하는 것을 청부라고 한다.
④ 부패 초기에는 단순히 변색되는 정도이지만 진행되어감에 따라 재질이 현저히 저하된다.

▶▶ 목재의 부패 [15·11년 출제]
부패균은 함수율 40~50%일 때 발육이 가장 왕성하고, 15% 이하로 건조하면 번식이 중단된다.

34 미장재료 중 자신이 물리적 또는 화학적이고 고체화하여 미장바름의 주체가 되는 재료가 아닌 것은?

① 점토
② 석고
③ 소석회
④ 규산소다

▶▶ 미장재료 [15·14·13·11년 출제]
고결재 종류로는 석고, 돌로마이트 석회, 점토, 소석회, 석회 등이 있다. 규산소다는 응결시간을 단축해주는 급결제이다.

35 내열성이 우수하고, -60~260℃의 범위에서 안정하며 탄력성, 내수성이 좋아 도료, 접착제 등으로 사용되는 합성수지는?

① 페놀수지
② 요소수지
③ 실리콘수지
④ 멜라민수지

▶▶ 실리콘수지 [15·13·11·09·07·06년 출제]
탄력성, 내수성이 좋아 방수용 재료, 접착제 등으로 사용된다.

36 아스팔트의 경도를 표시하는 것으로 규정된 조건에서 규정된 침입 시료 중에 진입된 길이를 환산하여 나타낸 것은?

① 신율
② 침입도
③ 연화점
④ 인화점

▶▶ 침입도 [15·13·09년 출제]
아스팔트의 굳기 정도(경도)를 알 수 있다.

정답
33 ② 34 ④ 35 ③ 36 ②

37 ALC 경량 기포 콘크리트 제품에 관한 설명으로 옳지 않은 것은?

① 흡수성이 낮다.
② 절건비중이 낮다.
③ 단열성능이 우수하다.
④ 차음성능이 우수하다.

> **ALC 경량 기포 콘크리트** [15·13·10년 출제]
> 흡수율이 높아 동해에 대한 방수·방습 처리가 필요하다.

38 다음 중 콘크리트의 일반적인 배합설계 순서에서 가장 먼저 이루어져야 하는 사항은?

① 시멘트의 선정
② 요구성능의 설정
③ 시험배합의 실시
④ 현장배합의 결정

> **콘크리트의 배합설계 순서** [15·13·08년 출제]
> 요구성능의 설정 → 시멘트의 선정 → 시험배합의 실시 → 현장배합의 결정

39 건축용으로는 글라스 섬유로 강화된 평판 또는 판상제품으로 사용되는 열경화성 수지는?

① 아크릴수지
② 폴리에틸렌수지
③ 폴리스티렌수지
④ 폴리에스테르수지

> **폴리에스테르수지** [15·14·11·09·06년 출제]
> 항공기, 선박, 차량재, 건축용으로 글라스 섬유로 강화된 평판 또는 판상제품으로 사용된다.

40 굳지 않은 콘크리트에 요구되는 성질이 아닌 것은?

① 다지기 및 마무리가 용이하여야 한다.
② 시공 시 및 그 전후에 재료분리가 적어야 한다.
③ 거푸집 구석구석까지 잘 채워질 수 있어야 한다.
④ 거푸집에 부어넣은 후, 블리딩이 많이 발생하여야 한다.

> **블리딩** [15·06년 출제]
> 콘크리트가 타설된 후 비교적 가벼운 물이나 미세한 물질 등이 상승하고, 무거운 골재나 시멘트는 침하하는 현상을 말한다. 블리딩이 크면 재료분리가 되어 강도, 수밀성, 내구성 등이 떨어진다.

정답			
37 ①	38 ②	39 ④	40 ④

41 설계도면의 종류 중 실시설계도에 해당되는 것은?

① 구상도
② 조직도
③ 전개도
④ 동선도

▶▶ 계획설계도 [15·14·12·11·07년 출제]
구상도, 조직도, 동선도 등이 있다.

42 철근콘크리트구조에서 적정한 피복두께를 유지해야 하는 이유와 가장 거리가 먼 것은?

① 내화성 유지
② 철근의 부착강도 확보
③ 좌굴 방지
④ 철근의 녹 발생 방지

▶▶ 피복두께
철근의 녹 발생 방지, 내화성 유지, 철근 부착력 증가가 목적이다.

43 선의 종류 중 상상선에 사용되는 선은?

① 굵은 실선
② 파선
③ 일점쇄선
④ 이점쇄선

▶▶ 상상선 [15·14·10·08년 출제]
가상선 또는 상상선이라고 하며 이점쇄선으로 표시한다.

44 곡면판이 지니는 역학적 특성을 응용한 구조로서 외력은 주로 판의 면내력으로 전달되기 때문에 경량이고 내력이 큰 구조물을 구성할 수 있는 구조는?

① 패널구조
② 커튼월구조
③ 블록구조
④ 셸구조

▶▶ 셸구조 [15·14·12·09·08·06년 출제]
곡면판이 지니는 역학적 특성을 가진 구조로 시드니의 오페라하우스가 있다.

45 제도용지에 관한 설명으로 옳지 않은 것은?

① A0 용지의 크기는 약 1m²이다.
② A1 용지로 16장의 A4 용지를 만들 수 있다.
③ A1 용지의 규격은 594mm×841mm이다.
④ 도면을 접을 때에는 A4 크기로 한다.

▶▶ 제도용지의 규격 [16·15·10·06년 출제]
A1 = A2×2장
　 = A3×4장
　 = A4×8장

정답
41 ③ 42 ③ 43 ④ 44 ④ 45 ②

46 철골구조의 고력볼트접합에 관한 설명으로 옳지 않은 것은?

① 볼트 접합부의 강성이 높아 변형이 적다.
② 볼트의 단위 강도가 낮아 작은 응력을 받는 접합부에 적당하다.
③ 피로강도가 높다.
④ 너트가 풀리는 경우가 거의 없다.

▶ 고력볼트접합 [16·15·13·12·10·09·07년 출제]
볼트의 단위 강도가 높아 큰 응력을 받는 접합부에 적당하다.

47 평면도는 건물의 바닥면으로부터 보통 몇 m 높이에서 절단한 수평 투상도인가?

① 0.5m ② 1.2m
③ 1.8m ④ 2.0m

▶ 평면도 [15·14·13·11·10·08년 출제]
기준 층의 바닥면에서 1.2~1.5m 높이인 창틀 위에서 수평으로 절단하여 내려다본 도면이다.

48 아래 설명에 가장 적합한 종이의 종류는?

실시도면을 작성할 때에 사용되는 원도지로 연필을 이용하여 그린다. 투명성이 있고 경질이며, 청사진 작업이 가능하고, 오랫동안 보존할 수 있고, 수정이 용이한 종이로 건축제도에 많이 쓰인다.

① 켄트지 ② 방안지
③ 트레팔지 ④ 트레이싱지

▶ 트레이싱지 [15·13·12년 출제]
투명성이 있고 유성 마커펜으로 컬러를 표현하기 편리하고 청사진 작업과 수정이 용이한 종이로 건축제도에 많이 사용된다.

49 건축제도 시 유의사항으로 옳지 않은 것은?

① 수평선은 왼쪽에서 오른쪽으로 긋는다.
② 삼각자끼리 맞댈 경우 틈이 생기지 않고 면이 곧고 흠이 없어야 한다.
③ 선 긋기는 시작부터 끝까지 굵기가 일정하게 한다.
④ 조명은 우측 상단에 설치하는 것이 좋다.

▶ 제도 시 유의사항
조명은 좌측 상 방향에서 비추는 것이 좋다.

정답
46 ② 47 ② 48 ④ 49 ④

50 아래에서 설명하는 목재 접합의 종류는?

나무 마구리를 감추면서 튼튼한 맞춤을 할 때, 예를 들어 창문 등의 마무리에 이용되며, 일반적으로 2개의 목재 귀를 45°로 빗잘라 직각으로 맞댄다.

① 연귀맞춤　　② 통맞춤
③ 턱이음　　　④ 맞댄쪽매

▶ **연귀맞춤**
접합재의 마구리를 감추기 위해 45°로 잘라 맞춤을 한다.

51 실내투시도 또는 기념건축물과 같은 정적인 건물의 표현에 효과적인 투시도는?

① 평행투시도　　② 유각투시도
③ 경사투시도　　④ 조감도

▶ **평행투시도** [15·14·13·12·09·08·07년 출제]
1소점 투시도(평행투시도)는 정적인 건물의 표현에 효과적이다.

52 건축도면 중 전개도에 대한 정의로 옳은 것은?

① 부대시설의 배치를 나타낸 도면
② 각 실 내부의 의장을 명시하기 위해 작성하는 도면
③ 지반, 바닥, 처마 등의 높이를 나타낸 도면
④ 실의 배치 및 크기를 나타낸 도면

▶ **전개도** [14·13·12·11년 출제]
각 실의 내부 의장을 나타내기 위한 도면이다.

53 프리스트레스트 콘크리트 구조의 특징 중 옳지 않은 것은?

① 고강도 재료를 사용하므로 시공이 간편하다.
② 간사이가 길어 넓은 공간의 설계가 가능하다.
③ 부재단면 크기를 작게 할 수 있으나 진동하기 쉽다.
④ 공기단축과 시공 과정을 기계화할 수 있다.

▶ **프리스트레스트 콘크리트** [22·16·15·12년 출제]
고강도의 PC강재나 피아노선과 같은 특수선재를 사용하여 인장재에 대한 저항력이 작은 콘크리트에 미리 긴장재에 의한 압축력을 가하여 만든 구조로 화재에 약하고 시공이 까다롭다.

정답
50 ①　51 ①　52 ②　53 ①

54 건축제도 시 치수표기에 관한 설명 중 옳지 않은 것은?

① 협소한 간격이 연속될 때에는 인출선을 사용한다.
② 필요한 치수의 기재가 누락되는 일이 없도록 한다.
③ 치수는 특별히 명시하지 않는 한 마무리 치수로 표시한다.
④ 치수기입은 치수선 중앙 아랫부분에 기입하는 것이 원칙이다.

55 콘크리트 혼화재 중 포졸란을 사용할 경우의 효과에 관한 설명으로 옳지 않은 것은?

① 발열량이 적다.
② 블리딩이 감소한다.
③ 시공연도가 좋아진다.
④ 초기강도 증진이 빨라진다.

56 벽돌의 종류 중 특수벽돌에 속하지 않는 것은?

① 붉은 벽돌　　② 경량벽돌
③ 이형벽돌　　④ 내화벽돌

57 다음 치장줄눈의 이름은?

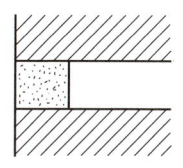

① 민줄눈　　② 평줄눈
③ 오늬줄눈　　④ 맞댄줄눈

58 건설공사표준품셈에서 정의하는 기본벽돌의 크기는?(단, 단위는 mm)

① 210×100×60
② 190×90×57
③ 210×90×57
④ 190×100×60

▶ 기본벽돌 [22·15·07·06년 출제]
표준형은 길이 190mm, 너비 90mm, 두께 57mm이고, 줄눈은 가로세로 10mm를 표준으로 사용한다.

59 철골구조에서 스티프너를 사용하는 가장 중요한 목적은?

① 보의 휨내력 보강
② 웨브 플레이트의 좌굴 방지
③ 보−기둥 접합부의 강도 증진
④ 플랜지 앵글의 단면 보강

▶ 스티프너 [16·15·13·12·11·10·09·08·07·06년 출제]
웨브 플레이트의 좌굴을 방지하기 위해 설치한다.

60 건축제도에 필요한 제도용구와 설명이 옳게 연결된 것은?

① T자−주로 철재로 만들며, 원형을 그릴 때 사용한다.
② 운형자−합판을 많이 사용하며 원호를 그릴 때 주로 사용한다.
③ 자유곡선자−원호 이외의 곡선을 자유자재로 그릴 때 사용한다.
④ 삼각자−플라스틱 재료로 많이 만들며, 15°, 50°의 삼각자 두 개를 한 쌍으로 많이 사용한다.

▶ 제도용구
① T자 : 수평선을 그을 때 사용한다.
② 운형자 : 여러 가지 곡선으로 된 판모양의 자로 각종 곡선을 그릴 때 사용한다.
④ 삼각자 : 30°, 45°의 삼각자 두 개를 한 쌍으로 많이 사용한다.

정답
58 ② 59 ② 60 ③

2016년 제4회 기출문제

01 균형의 종류와 그 실례의 연결이 옳지 않은 것은?

① 방사형 균형 – 판테온의 돔
② 대칭적 균형 – 타지마할 궁
③ 비대칭적 균형 – 눈의 결정체
④ 결정학적 균형 – 반복되는 패턴의 카펫

▶ 방사형 균형
중심점 또는 핵을 갖고 이를 중심으로 방사의 방향으로 확장되어 동적인 표정이 강하다. 자전거 바퀴, 둥근 식탁, 눈의 결정체, 꽃잎 등이 있다.

02 다음 설명에 알맞은 부엌의 작업대 배치방식은?

- 인접한 세 벽면에 작업대를 붙여 배치한 형태이다.
- 비교적 규모가 큰 공간에 적합하다.

① 일렬형
② L자형
③ ㄷ자형
④ 병렬형

▶ 부엌가구의 ㄷ자형(U자형) 배치 [21·16·12·11·07년 출제]
인접된 3면의 벽에 배치한 형태로 작업면이 넓어 작업 효율이 좋다.

03 상점 쇼윈도 전면의 눈부심 방지방법으로 옳지 않은 것은?

① 차양을 쇼윈도에 설치하여 햇빛을 차단한다.
② 쇼윈도 내부를 도로면보다 약간 어둡게 한다.
③ 유리를 경사지게 처리하거나 곡면유리를 사용한다.
④ 가로수를 쇼윈도 앞에 심어 도로 건너편 건물의 반사를 막는다.

▶ 눈부심 방지
쇼윈도 내부를 도로면보다 밝게 하여 눈부심을 방지한다.

04 평화롭고 정지된 모습으로 안정감을 느끼게 하는 선은?

① 수직선
② 수평선
③ 기하곡선
④ 자유곡선

▶ 수평선 [16·14·08년 출제]
평화, 고요, 안정, 정지된 느낌을 줄 수 있다.

정답
01 ③ 02 ③ 03 ② 04 ②

05 동일한 두 개의 의자를 나란히 합해 2명이 앉을 수 있도록 설계한 의자는?

① 세티
② 카우치
③ 풀업 체어
④ 체스터필드

▶ 세티 [16·14·10·07년 출제]
동일한 두 개의 의자를 나란히 합해 2인이 앉을 수 있도록 한 의자이다.

06 다음 중 상점계획에서 중점을 두어야 하는 내용과 가장 관계가 먼 것은?

① 조명설계
② 간판디자인
③ 상품배치방식
④ 상점주의 동선

▶ 동선계획
상점계획에서 중점이 되는 것은 고객의 동선과 종업원 동선, 상품, 관리의 동선이다.

07 천장과 더불어 실내공간을 구성하는 수평적 요소로 인간의 감각 중 시각적, 촉각적 요소와 밀접한 관계를 갖는 것은?

① 벽
② 기둥
③ 바닥
④ 개구부

▶ 바닥 [16·15·14·13·10·09년 출제]
수평적 요소로 시각적, 촉각적 요소와 밀접한 관계를 가지고 있으며 시대와 양식에 의한 변화가 적다.

08 주거공간을 주 행동에 의해 구분할 경우, 다음 중 사회적 공간에 속하는 것은?

① 거실
② 침실
③ 욕실
④ 서재

▶ 사회적 공간 [22·16·15·15·13·12·11·10·09·07년 출제]
가족 중심의 공간으로 모두 같이 사용하는 공간을 말한다.

09 주택의 거실에 관한 설명으로 옳지 않은 것은?

① 다목적 기능을 가진 공간이다.
② 가족의 휴식, 대화, 단란한 공동생활의 중심이 되는 곳이다.
③ 전체 평면의 중앙에 배치하여 각 실로 통하는 통로로서의 기능을 부여한다.
④ 거실의 면적은 가족 수와 가족의 구성형태 및 거주자의 사회적 지위나 손님의 방문 빈도와 수 등을 고려하여 계획한다.

▶ 주택의 거실 [16·10년 출제]
주택의 중심에 위치하고 현관, 복도, 계단 등과 근접하되 직접 접하는 것은 피한다.

정답
05 ① 06 ④ 07 ③ 08 ① 09 ③

10 광원을 넓은 면적의 벽면에 배치하여 비스타(Vista)적인 효과를 낼 수 있으며 시선에 안락한 배경으로 작용하는 건축화조명방식은?

① 코퍼조명 ② 광창조명
③ 코니스조명 ④ 광천장조명

> **광창조명** [22 · 21 · 16 · 15 · 13 · 12년 출제]
> 벽면 전체 또는 일부분을 광원화하는 방식이다.

11 가구와 설치물의 배치 결정 시 다음 중 가장 우선적으로 고려되어야 할 사항은?

① 재질감 ② 색채감
③ 스타일 ④ 기능성

> **기능성** [16 · 10 · 06년 출제]
> 가구와 설치물 배치에 있어서 기능성을 가장 우선시한다.

12 원룸 주택 설계 시 고려해야 할 사항으로 옳지 않은 것은?

① 내부공간을 효과적으로 활용한다.
② 접객공간을 충분히 확보하도록 한다.
③ 환기를 고려한 설계가 이루어져야 한다.
④ 사용자에 대한 특성을 충분히 파악한다.

> **원룸 주택 설계** [16 · 13 · 10 · 07년 출제]
> 원룸은 일실 다용도 방식으로 접객공간 확보가 어렵다.

13 특정한 사용목적이나 많은 물품을 수납하기 위해 건축화된 가구는?

① 가동 가구 ② 이동 가구
③ 붙박이 가구 ④ 모듈러 가구

> **붙박이 가구** [16 · 15 · 14 · 12 · 11 · 10 · 09 · 08 · 07 · 06년 출제]
> 건축물과 일체화하여 설치하는 건축화된 가구이다.

14 다음 중 공간배치 및 동선의 편리성과 가장 관련이 있는 실내디자인의 기본 조건은?

① 경제적 조건 ② 환경적 조건
③ 기능적 조건 ④ 정서적 조건

> **기능적 조건** [16 · 13 · 11 · 09 · 08년 출제]
> 실내디자인의 기본 조건 중 가장 우선시 되며, 공간배치 및 동선의 편리성과 가장 관련이 있다.

정답
10 ② 11 ④ 12 ② 13 ③ 14 ③

15 부엌의 기능적인 수납을 위해서는 기본적으로 4가지 원칙이 만족되어야 하는데, 다음 중 "수납장 속에 무엇이 들었는지 쉽게 찾을 수 있게 수납한다."와 관련된 원칙은?

① 접근성 ② 조절성
③ 보관성 ④ 가시성

▶ **가시성** [14년 출제]
사물을 볼 수 있는 정도를 말한다.

16 음파는 파동의 하나이기 때문에 물체가 진행 방향을 가로막고 있다고 해도 그 물체의 후면에도 전달된다. 이러한 현상을 무엇이라 하는가?

① 회절 ② 반사
③ 간섭 ④ 굴절

▶ **회절** [14년 출제]
진행하는 음이 장애물을 만나면 사라지지 않고 장애물 뒤쪽으로 돌아가는 현상이다.

17 다음 중 일조 조절을 위해 사용되는 것이 아닌 것은?

① 루버 ② 반자
③ 차양 ④ 처마

▶ **일조 조절** [16·14·11·08·06년 출제]
일조 조절에는 루버, 차양, 처마 등이 있다.
※ 반자는 내부 수장재이다.

18 측창 채광에 관한 설명으로 옳지 않은 것은?

① 편측창 채광은 조명도가 균일하지 못하다.
② 천창 채광에 비해 시공, 관리가 어렵고 빗물이 새기 쉽다.
③ 측창 채광은 천창 채광에 비해 개방감이 좋고 통풍에 유리하다.
④ 측창 채광 중 벽의 한 면에만 채광하는 것을 편측창 채광이라 한다.

▶ **측창 채광** [16·15·14·13·12·10·09·07년 출제]
측창 채광에 비해 천창 채광이 시공, 관리가 어렵고 빗물이 새기 쉽다.

정답
15 ④ 16 ① 17 ② 18 ②

19 실내외의 온도 차에 의한 공기의 밀도 차가 원동력이 되는 환기 방법은?

① 풍력환기 ② 중력환기
③ 기계환기 ④ 인공환기

20 다음은 건물 벽체의 열 흐름을 나타낸 그림이다. (　) 안에 알맞은 용어는?

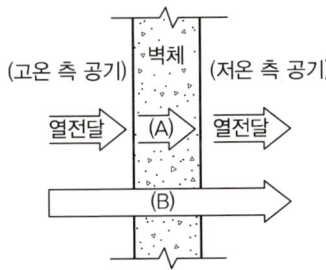

① A : 열복사, B : 열전도   ② A : 열흡수, B : 열복사
③ A : 열복사, B : 열대류   ④ A : 열전도, B : 열관류

21 콘크리트 혼화재료와 용도의 연결이 옳지 않은 것은?

① 실리카흄 – 압축강도 증대
② 플라이애시 – 수화열 증대
③ AE제 – 동결융해 저항성능 향상
④ 고로슬래그 분말 – 알칼리 골재 반응 억제

22 유성 페인트에 관한 설명으로 옳지 않은 것은?

① 건조시간이 길다.
② 내후성이 우수하다.
③ 내알칼리성이 우수하다.
④ 붓바름 작업성이 우수하다.

23 개울에서 생긴 지름 20~30cm 정도의 둥글고 넓적한 돌로 기초 잡석다짐이나 바닥콘크리트 지정에 사용되는 것은?

① 판돌　　　② 견칫돌
③ 호박돌　　④ 사괴석

▶ 호박돌
　동바리마루에서 동바리를 받치는 돌이다.

24 플라스틱 재료의 일반적 성질로 옳지 않은 것은?

① 내열성, 내화성이 작다.
② 전기절연성이 우수하다.
③ 흡수성이 작고 투수성이 거의 없다.
④ 가공이 불리하고 공업화 재료로는 불합리하다.

▶ 플라스틱의 일반적 성질 [15·14년 출제]
　가소성, 가공성이 우수하여 가구류, 판류, 파이프 등의 성형품 등에 사용된다.

25 굳지 않은 콘크리트의 반죽질기를 나타내는 지표로 사용되는 것은?

① 슬럼프　　② 침입도
③ 블리딩　　④ 레이턴스

▶ 슬럼프 [16·15·14년 출제]
　30cm 높이의 콘크리트가 가라앉은 X값을 슬럼프 값이라 하며 반죽질기의 지표로 사용된다.

26 일반적으로 목재의 심재부분이 변재부분보다 작은 것은?

① 비중　　　② 강도
③ 신축성　　④ 내구성

▶ 목재의 심재 [15·11년 출제]
　강도는 크고 수축률이 작다.

27 알루미늄의 일반적인 성질에 관한 설명으로 옳지 않은 것은?

① 열반사율이 높다.
② 내화성이 부족하다.
③ 전성과 연성이 풍부하다.
④ 압연, 인발 등의 가공성이 나쁘다.

▶ 알루미늄 [14·10년 출제]
　전성, 연성이 좋아 가공이 쉽다.

정답
23 ③　24 ④　25 ①　26 ③　27 ④

28 경화 콘크리트의 역학적 기능을 대표하는 것으로, 경화 콘크리트의 강도 중 일반적으로 가장 큰 것은?

① 휨강도　　② 압축강도
③ 인장강도　　④ 진단강도

▶ 경화 콘크리트 [12·10년 출제]
압축강도는 크나 인장강도는 작다.

29 중밀도 섬유판(MDF)에 관한 설명으로 옳지 않은 것은?

① 밀도가 균일하다.
② 측면의 가공성이 좋다.
③ 표면에 무늬인쇄가 불가능하다.
④ 가구제조용 판상재료로 사용된다.

▶ 중밀도 섬유판 [16·12·09년 출제]
무늿결 판을 붙여 아름다운 무늬를 얻을 수 있다.

30 주로 천연의 유기섬유를 원료로 한 원지에 스트레이트 아스팔트를 함침시켜 만든 아스팔트 방수 시트재는?

① 아스팔트 펠트　　② 블론 아스팔트
③ 아스팔트 프라이머　　④ 아스팔트 콤파운드

▶ 아스팔트 펠트 [16·09·07년 출제]
목면, 마사, 양모, 폐지 등을 원료로 만든 원지에 스트레이트 아스팔트를 침투시켜 만든 아스팔트 방수 시트재이다.

31 건축재료를 사용목적에 따라 분류할 때 차단재료로 볼 수 없는 것은?

① 실링재　　② 아스팔트
③ 콘크리트　　④ 글라스울

▶ 차단재료 [09년 출제]
방수, 방습, 차음, 단열 등을 목적으로 사용하는 재료이다.
※ 콘크리트는 구조재료이다.

32 다음 설명에 알맞은 목재 방부제는?

- 유성 방부제로 도장이 불가능하다.
- 독성은 적으나 자극적인 냄새가 있다.

① 크레오소트유　　② 황산동 1% 용액
③ 염화아연 4% 용액　　④ 펜타클로로페놀(PCP)

▶ 목재 방부제 [16·14년 출제]
크레오소트유는 도장이 불가능하며, 독성이 적은 반면 자극적인 냄새가 나서 실내에 사용할 수 없다.

정답
28 ②　29 ③　30 ①　31 ③　32 ①

33 자외선에 의한 화학작용을 피해야 하는 의류, 약품, 식품 등을 취급하는 장소에 사용되는 유리제품은?

① 열선 반사유리
② 자외선 흡수유리
③ 자외선 투과유리
④ 저방사(Low-E)유리

▶ 자외선 흡수유리 [14년 출제]
자외선 흡수가 용이한 세륨, 티타늄, 바나듐을 함유시켜 실내로 자외선이 투과되는 것을 방지하는 유리이다.

34 금속의 방식방법에 관한 설명으로 옳지 않은 것은?

① 큰 변형을 준 것은 가능한 한 풀림하여 사용한다.
② 가능한 한 이종금속과 인접하거나 접촉하여 사용하지 않는다.
③ 표면을 평활하고 깨끗하게 하며, 습윤상태를 유지하도록 한다.
④ 균질한 것을 선택하고 사용할 때 큰 변형을 주지 않도록 한다.

▶ 금속의 방식방법 [15·14·13년 출제]
표면은 습기가 없도록 한다.

35 시멘트의 응결에 관한 설명으로 옳은 것은?

① 온도가 높을수록 응결속도가 낮아진다.
② 석고는 시멘트의 응결촉진제로 사용된다.
③ 시멘트에 가하는 수량이 많으면 응결이 늦어진다.
④ 신선한 시멘트로서 분말도가 미세한 것일수록 응결이 늦어진다.

▶ 시멘트의 응결
온도가 높을수록, 분말도가 미세할수록 응결속도가 빠르다.

36 기본 점성이 크며 내수성, 내약품성, 전기절연성이 모두 우수한 만능형 접착제로, 금속, 플라스틱, 도자기, 유리, 콘크리트 등의 접합에 사용되는 것은?

① 에폭시 접착제
② 요소수지 접착제
③ 페놀수지 접착제
④ 멜라민수지 접착제

▶ 에폭시 접착제 [16·14·12·11·10·08·07년 출제]
금속, 플라스틱, 도자기, 유리, 콘크리트 등의 접착제로 사용된다.

정답
33 ②　34 ③　35 ③　36 ①

37 시멘트의 경화 중 체적 팽창으로 팽창 균열이 생기는 정도를 나타내는 것은?

① 풍화　　② 조립률
③ 안정성　④ 침입도

▶ **시멘트의 안정성** [15 · 13 · 06년 출제]
시멘트가 안정성이 나쁘면 구조물에 팽창성 균열이 발생하며, 이는 구조물의 내구성을 해치는 원인이 된다.

38 다음 중 경량벽돌에 속하는 것은?

① 다공벽돌　② 내화벽돌
③ 광재벽돌　④ 홍예벽돌

▶ **다공벽돌** [14 · 12 · 11 · 09 · 07년 출제]
점토에 톱밥, 목탄가루 등을 혼합하여 성형한 벽돌이다.

39 회반죽에 여물을 사용하는 주된 이유는?

① 균열 방지　② 경화 촉진
③ 크리프 증가　④ 내화성 증가

▶ **회반죽** [06년 출제]
여물은 균열 방지 목적이 있다.

40 석재를 인력으로 가공할 때 표면이 가장 거친 것에서 고운 순으로 바르게 나열한 것은?

① 혹두기 → 도드락다듬 → 정다듬 → 잔다듬 → 물갈기
② 정다듬 → 혹두기 → 잔다듬 → 도드락다듬 → 물갈기
③ 정다듬 → 혹두기 → 도드락다듬 → 잔다듬 → 물갈기
④ 혹두기 → 정다듬 → 도드락다듬 → 잔다듬 → 물갈기

▶ **가공순서** [16 · 14 · 13 · 12 · 09 · 08 · 07 · 06년 출제]
혹두기 → 정다듬 → 도드락다듬 → 잔다듬 → 물갈기

41 1889년 프랑스 파리에 만든 에펠탑의 건축구조는?

① 벽돌구조　② 블록구조
③ 철골구조　④ 철근콘크리트구조

▶ **철골구조** [16 · 14 · 13년 출제]
주요한 골조의 부분인 뼈대를 강재로 조립하여 구성한 철골구조이다.

정답
37 ③　38 ①　39 ①　40 ④　41 ③

42 실시설계도에서 일반도에 해당하지 않는 것은?

① 기초평면도　　② 전개도
③ 부분상세도　　④ 배치도

▶ 실시설계도 [22 · 16 · 15 · 14년 출제]
기초평면도는 구조도에 포함된다.

43 건축제도의 치수기입에 관한 설명으로 옳지 않은 것은?

① 협소한 간격이 연속될 때에는 인출선을 사용하여 치수를 쓴다.
② 치수는 특별히 명시하지 않는 한 마무리 치수로 표시한다.
③ 치수기입은 치수선에 평행하게 도면의 왼쪽에서 오른쪽으로, 위에서 아래로 읽을 수 있도록 기입한다.
④ 치수기입은 항상 치수선 중앙 윗부분에 기입하는 것이 원칙이다.

▶ 치수기입 [22 · 16 · 14 · 13 · 12 · 11 · 09 · 08년 출제]
치수는 도면의 아래로부터 위로 또는 왼쪽에서 오른쪽으로 읽을 수 있도록 한다.

44 벽돌벽면의 치장줄눈 중 평줄눈은 어느 것인가?

① ② ③ ④

▶ 평줄눈 [15 · 06년 출제]
민줄눈과 평줄눈의 차이를 확인한다.

45 삼각자 1조로 만들 수 없는 각도는?

① 15°　　② 25°
③ 105°　　④ 150°

▶ 삼각자 [16 · 15 · 14 · 13 · 09 · 08 · 07 · 06년 출제]
25°와 50°는 만들 수 없다.

정답
42 ①　43 ③　44 ②　45 ②

46 목구조에 사용되는 연결철물에 관한 설명으로 옳은 것은?

① 띠쇠는 ㄷ자형으로 된 철판에 못, 볼트 구멍이 뚫린 것이다.
② 감잡이쇠는 평보를 ㅅ자보에 달아맬 때 연결시키는 보강철물이다.
③ ㄱ자쇠는 가로재와 세로재가 직교하는 모서리 부분에 직각이 맞도록 보강하는 철물이다.
④ 안장쇠는 큰보를 따낸 후 작은보를 걸쳐 받게 하는 철물이다.

▶▶ 보강철물 [15 · 14년 출제]
띠쇠는 일자모양의 철물이고, 감잡이쇠는 ㄷ모양의 철물이다. 안장쇠는 큰보와 작은보의 연결에 사용한다.

47 2층 이상의 기둥 전체를 하나의 단일재로 사용하는 기둥으로 상하를 일체화시켜 수평력에 견디게 하는 기둥은?

① 통재기둥   ② 평기둥
③ 층도리   ④ 샛기둥

▶▶ 통재기둥 [16 · 15 · 12 · 10 · 09 · 07 · 06년 출제]
2층 이상의 기둥 전체를 하나의 단일재로 사용하는 기둥이다.

48 철근콘크리트구조의 1방향 슬래브의 최소 두께는?

① 80mm   ② 100mm
③ 120mm   ④ 150mm

▶▶ 1방향 슬래브 [16 · 12 · 09 · 08년 출제]
바닥판의 하중이 단변방향으로만 전달되는 슬래브로 최소 두께는 100mm이다.

49 실내를 입체적으로 실제와 같이 눈에 비치도록 그린 그림을 무엇이라 하는가?

① 평면도   ② 투시도
③ 단면도   ④ 전개도

▶▶ 투시도 [14 · 13년 출제]
물체를 눈에 보이는 모습으로 그린 도면이다.

50 KS F 1501에 따른 도면의 크기에 대한 설명으로 옳은 것은?

① 접은 도면의 크기는 B4의 크기를 원칙으로 한다.
② 제도지를 묶기 위한 여백은 35mm로 하는 것이 기본이다.
③ 도면은 그 길이 방향을 좌우 방향으로 놓은 것을 정위치로 한다.
④ 제도용지의 크기는 KS M ISO 216의 B열의 B0~B6에 따른다.

▶▶ 제도용지의 규격 [14 · 12년 출제]
① 도면을 접을 때에는 A4의 크기를 기준으로 한다.
② 제도지를 묶기 위한 여백은 25mm 이상으로 한다.
④ 제도용지의 크기는 KS A 5201의 규정을 따르며, 주로 A0~A4의 것을 사용한다.

정답
46 ③ 47 ① 48 ② 49 ② 50 ③

51 철골구조에서 단일재를 사용한 기둥은?

① 형강 기둥　　② 플레이트 기둥
③ 트러스 기둥　④ 래티스 기둥

▶ 단일재 [14·10년 출제]
단일재로 I형강, H형강, ㄷ형강을 쓴다.

52 속 빈 콘크리트 블록에서 A종 블록의 전 단면적에 대한 압축강도는 최소 얼마 이상인가?

① 4MPa　　② 6MPa
③ 8MPa　　④ 10MPa

▶ 속 빈 시멘트 블록 압축강도
A종(3급) 4MPa, B종(2급) 6MPa, C종(1급) 8MPa이다.

53 그림과 같은 평면 표시기호는?

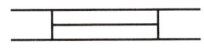

① 접이문　　② 망사문
③ 미서기창　④ 붙박이창

▶ 붙박이창 [16·13년 출제]
붙박이창 표시기호이다.

54 제도지의 치수 중 옳지 않은 것은?(단, 치수는 mm)

① A0 - 841×1,189　② A1 - 594×841
③ A2 - 420×594　　④ A3 - 210×297

▶ 제도지 치수 [14·12년 출제]
A3 - 297×420

55 건축 도면에서 주로 사용되는 축척이 아닌 것은?

① 1/25　② 1/35
③ 1/50　④ 1/100

▶ 축척 [16·14·09년 출제]
1/35와 1/150 축척은 건축제도통칙에 규정되어 있지 않다.

56 건축설계도면에서 전개도에 관한 설명 중 옳지 않은 것은?

① 각 실 내부의 의장을 명시하기 위해 작성하는 도면이다.
② 각 실에 대하여 벽체 및 문의 모양을 그려야 한다.
③ 일반적으로 축척은 1/200 정도로 한다.
④ 벽면의 마감재료 및 치수를 기입하고, 창호의 종류와 치수를 기입한다.

▶ 전개도 [16·15·14년 출제]
전개도의 축척은 1/50 정도로 한다.

정답
51 ①　52 ①　53 ④　54 ④　55 ②
56 ③

57 다음의 평면 표시기호가 나타내는 것은?

① 셔터 달린 창 ② 오르내리기창
③ 주름문 ④ 미들창

▶ 셔터 달린 창 [13 · 08년 출제]
셔터 달린 창의 표시기호이다.

58 인장재에 대한 저항력이 작은 콘크리트에 미리 긴장재로 압축을 가하여 만든 구조는?

① PEB구조
② 판조립식 구조
③ 철골철근콘크리트구조
④ 프리스트레스트 콘크리트구조

▶ 프리스트레스트 콘크리트구조 [16 · 11 · 09년 출제]
고강도의 PC강재나 피아노선과 같은 특수선재를 사용하여 인장재에 대한 저항력이 작은 콘크리트에 미리 긴장재로 압축을 가하여 만든 구조이다.

59 철골구조에서 주요 구조체의 접합방법으로 최근 거의 사용되지 않는 방법은?

① 고력볼트접합
② 리벳접합
③ 용접
④ 고력볼트와 맞댄용접의 병용

▶ 리벳접합
강재에 구멍으로 인한 결손, 파괴가 우려되어 사용이 제한된다.

60 철골구조에 대한 설명 중 옳지 않은 것은?

① 철골구조는 하중을 전달하는 주요 부재인 보나 기둥 등을 강재를 이용하여 만든 구조이다.
② 철골구조를 재료상 라멘구조, 가새골조구조, 튜브구조, 트러스구조 등으로 분류할 수 있다.
③ 철골구조는 일반적으로 부재를 접합하여 뼈대를 구성하는 가구식 구조이다.
④ 내화피복을 필요로 한다.

▶ 철골구조 [14년 출제]
철골구조는 재료에 따라 형강구조, 강관구조, 경량 철골구조 등으로 분류할 수 있다.

정답
57 ① 58 ④ 59 ② 60 ②

MEMO

CBT 모의고사

- CBT 모의고사 1회
- CBT 모의고사 2회
- CBT 모의고사 3회
- CBT 모의고사 4회
- CBT 모의고사 5회
- CBT 모의고사 6회
- CBT 모의고사 7회

CBT 모의고사 1회 [2017년 복원문제]

01 다음 중 실내디자인의 진행과정에 있어서 가장 먼저 선행되는 작업은?

① 조건파악　　② 기본계획
③ 기본설계　　④ 실시설계

02 다음 설명과 가장 관계가 깊은 건축가는?

- 모듈러(Modulor)
- 생활에 적합한 건축을 위해 인체와 관련된 모듈의 사용에 있어 단순한 길이의 배수보다 황금비례를 이용함이 타당하다고 주장

① 르 코르뷔지에
② 발터 그로피우스
③ 미스 반 데어 로에
④ 프랭크 로이드 라이트

03 평화롭고 정지된 모습으로 안정감을 느끼게 하는 선은?

① 수직선　　② 수평선
③ 기하곡선　　④ 자유곡선

04 다음 설명에 알맞은 디자인 원리는?

디자인의 모든 요소가 중심점으로부터 주변으로 퍼져 나가는 양상을 구성하여 리듬을 이루는 것

① 강조　　② 조화
③ 방사　　④ 통일

05 시각적인 힘의 강약에 단계를 주어 디자인의 일부분에 초점이나 흥미를 부여하는 디자인 원리는?

① 통일　　② 대칭
③ 강조　　④ 조화

06 다음 설명에 알맞은 착시의 유형은?

- 모순도형 또는 불가능한 도형이라고 한다.
- 펜로즈의 삼각형에서 볼 수 있다.

① 운동의 착시　　② 길이의 착시
③ 역리도형 착시　　④ 다의도형 착시

07 다음 설명에 알맞은 형태의 종류는?

- 구체적 형태를 생략 또는 과장의 과정을 거쳐 재구성한 형태이다.
- 대부분의 경우 재구성된 원래의 형태를 알아보기 어렵다.

① 추상적 형태　　② 이념적 형태
③ 현실적 형태　　④ 2차원적 형태

08 실내 기본요소인 벽에 관한 설명으로 옳지 않은 것은?

① 공간과 공간을 구분한다.
② 공간의 형태와 크기를 결정한다.
③ 실내공간을 에워싸는 수평적 요소이다.
④ 외부로부터의 방어와 프라이버시를 확보한다.

09 밖으로 창과 함께 평면이 돌출된 형태로 아늑한 구석 공간을 형성할 수 있는 창의 종류는?

① 고정창 ② 윈도 월
③ 베이 윈도 ④ 픽처 윈도

10 우리나라의 전통가구 중 장과 더불어 가장 일반적으로 쓰이던 수납용 가구로 몸통이 2층 또는 3층으로 분리되어 상자 형태로 포개 놓아 사용한 것은?

① 농 ② 함
③ 궤 ④ 소반

11 특정한 사용목적이나 많은 물품을 수납하기 위해 건축화된 가구를 의미하는 것은?

① 가동 가구 ② 이동 가구
③ 유닛 가구 ④ 붙박이 가구

12 수평 블라인드로 날개의 각도, 승강의 일광, 조망, 시각의 차단 정도를 조절할 수 있지만 먼지가 쌓이면 제거하기 어려운 단점이 있는 것은?

① 롤 블라인드 ② 로만 블라인드
③ 베니션 블라인드 ④ 버티컬 블라인드

13 동일한 두 개의 의자를 나란히 합해 2명이 앉을 수 있도록 설계한 의자는?

① 세티 ② 카우치
③ 풀업 체어 ④ 체스터필드

14 다음 설명에 알맞은 창의 종류는?

- 크기와 형태의 제약 없이 자유로이 디자인할 수 있다.
- 창을 통한 환기가 불가능하다.

① 고정창 ② 미닫이창
③ 여닫이창 ④ 오르내리기창

15 간접조명에 관한 설명으로 옳지 않은 것은?

① 균질한 조도를 얻을 수 있다.
② 직접조명보다 조명의 효율이 낮다.
③ 직접조명보다 뚜렷한 입체효과를 얻을 수 있다.
④ 직접조명보다 부드러운 분위기 조성이 용이하다.

16 소규모 주거공간 계획 시 고려하지 않아도 되는 것은?

① 접객공간 ② 식사와 취침 분리
③ 평면형태의 단순화 ④ 주부의 가사작업량

17 백화점 진열대의 평면 배치 유형 중 많은 고객이 매장공간의 코너까지 접근하기 용이하지만 이형의 진열대가 필요한 것은?

① 직렬 배치형 ② 사행 배치형
③ 환상 배열형 ④ 굴절 배치형

18 양식주택과 비교한 한식주택의 특징에 관한 설명으로 옳지 않은 것은?

① 공간의 융통성이 낮다.
② 가구는 부수적인 내용물이다.
③ 평면은 실의 위치별 분화이다.
④ 각 실의 프라이버시가 약하다.

19 다음의 부엌 가구 배치 유형 중 좁은 면적 이용에 가장 효과적이며 주로 소규모 부엌에 사용되는 것은?

① 일자형 ② L자형
③ 병렬형 ④ U자형

20 다음 중 측면판매 형식의 적용이 가장 곤란한 상품은?

① 서적 ② 침구
③ 의류 ④ 귀금속

21 다음 중 일조 조절을 위해 사용되는 것이 아닌 것은?

① 루버　　　　② 반자
③ 차양　　　　④ 처마

22 건구온도 28℃인 공기 80kg과 건구온도 14℃인 공기 20kg을 단열 혼합하였을 때, 혼합공기의 건구온도는?

① 16.8℃　　　② 18℃
③ 21℃　　　　④ 25.2℃

23 실내에서는 음을 갑자기 중지시켜도 소리는 그 순간에 없어지는 것이 아니라 점차 감쇠되다가 안 들리게 된다. 이와 같이 음 발생이 중지된 후에도 소리가 실내에 남는 현상은?

① 확산　　　　② 잔향
③ 회절　　　　④ 공명

24 대리석에 관한 설명으로 옳지 않은 것은?

① 산과 알칼리에 강하다.
② 석질이 치밀, 견고하고 색채, 무늬가 다양하다.
③ 석회석이 변화되어 결정화한 것으로 탄산석회가 주성분이다.
④ 강도는 매우 높지만 풍화되기 쉽기 때문에 실외용으로는 적합하지 않다.

25 테라코타에 관한 설명으로 옳지 않은 것은?

① 일반 석재보다 가볍고 화강암보다 압축강도가 크다.
② 거의 흡수성이 없으며 색조가 자유로운 장점이 있다.
③ 구조용과 장식용이 있으나 주로 장식용으로 사용된다.
④ 재질은 도기, 건축용 벽돌과 유사하나 1차 소성한 후 시유하여 재소성하는 점이 다르다.

26 목재가 통상 대기의 온도, 습도와 평형된 수분을 함유한 상태를 의미하는 것은?

① 전건상태　　② 기건상태
③ 생재상태　　④ 섬유포화상태

27 블론 아스팔트의 성능을 개량하기 위해 동식물성 유지와 광물질 분말을 혼합한 것으로 일반지붕 방수공사에 이용되는 것은?

① 아스팔트 펠트
② 아스팔트 프라이머
③ 아스팔트 콤파운드
④ 스트레이트 아스팔트

28 목재의 건조방법 중 인공건조법에 속하지 않는 것은?

① 증기건조법　　② 열기건조법
③ 진공건조법　　④ 대기건조법

29 다음 중 건축재료의 사용목적에 따른 분류에 속하지 않는 것은?

① 구조재료　　② 차단재료
③ 방화재료　　④ 유기재료

30 다음 중 알칼리성 바탕에 가장 적당한 도장재료는?

① 유성 바니시　　② 유성 페인트
③ 유성 에나멜 페인트　　④ 염화비닐수지 도료

31 페어 글라스라고도 불리며 단열성, 차음성이 좋고 결로방지에 효과적인 유리는?

① 강화유리 ② 복층유리
③ 자외선 투과유리 ④ 샌드블라스트유리

32 석질이 치밀하고 박판으로 채취할 수 있어 슬레이트로서 지붕, 외벽, 마루 등에 사용되는 석재는?

① 부석 ② 점판암
③ 대리석 ④ 화강암

33 구리(Cu)와 주석(Sn)을 주체로 한 합금으로 건축장식 철물 또는 미술공예 재료에 사용되는 것은?

① 황동 ② 청동
③ 양은 ④ 두랄루민

34 기본 점성이 크며 내수성, 내약품성, 전기절연성이 모두 우수한 만능형 접착제로 금속, 플라스틱, 도자기, 유리, 콘크리트 등의 접합에 사용되는 것은?

① 요소수지 접착제
② 비닐수지 접착제
③ 멜라민수지 접착제
④ 에폭시수지 접착제

35 경화 콘크리트의 성질 중 하중이 지속하여 재하될 경우 변형이 시간과 더불어 증대하는 현상을 의미하는 용어는?

① 크리프 ② 블리딩
③ 레이턴스 ④ 건조수축

36 석고 플라스터 미장재료에 관한 설명으로 옳지 않은 것은?

① 내화성이 우수하다.
② 수경성 미장재료이다.
③ 회반죽보다 건조수축이 크다.
④ 원칙적으로 해초 또는 풀즙을 사용하지 않는다.

37 금속의 부식과 방식에 관한 설명으로 옳은 것은?

① 산성이 강한 흙 속에서는 대부분의 금속재료는 부식된다.
② 모르타르로 강재를 피복한 경우, 피복하지 않은 경우보다 부식의 우려가 크다.
③ 다른 종류의 금속을 서로 잇대어 사용하는 경우 전기작용에 의해 금속의 부식이 방지된다.
④ 경수는 연수에 비하여 부식성이 크며, 오수에서 발생하는 이산화탄소, 메탄가스는 금속 부식을 완화시키는 완화제 역할을 한다.

38 콘크리트용 골재의 입도를 수치적으로 나타내는 지표로 이용되는 것은?

① 분말도 ② 조립률
③ 팽창도 ④ 강열감량

39 폴리스티렌 수지의 일반적 용도로 알맞은 것은?

① 단열재 ② 대용유리
③ 섬유제품 ④ 방수시트

40 한국산업표준(KS)에 따른 포틀랜드 시멘트의 종류에 속하지 않는 것은?

① AE 포틀랜드 시멘트
② 조강 포틀랜드 시멘트
③ 보통 포틀랜드 시멘트
④ 중용열 포틀랜드 시멘트

41 조강 포틀랜드 시멘트에 관한 설명으로 옳지 않은 것은?

① 경화에 따른 수화열이 작다.
② 공기 단축을 필요로 하는 공사에 사용된다.
③ 초기에 고강도를 발생시키는 시멘트이다.
④ 보통 포틀랜드 시멘트보다 C_3S나 석고가 많다.

42 다음 중 역학적 성능이 가장 요구되는 건축재료는?

① 차단재료　　② 내화재료
③ 마감재료　　④ 구조재료

43 건축설계도면에서 배경을 표현하는 목적과 가장 관계가 먼 것은?

① 건축물의 스케일감을 나타내기 위해서
② 건축물의 용도를 나타내기 위해서
③ 주변대지의 성격을 표시하기 위해서
④ 건축물 내부 평면상의 동선을 나타내기 위해서

44 건축제도 시 치수기입법에 대한 설명으로 틀린 것은?

① 치수기입은 치수선에 평행하고 치수선의 중앙 부분에 쓴다.
② 치수는 원칙적으로 그림 밖으로 인출하여 쓴다.
③ 치수의 단위는 mm를 원칙으로 하고 단위기호도 같이 기입하여야 한다.
④ 숫자나 치수선은 다른 치수선 또는 외형선 등과 마주치지 않도록 한다.

45 다음 중 원호 이외의 곡선을 그릴 때 사용하는 제도용구는?

① 디바이더　　② 운형자
③ 스케일　　　④ 지우개판

46 설계도면의 종류 중 계획설계도에 포함되지 않는 것은?

① 전개도　　② 조직도
③ 동선도　　④ 구상도

47 도면 표시기호 중 두께를 표시하는 기호는?

① THK　　② A
③ V　　　④ H

48 도면을 접는 크기의 표준으로 옳은 것은?(단, 단위는 mm)

① 841×1189　　② 420×294
③ 210×297　　　④ 105×148

49 트레이싱지에 대한 설명 중 옳은 것은?

① 불투명한 제도용지이다.
② 연질이어서 쉽게 찢어진다.
③ 습기에 약하다.
④ 오래 보관되어야 할 도면의 제도에 쓰인다.

50 물체가 있는 것으로 가상되는 부분을 표현할 때 사용되는 선은?

① 가는 실선　　② 파선
③ 일점쇄선　　④ 이점쇄선

51 2층 이상의 기둥 전체를 하나의 단일재로 사용하는 기둥으로 상하를 일체화시켜 수평력에 견디게 하는 기둥은?

① 통재기둥　　② 평기둥
③ 층도리　　　④ 샛기둥

52 다음 중 구조형식이 같은 것끼리 짝지어지지 않은 것은?

① 목구조와 철골구조
② 벽돌구조와 블록구조
③ 철근콘크리트구조와 돌구조
④ 프리패브와 조립식 철근콘크리트구조

53 벽돌쌓기법 중 벽의 모서리나 끝에 반절이나 이오토막을 사용하는 것으로 가장 튼튼한 쌓기법은?

① 미국식 쌓기
② 프랑스식 쌓기
③ 영식 쌓기
④ 네덜란드식 쌓기

54 철골구조에서 주각부의 구성재가 아닌 것은?

① 베이스 플레이트
② 리브 플레이트
③ 거싯 플레이트
④ 윙 플레이트

55 다음 지붕 평면도에서 박공지붕은?

 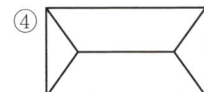

56 철골구조에서 스티프너를 사용하는 가장 중요한 목적은?

① 보의 휨내력 보강
② 웨브 플레이트의 좌굴 방지
③ 보-기둥 접합부의 강도 증진
④ 플랜지 앵글의 단면 보강

57 블록쌓기의 원칙으로 옳지 않은 것은?

① 블록은 살 두께가 두꺼운 쪽이 위로 향하게 한다.
② 인방보는 좌우 지지벽에 20cm 이상 물리게 한다.
③ 블록의 하루 쌓기의 높이는 1.2~1.5m로 한다.
④ 통줄눈을 원칙으로 한다.

58 장선 슬래브의 장선을 직교시켜 구성한 우물반자 형태로 된 2방향 장선 슬래브 구조는?

① 1방향 슬래브
② 데크플레이트
③ 플랫 슬래브
④ 와플 슬래브

59 고력볼트접합에서 힘을 전달하는 대표적인 접합방식은?

① 인장접합
② 마찰접합
③ 압축접합
④ 용접접합

60 벽돌조에서 벽량이란 바닥면적과 벽의 무엇에 대한 비를 말하는가?

① 벽의 전체면적
② 개구부를 제외한 면적
③ 내력벽의 길이
④ 벽의 두께

CBT 모의고사 2회 [2018년 복원문제]

01 다음 중 공간배치 및 동선의 편리성과 가장 관련이 있는 실내디자인의 기본조건은?

① 경제적 조건 ② 환경적 조건
③ 기능적 조건 ④ 정서적 조건

02 기하학적인 정의로 크기가 없고 위치만 존재하는 디자인 요소는?

① 점 ② 선
③ 면 ④ 입체

03 촉각 또는 시각으로 지각할 수 있는 어떤 물체 표면상의 특징을 의미하는 것은?

① 색채 ② 채도
③ 질감 ④ 패턴

04 인간의 주의력에 의해 감지되는 시각적 무게의 평형상태를 의미하는 디자인 원리는?

① 리듬 ② 통일
③ 균형 ④ 강조

05 약동감, 생동감 넘치는 에너지와 운동감, 속도감을 주는 선의 종류는?

① 곡선 ② 사선
③ 수직선 ④ 수평선

06 다음은 피보나치수열의 일부분이다. "21" 바로 다음에 나오는 숫자는?

1, 2, 3, 5, 8, 13, 21

① 30 ② 34
③ 40 ④ 44

07 개구부(창과 문)의 역할에 관한 설명으로 옳지 않은 것은?

① 창은 조망을 가능하게 한다.
② 창은 통풍과 채광을 가능하게 한다.
③ 문은 공간과 다른 공간을 연결시킨다.
④ 창은 가구, 조명 등 실내에 놓여지는 설치물에 대한 배경이 된다.

08 일반적으로 실내 벽면에 부착하는 조명을 통칭하는 용어는?

① 브래킷(Bracket)
② 펜던트(Pendant)
③ 캐스케이드(Cascade)
④ 다운 라이트(Down Light)

09 다음과 같은 특징을 갖는 의자는?

- 등받이와 팔걸이가 없는 형태의 보조의자이다.
- 가벼운 작업이나 잠시 걸터앉아 휴식을 취하는 데 사용된다.

① 스툴 ② 카우치
③ 이지 체어 ④ 라운지 체어

10 실내공간을 실제 크기보다 넓어 보이게 하는 방법과 가장 거리가 먼 것은?

① 크기가 작은 가구를 이용한다.
② 큰 가구는 벽에서 떨어뜨려 배치한다.
③ 마감은 질감이 거친 것보다는 고운 것을 사용한다.
④ 창이나 문 등의 개구부를 크게 하여 시선이 연결되도록 계획한다.

11 천창에 관한 설명으로 옳지 않은 것은?

① 통풍, 차열에 유리하다.
② 벽면을 다양하게 활용할 수 있다.
③ 실내 조도분포의 균일화에 유리하다.
④ 밀집된 건물에 둘러싸여 있어도 일정량의 채광을 확보할 수 있다.

12 작업구역에는 전용의 국부조명방식으로 조명하고, 기타 주변 환경에 대하여는 간접조명과 같은 낮은 조도레벨로 조명하는 조명방식은?

① TAL 조명방식
② 반직접 조명방식
③ 반간접 조명방식
④ 전반확산 조명방식

13 천장과 더불어 실내공간을 구성하는 수평적 요소로 인간의 감각 중 시각적, 촉각적 요소와 밀접한 관계를 갖는 것은?

① 벽
② 기둥
③ 바닥
④ 개구부

14 측창 채광에 관한 설명으로 옳지 않은 것은?

① 편측창 채광은 조도도가 균일하지 못하다.
② 천창 채광에 비해 시공, 관리가 어렵고 빗물이 새기 쉽다.
③ 측창 채광은 천창 채광에 비해 개방감이 좋고 통풍에 유리하다.
④ 측창 채광 중 벽의 한 면에만 채광하는 것을 편측창 채광이라 한다.

15 다음의 건축화조명방식 중 벽면 조명에 속하지 않는 것은?

① 커튼조명
② 코퍼조명
③ 코니스조명
④ 밸런스조명

16 다음 설명에 알맞은 거실의 가구 배치 유형은?

- 가구를 두 벽면에 연결시켜 배치하는 형식이다.
- 시선이 마주치지 않아 안정감이 있다.

① 대면형
② L자형
③ 직선형
④ U자형

17 다음 중 식당과 부엌의 실내계획에서 가장 우선적으로 고려해야 할 사항은?

① 색채
② 조명
③ 가구 배치
④ 주부의 작업동선

18 상품의 전달 및 고객의 동선상 흐름이 가장 빠른 형식으로 협소한 매장에 적합한 상점 진열장의 배치 유형은?

① 굴절형
② 환상형
③ 복합형
④ 직렬형

19 동선계획을 가장 잘 나타낼 수 있는 실내계획은?

① 입면계획
② 천장계획
③ 구조계획
④ 평면계획

20 주택계획에 관한 설명으로 옳지 않은 것은?

① 침실의 위치는 소음원이 있는 쪽은 피하고, 정원 등의 공지에 면하도록 하는 것이 좋다.
② 부엌의 위치는 항상 쾌적하고, 일광에 의한 건조 소독을 할 수 있는 남쪽 또는 동쪽이 좋다.
③ 리빙 다이닝 키친(LDK)은 대규모 주택에서 주로 채용되며 작업 동선이 길어지는 단점이 있다.
④ 거실의 형태는 일반적으로 정사각형의 형태가 직사각형의 형태보다 가구의 배치나 실의 활용에 불리하다.

21 실내외의 온도 차에 의한 공기의 밀도 차가 원동력이 되는 환기방법은?

① 풍력환기 ② 중력환기
③ 기계환기 ④ 인공환기

22 휘도의 단위로 사용되는 것은?

① [lx] ② [lm]
③ [lm/m^2] ④ [cd/m^2]

23 다음 중 인체에서 열의 손실이 이루어지는 요인으로 볼 수 없는 것은?

① 인체 표면의 열복사
② 인체 주변 공기의 대류
③ 호흡, 땀 등의 수분 증발
④ 인체 내 음식물의 산화작용

24 점토의 일반적인 성질에 관한 설명으로 옳은 것은?

① 비중은 일반적으로 3.5~3.6의 범위이다.
② 점토 입자가 클수록 가소성은 좋아진다.
③ 압축강도는 인장강도의 약 5배 정도이다.
④ 알루미나가 많은 점토는 가소성이 나쁘다.

25 굳지 않은 콘크리트의 성질을 표시하는 용어 중 워커빌리티에 관한 설명으로 옳은 것은?

① 단위수량이 많으면 많을수록 워커빌리티는 좋아진다.
② 워커빌리티는 일반적으로 정량적인 수치로 표시된다.
③ 일반적으로 빈배합의 경우가 부배합의 경우보다 워커빌리티가 좋다.
④ 과도하게 비빔시간이 길면 시멘트의 수화를 촉진시켜 워커빌리티가 나빠진다.

26 시멘트의 발열량을 저감시킬 목적으로 제조한 시멘트로 매스 콘크리트용으로 사용되는 것은?

① 조강 포틀랜드 시멘트
② 백색 포틀랜드 시멘트
③ 초조강 포틀랜드 시멘트
④ 중용열 포틀랜드 시멘트

27 다음 중 방청도료에 속하지 않는 것은?

① 투명 래커
② 에칭 프라이머
③ 아연분말 프라이머
④ 광명단 조합페인트

28 파티클보드에 관한 설명으로 옳지 않은 것은?

① 합판에 비하여 면내 강성은 떨어지나 휨강도는 우수하다.
② 폐재, 부산물 등 저가치재를 이용하여 넓은 면적의 판상제품을 만들 수 있다.
③ 목재 및 기타 식물의 섬유질소편에 합성수지 접착제를 도포하여 가열압착 성형한 판상제품이다.
④ 수분이나 고습도에 대하여 그다지 강하지 않기 때문에 이와 같은 조건하에서 사용하는 경우에는 방습 및 방수처리가 필요하다.

29 콘크리트가 시일이 경과함에 따라 공기 중의 탄산가스 작용을 받아 알칼리성을 잃어가는 현상은?

① 중성화 ② 크리프
③ 건조수축 ④ 동결융해

30 콘크리트용 혼화제 중 작업성능이나 동결융해 저항성능의 향상을 목적으로 사용하는 것은?

① AE제 ② 증점제
③ 방청제 ④ 유동화제

31 다음 중 열경화성 수지에 속하지 않는 것은?

① 페놀수지 ② 아크릴수지
③ 실리콘수지 ④ 멜라민수지

32 동(Cu)과 아연(Zn)의 합금으로 놋쇠라고도 불리는 것은?

① 청동 ② 황동
③ 주석 ④ 경석

33 풍화되기 쉬워 실외용으로 적합하지 않으나, 석질이 치밀하고 견고할 뿐만 아니라 연마하면 아름다운 광택이 나므로 실내 장식용으로 적합한 석재는?

① 대리석 ② 화강암
③ 안산암 ④ 점판암

34 목재의 연륜에 관한 설명으로 옳지 않은 것은?

① 추재율과 연륜밀도가 큰 목재일수록 강도가 작다.
② 연륜의 조밀은 목재의 비중이나 강도와 관계가 있다.
③ 추재율은 목재의 횡단면에서 추재부가 차지하는 비율을 말한다.
④ 춘재부와 추재부가 수간횡단면상에 나타나는 동심원형의 조직을 말한다.

35 비교적 굵은 철선을 격자형으로 용접한 것으로 콘크리트 보강용으로 사용되는 금속제품은?

① 메탈 폼(Metal Form)
② 와이어 로프(Wire Rope)
③ 와이어 메시(Wire Mesh)
④ 펀칭 메탈(Punching Metal)

36 다음의 유리제품 중 부드럽고 균일한 확산광이 가능하며 확산에 의한 채광효과를 얻을 수 있는 것은?

① 강화유리 ② 유리블록
③ 반사유리 ④ 망입유리

37 다음 중 구조재료에 요구되는 성능과 가장 거리가 먼 것은?

① 역학적 성능 ② 물리적 성능
③ 화학적 성능 ④ 감각적 성능

38 다음 설명에 알맞은 유리의 종류는?

- 단열성이 뛰어난 고기능성 유리의 일종이다.
- 동절기에는 실내의 난방기구에서 발생되는 열을 반사하여 실내로 되돌려 보내고, 하절기에는 실외의 태양열이 실내로 들어오는 것을 차단한다.

① 배강도 유리
② 스팬드럴 유리
③ 스테인드글라스
④ 저방사(Low-E)유리

39 멤브레인 방수에 속하지 않는 것은?
① 도막 방수
② 아스팔트 방수
③ 시멘트모르타르 방수
④ 합성고분자 시트 방수

40 흡수율이 커서 외장이나 바닥 타일로는 사용하지 않으며, 실내 벽체에 사용하는 타일은?
① 도기질 타일
② 석기질 타일
③ 자기질 타일
④ 클링커 타일

41 강의 열처리방법에 속하지 않는 것은?
① 압출
② 불림
③ 풀림
④ 담금질

42 재료의 역학적 성질 중 물체에 외력이 작용하면 변형이 생기나 외력을 제거하면 순간적으로 원래의 형태로 회복되는 성질은?
① 전성
② 소성
③ 탄성
④ 연성

43 도면에 쓰이는 기호와 그 표시사항의 연결이 틀린 것은?
① THK - 두께
② L - 길이
③ R - 반지름
④ V - 너비

44 실내투시도 또는 기념 건축물과 같은 정적인 건축물의 표현에 가장 효과적인 투시도는?
① 1소점 투시도
② 2소점 투시도
③ 3소점 투시도
④ 전개도

45 도면을 축척 1/250로 그릴 때, 삼각스케일의 어느 축척으로 측정하면 가장 편리한가?
① 1/100
② 1/200
③ 1/400
④ 1/500

46 도면의 치수 표현에 있어 치수 단위의 원칙은?
① mm
② cm
③ m
④ inch

47 투시도 작도에서 수평면과 화면이 교차되는 선은?
① 화면
② 수평선
③ 기선
④ 시선

48 건축물의 설계도면 중 사람이나 차, 물건 등이 움직이는 흐름을 도식화한 도면은?
① 구상도
② 조직도
③ 평면도
④ 동선도

49 제도용구 중 치수를 옮기거나 선과 원주를 같은 길이로 나눌 때 사용하는 것은?
① 컴퍼스
② 디바이더
③ 삼각스케일
④ 원형자

50 블록조에서 창문의 인방보는 벽단부에 최소 얼마 이상 걸쳐야 하는가?
① 5cm
② 10cm
③ 15cm
④ 20cm

51 철골구조에서 사용되는 고력볼트접합의 특성으로 옳지 않은 것은?

① 접합부의 강성이 크다.
② 피로강도가 크다.
③ 노동력 절약과 공기단축효과가 있다.
④ 현장 시공설비가 복잡하다.

52 철근콘크리트 구조에서 단변(l_x)과 장변(l_y)의 길이의 비(l_x/l_y)가 얼마 이하일 때 2방향 슬래브로 정의하는가?

① 1
② 2
③ 3
④ 4

53 건축제도통칙(KS F 1501)에서 접은 도면의 크기는 무엇의 크기를 원칙으로 하는가?

① A1
② A2
③ A3
④ A4

54 블록구조에 대한 설명으로 옳지 않은 것은?

① 단열, 방음효과가 크다.
② 타 구조에 비해 공사비가 비교적 저렴한 편이다.
③ 콘크리트 구조에 비해 자중이 가볍다.
④ 균열이 발생하지 않는다.

55 벽돌의 종류 중 특수벽돌에 속하지 않는 것은?

① 붉은 벽돌
② 경량벽돌
③ 이형벽돌
④ 내화벽돌

56 곡면판이 지니는 역학적 특성을 응용한 구조로서 외력은 주로 판의 면내력으로 전달되기 때문에 경량이고 내력이 큰 구조물을 구성할 수 있는 구조는?

① 패널구조
② 커튼월구조
③ 블록구조
④ 셸구조

57 건축물의 밑바닥 전부를 일체화하여 두꺼운 기초판으로 구축한 기초의 명칭은?

① 온통기초
② 연속기초
③ 복합기초
④ 독립기초

58 플랫슬래브(Flat Slab) 구조에 관한 설명 중 틀린 것은?

① 내부에 보 없이 기둥이 바닥판을 직접 지지하는 슬래브를 말한다.
② 실내공간의 이용도가 좋다.
③ 층높이를 낮게 할 수 있다.
④ 고정하중이 적고 뼈대 강성이 우수하다.

59 목구조에서 본기둥 사이에 벽을 이루는 것으로서, 가새의 옆휨을 막는 데 유효한 기둥은?

① 평기둥
② 샛기둥
③ 동자기둥
④ 통재기둥

60 이형 철근의 마디, 리브와 관련이 있는 힘의 종류는?

① 인장력
② 압축력
③ 전단력
④ 부착력

CBT 모의고사 3회 [2019년 복원문제]

01 다음 중 실내디자인을 평가하는 기준과 가장 거리가 먼 것은?

① 경제성　　② 기능성
③ 주관성　　④ 심미성

02 다음 설명에 알맞은 형태의 지각심리는?

유산 배열로 구성된 형틀이 방향성을 지니고 연속되어 보이는 하나의 그룹으로 지각되는 법칙으로 공동운명의 법칙이라고도 한다.

① 근접성　　② 유사성
③ 연속성　　④ 폐쇄성

03 디자인 요소 중 선에 관한 설명으로 옳지 않은 것은?

① 곡선은 우아하며 흥미로운 느낌을 준다.
② 수평선은 안정감, 차분함, 편안한 느낌을 준다.
③ 수직선은 심리적 엄숙함과 상승감의 효과를 준다.
④ 사선은 경직된 분위기를 부드럽고 유연하게 해준다.

04 균형의 원리에 관한 설명으로 옳지 않은 것은?

① 크기가 큰 것이 작은 것보다 시각적 중량감이 크다.
② 기하학적 형태가 불규칙적인 형태보다 시각적 중량감이 크다.
③ 색의 중량감은 색의 속성 중 특히 명도, 채도에 따라 크게 작용한다.
④ 복잡하고 거친 질감이 단순하고 부드러운 것보다 시각적 중량감이 크다.

05 점과 선의 조형효과에 관한 설명으로 옳지 않은 것은?

① 점은 선과 달리 공간적 착시효과를 이끌어낼 수 없다.
② 선은 여러 개의 선을 이용하여 움직임, 속도감 등을 시각적으로 표현할 수 있다.
③ 배경의 중심에 있는 하나의 점은 시선을 집중시키고 정지의 효과를 느끼게 한다.
④ 반복되는 선의 굵기와 간격, 방향을 변화시키면 2차원에서 부피와 길이를 느끼게 표현할 수 있다.

06 다음 중 실내디자인에서 리듬감을 주기 위한 방법과 가장 거리가 먼 것은?

① 방사　　② 반복
③ 조화　　④ 점이

07 다음 설명에 알맞은 건축화조명의 종류는?

- 벽면 전체 또는 일부분을 광원화하는 방식이다.
- 광원을 넓은 벽면에 매입함으로써 비스타(Vista)적인 효과를 낼 수 있다.

① 코브조명
② 광창조명
③ 코퍼조명
④ 코니스조명

08 실내공간을 형성하는 주요 기본 구성요소에 관한 설명으로 옳지 않은 것은?

① 바닥은 촉각적으로 만족할 수 있는 조건을 요구한다.
② 벽은 가구, 조명 등 실내에 놓이는 설치물에 대한 배경적 요소이다.
③ 천장은 시각적 흐름이 최종적으로 멈추는 곳이기에 지각의 느낌에 영향을 미친다.
④ 다른 요소들이 시대와 양식에 의한 변화가 현저한 데 비해 천장은 매우 고정적이다.

09 펜로즈의 삼각형과 가장 관련이 깊은 착시의 유형은?

① 운동의 착시
② 크기의 착시
③ 역리도형 착시
④ 다의도형 착시

10 다음 중 문의 위치를 결정할 때 고려해야 할 사항과 가장 거리가 먼 것은?

① 출입 동선
② 문의 구성재료
③ 통행을 위한 공간
④ 가구를 배치할 공간

11 건축적 채광방식 중 천창 채광에 관한 설명으로 옳지 않은 것은?

① 측창 채광에 비해 채광량이 적다.
② 측창 채광에 비해 비막이에 불리하다.
③ 측창 채광에 비해 조도 분포의 균일화에 유리하다.
④ 측창 채광에 비해 근린의 상황에 따라 채광을 방해받는 경우가 적다.

12 고대 로마시대에 음식을 먹거나 취침을 위해 사용한 긴 의자에서 유래된 것으로 몸을 기대거나 침대로 겸용할 수 있도록 좌판 한쪽을 올린 형태를 갖는 것은?

① 스툴
② 오토만
③ 카우치
④ 체스터필드

13 다음 중 고대 그리스 건축의 오더에 속하지 않는 것은?

① 도리아식
② 터스칸식
③ 코린트식
④ 이오니아식

14 붙박이 가구(Built In Furniture)에 관한 설명으로 옳지 않은 것은?

① 공간의 효율성을 높일 수 있다.
② 건축물과 일체화하여 설치하는 가구이다.
③ 필요에 따라 설치장소를 자유롭게 움직일 수 있다.
④ 설치 시 실내 마감재와의 조화 등을 고려하여야 한다.

15 창문을 통해 입사되는 광량, 빛 및 환경을 조절하는 일광조절장치에 속하지 않는 것은?

① 픽처 윈도
② 글라스 커튼
③ 로만 블라인드
④ 드레이퍼리 커튼

16 상점의 판매방식 중 대면판매에 관한 설명으로 옳지 않은 것은?

① 측면방식에 비해 진열면적이 감소된다.
② 판매원의 고정 위치를 정하기가 용이하다.
③ 상품의 포장대나 계산대를 별도로 둘 필요가 없다.
④ 고객이 직접 진열된 상품을 접촉할 수 있는 관계로 충동구매와 선택이 용이하다.

17 주택 부엌의 작업 삼각형(Work Triangle)의 구성에 속하지 않는 것은?

① 냉장고
② 배선대
③ 개수대
④ 가열대

18 주택의 평면계획에서 공간의 조닝방법으로 옳지 않은 것은?

① 주 행동에 의한 조닝
② 사용시간에 의한 조닝
③ 실의 크기에 의한 조닝
④ 정적 공간과 동적 공간에 의한 조닝

19 LDK형 단위주거에서 D가 의미하는 것은?

① 거실
② 식당
③ 부엌
④ 화장실

20 주거공간은 주 행동에 의해 개인공간, 사회공간, 가사노동공간 등으로 구분할 수 있다. 다음 중 사회공간에 속하는 것은?

① 식당
② 침실
③ 서재
④ 부엌

21 음파는 파동의 하나이기 때문에 물체가 진행 방향을 가로막고 있다고 해도 그 물체의 후면에도 전달된다. 이러한 현상을 무엇이라 하는가?

① 회절
② 반사
③ 간섭
④ 굴절

22 건축물의 에너지 절약 설계기준에 따라 권장되는 건축물의 단열계획으로 옳지 않은 것은?

① 건물의 창 및 문은 가능한 작게 설계한다.
② 냉방부하 저감을 위하여 태양열 유입장치를 설치한다.
③ 건물 옥상에는 조경을 하여 최상층 지붕의 열저항을 높인다.
④ 외피의 모서리 부분은 열교가 발생하지 않도록 단열재를 연속적으로 설치한다.

23 자연환기에 관한 설명으로 옳지 않은 것은?

① 풍력환기량은 풍속에 반비례한다.
② 중력환기와 풍력환기로 대별된다.
③ 중력환기량은 개구부 면적에 비례하여 증가한다.
④ 중력환기는 실내외의 온도 차에 의한 공기의 밀도 차가 원동력이 된다.

24 목재제품 중 목재를 얇은 판, 즉 단판으로 만들어 이들을 섬유방향이 서로 직교되도록 홀수로 적층하면서 접착제로 접착시켜 만든 것은?

① 합판
② 섬유판
③ 파티클보드
④ 목재 집성재

25 콘크리트 혼화제인 AE제의 사용효과로 옳지 않은 것은?

① 워커빌리티가 개선된다.
② 동결융해 저항성능이 커진다.
③ 미세 기포에 의해 재료분리가 많이 생긴다.
④ 플레인 콘크리트와 동일 물시멘트비인 경우 압축강도가 저하된다.

26 미장재료 중 석고 플라스터에 관한 설명으로 옳지 않은 것은?

① 내화성이 우수하다.
② 수경성 미장재료이다.
③ 경화, 건조 시 치수 안정성이 우수하다.
④ 경화속도가 느리므로 급결제를 혼합하여 사용한다.

27 모자이크 타일의 소지의 질로 알맞은 것은?

① 도기질
② 토기질
③ 자기질
④ 석기질

28 탄소강에서 탄소량이 증가함에 따라 일반적으로 감소하는 물리적 성질은?

① 비열
② 항자력
③ 전기저항
④ 열전도율

29 건축용 접착제로서 요구되는 성능으로 옳지 않은 것은?

① 진동, 충격의 반복에 잘 견딜 것
② 충분한 접착성과 유동성을 가질 것
③ 내수성, 내한성, 내열성, 내산성이 있을 것
④ 고화(固化) 시 체적수축 등의 변형이 있을 것

30 재료의 성질 중 납과 같이 압력이나 타격에 의해 박편으로 펼쳐지는 성질은?

① 연성
② 전성
③ 인성
④ 취성

31 다음 중 내화성이 가장 높은 석재는?

① 대리석
② 응회암
③ 사문암
④ 화강암

32 석재의 인력에 의한 표면가공 순서로 옳은 것은?

① 혹두기 → 정다듬 → 도드락다듬 → 잔다듬 → 물갈기
② 혹두기 → 도드락다듬 → 정다듬 → 잔다듬 → 물갈기
③ 정다듬 → 혹두기 → 잔다듬 → 도드락다듬 → 물갈기
④ 정다듬 → 잔다듬 → 혹두기 → 도드락다듬 → 물갈기

33 콘크리트의 컨시스턴시(Consistency)를 측정하는 데 사용되는 것은?

① 표준체법
② 브레인법
③ 슬럼프시험
④ 오토클레이브 팽창도시험

34 다음 중 천연 아스팔트에 속하지 않는 것은?

① 아스팔타이트
② 록 아스팔트
③ 블론 아스팔트
④ 레이크 아스팔트

35 소다석회유리에 관한 설명으로 옳지 않은 것은?

① 풍화되기 쉽다.
② 내산성이 높다.
③ 용융되지 않는다.
④ 건축일반용 창호유리 등으로 사용된다.

36 다음 중 구리(Cu)를 포함하고 있지 않은 것은?

① 청동
② 양은
③ 포금
④ 함석판

37 다음 ( ) 안에 알맞은 석재는?

> 대리석은 ( )이 변화되어 결정화한 것으로 주성분은 탄산석회이며 이 외에 탄소질, 산화철, 휘석, 각섬석, 녹니석 등을 함유한다.

① 석회석
② 감람석
③ 응회암
④ 점판암

38 건축재료를 화학조성에 따라 분류할 경우 무기재료에 속하지 않는 것은?
① 흙
② 목재
③ 석재
④ 알루미늄

39 목재의 강도 중 응력방향이 섬유방향에 평행한 경우 일반적으로 가장 작은 값을 갖는 것은?
① 휨강도
② 압축강도
③ 인장강도
④ 전단강도

40 다음의 설명에 알맞은 석재는?

대리석의 한 종류로 다공질이고, 석질이 균일하지 못하며 석판으로 만들어 물갈기를 하면 평활하고 광택이 나서 특수한 실내장식재로 사용된다.

① 화강암
② 사문암
③ 안산암
④ 트래버틴

41 다음 중 목(木)부에 사용이 가장 곤란한 도료는?
① 유성 바니시
② 유성 페인트
③ 페놀수지 도료
④ 멜라민수지 도료

42 다음 중 콘크리트용 골재로서 요구되는 성질과 가장 거리가 먼 것은?
① 내화성이 있을 것
② 함수량이 많고 흡습성이 클 것
③ 콘크리트 강도를 확보하는 강성을 지닐 것
④ 콘크리트의 성질에 나쁜 영향을 끼치는 유해물질을 포함하지 않을 것

43 강화유리에 관한 설명으로 옳지 않은 것은?
① 보통 유리보다 강도가 크다.
② 파괴되면 작은 파편이 되어 분쇄된다.
③ 열처리 후에는 절단 등의 가공이 쉬워진다.
④ 유리를 가열한 다음 급격히 냉각시켜 제작한 것이다.

44 건축제도 시 선 긋기에 대한 설명 중 옳지 않은 것은?
① 용도에 따라 선의 굵기를 구분하여 사용한다.
② 시작부터 끝까지 일정한 힘을 주어 일정한 속도로 긋는다.
③ 축척과 도면의 크기에 상관없이 선의 굵기는 동일하게 한다.
④ 한 번 그은 선은 중복해서 긋지 않도록 한다.

45 다음 중 A2 제도용지의 규격으로 옳은 것은? (단, 단위는 mm)
① 841×1189
② 594×841
③ 420×594
④ 297×420

46 물체의 중심선, 절단선, 기준선 등을 표시하는 선의 종류는?
① 파선
② 일점쇄선
③ 이점쇄선
④ 실선

47 설계도에 나타내기 어려운 시공내용을 문장으로 표현한 것은?
① 시방서
② 견적서
③ 설명서
④ 계획서

48 다음 중 가장 큰 원을 그릴 수 있는 컴퍼스는?
① 스프링 컴퍼스
② 빔 컴퍼스
③ 드롭 컴퍼스
④ 중형 컴퍼스

49 다음 중 선의 굵기가 가장 굵어야 하는 것은?
① 절단선 ② 지시선
③ 외형선 ④ 경계선

50 철골구조에서 단일재를 사용한 기둥은?
① 형강 기둥
② 플레이트 기둥
③ 트러스 기둥
④ 래티스 기둥

51 다음 중 벽돌구조의 장점에 해당하는 것은?
① 내화, 내구적이다.
② 횡력에 강하다.
③ 고층 건축물에 적합한 구조이다.
④ 실내면적이 타 구조에 비해 매우 크다.

52 목구조에서 사용되는 철물에 대한 설명으로 옳지 않은 것은?
① 듀벨은 볼트와 같이 사용하여 접착제 상호 간의 변위를 방지하는 강한 이음을 얻는 데 사용한다.
② 꺾쇠는 몸통이 정방형, 원형, 평판형인 것을 각각 각꺾쇠, 원형꺾쇠, 평꺾쇠라 한다.
③ 감잡이쇠는 강봉 토막의 양끝을 뾰족하게 하고 ㄴ자형으로 구부린 것으로 두부재의 접합에 사용된다.
④ 안장쇠는 안장 모양으로 한 부재에 걸쳐 놓고 다른 부재를 받게 하는 이음, 맞춤의 보강철물이다.

53 부재를 양 끝단에서 잡아당길 때 재축방향으로 발생하는 주요 응력은?
① 인장응력 ② 압축응력
③ 전단응력 ④ 휨모멘트

54 벽돌벽 쌓기에서 1.5B 쌓기의 두께는?
① 90mm ② 190mm
③ 290mm ④ 330mm

55 다음 치장줄눈의 이름은?

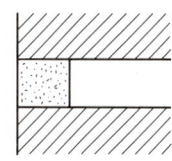

① 민줄눈 ② 평줄눈
③ 오늬줄눈 ④ 맞댄줄눈

56 보를 없애고 바닥판을 두껍게 해서 보의 역할을 겸하도록 한 구조로, 기둥이 바닥 슬래브를 지지해 주 상복합이나 지하주차장에 주로 사용되는 구조는?
① 플랫슬래브구조
② 절판구조
③ 벽식구조
④ 셸구조

57 건축구조의 분류에서 일체식 구조로만 구성된 것은?
① 돌구조 – 목구조
② 철근콘크리트구조 – 철골철근콘크리트구조
③ 목구조 – 철골구조
④ 철골구조 – 벽돌구조

58 용착금속이 끝부분에서 모재와 융합하지 않고 덮인 부분이 있는 용접결함을 무엇이라 하는가?
① 언더컷(Under Cut)
② 오버랩(Over Lap)
③ 크랙(Crack)
④ 클리어런스(Clearance)

59 각 건축구조의 특성에 대한 설명으로 틀린 것은?

① 벽돌구조는 횡력 및 지진에 강하다.
② 철근콘크리트구조는 철골구조에 비해 내화성이 우수하다.
③ 철골구조의 공사는 철근콘크리트구조 공사에 비해 동절기 기후에 영향을 덜 받는다.
④ 목구조는 소규모 건축에 많이 쓰이며 화재에 취약하다.

60 아래에서 설명하고 있는 건축구조의 종류는?

- 내구, 내화, 내진적이며 설계가 자유롭고 공사기간이 길며 자중이 큰 구조이다.
- 횡력과 진동에 강하다.

① 돌구조　　　　② 목구조
③ 철골구조　　　④ 철근콘크리트구조

CBT 모의고사 4회 [2020년 복원문제]

01 동(Cu)과 아연(Zn)의 합금으로 놋쇠라고도 불리우는 것은?

① 청동 ② 황동
③ 주석 ④ 경석

02 합성수지의 일반적인 성질에 대한 설명 중 틀린 것은?

① 가소성, 가공성이 크다.
② 내화, 내열성이 작고 비교적 저온에서 연화, 연질된다.
③ 흡수성이 크고 전성, 연성이 작다.
④ 내산, 내알칼리 등의 내화학성 및 전기절연성이 우수한 것이 많다.

03 다음 설명에 알맞은 도료는?

- 목재 면의 투명도장에 사용된다.
- 외부에 사용하기에 적당하지 않으며 내부용으로 주로 사용된다.

① 수성 페인트 ② 유성 페인트
③ 클리어 래커 ④ 알루미늄 페인트

04 목구조에 대한 설명으로 옳지 않은 것은?

① 부재에 흠이 있는 부분은 가급적 압축력이 작용하는 곳에 두는 것이 유리하다.
② 목재의 이음 및 맞춤은 응력이 적은 곳에서 접합한다.
③ 큰 압축력이 작용하는 부재에는 맞댄이음이 적합하다.
④ 토대는 크기가 기둥과 같거나 다소 작은 것을 사용한다.

05 조적조의 내력벽으로 둘러싸인 부분의 바닥면적은 몇 m² 이하로 해야 하는가?

① 80m² ② 90m²
③ 100m² ④ 120m²

06 강의 응력-변형도 곡선에서 탄성한도 지점은?

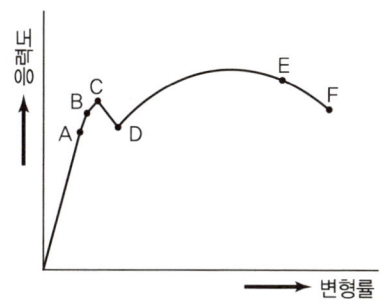

① B ② C
③ D ④ E

07 입체트러스 제작에 활용되는 구성요소로서 최소 도형에 해당되는 것은?

① 삼각형 또는 사각형
② 사각형 또는 오각형
③ 사각형 또는 육면체
④ 오각형 또는 육면체

08 주거공간을 주 행동에 의해 구분할 경우, 다음 중 사회적 공간에 속하는 것은?

① 식당 ② 침실
③ 욕실 ④ 서재

09 결로방지를 위한 방법으로 옳지 않은 것은?

① 환기를 통해 습한 공기를 제거한다.
② 실내 기온을 노점온도 이하로 유지한다.
③ 건물 내부의 표면온도를 높인다.
④ 낮은 온도의 난방을 오래 하는 것이 높은 온도의 난방을 짧게 하는 것보다 결로방지에 유리하다.

10 상점계획에서 파사드 구성에 요구되는 소비자 구매심리 5단계에 속하지 않는 것은?

① 주의(Attention)
② 욕망(Desire)
③ 기억(Memory)
④ 유인(Attraction)

11 부엌 작업대의 가장 효율적인 배치순서는?

① 준비대 – 개수대 – 조리대 – 가열대 – 배선대
② 준비대 – 조리대 – 개수대 – 가열대 – 배선대
③ 준비대 – 조리대 – 가열대 – 개수대 – 배선대
④ 준비대 – 개수대 – 가열대 – 조리대 – 배선대

12 상품의 전달 및 고객의 동선상 흐름이 가장 빠른 형식으로 협소한 매장에 적합한 상점 진열장의 배치 유형은?

① 굴절형   ② 환상형
③ 복합형   ④ 직렬형

13 다음 중 일조 조절을 위해 사용되는 것이 아닌 것은?

① 루버   ② 반자
③ 차양   ④ 처마

14 다음 설명에 알맞은 환기방법은?

• 실내공기를 강제적으로 배출시키는 방법으로 실내는 부압이 된다.
• 주택의 화장실, 욕실 등의 환기에 적합하다.

① 자연환기
② 압입식 환기(급기팬과 자연배기의 조합)
③ 흡출식 환기(자연급기와 배기팬의 조합)
④ 병용식 환기(급기팬과 배기팬의 조합)

15 목구조에서 벽체의 제일 아랫부분에 쓰이는 수평재로서 기초에 하중을 전달하는 역할을 하는 부재의 명칭은?

① 기둥   ② 인방보
③ 토대   ④ 가새

16 건축설계도면에서 중심선, 절단선, 경계선 등으로 사용되는 선은?

① 실선   ② 일점쇄선
③ 이점쇄선   ④ 파선

17 다음은 건물 벽체의 열 흐름을 나타낸 그림이다. ( ) 안에 알맞은 용어는?

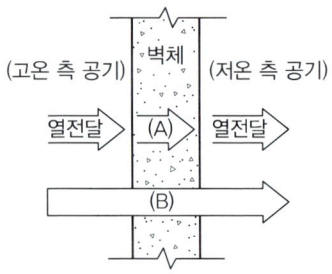

① A : 열복사, B : 열전도
② A : 열흡수, B : 열복사
③ A : 열복사, B : 열대류
④ A : 열전도, B : 열관류

18 다음 설명에 알맞은 건축화조명의 종류는?

- 벽면 전체 또는 일부분을 광원화하는 방식이다.
- 광원을 넓은 벽면에 매입함으로써 비스타(Vista)적인 효과를 낼 수 있으며 시선의 배경으로 작용할 수 있다.

① 코브조명 ② 광창조명
③ 광천장조명 ④ 코니스조명

19 건축제도통칙에 정의된 제도용지의 크기 중 틀린 것은?

① A0 : 1189×1680
② A2 : 420×594
③ A4 : 210×297
④ A6 : 105×148

20 벽체나 바닥판을 평면적인 구조체만으로 구성한 구조는?

① 현수구조 ② 막구조
③ 돔구조 ④ 벽식구조

21 선의 종류 중 상상선에 사용되는 선은?

① 굵은선 ② 가는선
③ 일점쇄선 ④ 이점쇄선

22 다음 중 굳지 않은 콘크리트의 컨시스턴시(Consistency)를 측정하는 방법으로 가장 알맞은 것은?

① 슬럼프시험
② 블레인시험
③ 체가름시험
④ 오토클레이브 팽창도시험

23 석고 플라스터 미장재료에 관한 설명으로 옳지 않은 것은?

① 내화성이 우수하다.
② 수경성 미장재료이다.
③ 회반죽보다 건조수축이 크다.
④ 원칙적으로 해초 또는 풀즙을 사용하지 않는다.

24 다음 중 일반적으로 내화성이 가장 약한 석재는?

① 사암 ② 안산암
③ 화강암 ④ 응회암

25 다음 보기에서 설명하는 부재명은?

- 횡력에 잘 견디기 위한 구조물이다.
- 경사는 45°에 가까운 것이 좋다.
- 압축력 또는 인장력에 대한 보강재이다.
- 주요 건물의 경우 한 방향으로만 만들지 않고, X자형으로 만들어 압축과 인장을 겸하도록 한다.

① 층도리 ② 샛기둥
③ 가새 ④ 꿸대

26 건축적 채광방식 중 천창 채광에 관한 설명으로 옳지 않은 것은?

① 측창 채광에 비해 채광량이 적다.
② 측창 채광에 비해 비막이에 불리하다.
③ 측창 채광에 비해 조도분포의 균일화에 유리하다.
④ 측창 채광에 비해 근린의 상황에 따라 채광을 방해받는 경우가 적다.

27 일반적으로 규칙적인 요소들의 반복으로 디자인에 시각적인 질서를 부여하는 통제된 운동감을 의미하는 디자인의 구성 원리는?

① 리듬 ② 통일
③ 강조 ④ 균형

28 균형의 원리에 대한 설명 중 옳지 않은 것은?
① 크기가 큰 것이 작은 것보다 시각적 중량감이 크다.
② 기하학적 형태가 불규칙적인 형태보다 시각적 중량감이 크다.
③ 색의 중량감은 색의 속성 중 특히 명도, 채도에 따라 크게 작용한다.
④ 복잡하고 거친 질감이 단순하고 부드러운 것보다 시각적 중량감이 크다.

29 다음 중 공간이 지나치게 넓은 경우 공간을 아늑하고 안정감 있어 보이게 하는 방법으로 가장 알맞은 것은?
① 창이나 문 등의 개구부를 크게 한다.
② 키가 큰 가구를 이용하여 공간을 분할한다.
③ 유리나 플라스틱으로 된 가구를 이용하여 시선이 차단되지 않게 한다.
④ 난색보다는 한색을 사용하고, 조명으로 천장이나 바닥부분을 밝게 한다.

30 단순하며 깔끔한 느낌을 주며 창 이외에 칸막이 스크린으로도 효과적으로 사용할 수 있는 것으로 셰이드(Shade)라고도 불리우는 것은?
① 롤 블라인드(Roll Blind)
② 로만 블라인드(Roman Blind)
③ 버티컬 블라인드(Vertical Blind)
④ 베네시안 블라인드(Venetian Blind)

31 다음 설명에 알맞은 부엌의 작업대 배치방식은?
- 인접한 세 벽면에 작업대를 붙여 배치한 형태이다.
- 비교적 규모가 큰 공간에 적합하다.

① 일렬형　　　　② L자형
③ ㄷ자형　　　　④ 병렬형

32 목재의 가공품 중 강당, 집회장 등의 천장 또는 내벽에 붙여 음향 조절용으로 사용되는 것은?
① 플로어링 보드　　② 코펜하겐 리브
③ 파키트리 블록　　④ 플로어링 블록

33 블론 아스팔트의 성능을 개량하기 위해 동식물성 유지와 광물질 분말을 혼입한 것으로 일반지붕 방수공사에 이용되는 것은?
① 아스팔트 펠트
② 아스팔트 프라이머
③ 아스팔트 콤파운드
④ 스트레이트 아스팔트

34 다음 중 콘크리트의 크리프에 영향을 미치는 요인으로 가장 거리가 먼 것은?
① 작용하중의 크기　　② 물시멘트비
③ 부재 단면치수　　　④ 인장강도

35 실시설계도에서 일반도에 해당하지 않는 것은?
① 전개도　　　　② 부분상세도
③ 배치도　　　　④ 기초평면도

36 다음 중 원호 이외의 곡선을 그릴 때 사용하는 제도용구는?
① 디바이더　　　② 스케일
③ 운형자　　　　④ T자

37 건축구조의 분류방법 중 구조형식에 따른 분류법이 아닌 것은?
① 가구식 구조　　② 조적식 구조
③ 일체식 구조　　④ 건식 구조

38 웨브 플레이트의 좌굴을 방지하기 위하여 설치하는 것은?

① 앵커볼트 ② 베이스 플레이트
③ 스티프너 ④ 플랜지

39 다음 설명에 알맞은 형태의 종류는?

• 구체적 형태를 생략 또는 과장의 과정을 거쳐 재구성된 형태이다.
• 대부분의 경우 재구성된 원래의 형태를 알아보기 어렵다.

① 자연형태 ② 인위형태
③ 추상적 형태 ④ 이념적 형태

40 목재이음부의 긴결 시 목재와 목재 사이에 끼워서 전단에 대한 저항을 목적으로 한 철물은?

① 감잡이쇠 ② 클램프
③ 듀벨 ④ 꺾쇠

41 단열재료에 관한 설명으로 옳지 않은 것은?

① 일반적으로 다공질 재료가 많다.
② 일반적으로 역학적인 강도가 크다.
③ 단열재료의 대부분은 흡음성도 우수하다.
④ 일반적으로 열전도율이 낮을수록 단열성능이 좋다.

42 콘크리트 중성화 억제방법이 아닌 것은?

① 단위 시멘트양을 최소화한다.
② AE제를 적당량 사용하지 않는다.
③ 플라이애시, 실리카 퓸, 고로슬래그 미분말을 혼합하여 사용한다.
④ 부재의 단면을 크게 한다.

43 건축제도에서 다음 평면 표시기호가 의미하는 것은?

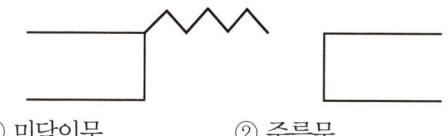

① 미닫이문 ② 주름문
③ 접이문 ④ 연속문

44 집성목재에 대한 설명으로 옳지 않은 것은?

① 아치와 같은 굽은 부재는 만들지 못한다.
② 응력에 따라 필요한 단면을 만들 수 있다.
③ 목재의 강도를 인공적으로 자유롭게 조절할 수 있다.
④ 보와 기둥에 사용할 수 있는 단면을 가진 것도 있다.

45 석재의 일반적 성질에 관한 설명으로 옳지 않은 것은?

① 불연성이며, 내화학성이 우수하다.
② 대체로 석재의 강도가 크며 경도도 크다.
③ 석재는 압축강도에 비해 인장강도가 특히 크다.
④ 일반적으로 흡수율이 클수록 풍화나 동해를 받기 쉽다.

46 소다석회유리의 일반적 성질에 관한 설명으로 옳지 않은 것은?

① 풍화되기 쉽다.
② 내산성이 높다.
③ 용융되기 어렵다.
④ 건축 일반용 창호유리에 사용된다.

47 다음의 선 긋기에 대한 설명 중 옳지 않은 것은?

① 용도에 따라 선의 굵기를 구분하여 사용한다.
② 시작부터 끝까지 일정한 힘을 주어 일정한 속도로 긋는다.
③ 축척과 도면의 크기에 상관없이 선의 굵기는 동일하게 한다.
④ 한 번 그은 선은 중복해서 긋지 않도록 한다.

48 건축 구조재료에 요구되는 성능과 가장 거리가 먼 것은?

① 역학적 성능 ② 물리적 성능
③ 내구성능   ④ 감각적 성능

49 재료에 사용하는 외력이 어느 한도에 도달하면 외력의 증가 없이 변형만이 증대하고, 외력을 제거해도 원형으로 회복하지 않고 변형이 잔류하는데, 이 같은 성질을 무엇이라 하는가?

① 탄성 ② 인성
③ 소성 ④ 점성

50 상업공간에서 디스플레이의 궁극적 목적은?

① 상품 소개
② 상품 판매
③ 쾌적한 관람
④ 학습능률의 향상

51 내열성이 우수하고, -60~260℃의 범위에서 안정하며 탄력성, 내수성이 좋아 도료, 접착제 등으로 사용되는 합성수지는?

① 페놀수지   ② 요소수지
③ 실리콘수지 ④ 멜라민수지

52 차음성이 높은 재료의 특성과 가장 거리가 먼 것은?

① 무겁다.   ② 단단하다.
③ 치밀하다. ④ 다공질이다.

53 경도가 너무 커서 내부에 변형을 일으킬 가능성이 있는 경우 인성을 부여하기 위하여 200~600℃ 정도로 다시 가열한 다음 공기 중에서 천천히 식혀 변형이 없어지고 강인한 강이 되게 하는 강재의 열처리방법은?

① 불림 ② 풀림
③ 뜨임 ④ 담금질

54 가구와 설치물의 배치 결정 시 다음 중 가장 우선적으로 고려되어야 할 사항은?

① 재질감 ② 색채감
③ 스타일 ④ 기능성

55 제도 연필의 경도에서 무르기로부터 굳기의 순서대로 옳게 나열한 것은?

① HB-B-F-H-2H
② B-HB-F-H-2H
③ B-F-HB-H-2H
④ HB-F-B-H-2H

56 상점 쇼윈도 전면의 눈부심 방지방법으로 옳지 않은 것은?

① 차양을 쇼윈도에 설치하여 햇빛을 차단한다.
② 쇼윈도 내부를 도로면보다 약간 어둡게 한다.
③ 유리를 경사지게 처리하거나 곡면유리를 사용한다.
④ 가로수를 쇼윈도 앞에 심어 도로 건너편 건물의 반사를 막는다.

57 원룸 주택 설계 시 고려해야 할 사항으로 옳지 않은 것은?

① 내부공간을 효과적으로 활용한다.
② 접객공간을 충분히 확보하도록 한다.
③ 환기를 고려한 설계가 이루어져야 한다.
④ 사용자에 대한 특성을 충분히 파악한다.

58 다음 설명에 알맞은 목재 방부제는?

- 유성 방부제로 도장이 불가능하다.
- 독성은 적으나 자극적인 냄새가 있다.

① 크레오소트유
② 황산동 1% 용액
③ 염화아연 4% 용액
④ 펜타클로로페놀(PCP)

59 2장 또는 3장의 판유리를 일정한 간격을 두고 겹치고 그 주변을 금속테로 감싸 붙여 만든 것으로, 단열성, 차음성이 좋고 결로방지용으로 우수한 유리제품은?

① 강화유리
② 망입유리
③ 복층유리
④ 에칭유리

60 다음의 점토제품 중 흡수율 기준이 가장 낮은 것은?

① 자기질 타일
② 석기질 타일
③ 도기질 타일
④ 클링커 타일

CBT 모의고사 5회 [2023년 복원문제]

01 한 선분을 길이가 다른 두 선분으로 분할하였을 때, 긴 선분에 대한 짧은 선분의 길이의 비가 전체 선분에 대한 긴 선분의 길이의 비와 같을 때 이루어지는 비례는?

① 정수비례
② 황금비례
③ 수열에 의한 비례
④ 루트직사각형 비례

02 발을 올려놓는 데 사용되는 것은?

① 세티   ② 오토만
③ 카우치   ④ 체스터필드

03 유효온도와 관련이 없는 온열요소는?

① 기온   ② 습도
③ 기류   ④ 복사열

04 벽체나 바닥판을 평면적인 구조체만으로 구성한 구조는?

① 현수구조   ② 막구조
③ 돔구조   ④ 벽식구조

05 천장과 함께 실내공간을 구성하는 수평적 요소로서 생활을 지탱하는 역할을 하는 것은?

① 벽   ② 바닥
③ 기둥   ④ 개구부

06 제도용구 중 치수를 옮기거나 선과 원주를 같은 길이로 나눌 때 사용하는 것은?

① 컴퍼스   ② 디바이더
③ 삼각스케일   ④ 운형자

07 다음 중 A2 제도용지의 규격으로 옳은 것은?

① 841×1,189   ② 594×941
③ 420×594   ④ 297×420

08 벽돌구조에서 1.5B 공간쌓기 벽체의 두께는 몇 mm인가?(단, 공간은 50mm이다.)

① 90mm   ② 310mm
③ 320mm   ④ 330mm

09 쇼핑센터 내의 주요 보행동선으로 고객을 각 상점으로 고르게 유도하는 동시에 휴식처로서의 기능도 가지고 있는 것은?

① 핵상점   ② 전문점
③ 몰(Mall)   ④ 코트(Court)

10 상점에서 쇼윈도, 출입구 및 홀의 입구부분을 포함한 평면적인 구성요소와 아케이드, 광고판, 사인, 외부장치를 포함한 입체적인 구성요소의 총체를 의미하는 것은?

① 파사드   ② 스크린
③ AIDMA   ④ 디스플레이

11 상점의 동선계획에 대한 설명으로 옳지 않은 것은?

① 고객 동선은 가능한 한 길게 한다.
② 종업원 동선은 가능한 한 짧게 한다.
③ 종업원 동선과 고객 동선은 교차되지 않도록 한다.
④ 매장, 창고, 작업장 등이 종업원 동선과 교차되지 않게 한다.

12 음압 레벨에 사용되는 단위는?

① 럭스   ② 루멘
③ 데시벨   ④ 람베르트

13 건축도면의 치수에 대한 설명으로 옳지 않은 것은?

① 치수는 특별히 명시하지 않는 한 마무리 치수로 표시한다.
② 치수는 치수선 중앙 윗부분에 기입하는 것이 원칙이다.
③ 치수선의 양 끝 표시는 화살표 또는 점으로 표시할 수 있으며, 같은 도면에서 2종을 혼용할 수 있다.
④ 협소한 간격이 연속될 때에는 인출선을 사용하여 치수를 쓴다.

14 열기나 유해물질이 실내에 널리 산재되어 있거나 이용되는 경우에 급기로 실내의 전체 공기를 희석하여 배출시키는 방법은?

① 집중환기   ② 전체환기
③ 국소환기   ④ 고정환기

15 다음 중 표면결로의 발생원인인 것은?

① 시공의 불량
② 실내 절대 습도 저하
③ 실내 수증기 억제
④ 실내 측 낮은 온도 벽체 유지

16 다음과 같은 재료 표시기호가 나타내는 것은?

① 목재의 구조재   ② 목재의 치장재
③ 단열재   ④ 석재

17 다음 중 여닫이용 창호철물에 속하지 않는 것은?

① 도어스톱   ② 크레센트
③ 도어클로저   ④ 플로어힌지

18 다음 중 건축재료의 사용목적에 따른 분류에 속하지 않는 것은?

① 유기재료   ② 구조재료
③ 마감재료   ④ 차단재료

19 다음 중 역학적 성능이 가장 요구되는 건축재료는?

① 차단재료   ② 내화재료
③ 마감재료   ④ 구조재료

20 다음 미장재료에 대한 설명 중 옳지 않은 것은?

① 석고 플라스터는 내화성이 우수하다.
② 돌로마이트 플라스터는 건조수축이 크기 때문에 수축균열이 발생한다.
③ 킨즈 시멘트는 고온소성의 무수석고를 특별한 화학처리를 한 것으로 경화 후 아주 단단하다.
④ 회반죽은 소석고에 모래, 해초풀, 여물 등을 혼합하여 바르는 미장재료로서 건조수축이 거의 없다.

21 다음 합성수지 중 열경화성 수지에 해당하지 않는 것은?

① 페놀수지　　② 요소수지
③ 멜라민수지　④ 폴리에틸렌수지

22 다음 중 천연 아스팔트에 속하지 않는 것은?

① 아스팔타이트　② 블론 아스팔트
③ 록 아스팔트　　④ 레이크 아스팔트

23 집성목재의 특성에 대한 설명 중 옳지 않은 것은?

① 곡면부재를 만들 수 없다.
② 충분히 건조된 건조재를 사용하므로 비틀림, 변형 등이 생기지 않는다.
③ 작은 부재로 길고 큰 부재를 만들 수 있다.
④ 옹이, 할열 등의 결함을 제거, 분산시킬 수 있으므로 강도의 편차가 적다.

24 다음 중 수직선이 주는 조형 효과와 가장 거리가 먼 것은?

① 상승감　② 약동감
③ 존엄성　④ 엄숙함

25 측창 채광에 관한 설명으로 옳지 않은 것은?

① 편측창 채광은 조명도가 균일하지 못하다.
② 천창 채광에 비해 시공, 관리가 어렵고 빗물이 새기 쉽다.
③ 측창 채광은 천창 채광에 비해 개방감이 좋고 통풍에 유리하다.
④ 측창 채광 중 벽의 한 면에만 채광하는 것을 편측창 채광이라 한다.

26 점토에 대한 설명 중 옳지 않은 것은?

① 점토의 비중은 일반적으로 2.5~2.6 정도이다.
② 점토입자가 미세할수록 가소성은 나빠진다.
③ 압축강도는 인장강도의 약 5배 정도이다.
④ 점토의 주성분은 실리카와 알루미나이다.

27 합성수지 재료 중 우수한 투명성, 내후성을 활용하여 톱 라이트, 온수풀의 옥상, 아케이드 등에 유리의 대용품으로 사용되는 것은?

① 실리콘수지　　② 폴리에틸렌수지
③ 폴리스티렌수지　④ 폴리카보네이트

28 다음 중 PC구조에 관한 설명으로 옳지 않은 것은?

① 공장생산이 가능하며 대량생산을 할 수 있다.
② 기계화 시공으로 단기 완성이 가능하다.
③ 기후의 영향을 덜 받는다.
④ 각 부품과의 접합부가 일체가 되므로 접합부 강성이 높다.

29 트레이싱지에 대한 설명 중 옳은 것은?

① 계획 도면의 스케치에 주로 사용한다.
② 연질이어서 쉽게 찢어진다.
③ 습기에 약하다.
④ 오래 보관되어야 할 도면의 제도에 쓰인다.

30 다음 중 가구식 구조에 해당하는 것은?

① 철골구조
② 철근콘크리트구조
③ 셸구조
④ 조적식 구조

31 목재에 대한 설명으로 옳지 않은 것은?

① 가공성이 좋다.
② 단열성이 작다.
③ 차음성이 있다.
④ 마감면이 아름답다.

32 다음 중 혼합 시멘트에 속하지 않는 것은?

① 알루미나 시멘트
② 고로 시멘트
③ 플라이애시 시멘트
④ 포졸란 시멘트

33 주택 부엌의 작업 삼각형(Work Triangle)의 구성에 속하지 않은 것은?

① 냉장고
② 배선대
③ 개수대
④ 가열대

34 강재를 800~1,000℃ 이상 가열 후 공기 중에서 냉각시키는 열처리방법은?

① 풀림
② 불림
③ 담금질
④ 뜨임질

35 제도용지 A0의 1/4 사이즈는?

① A1
② A2
③ A3
④ A4

36 다음 중 콘크리트의 신축이음(Expansion Joint) 재료에 요구되는 성능조건과 가장 관계가 먼 것은?

① 콘크리트에 잘 밀착하는 밀착성
② 콘크리트 이음 사이의 충분한 수밀성
③ 콘크리트의 수축에 순응할 수 있는 탄성
④ 콘크리트의 팽창에 저항할 수 있는 압축강도

37 철근콘크리트구조 기둥에서 주근의 좌굴과 콘크리트가 수평으로 터져나가는 것을 구속하는 철근은?

① 주근
② 띠철근
③ 온도철근
④ 배력근

38 주거공간을 주 행동에 의해 구분할 경우, 다음 중 사회적 공간에 속하는 것은?

① 거실
② 침실
③ 욕실
④ 서재

39 다음 설명에 알맞은 공간의 조직형식은?

> 하나의 형이나 공간이 지배적이고 이를 둘러싼 주위의 형이나 공간이 종속적으로 배열된 경우로 보통 지배적인 형태는 종속적인 형태보다 크기가 크며 단순하다.

① 직선식
② 방사식
③ 군생식
④ 중앙집중식

40 실내디자인이나 시각디자인, 환경디자인 등에서 그 디자인의 적응상황 등을 연구하여 색채를 선정하는 과정을 무엇이라 하는가?

① 색채관리
② 색채계획
③ 색채조합
④ 색채조절

41 질이 단단하고 내구성 및 강도가 크고 외관이 수려하며, 절리의 거리가 비교적 커서 대재(大材)를 얻을 수 있으나, 함유광물의 열팽창계수가 달라 내화성이 약한 석재는?

① 현무암
② 응회암
③ 부석
④ 화강암

42 다음 중 불완전 용접 중 슬래그와 공기구멍인 은색 반점이 생기는 것은?

① 언더컷(Under Cut)　② 오버랩(Overlap)
③ 피트(Pit)　④ 피시아이(Fish Eye)

43 도면 작도 시 선의 종류가 나머지 셋과 다른 것은?

① 절단선　② 경계선
③ 기준선　④ 가상선

44 콘크리트 타설 후 블리딩에 의해서 부상한 미립물은 콘크리트 표면에 얇은 피막이 되어 침적하는데, 이것을 무엇이라 하는가?

① 실리카　② 포졸란
③ 레이턴스　④ AE제

45 골재의 성인에 따른 분류 중 인공골재에 속하는 것은?

① 강모래　② 산모래
③ 중정석　④ 부순 모래

46 다음 중 크기와 형태에 제약 없이 가장 자유롭게 디자인할 수 있는 창의 종류는?

① 고정창　② 미닫이창
③ 여닫이창　④ 미서기창

47 다음 중 알칼리성 바탕에 사용이 가장 용이한 것은?

① 유성 페인트
② 알루미늄 페인트
③ 유성 에나멜 페인트
④ 염화비닐수지 도료

48 목재의 이음과 맞춤 시 유의사항으로 옳지 않은 것은?

① 이음, 맞춤의 끝 부분에 작용하는 응력이 균등하게 전달되도록 한다.
② 이음, 맞춤은 그 응력이 작은 곳에서 한다.
③ 맞춤면은 정확히 가공하여 빈틈이 없도록 한다.
④ 이음, 맞춤의 단면은 응력방향에 평행이 되도록 한다.

49 철골구조의 접합방법 중 접합된 판 사이에 강한 압력이 작용하여 이에 의한 접합재 간의 마찰저항에 의하여 힘을 전달하는 접합방식은?

① 강접합　② 핀접합
③ 용접접합　④ 고력볼트접합

50 설계도면 중 일반도에 속하지 않은 것은?

① 평면도　② 전기설비도
③ 배치도　④ 단면상세도

51 곡면판이 지니는 역학적 특성을 응용한 구조로서 외력은 주로 판의 면내력으로 전달되기 때문에 경량이고 내력이 큰 구조물을 구성할 수 있는 구조는?

① 패널구조　② 커튼월구조
③ 블록구조　④ 셸구조

52 주택 평면계획의 순서가 옳게 연결된 것은?

㉠ 대안 설정
㉡ 계획안 확정
㉢ 동선 및 공간구성 분석
㉣ 소요공간 규모 산정
㉤ 도면 작성

① ㉠ → ㉡ → ㉢ → ㉣ → ㉤
② ㉡ → ㉠ → ㉢ → ㉤ → ㉣
③ ㉢ → ㉣ → ㉠ → ㉡ → ㉤
④ ㉣ → ㉠ → ㉡ → ㉢ → ㉤

53 다음 설명에 알맞은 재료의 역학적 성질은?

> 재료에 외력이 작용하면 순간적으로 변형이 생기나 외력을 제거하면 순간적으로 원래의 형태로 회복되는 성질을 말한다.

① 소성 ② 점성
③ 탄성 ④ 인성

54 광원을 넓은 면적의 벽면에 매입하여 비스타(Vista)적인 효과를 낼 수 있으며 시선에 안락한 배경으로 작용하는 건축화조명방식은?

① 코브조명 ② 코퍼조명
③ 광창조명 ④ 광천장조명

55 주심포식과 다포식으로 나뉘며 목구조 건축물에서 처마 끝의 하중을 받치기 위해 설치하는 것은?

① 공포 ② 부연
③ 너새 ④ 서까래

56 다음과 같은 특징을 갖는 성분별 유리의 종류는?

> • 용융되기 쉽다.
> • 내산성이 높다.
> • 건축일반용 창호유리 등에 사용된다.

① 고규산유리 ② 칼륨석회유리
③ 소다석회유리 ④ 붕사석회유리

57 다음 중 건축용 단열재에 속하지 않는 것은?

① 유리섬유
② 석고 플라스터
③ 암면
④ 폴리 우레탄폼

58 건물의 하중을 모두 기둥, 보, 바닥, 지붕으로 지탱하고, 외벽은 하중을 부담하지 않게 외벽으로 삼는 건축양식은?

① 셸구조
② 프리스트레스트 콘크리트 구조
③ 커튼월구조
④ 패널구조

59 다음 철근 중 슬래브구조와 가장 거리가 먼 것은?

① 주근 ② 배력근
③ 수축온도철근 ④ 나선철근

60 다음 중 실생활의 사용보다 실내 분위기를 더욱 북돋아주는 감상 위주의 장식물의 종류는?

① 모형 ② 벽시계
③ 스탠드 램프 ④ 스크린

CBT 모의고사 6회 [2024년 복원문제]

01 상점계획에서 파사드 구성에 요구되는 소비자 구매심리 5단계에 속하지 않는 것은?

① 기억(Memory)
② 욕망(Desire)
③ 주의(Attention)
④ 유인(Attraction)

02 주거공간을 주행동에 의해 구분할 경우, 다음 중 사회적 공간에 속하는 것은?

① 거실
② 침실
③ 욕실
④ 서재

03 용접 금속이 모재에 완전히 붙지 않고 겹쳐 있는 불완전한 용접은?

① 슬래그 섞임(Slag Inclusion)
② 언더컷(Undercut)
③ 블로홀(Blowhole)
④ 오버랩(Overlap)

04 상점의 공간구성에 있어서 판매공간에 해당하는 것은?

① 파사드공간
② 상품관리공간
③ 시설관리공간
④ 상품전시공간

05 정원 500명이고 실용적이 1,000m³인 음악당에서 시간당 필요한 최소 환기횟수는?(단, 1인당 환기량은 18m³/h이다.)

① 9회 ② 10회
③ 11회 ④ 12회

06 건물의 구성 부분 중 구조재에 해당되지 않는 것은?

① 기둥 ② 내력벽
③ 천장 ④ 기초

07 목재이음의 보강철물로 적합하지 않은 것은?

① 못 ② 나사못
③ 리브 ④ 볼트

08 기하학적인 정의로 볼 때 크기는 없고 위치만 가지고 있는 디자인 요소는?

① 선 ② 점
③ 면 ④ 입체

09 수조면의 단위면적에 입사하는 광속을 의미하는 것은?

① 휘도 ② 조도
③ 광도 ④ 광속발산도

10 다음 중 열전도율의 단위로 옳은 것은?

① W/mk ② W
③ N/m³ ④ %

11 다음 설명에 알맞은 유리제품은?

- 2장 또는 3장의 유리를 일정한 간격을 두고 겹치고 그 주변을 금속테로 감싸 붙여 내부의 공기를 빼고 청정한 완전건조공기를 넣어 만든다.
- 단열, 방서, 방음 효과가 크고, 결로방지용으로도 우수하다.

① 망입유리　② 접합유리
③ 복층유리　④ 내열유리

12 다음 설명에 알맞은 합성수지는?

- 평판 성형되어 글라스와 같이 이용되는 경우가 많다.
- 유기글라스라고 불린다.

① 염화비닐수지　② 요소수지
③ 아크릴수지　④ 멜라민수지

13 다음의 선 긋기에 대한 설명 중 옳지 않은 것은?

① 용도에 따라 선의 굵기를 구분하여 사용한다.
② 시작부터 끝까지 일정한 힘을 주어 일정한 속도로 긋는다.
③ 축척과 도면의 크기에 상관없이 선의 굵기는 동일하게 한다.
④ 한번 그은 선은 중복해서 긋지 않도록 한다.

14 다음 중 물리적 온열요소가 아닌 것은?

① 기온　② 습도
③ 기류　④ 착의상태

15 ALC(Autoclaved Lightweight Concrete) 제품에 대한 설명 중 옳지 않은 것은?

① 중성화의 우려가 높다.
② 단열성능이 우수하다.
③ 습기가 많은 곳에서의 사용은 곤란하다.
④ 압축강도에 비해 휨강도, 인장강도가 크다.

16 알루미늄에 관한 설명으로 옳지 않은 것은?

① 가공성이 양호하다.
② 열, 전기 전도성이 크다.
③ 비중이 철의 1/3 정도로 경량이다.
④ 내화성이 좋아 별도의 내화처리가 필요하지 않다.

17 형태의 지각 심리에서 공동운명의 법칙이라고도 하며 유사한 배열이 하나의 묶음이 되어 선이나 형으로 지각되는 것은?

① 근접성의 원리
② 유사성의 원리
③ 폐쇄성의 원리
④ 연속성의 원리

18 다음 중 부엌의 효율적인 작업순서에 따른 작업대의 배치 순서로 가장 알맞은 것은?

① 준비대 → 가열대 → 개수대 → 조리대 → 배선대
② 준비대 → 개수대 → 조리대 → 가열대 → 배선대
③ 개수대 → 조리대 → 배선대 → 가열대 → 준비대
④ 준비대 → 배선대 → 개수대 → 조리대 → 가열대

19 시멘트의 안정성 측정에 사용되는 시험법은?

① 브레인법
② 표준체법
③ 슬럼프 테스트
④ 오토클레이브 팽창도 시험방법

20 건물과 일체화하여 만든 가구로서 공간을 최대한 활용할 수 있는 가구는?

① 가동 가구
② 붙박이 가구
③ 모듈러 가구
④ 작업용 가구

21 다음 중 목구조에 대한 설명으로 옳지 않은 것은?

① 건물의 무게가 가볍고, 가공이 비교적 용이하다.
② 내화성이 부족하다.
③ 함수율에 따른 변형이 거의 없다.
④ 나무 고유의 색깔과 무늬가 있어 아름답다.

22 주거공간을 주 행동에 따라 개인공간, 사회공간, 노동공간, 보건·위생공간으로 구분할 때, 다음 중 사회공간으로만 구성된 것은?

① 침실, 공부방, 서재
② 부엌, 세탁실, 다용도실
③ 식당, 거실, 응접실
④ 화장실, 세면실, 욕실

23 다음 중 열가소성 수지가 아닌 것은?

① 요소수지
② 아크릴수지
③ 염화비닐수지
④ 폴리에틸렌수지

24 밖으로 창과 함께 평면이 돌출된 형태로 아늑한 구석 공간을 형성할 수 있는 창의 종류는?

① 고창
② 윈도우 월
③ 베이 윈도우
④ 픽처 윈도우

25 주택의 평면도에 표시되어야 할 사항이 아닌 것은?

① 가구의 높이
② 기준선
③ 벽, 기둥, 창호
④ 실의 배치와 넓이

26 상업공간의 동선계획으로 옳지 않은 것은?

① 종업원 동선은 길이를 짧게 한다.
② 고객 동선은 행동의 흐름이 막힘없도록 한다.
③ 종업원 동선은 고객 동선과 교차되지 않도록 한다.
④ 고객 동선은 길이를 될 수 있는 대로 짧게 한다.

27 파티클 보드에 관한 설명으로 옳지 않은 것은?

① 합판에 비하여 면내 강성은 떨어지나 휨강도는 우수하다.
② 폐재, 부산물 등 저가치재를 이용하여 넓은 면적의 판상제품을 만들 수 있다.
③ 목재 및 기타 식물의 섬유질소편에 합성수지 접착제를 도포하여 가열압착성형 한 판상제품이다.
④ 수분이나 고습도에 대하여 그다지 강하지 않기 때문에 이와 같은 조건하에서 사용하는 경우에는 방습 및 방수처리가 필요하다.

28 석재의 일반적인 성질에 관한 설명으로 옳지 않은 것은?

① 길고 큰 부재를 얻기 쉽다.
② 불연성이고 압축강도가 크다.
③ 내구성, 내화학성, 내마모성이 우수하다.
④ 외관이 장중하고 치밀하며, 갈면 아름다운 광택이 난다.

29 리듬의 원리에 속하지 않는 것은?

① 반복   ② 대칭
③ 점이   ④ 방사

30 건축제도통칙(KS F 1501)에 따른 접은 도면의 크기는 무엇의 크기를 원칙으로 하는가?

① A1   ② A2
③ A3   ④ A4

31 석재 표면 가공 중 잔다듬에 주로 사용되는 공구는?

① 정 ② 쇠메
③ 날망치 ④ 도드락망치

32 다음 설명에 알맞은 조명방식은?

- 천장에 매달려 조명하는 조명방식이다.
- 조명기구 자체가 빛을 발하는 액세서리 역할을 한다.

① 코브 조명 ② 브래킷 조명
③ 펜던트 조명 ④ 캐노피 조명

33 창문 전체를 커튼으로 처리하지 않고 반 정도만 친 형태를 갖는 커튼의 종류는?

① 새시 커튼 ② 글라스 커튼
③ 드로우 커튼 ④ 크로스 커튼

34 건축재료를 화학조성에 의해 분류할 경우, 다음 중 무기재료에 속하지 않는 것은?

① 석재 ② 철강
③ 목재 ④ 콘크리트

35 천창에 관한 설명으로 옳지 않은 것은?

① 벽면의 다양한 활용이 가능하다.
② 같은 면적의 측창보다 광량이 많다.
③ 차열, 전망, 통풍에 유리하고 개방감이 크다.
④ 밀집된 건물에 둘러싸여 있어도 일정량의 채광이 가능하다.

36 종이에 일정한 크기의 격자형 무늬가 인쇄되어 있어서, 계획 도면을 작성하거나 평면을 계획할 때 사용하기 편리한 제도지는?

① 켄트지 ② 방안지
③ 트레이싱지 ④ 트레팔지

37 다음 중 건축제도의 치수기입에 관한 설명으로 옳지 않은 것은?

① 협소한 간격이 연속될 때에는 인출선을 사용하여 치수를 쓴다.
② 치수는 특별히 명시하지 않는 한 마무리 치수로 표시한다.
③ 치수기입은 치수선에 평행하게 도면의 왼쪽에서 오른쪽으로, 아래로부터 위로 읽을 수 있도록 기입한다.
④ 치수기입은 항상 치수선 중앙 아랫부분에 기입하는 것이 원칙이다.

38 납(Pb)에 관한 설명으로 옳은 것은?

① 융점이 높다.
② 전·연성이 작다.
③ 비중이 크고 연질이다.
④ 방사선의 투과도가 높다.

39 대리석의 일종으로 다공질이며 갈면 광택이 나서 실내장식재로 사용되는 것은?

① 사암 ② 점판암
③ 응회암 ④ 트래버틴

40 실내의 간접조명에 대한 설명으로 옳은 것은?

① 조명률이 좋다.
② 눈부심이 일어나기 쉽다.
③ 균일한 조도를 얻을 수 있다.
④ 매우 좁은 각도로 빛이 배광되므로 강조조명에 적합하다.

41 벽체나 바닥판을 평면적인 구조체만으로 구성한 구조는?

① 현수구조 ② 막구조
③ 돔구조 ④ 벽식구조

42 상점 쇼윈도 전면의 눈부심 방지 방법으로 옳지 않은 것은?

① 차양을 쇼윈도에 설치하여 햇빛을 차단한다.
② 쇼윈도 내부를 도로면보다 약간 어둡게 한다.
③ 유리를 경사지게 처리하거나 곡면유리를 사용한다.
④ 가로수를 쇼윈도 앞에 심어 도로 건너편 건물의 반사를 막는다.

43 제도용구 중 치수를 옮기거나 선과 원주를 같은 길이로 나눌 때 사용하는 것은?

① 컴퍼스　　② 디바이더
③ 삼각스케일　　④ 운형자

44 콘크리트가 타설된 후 비교적 가벼운 물이나 미세한 물질 등이 상승하고, 무거운 골재나 시멘트는 침하하는 현상은?

① 쿨링　　② 블리딩
③ 레이턴스　　④ 콜드조인트

45 시공과정에 따른 분류에서 습식 구조끼리 짝지어진 것은?

① 목구조 – 돌구조
② 돌구조 – 철골구조
③ 벽돌구조 – 블록구조
④ 철골구조 – 철근콘크리트구조

46 제도 글자에 대한 설명으로 옳지 않은 것은?

① 숫자는 아라비아 숫자를 원칙으로 한다.
② 문장은 가로쓰기가 곤란할 때에는 세로쓰기도 할 수 있다.
③ 글자체는 수직 또는 45° 경사의 고딕체로 쓰는 것을 원칙으로 한다.
④ 글자의 크기는 각 도면의 상황에 맞추어 알아보기 쉬운 크기로 한다.

47 건축제도통칙에 정의된 제도용지의 크기 중 틀린 것은?

① A0 : 1,189 × 1,680
② A2 : 420 × 594
③ A4 : 210 × 297
④ A6 : 105 × 148

48 프리스트레스트 콘크리트 구조의 특징 중 옳지 않은 것은?

① 고강도 재료를 사용하므로 시공이 간편하다.
② 간 사이가 길어 넓은 공간의 설계가 가능하다.
③ 부재단면 크기를 작게 할 수 있으나 진동하기 쉽다.
④ 공기단축과 시공 과정을 기계화할 수 있다.

49 건축제도통칙(KS F 1501)에 제시되지 않은 축척은?

① 1/5　　② 1/15
③ 1/20　　④ 1/10

50 실내외의 온도차에 의한 공기의 밀도차가 원동력이 되는 환기방법은?

① 기계환기　　② 인공환기
③ 풍력환기　　④ 중력환기

51 콘크리트공사에 사용되는 시멘트의 저장방법에 대한 설명 중 옳지 않은 것은?

① 시멘트는 방습적인 구조로 된 사일로(Silo) 또는 창고에 저장한다.
② 포대 시멘트는 지상 50cm 이상 되는 마루 위에 통풍이 잘되도록 하여 보관한다.
③ 포대의 올려쌓기는 13포대 이하로 하고 장기간 저장할 때는 7포대 이상 올려 쌓지 말아야 한다.
④ 조금이라도 굳은 시멘트는 사용하지 않는 것을 원칙으로 하고 검사나 반출이 편리하도록 배치하여 저장한다.

52 아스팔트를 휘발성 용제로 녹인 흑갈색 액체로 아스팔트 방수의 바탕처리재로 사용되는 것은?

① 아스팔트 펠트
② 아스팔트 프라이머
③ 아스팔트 콤파운드
④ 스트레이트 아스팔트

53 다음 중 내알칼리성이 가장 우수한 도료는?

① 유성페인트
② 유성바니시
③ 알루미늄페인트
④ 염화비닐수지도료

54 미장재료 중 돌로마이트 플라스터에 대한 설명으로 옳지 않은 것은?

① 소석회에 비해 점성이 높다.
② 응결시간이 길어 바르기가 좋다.
③ 회반죽에 비하여 조기강도 및 최종강도가 크다.
④ 보수성이 작아 해초풀을 사용하여야 하기 때문에 변색, 곰팡이의 발생 우려가 있다.

55 다음 중 공간이 지나치게 넓은 경우 공간을 아늑하고 안정감 있게 보이게 하는 방법으로 가장 알맞은 것은?

① 창이나 문 등의 개구부를 크게 한다.
② 키가 큰 가구를 이용하여 공간을 분할한다.
③ 유리나 플라스틱으로 된 가구를 이용하여 시선이 차단되지 않게 한다.
④ 난색보다는 한색을 사용하고, 조명으로 천장이나 바닥부분을 밝게 한다.

56 기본 점성이 크며 내수성, 내약품성, 전기절연성이 우수한 만능형 접착제로 금속, 플라스틱, 도자기, 유리, 콘크리트 등의 접합에 사용되는 것은?

① 요소수지 접착제
② 페놀수지 접착제
③ 멜라민수지 접착제
④ 에폭시수지 접착제

57 다음 중 가구식 구조로 옳은 것은?

① 벽돌구조
② 나무구조
③ 철근콘크리트구조
④ 철골철근콘크리트구조

58 가구의 기능에 따른 분류에 포함되는 것은?

① 가동 가구
② 인체지지용 가구
③ 조립식 가구
④ 붙박이 가구

59 점토 제품의 흡수율이 큰 것부터 순서가 옳은 것은?

① 도기 > 토기 > 석기 > 자기
② 도기 > 토기 > 자기 > 석기
③ 토기 > 도기 > 석기 > 자기
④ 토기 > 석기 > 도기 > 자기

60 다음 중 점토제품이 아닌 것은?

① 테라초(Terrazzo)
② 테라코타(Terra Cotta)
③ 타일(Tile)
④ 내화벽돌

CBT 모의고사 7회 [2025년 복원문제]

01 다음 설명에 알맞은 부엌의 작업대 배치방식은?

- 인접한 세 벽면에 작업대를 붙여 배치한 형태이다.
- 비교적 규모가 큰 공간에 적합하다.

① 일렬형　　② L자형
③ ㄷ자형　　④ 병렬형

02 안산암, 사문암, 현무암 등을 고열로 용융시켜 작은 구멍으로 분출시킨 것을 고압공기로 불어 날려 생성한 것으로 흡음재, 단열재로 널리 쓰이는 것은?

① 암면(Rock Wool)
② 질석(Vermiculite)
③ 퍼얼라이트(Pearlite)
④ 테라초(Terrazzo)

03 목재 집성재에 대한 설명 중 잘못된 것은?

① 두께 15~50mm의 단판을 제재하여 섬유방향을 거의 평형이 되게 여러 장 접착한 것이다.
② 판을 붙이는 것은 3, 5, 7장 등과 같이 정확하게 홀수로 붙여야 한다.
③ 합판과 같이 얇은 판이 아니라 보나 기둥에 사용할 수 있는 단면을 가진다.
④ 아치와 같은 굽은 용재를 만들 수 있다.

04 2장 또는 3장의 판유리를 일정한 간격으로 띄워 금속테로 기밀하게 테두리를 하여 방음, 단열성이 크고 결로 방지용으로 우수한 유리제품은?

① 망입유리　　② 색유리
③ 복층유리　　④ 자외선 흡수유리

05 목재의 강도에 관한 설명 중 틀린 것은?

① 비중이 클수록 강도가 크다.
② 심재는 변재에 비하여 강도가 작다.
③ 함수율이 작을수록 강도가 크다.
④ 옹이, 갈림 등의 흠이 있으면 강도가 떨어진다.

06 동적이고 불안정한 느낌을 주나, 건축에 강한 표정을 주기도 하는 선은?

① 곡선　　② 수직선
③ 사선　　④ 수평선

07 건축제도통칙에서 규정하고 있는 척도가 아닌 것은?

① 5/1　　② 1/5
③ 1/150　　④ 1/250

08 조선시대 주택의 건축 중 남자 주인이 거처하던 방으로서 서재와 접객공간으로 쓰인 공간은?

① 안방　　② 사랑방
③ 부엌　　④ 대청

09 다음 중 열가소성 수지에 속하지 않는 것은?

① 아크릴수지
② 폴리에틸렌수지
③ 페놀수지
④ 염화비닐수지

10 다음 설명에 알맞은 비철금속은?

- 비중이 철의 1/3 정도로 경량이다.
- 열·전기전도성이 크며 반사율이 높다.
- 내화성이 부족하다.

① 납　　　　　　② 아연
③ 알루미늄　　　　④ 니켈

11 상업공간의 실내계획에 있어 구매심리 5단계와 관계가 적은 것은?

① 주의(Attention)
② 권유(Persuasion)
③ 욕망(Desire)
④ 행위(Action)

12 실내공간을 형성하는 기본 구성요소 중 다른 요소들에 비해 시대와 양식에 의한 변화가 거의 없는 것은?

① 바닥　　　　　　② 벽
③ 천장　　　　　　④ 개구부

13 납과 같이 압력이나 타격에 의해 박편으로 펼쳐지는 성질은?

① 연성　　　　　　② 전성
③ 인성　　　　　　④ 취성

14 돌로마이트 플라스터에 관한 설명으로 틀린 것은?

① 돌로마이트 플라스터는 돌로마이트 석회, 모래, 여물 혹은 시멘트를 혼합하여 만든 바름재료이다.
② 돌로마이트 석회는 소석회보다 점성이 커서 풀이 필요 없다.
③ 마감표면의 경도가 회반죽보다 작다.
④ 건조, 경화 시 수축률이 크다.

15 도면 표시기호 중 틀린 것은?

① 길이 : L　　　　② 높이 : H
③ 두께 : THK　　　④ 면적 : S

16 기초의 설명 중 옳은 것은?

① 독립기초 : 벽 또는 일렬의 기둥을 받치는 기초
② 복합기초 : 단일 기둥을 받치는 기초
③ 연속기초 : 2개 이상의 기둥을 한 개의 기초판으로 받치는 기초
④ 온통기초 : 건물 하부 전체에 걸쳐 받치는 기초

17 상업공간의 동선계획으로 틀린 것은?

① 종업원 동선은 고객 동선과 교차되지 않도록 한다.
② 종업원 동선은 동선 길이를 짧게 한다.
③ 고객 동선은 행동의 흐름이 막힘이 없도록 합체적으로 한다.
④ 고객 동선은 동선 길이를 될 수 있는 대로 짧게 한다.

18 다음 중 열전도율의 단위는?

① Kcal　　　　　　② Kf/m^3
③ W/m^{2}K　　　　④ W/mK

19 물체의 크기와 인간과의 관계 및 물체 상호 간의 관계를 표시하는 디자인 원리는?

① 척도　　　　　　② 비례
③ 균형　　　　　　④ 조화

20 디자인의 원리 중 시각적으로 초점이나 흥미의 중심이 되는 것을 의미하며, 실내디자인에서 충분한 필요성과 한정된 목적을 가질 때에 적용하는 것은?

① 리듬　　　　　　② 조화
③ 강조　　　　　　④ 통일

21 플라스틱 재료에 대한 설명 중 틀린 것은?
① 착색이 자유롭고 가공성이 좋다.
② 내수성 및 내투습성은 일부를 제외하고 극히 양호하다.
③ 압축강도가 인장강도보다 작다.
④ 내약품성이 우수하다.

22 물체가 있는 것으로 가상되는 부분을 표현할 때 사용되는 선은?
① 가는 실선   ② 파선
③ 일점쇄선   ④ 이점쇄선

23 설계도면의 종류 중 실시설계도에 해당되는 것은?
① 구상도   ② 조직도
③ 동선도   ④ 전개도

24 철근콘크리트구조의 특징이 아닌 것은?
① 내구, 내화, 내진적이다.
② 자중이 가볍다.
③ 설계가 자유롭다.
④ 고층 건물이 가능하다.

25 다음 중 천연 아스팔트의 종류에 속하지 않는 것은?
① 레이크 아스팔트   ② 블론 아스팔트
③ 록 아스팔트   ④ 아스팔타이트

26 다음 중 수익 창출을 목적으로 하는 영리공간과 가장 관계가 먼 것은?
① 백화점   ② 호텔
③ 박물관   ④ 펜션

27 콘크리트 내부에 미세한 독립된 기포를 발생시켜 콘크리트의 작업성 및 동결융해 저항성능을 향상시키기 위해 사용되는 화학혼화제는?
① AE제   ② 유동화제
③ 기포제   ④ 플라이애시

28 소규모 주택에서 많이 사용하는 방법으로 거실 내에 부엌과 식당을 설치한 것은?
① D형식   ② DK형식
③ LD형식   ④ LDK형식

29 석재의 종류에 있어서 화성암에 속하지 않는 것은?
① 화강암   ② 안산암
③ 현무암   ④ 석회암

30 표준형 점토벽돌의 크기로 알맞은 것은?
① 190mm × 90mm × 57mm
② 210mm × 100mm × 60mm
③ 190mm × 90mm × 60mm
④ 210mm × 100mm × 57mm

31 다음 중 내알칼리성이 가장 좋은 도료는?
① 유성 페인트
② 유성 바니시
③ 알루미늄 페인트
④ 염화비닐수지 도료

32 물체의 중심선, 절단선, 기준선 등을 표시하는 선의 종류는?
① 파선   ② 일점쇄선
③ 이점쇄선   ④ 실선

33 다음 중 건축제도 용구가 아닌 것은?

① 홀더
② 원형 템플릿
③ 타블렛
④ 컴퍼스

34 온화하고 부드러운 여성적인 느낌을 주는 도형은?

① 타원형
② 오각형
③ 사각형
④ 삼각형

35 양식주택과 비교한 한식주택의 특징에 관한 설명으로 옳지 않은 것은?

① 공간의 융통성이 낮다.
② 가구는 부수적인 내용물이다.
③ 평면은 실의 위치별 분화이다.
④ 각 실의 프라이버시가 약하다.

36 용접 금속이 모재에 완전히 붙지 않고 겹쳐 있는 불완전한 용접은?

① 슬래그 섞임(Slag Inclusion)
② 언더컷(Under Cut)
③ 블로홀(Blowhole)
④ 오버랩(Overlap)

37 건축 구조를 구조형식에 따라 분류할 때 가구식 구조에 해당하는 것으로 짝지어진 것은?

① 벽돌구조 - 돌구조
② 목구조 - 철골구조
③ 블록구조 - 벽돌구조
④ 철근콘크리트구조 - 철골철근콘크리트구조

38 다음 중 천연골재에 속하지 않는 것은?

① 강모래
② 깬자갈
③ 산자갈
④ 바다자갈

39 구조재료로서 요구되는 재료의 성질과 가장 거리가 먼 것은?

① 내구성이 작아야 한다.
② 가공이 용이한 것이어야 한다.
③ 재질이 균일하고 강도가 큰 것이어야 한다.
④ 가볍고 큰 재료를 용이하게 얻을 수 있는 것이어야 한다.

40 다음 중 선의 굵기가 가장 굵어야 하는 것은?

① 절단선
② 지시선
③ 외형선
④ 경계선

41 주거 공간을 주행동에 따라 개인공간, 작업공간, 사회적 공간으로 구분할 때, 다음 중 사회적 공간에 속하지 않는 것은?

① 식당
② 현관
③ 응접실
④ 주방

42 실내공기 오염의 종합적 지표로서 사용되는 오염물질은?

① 라돈
② 부유분진
③ 일산화탄소
④ 이산화탄소

43 상점의 판매방식 중 대면판매에 관한 설명으로 옳지 않은 것은?

① 측면방식에 비해 진열면적이 감소된다.
② 판매원의 고정 위치를 정하기가 용이하다.
③ 상품의 포장대나 계산대를 별도로 둘 필요가 없다.
④ 고객이 직접 진열된 상품을 접촉할 수 있는 관계로 충동구매와 선택이 용이하다.

44 시멘트의 분말도 측정법에 해당하는 것은?

① 브레인법
② 슬럼프 테스트
③ 르 샤들리에 시험법
④ 오토클레이브 시험법

45 유리와 같이 재료가 외력을 받았을 때 극히 작은 변형을 수반하고 파괴되는 성질은?

① 강성 ② 연성
③ 취성 ④ 전성

46 다음 설명에 알맞은 조명의 배광방식은?

- 천장이나 벽면 등에 빛을 반사시켜 그 반사광으로 조명하는 방식이다.
- 균일한 조도를 얻을 수 있으며 눈부심이 없다.

① 국부조명 ② 전반조명
③ 간접조명 ④ 직접조명

47 도로 포장용 벽돌로서 주로 인도에 많이 쓰이는 것은?

① 이형벽돌
② 포도용 벽돌
③ 오지벽돌
④ 내화벽돌

48 광원을 넓은 면적의 벽면에 매입하여 비스타(Vista)적인 효과를 낼 수 있으며 시선에 안락한 배경으로 착용하는 건축화 조명방식은?

① 코브조명
② 코퍼조명
③ 광창조명
④ 광천장조명

49 제도용구 중 치수를 옮기거나 선과 원주를 같은 길이로 나눌 때 사용하는 것은?

① 컴퍼스
② 디바이더
③ 삼각스케일
④ 운형자

50 다음 중 프리스트레스트 콘크리트 구조의 특징에 대한 설명 중 옳지 않은 것은?

① 간사이를 길게 할 수 있어 넓은 공간의 설계에 적합하다.
② 부재 단면의 크기를 크게 할 수 있어 진동 발생이 없다.
③ 공기 단축이 가능하다.
④ 강도와 내구성이 큰 구조물 시공이 가능하다.

51 KS F 1501에 따른 도면의 크기에 대한 설명으로 옳은 것은?

① 접은 도면의 크기는 B4의 크기를 원칙으로 한다.
② 제도지를 묶기 위한 여백은 35mm로 하는 것이 기본이다.
③ 도면은 그 길이 방향을 좌우 방향으로 놓은 것을 정위치로 한다.
④ 제도 용지의 크기는 KS M ISO 216의 B열의 B0~B6에 따른다.

52 마르셀 브로이어가 디자인한 것으로 강철 파이프를 휘어 기본 골조를 만들고 가죽을 접합하여 만든 의자는?

① 바실리 의자 ② 파이미오 의자
③ 레드 블루 의자 ④ 바르셀로나 의자

53 벽돌쌓기법에 대한 설명 중 옳지 않은 것은?

① 영식 쌓기는 처음 한 켜는 마구리쌓기, 다음 한 켜는 길이쌓기를 교대로 쌓는 것으로 통줄눈이 생기지 않는다.
② 네덜란드식 쌓기는 영국식과 같으나 모서리 끝에 칠오토막을 사용하지 않고 이오토막을 사용한다.
③ 프랑스식 쌓기는 부분적으로 통줄눈이 생기므로 구조벽체로는 부적합하다.
④ 영롱 쌓기는 벽돌벽 등에 장식적으로 구멍을 내어 쌓는 것이다.

54 주택 침실의 소음방지 방법으로 적당하지 않는 것은?

① 도로 등의 소음원으로부터 격리시킨다.
② 창문은 2중창으로 시공하고 커튼을 설치한다.
③ 벽면에 붙박이장을 설치하여 소음을 차단한다.
④ 침실 외부에 나무를 제거하여 조망을 좋게 한다.

55 여닫이용 창호철물에 속하지 않는 것은?

① 도어스톱　　② 크레센트
③ 도어클로저　④ 플로어힌지

56 벽돌조에서 벽량이란 바닥면적과 벽의 무엇에 대한 비를 말하는가?

① 벽의 전체면적
② 개구부를 제외한 면적
③ 내력벽의 길이
④ 벽의 두께

57 수화속도를 지연시켜 수화열을 작게 한 시멘트로 댐공사나 건축용 매스 콘크리트에 사용되는 것은?

① 백색 포틀랜드 시멘트
② 조강 포틀랜드 시멘트
③ 초조강 포틀랜드 시멘트
④ 중용열 포틀랜드 시멘트

58 다음 중 벽돌구조의 장점에 해당하는 것은?

① 내화, 내구적이다.
② 횡력에 강하다.
③ 고층 건축물에 적합한 구조이다.
④ 실내면적이 타 구조에 비해 매우 크다.

59 지붕의 빗물을 흘려보내기 위해 지상으로 유도하는 수직홈통은?

① 선홈통　　② 깔때기 홈통
③ 낙수받이　④ 처마홈통

60 2층 이상의 기둥 전체를 하나의 단일재로 사용하는 기둥으로 상하를 일체화시켜 수평력에 견디게 하는 기둥은?

① 통재기둥　② 평기둥
③ 층도리　　④ 샛기둥

CBT 모의고사 1회
정답 및 해설

▶ 정답

01	①	02	①	03	②	04	③	05	③
06	③	07	①	08	③	09	③	10	①
11	④	12	①	13	①	14	①	15	③
16	①	17	②	18	①	19	①	20	④
21	②	22	④	23	②	24	①	25	①
26	②	27	②	28	④	29	④	30	④
31	②	32	②	33	②	34	②	35	①
36	③	37	②	38	②	39	①	40	①
41	①	42	④	43	④	44	③	45	②
46	①	47	①	48	③	49	③	50	④
51	①	52	③	53	③	54	③	55	②
56	②	57	④	58	④	59	②	60	③

01 실내디자인의 설계과정 [16 · 13 · 07년 출제]
설계자의 요구분석(조건파악) – 각종 자료분석(기본계획) – 기본설계 – 대안제시 – 실시설계

02 모듈러 [14 · 10 · 09 · 07년 출제]
르 코르뷔지에는 모듈 본래의 사고방식인 비례의 개념에 황금비의 중요성을 찾아내 자신의 모듈러라는 새로운 단어를 붙였으며, 모듈이라는 개념을 건축과 재료의 크기에 접목시켰다.

03 수평선 [16 · 14 · 08년 출제]
고요, 안정, 정지된 느낌을 줄 수 있다.

04 방사 [13 · 09 · 06년 출제]
① 외부로 퍼져 나가는 리듬감으로 생동감이 있다.
② 호수에 돌을 던지면 둥글게 물결현상이 생기는 것 또는 화환, 바닥패턴에서 쉽게 볼 수 있다.

05 강조의 특징 [15 · 13 · 11 · 08년 출제]
평범하고 단순한 실내를 흥미롭게 만드는 데 가장 적합한 디자인 원리이다.

06 역리도형 착시 [16 · 15 · 13년 출제]
모순도형 또는 불가능한 도형을 말하는데 펜로즈의 삼각형처럼 2차원적 평면에 나타나는 안길이의 특성을 부분적으로 본다면 가능하지만, 3차원적인 공간에서 보았을 때는 불가능한 것으로 보이는 도형이다.

07 추상적 형태 [21 · 16 · 14 · 13년 출제]
구체적 형태를 생략 또는 과장의 과정을 거쳐 재구성한 형태이며, 대부분의 경우 재구성된 원래의 형태를 알아보기 어렵다.

08 벽의 특징 [15 · 13 · 11 · 10 · 08년 출제]
① 공간과 공간을 구분하고 공간의 형태와 크기를 결정한다.
② 실내공간을 에워싸는 수직적 요소이다.

09 베이 윈도 [15 · 12년 출제]
일명 돌출창으로 벽면보다 돌출된 형태로 아늑한 공간을 형성한다.

10 전통가구 [15 · 09 · 08년 출제]
① 농 : 전통기구 중 장과 더불어 가장 일반적으로 쓰이던 수납용 가구로 몸통이 2층 또는 3층으로 분리되어 상자 형태로 포개 놓아 사용한 것이다.
② 함 : 장식품으로 혼례를 앞두고 신랑 집에서 신부 집으로 채단과 혼서지를 담아 보내는 상자이다.
③ 궤 : 앞면이나 윗면을 반으로 나누어 경첩을 달아 한쪽 면만을 여닫도록 만든 직사각형의 가구이다. 인궤(印櫃) · 돈궤 · 낭자궤 · 실궤 · 패물궤 · 문서궤 · 책궤 · 옷궤 등이 있다.
④ 소반 : 음식을 먹을 때, 음식 그릇을 올려놓는 작은 상이다.

11 붙박이 가구 [16 · 15 · 14 · 12 · 11 · 10 · 09 · 08 · 07 · 06년 출제]
건축물과 일체화하여 설치하는 건축화된 가구이다.

12 블라인드의 종류 [22 · 16년 출제]
① 롤 블라인드 : 단순하며 깔끔한 느낌을 주며 창 이외에 칸막이 스크린으로도 효과적으로 사용할 수 있는 것으로 셰이드(Shade)라고도 한다.
② 로만 블라인드 : 밑으로부터 접는 매트식 개폐방식이다.
③ 베니션 블라인드 : 수평 블라인드로 날개의 각도, 승강으로 일광, 조망, 시각의 차단 정도를 조절할 수 있지만 먼지가 쌓이면 제거하기 어려움 단점이 있다.
④ 버티컬 블라인드 : 수직으로 루버를 매달고 캐리어와 스크루 로드의 휘감기로 루버의 개폐 · 루버의 각도를 조절하는 커튼 스타일이다.

13 의자류 [16 · 14 · 10 · 07년 출제]
① 세티 : 동일한 두 개의 의자를 나란히 합해 2인이 앉을 수 있도록 설계한 의자이다.
② 카우치 : 고대 로마시대 음식물을 먹거나 잠을 자기 위해 사용했던 긴 의자로 몸을 기댈 수 있도록 좌판의 한쪽 끝이 올라간 형태를 가진다.
③ 풀업 체어 : 이동하기 쉽고 잡기 편하고 들기 쉬운 간이의 자이다.
④ 체스터필드 : 속을 많이 채워넣고 천으로 감싼 소파이다.

14 고정창 [15 · 14 · 12 · 06년 출제]
열리지 않고 빛만 유입되는 기능으로 크기와 형태에 제약 없이 자유롭게 디자인할 수 있다.

15 간접조명 [15 · 13 · 12 · 11 · 10 · 07 · 06년 출제]
조도가 가장 균일하고 음영이 가장 적어 눈의 피로도가 적다.

16 소규모 주거공간의 기본계획 [14년 출제]
여러 가지 기능의 실들을 한곳에 집약시켜 생활공간을 구성하는 일실 다용도 방식이다. 그러므로 접객공간을 따로 만들 공간이 부족하다.

17 상점 진열대의 사행 배치형 [16 · 15 · 14 · 08 · 06년 출제]
진열대의 평면 배치 중 많은 고객을 매장공간의 코너까지 접근시킬 수 있지만 이형의 진열대가 많이 필요하다.

18 한식과 양식의 비교 [15년 출제]
한식주택은 방의 기능을 혼용하므로 공간의 융통성이 높다.

19 일자형 [15 · 10 · 09년 출제]
작업대를 일렬로 벽면에 배치한 형태로 좁은 면적에 효과적이며 소규모 주택에 사용한다.

20 측면판매 형식 [15 · 09년 출제]
진열상품을 같은 방향으로 보며 판매하는 형식으로 서적, 침구, 의류에 사용된다.

21 일조 조절 [16 · 14 · 11 · 08 · 06년 출제]
① 우리나라는 여름에 태양의 고도가 높고, 겨울에 태양의 고도가 낮아 남쪽에 창을 만들 경우 겨울에 일조를 충분히 받고 여름에 차폐를 충분히 할 수 있어 가장 이상적이다.
② 루버, 차양, 처마 등이 있다.

22 건구온도 계산 [16 · 13년 출제]
혼합공기의 건구온도 t_3(℃)
$$t_3 = \frac{t_1 \cdot G_1 + t_2 \cdot G_2}{G_1 + G_2}$$
$= [(28 \times 80) + (14 \times 20)]/80 + 20$
$= [2,240 + 280]/100 = 2,520/100$
$= 25.2℃$

23 잔향이론 [16 · 09년 출제]
음원을 정지시킨 후 일정 시간 동안 실내에 소리가 남는 현상을 말한다.

24 대리석 [16 · 15 · 12 · 11년 출제]
열, 산에 약하므로 장식용 석재 중 가장 고급 재료이다.

25 테라코타 [14 · 13 · 11 · 10 · 06년 출제]
일반 석재보다 가볍고, 압축강도는 화강암의 1/2 정도이다.

26 기건상태 [14 · 09 · 06년 출제]
목재를 건조하여 대기 중에 습도와 균형 상태가 된 것으로 함수율은 약 15% 정도가 된다.

27 아스팔트 콤파운드 [16 · 14 · 11 · 09 · 07년 출제]
블론 아스팔트의 성능을 개량하기 위해 동식물성 유지와 광물질 분말을 혼입한 것으로 일반지붕 방수공사에 이용한다.

28 인공건조법 [16 · 12 · 07년 출제]
건조가 빠르고 변형도가 적으며, 열기법, 증기법, 훈연법, 진공법 등이 있다.

29 유기재료 [16 · 15 · 13 · 07년 출제]
화학조성에 따른 분류에는 무기재료와 유기재료로 구분된다.

30 합성수지 도료 [22 · 16 · 15 · 13 · 12 · 10년 출제]
① 내산성, 내알칼리성이 우수하여 콘크리트나 플라스터면에 사용할 수 있다.
② 염화비닐수지 도료, 에폭시 도료, 염화고무 도료 등이 있다.

31 복층유리 [22 · 16 · 12 · 11 · 10 · 09 · 08 · 07 · 06년 출제]
2장 또는 3장의 판유리를 일정한 간격을 두고 금속 테두리로 기밀하게 만들고 내부공기를 빼고 건조공기나 특수가스를 봉압한 유리이다.

32 점판암 [16 · 13 · 12 · 11 · 07 · 06년 출제]
청회색 또는 흑색으로 석질이 치밀하고 흡수율이 작아 기와 대신에 지붕, 외벽, 마루 등에 사용된다.

33 청동 [16 · 13 · 11년 출제]
구리(동)와 주석의 합금이다.

34 에폭시수지 [16 · 14 · 12 · 11 · 10 · 08 · 07년 출제]
① 기본 점성이 크며 내수성, 내약품성, 전기절연성이 우수하다.
② 금속, 플라스틱, 도자기, 유리, 콘크리트 등의 접착제로 사용된다.

35 크리프 [15 · 14 · 13 · 12 · 08년 출제]
처짐과 균열의 폭 등이 시간과 더불어 증대된다.

36 석고 플라스터 [16 · 15 · 14 · 13 · 11 · 09 · 08 · 06년 출제]
경화, 건조 시 치수 안정성이 뛰어나 균열 없는 마감이 가능하다.

37 금속재료의 부식과 방지
[16 · 15 · 14 · 13 · 12 · 10 · 09 · 08 · 07 · 06년 출제]
② 강재는 모르타르나 콘크리트로 피복한다.
③ 다른 종류의 금속을 서로 잇대어 사용하지 않는다.
④ 경수는 연수에 비하여 부식성이 작으나, 오수에서 발생하는 이산화탄소, 메탄가스는 금속 부식을 촉진하는 역할을 한다.

38 조립률 [15년 출제]
콘크리트의 주재료인 굵은 골재, 잔골재, 아주 작은 골재의 미세한 정도를 나타내는 수치로 10개의 체의 눈금 번호에 따라 나타나는 체가름의 결과에 대하여 중량 백분율이 누적된 값을 100으로 나눈 수치이다.

39 폴리스티렌 수지 [16 · 15 · 13 · 12 · 10년 출제]
스티로폼은 주택의 벽이나 천장의 보온재료로 많이 쓰이는 플라스틱의 한 가지로, 폴리스티렌 수지에 발포제(열을 가하면 분해되어 거품을 발생하는 약품)를 더하여 스펀지처럼 만들어서 굳힌 것이다.

40 포틀랜드 시멘트 [15 · 14 · 13년 출제]
조강 포틀랜드, 보통 포틀랜드, 중용열 포틀랜드, 백색 포틀랜드 시멘트가 있다.

41 조강 포틀랜드 시멘트 [15 · 14 · 13 · 09년 출제]
수화열이 크므로 단면이 큰 구조물에는 부적당하고 긴급공사에 좋다.

42 역학적 성능 [12년 출제]
물체상에 작용하는 힘과 운동의 관계로 구조재료가 강도, 강성, 내피로성을 가장 많이 필요로 한다.

43 배경 표현 [15 · 14 · 12 · 08 · 06년 출제]
주변대지의 성격 및 건축물의 스케일, 용도를 나타내기 위해서 그리며, 동선과는 무관하다.

44 치수선 [15 · 14 · 10 · 09 · 07 · 06년 출제]
치수의 단위는 mm로 하고, 기호는 붙이지 않는다.

45 운형자 [21 · 16 · 15 · 14 · 13 · 12 · 09 · 07 · 06년 출제]
원호 이외의 곡선을 그을 때 사용하는 제도용구이다.

46 계획설계도 [16 · 15 · 13 · 12 · 10년 출제]
조직도, 동선도, 구상도가 있으며 전개도는 일반설계도에 속한다.

47 일반 표시기호
[15 · 14 · 12 · 11 · 10 · 09 · 08 · 07 · 06년 출제]
THK : 두께, A : 면적, V : 용적, H : 높이

48 제도용지 규격 [16 · 15 · 13년 출제]
도면을 접을 때에는 A4의 크기를 기준으로 한다.

49 트레이싱지 [23 · 15 · 13 · 12년 출제]
투명하고 경질이며 수정이 용이하고 청사진 작업이 가능하나, 습기에 약하다.

50 이점쇄선 [15 · 14 · 10 · 08 · 07년 출제]
물체가 있는 것으로 가상하여 표시한 선이다.

51 통재기둥 [16 · 15 · 12 · 10 · 09 · 07 · 06년 출제]
2층 이상의 기둥 전체를 하나의 단일재로 사용하는 기둥으로 상하를 일체화시켜 수평력에 견디게 하는 기둥이다.

52 구조형식에 따른 분류
[16 · 15 · 14 · 13 · 11 · 10 · 09 · 08 · 07 · 06년 출제]
철근콘크리트구조는 일체식 구조이고 돌구조는 조적식 구조이다.

53 영식 쌓기 [16 · 14 · 12 · 11 · 07 · 06년 출제]
이오토막이나 반절을 사용하며, 가장 튼튼하다.

54 주각부 [16 · 14 · 13 · 11 · 08년 출제]
베이스 플레이트, 리브 플레이트, 윙 플레이트, 클립앵글, 사이드앵글, 앵커볼트 등이 있다.

55 박공지붕 [16 · 12 · 06년 출제]

56 스티프너
[16 · 15 · 13 · 12 · 11 · 10 · 09 · 08 · 07 · 06년 출제]
스티프너는 웨브 플레이트의 좌굴을 방지하기 위해 설치한다.

57 블록쌓기 주의사항 [15 · 12 · 08 · 07년 출제]
응력 분산을 할 수 있는 막힌줄눈을 원칙으로 한다.

58 와플 플랫슬래브 [15년 출제]
장선 슬래브의 장선을 직교시켜 구성한 우물반자 형태로 된 2방향 장선 슬래브 구조이다.

59 고장력 볼트접합(고력볼트접합)
[16 · 15 · 13 · 12 · 10 · 09 · 07년 출제]
① 부재 간의 마찰력에 의하여 응력을 전달하는 접합방식이다.
② 피로강도가 높고 접합부의 강성이 높아 변형이 적다.
③ 시공 시 소음이 없고 시공이 용이하며, 노동력 절약과 공기단축효과가 있다.

60 벽량 [22 · 14 · 08년 출제]
① 내력벽 길이의 합계를 그 층의 바닥면적으로 나눈 값으로 최소 벽량은 15cm/m² 이상으로 한다.
② 벽량(cm/m²) = 내력벽의 길이(cm)/바닥면적(m²)

CBT 모의고사 2회
정답 및 해설

▶ 정답

01	③	02	①	03	③	04	③	05	②
06	②	07	④	08	①	09	①	10	②
11	①	12	③	13	③	14	②	15	③
16	②	17	④	18	④	19	④	20	③
21	②	22	④	23	④	24	③	25	④
26	④	27	①	28	①	29	①	30	①
31	②	32	③	33	①	34	①	35	③
36	②	37	④	38	④	39	③	40	①
41	①	42	③	43	④	44	①	45	④
46	①	47	④	48	④	49	②	50	④
51	④	52	④	53	④	54	④	55	①
56	④	57	①	58	④	59	②	60	④

01 기능적 조건 [16 · 14 · 13 · 11년 출제]
실내디자인의 기본조건 중 가장 우선시되어야 하며, 사용목적에 어울리게 인간 척도의 기준으로 공간규모, 기능, 동선을 만든다.

02 점의 특징 [16 · 12 · 10 · 09 · 08 · 06년 출제]
기하학적인 정의로 크기가 없고 위치만 존재하는 디자인 요소이다. 공간에 한 점을 위치시키면 집중 효과가 있다.

03 질감의 특징 [15 · 12 · 11년 출제]
① 거친 질감은 무겁고 어두운 느낌을 준다.
② 촉각 또는 시각으로 지각할 수 있는 어떤 물체 표면상의 특징을 말한다.
③ 효과적인 질감 표현을 위해서는 색채와 조명을 동시에 고려해야 한다.
④ 질감은 시각적 환경에서 여러 종류의 물체들을 구분하는 데 도움을 줄 수 있는 특징이 있다.

04 균형의 특징 [14 · 13 · 11 · 09 · 07년 출제]
시각적 무게의 평형상태를 의미한다.

05 사선의 특징 [22 · 15 · 13 · 12 · 11 · 10 · 09년 출제]
운동성, 약동감, 불안정, 반항 등 동적인 느낌을 줄 수 있다.

06 피보나치수열 [16 · 15 · 12년 출제]
어떤 수열의 항이, 앞의 두 항의 합과 같은 수열로 이루어진다.

07 개구부 [15 · 12 · 11 · 10 · 09 · 07 · 06년 출제]
창은 한 공간과 인접된 공간을 연결해주며 건축물의 표정과 실내공간의 성격을 규정하는 중요한 요소이다.

08 브래킷 [15 · 14 · 10년 출제]
벽면에 부착하는 조명방식이다.

09 의자류 [15 · 11 · 12 · 08년 출제]
① 스툴 : 등받이와 팔걸이가 없는 형태로 잠시 앉거나 가벼운 작업을 할 수 있는 보조의자이다.
② 카우치 : 고대 로마시대 음식물을 먹거나 잠을 자기 위해 사용했던 긴 의자로 몸을 기댈 수 있도록 좌판의 한쪽 끝이 올라간 형태를 가진다.

10 실내공간을 넓어 보이게 하는 방법 [16 · 15 · 14 · 11년 출제]
큰 가구는 벽에 붙여서 배치한다.

11 천창 채광 [21 · 16 · 15 · 13 · 10 · 07 · 06년 출제]
건축계획의 자유도가 증가하나, 시공, 관리가 어렵고, 빗물이 새기 쉽고 통풍과 열 조절이 불리하다.

12 TAL 조명방식 [16년 출제]
작업구역에는 전용의 국부조명방식으로 조명하고, 기타 주변 환경에 대하여는 간접조명과 같은 낮은 조도레벨로 조명을 한다.

13 바닥의 특징 [16 · 15 · 14 · 13 · 10 · 09년 출제]
① 천장과 더불어 공간을 구성하는 수평선 요소로서 생활을 지탱하는 기본적 요소이다.
② 다른 요소보다 시대와 양식에 의한 변화가 적다.
③ 인간의 감각 중 시각적, 촉각적 요소와 밀접한 관계를 가지고 있고 일반적으로 접촉빈도가 가장 높다.

14 측창 채광 [16 · 15 · 14 · 13 · 12 · 10 · 09 · 07년 출제]
측창 채광보다 천장 채광이 시공, 관리가 어렵고 빗물이 새기 쉽다.

15 코퍼조명 [15년 출제]
천장에 작은 구멍을 뚫어 그 속에 기구를 매입하는 방식이다.

16 L자형 [13년 출제]
인접된 양면의 벽에 L자형으로 배치하여 동선의 흐름이 자연스러운 형태이다.

17 부엌의 기능 [16 · 14 · 11년 출제]
식당과 주방의 실내계획에서 가장 우선적으로 고려해야 하는 것은 주부의 작업동선이다.

18 직렬형 [14 · 08년 출제]
직렬형은 통로가 직선이어서 동선이 가장 빠르다.

19 동선계획 [15 · 13 · 12 · 09년 출제]
평면계획 시 동선을 짧게 처리하며 교차를 피한다.

20 리빙 다이닝 키친(LDK) [15 · 14 · 12 · 10년 출제]
동선이 짧아지는 장점이 있고 소규모 주택에 많이 나타난다.

21 중력환기 [16 · 15 · 14년 출제]
① 부력에 의한, 즉 실내외 공기의 온도 차에 의해 환기를 할 수 있다.
② 실내외의 온도 차가 클수록 환기량은 많아진다.

22 휘도 [16년 출제]
빛을 받는 반사면에서 나오는 광도의 면적을 휘도라 한다.

23 인체의 열손실 [16 · 07 · 06년 출제]
인체 내 음식물의 산화작용은 열을 생산하여 체온을 유지시킨다.

24 점토의 물리적 성질
[15 · 14 · 13 · 12 · 11 · 10 · 09 · 08 · 07 · 06년 출제]
① 비중은 2.5~2.6 정도이다.
② 점토 입자가 고울수록 가소성이 좋다.
④ 알루미나분이 많을수록 가소성이 좋다.

25 워커빌리티에 영향을 미치는 요인 [15 · 14년 출제]
① 단위 시멘트양은 부배합이 빈배합보다 좋다.
② 골재의 입도는 둥글고 연속입도가 좋다.
③ 혼화재료를 사용하면 개선된다.
④ 물시멘트비(단위수량)이 많으면 재료 분리 우려가 있다.
⑤ 비비기 정도가 길면 수화를 촉진시켜 나빠진다.

26 중용열 포틀랜드 시멘트 [22 · 16 · 15 · 14 · 06년 출제]
수화열이 적어 댐이나 방사선 차폐용, 매스 콘크리트 등 단면이 큰 구조물에 적당하다.

27 녹막이 페인트 [14년 출제]
① 페인트에 연단, 연백 등을 혼합하여 광명단을 만들어 사용한다.
② 에칭 프라이머, 아연분말 프라이머, 광명단 조합페인트 등이 있다.

28 파티클보드 [16 · 13 · 10년 출제]
면내 강성이 우수하며, 섬유방향에 따른 강도 차이가 없다.

29 콘크리트의 중성화 [16 · 11 · 10 · 07년 출제]
알칼리성을 잃는 현상으로 철근의 부식을 가져와 구조물의 내구성이 저하된다.

30 AE제 [22 · 16 · 15 · 14 · 13 · 12 · 09 · 07년 출제]
시공연도가 좋아지며 콘크리트의 작업성이 향상되지만 압축강도가 감소한다.

31 열경화성 수지 [16 · 10 · 06년 출제]
페놀수지, 폴리우레탄수지, 요소수지, 멜라민수지, 실리콘수지 등이다.

32 황동 [16 · 13 · 11년 출제]
구리(동)와 아연의 합금이다.

33 대리석 [16 · 15 · 12 · 11년 출제]
열, 산에 약하므로 장식용 석재 중 가장 고급 재료이다.

34 목재의 나이테 [16년 출제]
추재율과 연륜밀도가 큰 목재일수록 강도가 크다.

35 와이어 메시 [16 · 09년 출제]
비교적 굵은 철선을 격자형으로 용접한 것으로 콘크리트 보강용으로 사용된다.

36 유리블록 [15·07년 출제]
실내의 투시를 어느 정도 방지하면서 벽에 붙여 간접채광, 의장벽면, 방음, 단열, 결로방지의 목적이 있다.

37 구조재료 [15·13·12년 출제]
건축물의 골조인 기둥, 보, 벽체 등 내력부를 구성하는 재료이다.

38 저방사유리 [15년 출제]
발코니 확장을 하는 공동주택이나 창호면적이 큰 건물에서 단열을 통한 에너지 절약을 위해 권장되는 유리이다.

39 멤브레인 [16·15·13·12·10년 출제]
① 지붕 따위의 넓은 면적에 아스팔트나 우레탄 따위로 얇게 피막을 입혀 방수가 가능하도록 하는 공법이다.
② 아스팔트 방수, 시트 방수, 합성고분자계 시트 방수, 도막 방수 등이다.

40 도기질 타일 [15·14·12·09년 출제]
바탕의 흡수율이 10% 이상인 타일로 유약을 칠하여 쓰며, 주로 내장의 벽에 사용한다.

41 강의 열처리 [16·15·13·12·11·10·09·08·07·06년 출제]
열처리에는 풀림, 불림, 담금질, 뜨임이 있으며, 압출은 성형 방법이다.

42 탄성 [16·15·13·12·11년 출제]
재료에 외력이 작용하면 순간적으로 변형이 생기지만 외력을 제거하면 순간적으로 원형으로 회복하는 성질을 말한다.

43 일반 표시기호 [15·14·12·11·10·09·08·07·06년 출제]
V는 용적을 표시하고 W가 너비이다.

44 1소점 투시도 [15·14·13·12·09·08·07년 출제]
실내투시도 또는 기념 건축물과 같은 정적인 건물의 표현에 효과적이며, 소점이 1개 생긴다.

45 스케일 [15·14·13·12·11·09년 출제]
1/100, 1/200, 1/300, 1/400, 1/500, 1/600까지 6단계의 축척을 가지고 있다. 1/500으로 치수를 측정하여 반으로 나누어 계산한다.

46 치수 [15·14·10·09·07·06년 출제]
치수의 단위는 mm로 하고, 기호는 붙이지 않는다.

47 투시도 용어 [15·14·12·10·06년 출제]
① 화면(P.P) : 물체와 시점 사이에 기면과 수직한 평면
② 수평선(H.L) : 수평면과 화면의 교차선
③ 기선(G.L) : 기준선, 기면과 화면의 교차선
④ 시점(E.P) : 보는 사람의 눈 위치

48 동선도 [15·11·07년 출제]
사람, 차량, 화물 등의 움직이는 흐름을 도식화한 작업을 말한다. 동선계획을 가장 잘 나타낼 수 있는 평면계획이다.

49 디바이더 [16·15·14·12·09년 출제]
① 직선이나 원주를 등분할 때 사용한다.
② 축척의 눈금을 제도용지에 옮길 때 사용한다.
③ 선을 분할할 때 사용한다.

50 인방보 [16·15·12년 출제]
인방보는 양쪽 벽체에 20cm 이상 물려야 한다.

51 고장력 볼트접합(고력볼트접합) [16·15·13·12·10·09·07년 출제]
① 부재 간의 마찰력에 의하여 응력을 전달하는 접합방식이다.
② 피로강도가 높고 접합부의 강성이 높아 변형이 적다.
③ 시공 시 소음이 없고 시공이 용이하며, 노동력 절약과 공기단축효과가 있다.

52 2방향 슬래브 [16·11년 출제]
장변과 단변의 길이의 비가 2 이하인 슬래브이다.

53 제도용지 규격 [16·15·13년 출제]
도면을 접을 때에는 A4의 크기를 기준으로 한다.

54 블록구조 [16·07년 출제]
지진, 횡력에 취약하며 균열 발생이 쉽다.

55 벽돌의 종류 [16·15년 출제]
① 보통벽돌 : 불완전연소로 소성한 검정벽돌과 완전연소로 소성한 붉은 벽돌이 있다.
② 특수벽돌 : 경량벽돌(다공질벽돌), 내화벽돌, 이형벽돌이 있다.

56 셸구조 [15 · 14 · 12 · 09 · 08 · 06년 출제]
곡면판이 지니는 역학적 특성을 응용한 구조로서 외력은 주로 판의 면내력으로 전달되기 때문에 경량이고 내력이 큰 구조물을 구성할 수 있는 구조이다. 시드니의 오페라하우스가 해당된다.

57 온통기초 [22 · 15 · 09년 출제]
건축물의 밑바닥 전부를 일체화하여 두꺼운 기초판으로 구축한 기초이다.

58 무량판구조(플랫슬래브)
[16 · 15 · 13 · 12 · 11 · 09 · 08년 출제]
보를 없애고 바닥판을 두껍게 해서 보의 역할을 겸하도록 한 구조로, 고정하중이 적고 뼈대 강성이 우수한 구조는 철골구조이다.

59 샛기둥 [15 · 12년 출제]
기둥과 기둥 사이의 작은 기둥을 의미한다.

60 이형 철근 [15 · 14 · 13 · 12 · 11 · 08 · 07년 출제]
D로 표시하며 부착력을 높이기 위해서 철근 표면에 마디와 리브를 붙인 것이다.

CBT 모의고사 3회
정답 및 해설

▶ 정답

01 ③	02 ③	03 ④	04 ②	05 ①
06 ③	07 ②	08 ④	09 ③	10 ②
11 ①	12 ③	13 ④	14 ③	15 ①
16 ④	17 ②	18 ④	19 ②	20 ①
21 ①	22 ②	23 ①	24 ①	25 ③
26 ④	27 ③	28 ④	29 ④	30 ②
31 ②	32 ①	33 ③	34 ③	35 ③
36 ④	37 ①	38 ②	39 ④	40 ④
41 ④	42 ②	43 ③	44 ③	45 ③
46 ②	47 ①	48 ③	49 ③	50 ①
51 ①	52 ③	53 ③	54 ③	55 ①
56 ①	57 ②	58 ②	59 ①	60 ④

01 실내디자인에서 추구하는 것과 거리가 먼 것 [15·11년 출제]
① 유행을 따른다.(유행성)
② 개인적인 디자인을 추구한다.(주관성)
③ 공익을 추구한다.(공공성)

02 연속성의 원리 [16·13·10년 출제]
유사한 배열로 구성된 형들이 방향성을 지니고 연속되어 보이는 하나의 그룹으로 지각되는 법칙을 말하며 공동운명의 법칙이라고도 한다.

03 사선 [22·15·13·12·11·10·09년 출제]
운동성, 약동감, 불안정, 반항 등 동적인 느낌을 줄 수 있다.

04 균형의 특징 [21·16·13·12·11년 출제]
수평선, 크기가 큰 것, 불규칙적인 것, 색상이 어두운 것, 거친 질감, 차가운 색이 시각적 중량감이 크다.

05 점의 특징 [14·11·09·08년 출제]
① 공간에 한 점을 위치시키면 집중 효과가 있다.
② 두 점의 크기가 같을 때 주의력은 균등하게 작용한다.
③ 근접된 많은 점의 경우에는 선이나 면으로 지각된다.

06 리듬의 특징 [15·14·13·12년 출제]
반복, 점층, 대립, 변이, 방사 등으로 표현할 수 있다.

07 광창조명의 특징 [22·21·16·15·13·12년 출제]
① 벽면 전체 또는 일부분을 광원화하는 방식이다.
② 광원을 넓은 벽면에 매입함으로써 비스타(Vista)적인 효과를 낼 수 있다.

08 천장의 종류 [16·13년 출제]
① 조형적으로 자유로워 시대와 양식에 의한 변화가 현저하다.
② 낮은 천장, 높은 천장, 경사진 천장 등 종류가 다양하다.

09 역리도형 착시 [16·15·13년 출제]
모순도형 또는 불가능한 도형을 말하며 펜로즈의 삼각형처럼 2차원적 평면에 나타나는 안길이의 특성을 부분적으로 본다면 가능하지만, 3차원적인 공간에서 보았을 때는 불가능한 것으로 보이는 도형이다.

10 출입문의 위치를 결정할 때 고려해야 할 사항 [16·09·07년 출제]
① 출입 동선
② 가구를 배치할 공간
③ 통행을 위한 공간

11 천창 채광 [21·16·15·13·10·07·06년 출제]
인접 건물에 대한 프라이버시 침해가 적고, 채광량이 많고, 조도 분포가 균일하다.

12 의자류 [15·14·10년 출제]
① 스툴 : 등받이와 팔걸이가 없는 형태로 잠시 앉거나 가벼운 작업을 할 수 있는 보조의자이다.
② 오토만 : 스툴의 일종으로 더 편안한 휴식을 위해 발을 올려놓는 데도 사용되는 것이다.
③ 카우치 : 고대 로마시대 음식물을 먹거나 잠을 자기 위해 사용했던 긴 의자로 몸을 기댈 수 있도록 좌판의 한쪽 끝이 올라간 형태를 가진다.
④ 체스터필드 : 속을 많이 채워 넣고 천으로 감싼 소파이다.

13 고전건축의 기둥 [16년 출제]
그리스에서는 도리아식, 이오니아식, 코린트식의 3종이 쓰였다.

14 붙박이 가구 [16·15·14·12·11·10·09·08·07·06년 출제]
건축물과 일체화하여 설치하는 건축화된 가구이다.

15 일광조절장치 [15·14·12·06년 출제]
커튼, 블라인드, 루버 등이 있으며, 픽처 윈도는 창문이다.

16 대면판매 [16·15·14·13·12년 출제]
④는 측면판매에 대한 설명이다.

17 작업 삼각형 [15·11년 출제]
냉장고 → 개수대 → 가열대

18 주거공간 조닝방법 [14년 출제]
주택에서는 실의 크기에 의한 조닝방법을 사용하지 않는다.

19 D형(독립형 식당) [15·11·09년 출제]
식사실로서 완전한 독립기능을 갖춘 형태, 보통 거실과 주방 사이에 배치한다.

20 사회적 공간 [22·16·15·15·13·12·11·10·09·07년 출제]
가족 중심의 공간으로 모두 같이 사용하는 공간을 말한다.(거실, 응접실, 식당, 현관)

21 회절 [16·14년 출제]
음파는 파동의 하나이기 때문에 물체가 진행방향을 가로 막고 있다고 해도 그 물체의 후면에도 전달된다.

22 단열계획 [16·15·14·10·09·08·06년 출제]
북측 창은 적게 구성하고 남측에 창을 내어 겨울에 일사량을 늘린다. 건물을 남향으로 하고 자연에너지를 이용한다.

23 자연환기 [16·14·13·10년 출제]
외기의 바람(풍력)에 의한 환기로 풍속이 클수록 환기량은 많아진다.

24 합판 [15·14·13·12·11·10·06년 출제]
얇은 판(단판)을 1장마다 섬유방향과 직교되게 3, 5, 7, 9 등의 홀수 겹으로 겹쳐 접착제로 붙여댄 것을 말한다.

25 AE제 [15·14·13·10년 출제]
콘크리트용 표면활성제로 콘크리트 속에 독립된 미세한 기포를 생성하여 골고루 분포시킨다. 다만 많이 사용하면 콘크리트 강도를 저하시킨다.

26 석고 플라스터 [16·15·14·13·11·09·08·06년 출제]
가장 많이 사용되며 곧바로 사용할 수 있다.

27 모자이크 타일 [16·06년 출제]
정방형, 장방형, 다각형 등 다양한 형태와 여러 색의 무늬가 있으며 소형의 자기질 타일이다.

28 탄소강 [16년 출제]
탄소량이 증가할수록 탄소강의 열팽창계수, 열전도도, 비중은 감소한다.

29 접착제에 요구되는 성능 [16·12년 출제]
고화 시 체적수축 등의 변형이 없는 것이 좋다.

30 전성 [16·12·06년 출제]
재료를 해머 등으로 두들겼을 때 얇게 펴지는 성질이며 금, 납 등을 예로 들 수 있다.

31 석재의 내화도 [16·15년 출제]
내화성의 크기는 응회암 > 안산암 > 사암 > 대리석 > 화강암 순서다.

32 석재 가공순서 [16·14·13·12·09·08·07·06년 출제]
혹두기 → 정다듬 → 도드락다듬 → 잔다듬 → 물갈기

33 컨시스턴시(콘크리트의 묽기) 측정방법 [16·15·13·07·06년 출제]
슬럼프시험, 흐름시험, 비비시험, 다짐계수시험 등이 있다.

34 천연 아스팔트 [22·16·15·13·12·11·10·08년 출제]
레이크 아스팔트, 록 아스팔트, 아스팔타이트가 있고, 블론 아스팔트는 석유 아스팔트에 속한다.

35 소다석회유리 [16·15·14·13·12·11·06년 출제]
용융되기(녹아서 잘 섞이기) 쉬우며 산에 강하고 알칼리에 약하다.

36 비철금속 [15년 출제]
① 청동 : 구리와 주석을 주성분으로 한 합금
② 양은 : 구리에 니켈과 아연을 섞어 만든 합금
③ 포금 : 구리 90%와 주석 10%의 비율로 이루어진 청동
④ 함석판 : 안팎에 아연을 입힌 얇은 철판

37 대리석 [16·15·14·12·11·10·09·08·07·06년 출제]
석회석이 변화되어 결정화한 것으로 주성분은 탄산석회이다.

38 무기재료 [14·12·10년 출제]
비금속(석재, 토벽, 시멘트, 도자기류, 흙)과 금속으로 되어 있다.

39 목재의 강도 [15·13·12·10·08년 출제]
목재의 강도는 인장강도＞휨강도＞압축강도＞전단강도 순서로 작아진다.

40 트래버틴 [15·14·13·09·08·07년 출제]
대리석의 한 종류로 다공질이며 석질이 불균일하고 황갈색의 무늬가 있다.

41 멜라민수지 도료 [16·15·13·12·10년 출제]
자동차, 기기, 가전제품의 도장에 널리 사용되고 있는 광택이 좋은 도료이다.

42 골재에 요구되는 성질 [15·14·13·11·09·07·06년 출제]
① 모양이 구형에 가까운 것으로, 표면이 거친 것이 좋다.
② 골재의 강도는 콘크리트 중 경화시멘트 페이스트의 강도 이상인 것이 좋다.
③ 내마멸성 및 내화성을 갖춰야 한다.
④ 유해물(후민산, 이분, 염분) 등 불순물이 없어야 한다.
⑤ 입도는 조립에서 세립까지 균등히 혼합되어 있어야 한다.
⑥ 함수량이 적고 흡습성이 작은 것이 좋다.

43 강화유리 [15·14·11·06년 출제]
열처리 후에는 절단 등이 어렵다.

44 선 긋기 [16·15·14·13·11·10·09·08·07·06년 출제]
축척과 도면의 크기에 따라서 선의 굵기를 다르게 한다.

45 제도용지의 크기 [21·16·15·14·13·12·10·06년 출제]
① A3 : 297×420
② A2 : 420×594
③ A1 : 594×841
④ A0 : 841×1189

46 일점쇄선 [16·15·13·12·10년 출제]
중심선은 일점쇄선의 가는 선으로 절단선, 경계선은 일점쇄선의 굵은 선으로 표시된다.

47 시방서 [14년 출제]
시공내용을 문장으로 표현한 것을 말한다.

48 컴퍼스 [10년 출제]
① 스프링 컴퍼스 : 반지름 50mm 이하의 작은 원을 그릴 때 사용한다.
② 빔 컴퍼스 : 큰 원을 그릴 때 사용한다.

49 외형선 [16·15·13·12·10년 출제]
선의 굵기는 단면선, 외형선＞숨은 선＞절단선＞중심선＞무게 중심선＞치수보조선 순이다.

50 단일재 [15·14·13·12·11년 출제]
기존에 만들어진 H형강, I형강, 강판을 그대로 사용한 것이다.

51 벽돌구조 [22·16·14·13·11·10·09·08·07·06년 출제]
① 내화, 방한, 방서, 내구적이다.
② 횡력(지진)에 약해서 고층구조가 부적당하다.

52 감잡이쇠 [16·11년 출제]
ㄷ자형의 철물로 왕대공과 평보 맞춤 시 보강철물로 사용한다.

53 인장력 [16년 출제]
줄다리기처럼 양쪽으로 잡아당길 때 재축방향으로 발생한다.

54 1.5B 쌓기 [16·13·09년 출제]
190(1.0B)＋10(줄눈)＋90(0.5B)＝290mm

55 줄눈 [16·15·06년 출제]
민줄눈과 평줄눈의 차이를 확인한다.

56 무량판구조(플랫슬래브)
[16 · 15 · 13 · 12 · 11 · 09 · 08년 출제]

보를 없애고 바닥판을 두껍게 해서 보의 역할을 겸하도록 한 구조이다.

57 일체식 구조
[16 · 15 · 14 · 13 · 11 · 10 · 09 · 08 · 07 · 06년 출제]

전체가 하나가 되게 현장에서 거푸집을 짜서 콘크리트를 부어 만든 구조형식이다.

58 오버랩 [22 · 15 · 14 · 13 · 11 · 10년 출제]

용착금속이 모재에 융합되지 않고 들떠 있는 현상이다.

59 벽돌구조
[22 · 16 · 14 · 13 · 11 · 10 · 09 · 08 · 07 · 06년 출제]

벽돌구조는 횡력과 인장력에 약해 지진에 취약하다.

60 철근콘크리트구조의 장단점
[22 · 14 · 13 · 12 · 11 · 10 · 09 · 07년 출제]

① 구조물의 크기와 형태의 설계가 자유롭다.
② 내화, 내구, 내진성이 좋은 구조이다.
③ 자체 자중이 크다.
④ 해체, 이전 등이 어렵다.

CBT 모의고사 4회
정답 및 해설

▶ 정답

01 ②	02 ③	03 ③	04 ④	05 ①
06 ①	07 ①	08 ①	09 ②	10 ④
11 ①	12 ④	13 ②	14 ③	15 ③
16 ②	17 ④	18 ②	19 ①	20 ④
21 ④	22 ①	23 ③	24 ③	25 ③
26 ①	27 ①	28 ②	29 ②	30 ①
31 ③	32 ②	33 ③	34 ④	35 ④
36 ③	37 ④	38 ③	39 ③	40 ③
41 ②	42 ②	43 ③	44 ①	45 ③
46 ③	47 ③	48 ④	49 ③	50 ②
51 ③	52 ③	53 ③	54 ④	55 ②
56 ②	57 ②	58 ①	59 ③	60 ①

01 황동 [16 · 13 · 11 · 10 · 07년 출제]
① 동(Cu)과 아연(Zn)의 합금으로 놋쇠라 한다.
② 연성이 우수하여 가공성, 내식성 등이 좋다.
③ 논슬립, 코너비드 등에 사용한다.

02 합성수지
[22 · 16 · 15 · 14 · 13 · 11 · 10 · 09 · 08 · 06년 출제]
흡수성이 작고 투수성이 거의 없다.

03 클리어 래커 [16 · 14 · 13 · 12 · 08 · 06년 출제]
건조가 빠르므로 스프레이 시공이 가능하고 목재 면의 투명 도장에 사용되며 내수성, 내후성은 약간 떨어져 내부용 중 목재 면에 사용된다.

04 목구조 [11 · 08년 출제]
토대는 크기가 기둥과 같거나 다소 크게 한 것을 사용한다.

05 조적식 벽체길이 및 바닥면적 [16 · 06년 출제]
내력벽으로 둘러싸인 면적은 80m² 이하로 하고 길이는 10m 이하, 내력벽 두께는 19cm 이상으로 한다.

06 응력 – 변형도 곡선 [16 · 15 · 08년 출제]
A : 비례한도, B : 탄성한도, C : 상위항복점, D : 하위항복점, E : 최대인장강도, F : 파괴강도

07 입체트러스 [13 · 09년 출제]
트러스를 종횡으로 배치하여 입체적으로 구성한 구조이다. 트러스구조는 사용 강재를 삼각형 또는 사각형을 기본으로 짜서 하중을 지지하는 것으로 결점이 핀으로 구성되어 있으며 부재는 인장과 압축력만 받도록 한 것이다.

08 사회적 공간
[22 · 16 · 15 · 15 · 13 · 12 · 11 · 10 · 09 · 07년 출제]
가족 중심의 공간으로 모두 같이 사용하는 공간을 말한다.(거실, 응접실, 식당, 현관)

09 결로방지 [16 · 15 · 14 · 13 · 12 · 10 · 08 · 07 · 06년 출제]
실내온도를 노점온도 이상으로 유지시킨다.

10 소비자 구매심리 5단계 [21 · 16 · 14 · 10 · 09 · 07년 출제]
구매심리 5단계로 주의, 흥미, 욕망, 기억, 행동이다.

11 부엌 작업대 [21 · 16 · 15 · 14 · 13 · 12 · 10 · 07 · 06년 출제]
준비대 – 개수대 – 조리대 – 가열대 – 배선대 순으로 구성한다.

12 직렬 배열형 [16 · 15 · 14 · 08 · 06년 출제]
직렬형은 통로가 직선이라서 동선이 가장 빠르다.

13 일조 조절 [16 · 14 · 11 · 08 · 06년 출제]
루버, 차양, 처마 등이 있으며, 반자는 천장 구조물의 일부이다.

14 3종 환기 [15 · 13 · 11년 출제]
배기를 기계식으로 하며 실내에서 발생한 악취나 오염을 바로 배출한다. (실내는 부압)
[흡출식 – 자연급기 + 기계배기 | 화장실, 주방 등]

15 토대 [21 · 16 · 13 · 11 · 09 · 08 · 07년 출제]
① 제일 아랫부분에 쓰이는 수평재로서 상부의 하중을 기초에 전달하는 역할을 한다.
② 기둥과 기둥을 고정하고 벽을 설치하는 기준이 된다.
③ 단면은 기둥과 같거나 좀 더 크게 한다.

16 일점쇄선 [15·14·11년 출제]
중심선은 일점쇄선의 가는 선으로 절단선, 경계선은 일점쇄선의 굵은 선으로 표시된다.

17 열관류 [14·12·11·09·08년 출제]
벽체, 천장, 지붕 및 바닥 등에서 열이 전달 → 전도 → 전달이라는 과정을 거쳐 열이 이동하는 것(즉, 열전도, 열전달을 통한 벽체 내·외부 간의 열 흐름)이다.

18 광창조명 [22·21·16·15·13·12년 출제]
① 벽면 전체 또는 일부분을 광원화하는 방식이다.
② 광원을 넓은 벽면에 매입함으로써 비스타(Vista)적인 효과를 낼 수 있다.

19 제도용지 [14·13·12·06년 출제]
① A0 : 841×1189
② A2 : 420×594
③ A4 : 210×297
④ A6 : 105×148

20 벽식구조 [16·12년 출제]
수직의 벽체와 수평의 바닥판을 평면적인 구조체만으로 구성한 구조이다.

21 상상선 [15·14·12·11·10·08년 출제]
가상단면을 나타내는 선이며 이점쇄선으로 표시한다.

22 컨시스턴시 측정방법 [16·15·13·07·06년 출제]
슬럼프시험, 흐름시험, 비비(Vee-Bee Test)시험, 다짐계수(Compaction Factor)시험 등이 있다.

23 석고 플라스터 [16·15·14·13·11·09·08·06년 출제]
석고 플라스터는 건조수축이 작다.

24 석재의 내화성 [21·16·15·14·13·11·08·07년 출제]
응회암 > 안산암 > 사암 > 대리석 > 화강암 순이다.

25 가새 [16·14·13·07·06년 출제]
① 목조 벽체를 수평력(횡력)에 견디며 안정한 구조로 만든다.
② 경사는 45°에 가까울수록 유리하다.
③ 압축력 또는 인장력에 대한 보강재이다.
④ 주요 건물의 경우 한 방향으로만 만들지 않고, X자형으로 만들어 압축과 인장을 겸하도록 한다.
⑤ 가새는 절대로 따내거나 결손시키지 않는다.

26 천창 채광 [21·16·15·13·10·07·06년 출제]
인접 건물에 대한 프라이버시 침해가 적고, 채광량이 많고, 조도분포가 균일하다.

27 리듬 [16·12·11·10·09·08·07·06년 출제]
규칙적인 요소들의 반복으로 디자인에 시각적인 질서를 부여하는 통제된 운동감각을 의미한다.

28 균형 [14·13·11·09·07년 출제]
수평선, 크기가 큰 것, 불규칙적인 것, 색상이 어두운 것, 거친 질감, 차가운 색이 시각적 중량감이 크다.

29 실내공간 [16·15·14·11년 출제]
개구부는 작게 하고 큰 가구를 사용하여 시선을 차단, 분할한다.

30 롤 블라인드 [16·11년 출제]
단순하며 깔끔한 느낌을 주며 창 이외에 칸막이 스크린으로도 효과적으로 사용할 수 있는 것으로 셰이드(Shade)라고도 한다.

31 ㄷ자형 [21·16·12·11·07년 출제]
인접된 3면의 벽에 배치한 형태로 작업면이 넓어 작업 효율이 좋다.

32 코펜하겐 리브 [16·14·13·09·08년 출제]
강당, 극장, 집회장 등에 음향 조절용으로 벽 수장재로 사용한다.

33 아스팔트 콤파운드 [16·14·11·09·07년 출제]
블론 아스팔트의 성능을 개량하기 위해 동식물성 유지와 광물질 분말을 혼입한 것으로 일반지붕 방수공사에 이용한다.

34 콘크리트 크리프의 원인 [16·15·14·13·12년 출제]
① 시멘트풀이 많을수록 크다.(시멘트 페이스트)
② 물시멘트비가 클수록 크다.
③ 작용하중이 클수록 크다.
④ 재하 재령이 빠를수록 크리프가 크다.
⑤ 재하 초기에 증가가 현저하다.
⑥ 부재의 단면치수가 작을수록 크다.
⑦ 인장강도와는 상관이 없다.

35 기초평면도 [16 · 12년 출제]
기초평면도는 구조도에 해당한다.

36 운형자 [21 · 16 · 15 · 14 · 13 · 12 · 09 · 07 · 06년 출제]
원호 이외의 곡선을 그을 때 사용하는 제도용구이다.

37 구조형식에 따른 분류
[15 · 13 · 12 · 11 · 10 · 09 · 08 · 07년 출제]
가구식 구조, 조적식 구조, 일체식 구조이며, 건식 구조는 물을 쓰지 않는 시공방식에 따른 분류이다.

38 스티프너
[16 · 15 · 13 · 12 · 11 · 10 · 09 · 08 · 07 · 06년 출제]
스티프너는 웨브 플레이트의 좌굴을 방지하기 위해 설치한다.

39 추상적 형태 [21 · 16 · 14 · 13년 출제]
구체적 형태를 생략 또는 과장의 과정을 거쳐 재구성된 형태이며, 대부분의 경우 재구성된 원래의 형태를 알아보기 어렵다.

40 듀벨 [13 · 12 · 11년 출제]
듀벨은 목재에 끼워 전단력을 보강하는 철물이다.

41 단열재료 [16 · 14 · 13 · 09 · 06년 출제]
① 열전도율이 적은 재료를 사용한다.
② 흡수율이 낮은 재료를 사용한다.
③ 보통 다공질 재료가 많다.
④ 역학적 강도가 작아 기계적 강도가 우수한 것을 사용한다.

42 콘크리트 중성화 방지대책 [16 · 11 · 10 · 08년 출제]
① 부재의 단면을 크게 한다.
② 피복두께를 증가시킨다.
③ AE제, 감수제, 유동화제를 사용한다.
④ 물시멘트비를 낮춘다.
⑤ 혼합시멘트 사용을 금한다.
⑥ 단위 시멘트양을 최소화한다.
⑦ 플라이애시, 실리카 퓸, 고로 슬래그 미분말을 혼합하여 사용한다.
⑧ 탄산가스 접촉을 금한다.

43 접이문 [15 · 12 · 11년 출제]
두 방을 한 방으로 크게 할 때나 칸막이 겸용으로 사용하는 문이다.

44 집성목재 [16 · 11 · 10 · 08 · 06년 출제]
필요에 따라 아치와 같은 굽은 용재를 만들 수 있다.

45 석재의 장단점 [15 · 14 · 12 · 09 · 07 · 06년 출제]
인장 및 휨강도는 압축강도에 비해 매우 작다.

46 소다석회유리 [16 · 15 · 14 · 13 · 12 · 11 · 06년 출제]
용융되기 쉬우며 산에 강하고 알칼리에 약하다.

47 선 긋기 [16 · 15 · 14 · 13 · 11 · 10 · 09 · 08 · 07 · 06년 출제]
축척과 도면의 크기에 따라서 선의 굵기를 다르게 한다.

48 건축 구조재료 [22 · 21 · 15 · 12 · 11 · 10년 출제]
감각적 성능은 마감재료의 요구성능이다.

49 소성 [16 · 14 · 11년 출제]
외력을 제거해도 원형으로 회복되지 않는 성질이다.

50 디스플레이 [21 · 16 · 11년 출제]
디스플레이(상품의 전시)의 궁극적 목적은 상품의 판매를 위한 것이다.

51 실리콘수지 [15 · 13 · 11 · 09 · 07 · 06년 출제]
내열성이 우수하고 −60~260℃까지 안정하며 탄력성, 내수성이 좋아 방수용 재료, 접착제 등으로 사용된다.

52 차음성 [15년 출제]
음을 차단하는 성능으로 단단하며 치밀하고 무거울수록 좋다.

53 뜨임 [15 · 13 · 12 · 11 · 10 · 08년 출제]
담금질한 강을 200~600℃로 가열 후 서서히 냉각시켜 강 조직을 안정한 상태로 만드는 것이다.

54 기능성 [16 · 13 · 11 · 09 · 08년 출제]
실내디자인의 기본 조건 중 가장 우선시되며, 공간배치 및 동선의 편리성과 가장 관련이 있다.

55 제도연필 [16 · 14 · 13 · 08년 출제]
① 제도연필은 B<HB<F<H<2H 등이 쓰이며 H의 수가 많을수록 단단하다.
② 번지거나 더러워지는 단점이 있으나 지울 수 있다.
③ 폭넓은 명암을 나타낼 수 있다.

56 눈부심 방지방법 [16·09년 출제]
쇼윈도 내부를 도로면보다 밝게 하여 눈부심을 방지한다.

57 원룸 주택 설계 [16·13·10·07년 출제]
원룸은 여러 가지 기능의 실들을 한곳에 집약시켜 생활공간을 구성하는 일실 다용도 방식으로 접객공간 확보가 어렵다.

58 크레오소트유 [16·14·06년 출제]
① 도장이 불가능하며, 독성이 적은 반면 자극적인 냄새가 나서 실내에 사용할 수 없다.
② 색이 갈색이라 미관을 고려하지 않는 외부에 쓰이고 가격이 저렴하다.
③ 토대, 기둥, 도리 등에 사용한다.

59 복층유리 [22·16·12·11·10·09·08·07·06년 출제]
① 2장 또는 3장의 판유리를 일정한 간격으로 띄워 금속테로 기밀하게 테두리를 하여 방음, 단열성이 크고 결로방지용으로 우수한 유리제품이다.
② 현장에서 절단 가공을 할 수 없다.

60 자기질 타일 [16·15·14·12·11·10·09·08·07년 출제]
자기질은 양질의 도토와 자토로 만들며 흡수성이 0~3%로 아주 작다.

CBT 모의고사 5회
정답 및 해설

▶ 정답

01 ②	02 ②	03 ④	04 ④	05 ②
06 ②	07 ③	08 ④	09 ③	10 ①
11 ④	12 ③	13 ③	14 ②	15 ④
16 ②	17 ②	18 ①	19 ③	20 ④
21 ②	22 ②	23 ①	24 ②	25 ②
26 ②	27 ④	28 ④	29 ③	30 ①
31 ④	32 ①	33 ②	34 ④	35 ②
36 ④	37 ②	38 ①	39 ④	40 ②
41 ④	42 ④	43 ④	44 ③	45 ④
46 ①	47 ④	48 ④	49 ④	50 ②
51 ④	52 ③	53 ③	54 ③	55 ①
56 ③	57 ②	58 ③	59 ④	60 ①

01 황금비례 [14 · 12 · 11 · 10 · 08 · 07 · 06년 출제]
한 선분을 길이가 다른 두 선분으로 분할하였을 때, 긴 선분에 대한 짧은 선분의 길이의 비가 전체 선분에 대한 긴 선분의 길이의 비와 같을 때 이루어지는 비례로 1 : 1.618의 비율이다.

02 오토만 [15 · 12년 출제]
발걸이로 쓰이는 등받이 없는 쿠션 의자 또는 발을 걸치는 스툴로 등받이와 팔걸이가 없고 표면에 직물을 씌운 나지막한 의자를 말한다.

03 유효온도(실감온도) [15 · 14 · 12 · 11 · 09년 출제]
기온, 습도, 기류의 실내 온열 감각을 유효온도라 한다.

04 벽식구조 [16 · 12년 출제]
수직의 벽체와 수평의 바닥판을 평면적인 구조체만으로 구성한 구조이다.

05 바닥 [16 · 15 · 14 · 13 · 10 · 09년 출제]
① 천장과 더불어 공간을 구성하는 수평선 요소로서 생활을 지탱하는 기본적 요소이다.
② 다른 요소보다 시대와 양식에 의한 변화가 적다.
③ 인간의 감각 중 시각적, 촉각적 요소와 밀접한 관계를 가지고 있고 일반적으로 접촉빈도가 가장 높다.

06 제도용구 [12 · 10 · 09 · 08년 출제]
① 컴퍼스 : 원을 그릴 때 사용한다.
② 디바이더 : 직선이나 원주를 등분할 때 사용한다.
③ 삼각스케일 : 실물을 확대 또는 축소하여 제도할 때 사용하는 자이다.
④ 운형자 : 원호 이외의 곡선을 그을 때 사용하는 제도용구이다.

07 제도용지 크기 [21 · 16 · 15 · 14 · 13 · 12 · 10 · 06년 출제]
① A3 : 297×420
② A2 : 420×594
③ A1 : 594×841
④ A0 : 841×1189

08 1.5B 벽두께 [12 · 10 · 07년 출제]
190(1.0B) + 50(공간) + 90(0.5B) = 330mm

09 몰(Mall) [16년 출제]
① 원래는 나무 그늘이 있는 산책로를 뜻하였지만 상업시설로서는 고객의 편의를 위해 마련된 상점가의 보행로를 말한다.
② 몰의 형태에는 가로에 지붕을 얹은 아케이드 형의 차단식(Closed), 자연광 아래에 화단이나 분수 등을 갖춘 개방식(Open) 외에 2층 이상의 상가 건물 내부에서 위층과 아래층 사이의 천장을 부분적으로 제거한 실내식 등이 있다.

10 파사드 [14 · 13 · 12년 출제]
① 평면적 구성 : 쇼윈도, 출입구 및 홀의 입구부분 등
② 입체적 구성 : 아케이드, 광고판, 사인, 외부장치 등

11 상점의 동선 [22 · 15 · 10년 출제]
매장, 창고, 작업장, 종업원실 등은 최단거리로 연결된 것이 이상적이다.

12 음의 세기(강도) [10년 출제]
① 소리의 전파 방향에 수직인 단위 면적을 통하여 1초간 전파되는 음의 에너지량을 말한다.
② 물리적인 양(세기)을 표현할 때는 데시벨(dB)을 사용한다.

13 치수 [12·11·10·09년 출제]
치수선의 양 끝 표시는 같은 도면에서 한 가지만 사용한다.

14 전체환기(General Ventilation, Dilution Ventilation)
[12년 출제]
유해물질을 오염원에서 완전히 배출하는 것이 아니라 신선한 공기를 공급하여 유해물질의 농도를 낮추는 방법을 말하는 것으로 고온, 독성이 낮은 물질, 유해물질의 농도가 낮은 경우에 사용한다. 전체환기를 사용할 경우 유해물질의 농도가 감소되어 근로자의 건강을 유지, 증진시키며 화재나 폭발을 예방하고 온도와 습도를 조절할 수 있다.

15 표면결로의 원인 [11년 출제]
결로는 습한 공기가 차가운 벽면 등에 닿아 생긴다. 그러므로 실내 기온을 노점온도 이상으로 유지시킨다.

16 구조재 표시 [15·12·06년 출제]
① 목재의 구조재 :

③ 단열재 :

④ 석재 :

17 크레센트 [13·12·09년 출제]
오르내르기창에 사용된다.

18 유기재료 [16·15·13·07년 출제]
화학조성에 따른 분류에는 무기재료와 유기재료로 구분된다.

19 역학적 성능 [15·12·10년 출제]
구조재료는 역학적 성능인 강도, 강성, 내피로성이 요구된다.

20 미장재료 [16·11·10년 출제]
회반죽은 소석회+모래+풀+여물 등을 바르는 미장재료이며 건조, 경화 시 수축률이 크다.

21 열경화성 수지 [16·10·06년 출제]
페놀수지, 폴리우레탄수지, 요소수지, 멜라민수지, 실리콘수지 등이다.
※ 폴리에틸렌수지는 열가소성 수지이다.

22 아스팔트 방수 [10년 출제]
① 천연 아스팔트의 종류 : 레이크 아스팔트, 록 아스팔트, 아스팔타이트
② 석유 아스팔트의 종류 : 스트레이트 아스팔트, 블론 아스팔트, 아스팔트 컴파운드

23 집성목재의 특성 [10·06년 출제]
① 목재의 강도를 인공적으로 자유롭게 조절할 수 있다.
② 응력에 따라 필요한 단면을 만들 수 있다.(보, 기둥에 활용)
③ 필요에 따라 아치와 같은 굽은 용재를 만들 수 있다.
④ 작은 부재로 길고 큰 부재를 만들 수 있다.
⑤ 강도상 요구에 따라 단면과 치수를 변화시킨 구조재료를 설계, 제작할 수 있다.
⑥ 충분히 건조된 건조재를 사용하므로 비틀림, 변형 등이 생기지 않는다.
⑦ 제품이 갖는 옹이, 할열 등이 결함을 제거, 분산시킬 수 있으므로 강도의 편차가 적다.

24 선의 종류 [10·08·07년 출제]
① 수직선 : 고결, 희망, 상승, 위엄, 존엄성, 긴장감을 표현할 수 있다.
② 수평선 : 고요, 안정, 정지된 느낌을 줄 수 있다.
③ 사선 : 운동성, 약동감, 불안정, 반항 등 동적인 느낌을 줄 수 있다.
④ 곡선 : 부드럽고 율동적이며 여성적 느낌을 줄 수 있다.

25 측창 채광 [16·15·14·13·12·10·09·07년 출제]
측창 채광에 비해 천창 채광이 시공, 관리가 어렵고 빗물이 새기 쉽다.

26 점토의 일반적인 성질 [08년 출제]
점토 입자가 미세할수록 가소성은 좋아진다.

27 폴리카보네이트 [23·13·08년 출제]
플라스틱으로서 절연성, 내충격성, 가공성 등 기계적 성질이 우수하여 각종 기계, 전기 제품에 많이 사용된다. 투명성과 내충격성이 폴리염화비닐, 유리에 비해 대단히 뛰어나기 때문에 보통 판유리의 대체재 또는 유리를 쓸 수 없는 곡면 등에 많이 쓰인다.

28 PC구조 [23년 출제]
① 자재를 공장에서 제조하여 현장에서 조립하는 구조이다.
② 동절기, 공기단축, 대량생산이 가능하다.(모듈개념 도입)
③ 현장투입 인력이 감소된다.
④ 접합부의 일체화가 곤란하다.

29 트레이싱지 [15 · 13 · 12 · 07년 출제]
투명하고 경질이며 수정이 용이하고 청사진 작업이 가능하나, 습기에 약하다.

30 가구식 구조 [12 · 09 · 07 · 06년 출제]
목재, 철골 등과 같은 비교적 가늘고 긴 재료를 이용한 구조이다.

31 목재의 장단점 [15 · 10년 출제]
열전도율이 적으므로 보온, 방한, 방서성이 뛰어나다.

32 혼합 시멘트 [14 · 12 · 10년 출제]
알루미나 시멘트는 특수 시멘트이다.

33 작업 삼각형 [14 · 13 · 12 · 10년 출제]
냉장고 → 개수대 → 가열대

34 강의 열처리 [13 · 10년 출제]
불림은 800~1,000℃ 이상 가열 후 대기 중에 냉각시킨다.

35 제도용지의 크기 [21 · 16 · 15 · 14 · 13 · 12 · 10 · 06년 출제]
① A4 : 210×297
② A3 : 297×420
③ A2 : 420×594
④ A1 : 594×841
⑤ A0 : 841×1189

36 콘크리트의 신축이음 [08 · 07년 출제]
콘크리트 부재에 열팽창 및 수축 등 응력에 의한 균열을 방지하기 위해 설치하는 줄눈을 의미한다.

37 띠철근 [12년 출제]
휨모멘트와 축방향에 저항하는 철근을 주근이라 하고, 직각 방향으로 감아대는 것을 띠철근이라 한다.

38 사회적 공간 [22 · 16 · 14 · 13 · 12 · 11 · 10 · 09 · 08 · 06년 출제]
가족 중심의 공간으로 모두 같이 사용하는 공간을 말한다.(거실, 응접실, 식당, 현관)

39 중앙집중식 [14년 출제]
핵심적 요소가 중앙에 배치되고 종속되는 요소가 주위를 둘러싸는 형태이다.

40 색채계획 [10년 출제]
일상생활이나 생산활동 분야에서 색채를 생활이나 작업에 효과적으로 활용하기 위하여 색채 사용에 대한 계획을 세우는 일을 말한다.

41 절리 [08 · 06년 출제]
① 화성암에 있는 특유한 것으로 암석 중에는 갈라진 틈을 절리라 한다.
② 암석은 절리에 따라 채석을 한다.
③ 화강암의 절리가 현저하고 절리의 거리가 비교적 커서 큰 판재를 얻을 수 있다.

42 용접결함 [15 · 11년 출제]

오버랩(Overlap)	용착금속이 모재에 결합되지 않고 들떠 있는 현상
피트(Pit)	용접부에 생기는 미세한 홈
언더컷(Under Cut)	용접선 끝에 용착금속이 채워지지 않아서 생긴 작은 홈
피시아이(Fish Eye)	슬래그 혼입 및 공기구멍 등으로 인한 생선 눈 모양의 은색 반점

43 허선의 종류 [11년 출제]
① 일점쇄선 : 절단선, 경계선, 기준선
② 이점쇄선 : 가상선

44 레이턴스(Laitance) [10년 출제]
콘크리트 타설 후 블리딩에 의해서 부상한 미립물이 콘크리트 표면에 얇은 피막이 되어 침적하는 것을 말한다. 콘크리트 이음 시 제거하지 않고 콘크리트를 타설하면 이음부의 취약점이 된다.

45 인공골재 [22 · 16 · 13 · 12 · 11 · 10 · 08년 출제]
암석을 부수어 만든 부순 모래이다.

46 고정창 [15 · 14 · 12 · 06년 출제]
열리지 않고 빛만 유입되는 기능으로 크기와 형태에 제약 없이 자유롭게 디자인할 수 있다.

47 합성수지 도료 [22 · 16 · 15 · 13 · 12 · 10년 출제]
① 내산성, 내알칼리성이 우수하여 콘크리트나 플라스터 면에 사용할 수 있다.
② 염화비닐수지 도료, 에폭시 도료, 염화고무 도료 등이 있다.

48 목재의 이음과 맞춤 시 유의사항 [10·09·07년 출제]
이음, 맞춤의 단면은 응력의 방향에 직각으로 한다.

49 고력볼트접합 [16·15·13·12·10·09·07년 출제]
부재 간의 마찰력에 의하여 응력을 전달하는 접합방식이다.

50 일반도 [22·16·15·14년 출제]
배치도, 평면도, 입면도, 단면도, 상세도, 전개도, 창호도 등이며, 전기설비도는 설비도에 속한다.

51 셸구조 [15·14·12·09·08·06년 출제]
곡면판이 지니는 역학적 특성을 응용한 구조로서 외력은 주로 판의 면내력으로 전달되기 때문에 경량이고 내력이 큰 구조물을 구성할 수 있는 구조로 시드니의 오페라하우스가 해당된다.

52 주택 평면계획 [11년 출제]
기본 구상[동선 및 공간구성 분석 → 소요공간 규모 산정] → 대안의 평가 및 의뢰인 승인[대안 설정 → 계획안 확정] → 도면화[도면 작성]

53 탄성 [16·15·13·12·11년 출제]
탄성은 고무줄 같이 원래 형태로 회복되는 성질을 말한다.

54 광창조명 [22·21·16·15·13·12년 출제]
넓은 4각형의 면적을 가진 광원을 천장, 또는 벽에 매입한 것으로 시선에 안락한 배경으로 작용한다.

55 공포 [08년 출제]
목구조 건축물에서 처마 끝의 하중을 받치기 위해 설치하는 것으로 주심포식과 다포식으로 나누어진다.

56 소다석회유리 [16·15·14·13·12·11·06년 출제]
용융되기(녹아서 잘 섞이기) 쉬우며 산에 강하고 알칼리에 약하다.

57 석고 플라스터 [15·11년 출제]
석고 플라스터는 열전도율이 높아 단열재로 부적합하다.

58 커튼월구조 [11년 출제]
커튼월이란 건물의 하중을 지지하지 않고 공간의 칸막이 역할을 하는 바깥 벽을 말한다.

59 바닥 슬래브구조 [13년 출제]
① 1방향 슬래브 : 단변방향에는 주근 배치, 장변방향에는 수축온도철근을 배치한다.
② 2방향 슬래브 : 단변방향에는 주근 배치, 장변방향에는 배력근을 배치한다.
※ 나선철근은 원형인 나선철근기둥의 주근을 감싸는 철근이다.

60 장식적 장식품 [15·13년 출제]
실생활의 사용보다는 실내 분위기를 더욱 북돋아 주는 감상 위주의 물품이다. 수석, 모형, 수족관, 화초류 등이 있다.

CBT 모의고사 6회
정답 및 해설

▶ 정답

01	④	02	①	03	④	04	④	05	①
06	③	07	③	08	②	09	②	10	①
11	③	12	①	13	③	14	④	15	④
16	④	17	④	18	②	19	④	20	②
21	③	22	③	23	①	24	③	25	①
26	④	27	①	28	①	29	②	30	④
31	④	32	③	33	①	34	③	35	④
36	②	37	④	38	②	39	④	40	③
41	④	42	②	43	②	44	②	45	②
46	③	47	①	48	①	49	②	50	④
51	②	52	③	53	④	54	④	55	②
56	④	57	②	58	②	59	③	60	①

01 소비자 구매심리 [21·16·14·10·09·07년 출제]
구매심리 5단계는 주의, 흥미, 욕망, 기억, 행동이다. 유인, 권유는 없다.

02 사회적(동적) 공간 [22·16·15·13·12·11년 출제]
가족중심의 공간으로 모두 같이 사용하는 공간을 말한다. 거실, 응접실, 식당, 현관 등이다.

03 용접 결함 [15·11년 출제]

오버랩(Overlap)	용착금속이 모재에 결합되지 않고 들떠 있는 현상
피트(Pit)	용접부에 생기는 미세한 홈
언더컷(Under Cut)	용접선 끝에 용착금속이 채워지지 않아서 생긴 작은 홈

04 상업공간 [22·15·12년 출제]
상업공간의 실내디자인은 공간을 효율적으로 계획하여 판매시장 및 수익증가를 기대하는 의도된 행위이다. 따라서 디스플레이(상품의 전시)의 궁극적 목적은 상품의 판매를 위한 것이다.

05 환기횟수(회/h) [09·07년 출제]
$n = V/R$
여기서, n : 환기횟수(회/h)
V : 소요 공기량(m³/h)
R : 실공기의 체적(m³)
$n = (500 \times 18)/1,000$
1시간에 이루어지는 환기량을 실용적으로 나눈 것이다.

06 구조재 [12·10·09·08년 출제]
건축물의 주요 힘을 받는 부분으로 기둥, 내력벽, 보, 바닥, 계단 등이 있다.

07 코펜하겐 리브 [16·14·13·09·08년 출제]
보통 두께 30~50mm, 너비 100mm 정도의 긴 판에다 표면을 리브로 가공한 것으로 '목재루버'라고도 하며 리브(rib)재 옆에 생기는 빈틈과 뒷면 띠장 부분의 공기층이 고음을 처리하게 되어 음향효과가 좋다. 주로 강당, 집회장, 영화관, 극장 등의 천장 또는 내벽에 붙여 음향조절용 또는 장식용으로도 사용한다.

08 점의 특징 [09·08·06년 출제]
① 위치를 지정하고 가장 작은 면으로 인식할 수 있다.
② 공간에 한 점을 위치시키면 집중 효과가 있다.

09 조도(단위 : lx) [10년 출제]
수조 면의 단위면적에 도달하는 광속의 양을 말하고, 수조 면의 밝기를 나타내는 것이며, lx를 단위로 한다.

10 열전도율(kcal/mh°C = W/mK) [07년 출제]
① 물체의 고유성질로서 전도에 의한 열의 이동 정도를 표시한다.
② 시간 t동안 뜨거운 면에서 차가운 면으로 판을 통해 전달된 에너지를 말한다.

11 복층유리(Pair Glass) [09·07·06년 출제]
2장 또는 3장의 판유리를 일정한 간격을 두고 금속 테두리에 기밀하게 접해서 내부의 공기를 빼고 청정한 건조공기를 봉입한 유리이다. 단열성, 차음성이 좋고, 결로현상을 방지할 수 있다.

12 아크릴수지 [10년 출제]
① 투명도가 85~90% 정도로 좋고 무색투명하므로 착색이 자유롭다.

② 내충격강도는 유리의 10배 정도 크며 절단, 가공성, 내후성, 내약품성, 전기절연성이 좋다.
③ 평판 성형되어 글라스와 같이 이용되는 경우가 많아 유기글라스라고 불린다.
④ 각종 성형품, 채광판, 시멘트 혼화재료 등에 사용된다.

13 선 긋기 [16·15·14·13·11·10·09·08·07·06년 출제]
축척과 도면의 크기에 따라서 선의 굵기를 다르게 한다.

14 열환경의 4요소(온열 요소) [09·08년 출제]
① 기온, 습도, 기류, 복사열(주위 벽의 열복사)을 말한다.
② 기후적인 조건을 좌우하는 가장 큰 요소는 기온(공기의 온도)이다.

15 ALC(Autoclaved Lightweight Concrete) [15·13·10년 출제]
① 중량이 가볍고 단열성능이 우수하다.
② 내화성능이 우수하다.
③ 습기가 많은 곳에서의 사용은 곤란하다.
④ 중성화의 우려가 높다.
⑤ 경량 콘크리트로 압축·인장·휨강도는 보통 콘크리트보다 약하다.

16 알루미늄 [16·14·12·10년 출제]
비중이 철의 1/3 정도로 경량이다. 열, 전기 전도성이 크며 반사율이 높지만 내화성이 부족하다.

17 연속성의 원리 [16·13·10년 출제]
유사한 배열이 하나의 묶음으로 보이는 현상을 말한다.

18 부엌 작업대 [21·16·15·14·13·12·10·07·06년 출제]
준비대 – 개수대 – 조리대 – 가열대 – 배선대 순으로 구성한다.

19 시멘트 안정성 [16·10년 출제]
시멘트가 경화 중에 용적이 팽창하는 정도를 나타낸 것으로 안정성이 불량이면 균열 또는 휨을 일으켜 건축물의 내구성과 견고성을 손상시킨다. 시멘트 안정성은 오토클레이브 팽창도 시험으로 확인할 수 있다.

20 붙박이 가구 [16·15·14·12·11·10·09·08·07·06년 출제]
① 건축물과 일체화하여 설치하는 건축화된 가구이다.
② 가구배치의 혼란감을 없애고 공간을 최대한 활용하여 효율성을 높일 수 있는 가구이다.

21 목구조 [16·14·13·12·11·10·09·08·07·06년 출제]
함수율에 따른 변형이 크고 부식, 부패에 약하다.

22 사회적(동적) 공간 [22·16·15·13·12·11·10·09·07년 출제]
가족 중심의 공간으로 모두 같이 사용하는 공간을 말한다(거실, 응접실, 식당, 현관).

23 열가소성 수지 [15·14·13·12년 출제]
요소수지는 열경화성 수지이다.

24 베이 윈도우 [15·12년 출제]
일명 돌출창으로 벽면보다 돌출된 형태로 아늑한 공간을 형성한다.

25 평면도 [15·14·13·11·10·08 출제]
기준층의 바닥 면에서 1.2~1.5m 높이인 창틀 위에서 수평으로 절단하여 내려다 본 도면이다.

26 상업공간의 동선계획 [22·15·11·07 출제]
종업원 동선은 짧게 하고 고객 동선의 길이는 되도록 길게 유도한다.

27 파티클 보드 [22·13·10 출제]
섬유방향에 따른 강도 차이가 없고 면내 강성이 우수하다.

28 석재의 성질 [21·15·14·13·11·10년 출제]
인장 및 휨강도는 압축강도에 비해 매우 작고 길고 큰 석재를 구하기 어려워 구조용으로 사용하기 적절하지 않다.

29 리듬의 특징 [15·14·13·12 출제]
반복, 점층(점이), 대립, 변이, 방사 등으로 표현할 수 있다.

30 도면의 크기 [21·16·15·14·13·12·10·06년 출제]
A4의 크기를 기준으로 한다.

31 잔다듬 [22·11·10·08 출제]
날망치로 곱게 쪼아서 표면을 매끈하게 다듬는 단계이다.

32 펜던트 조명 [14·12·10년 출제]
펜던트는 식탁의 조명에서 국부조명으로 이용된다.

33 새시 커튼 [14·12·10년 출제]
문이나 창문의 반 정도만 가리게 내려뜨리는 휘장 같은 커튼이다.

34 무기재료 [14·12·10년 출제]
비금속(석재, 토벽, 콘크리트, 도자기류, 흙)과 금속으로 되어 있다.

35 천창 [21·16·15·14·13·12·10·06년 출제]
인접 건물에 대한 프라이버시 침해가 적고, 채광량이 많으며 조도 분포가 균일하지만 빗물이 새기 쉽고 통풍과 열 조절이 불리하다.

36 방안지(Section Paper) [10·06년 출제]
같은 간격의 직교된 선을 그은 도면이나 통계용 용지로 모눈종이 또는 섹션 페이퍼라고도 한다.

37 치수기입 [22·16·14·13·12·11·09·08년 출제]
치수기입은 치수선 중앙 윗부분에 기입하는 것이 원칙이다.

38 납 [13년 출제]
방사선 투과율이 낮아 차폐효과가 크고 연질이며 비중, 전성, 연성이 크다.

39 트래버틴 [15·14·13·09년 출제]
석질이 불균일하고 황갈색의 무늬가 있으며 물갈기를 하면 평활하고 광택이 나서 특수한 실내장식재로 사용된다.

40 간접조명 [15·13·12·11·10·07·06년 출제]
조도가 가장 균일하고 음영이 가장 적어 눈의 피로도가 적다.

41 벽식구조 [16·12년 출제]
수직의 벽체와 수평의 바닥판을 평면적인 구조체만으로 구성한 구조이다.

42 눈부심 방지 방법 [16·09년 출제]
쇼윈도 내부를 도로면보다 밝게 하여 눈부심을 방지한다.

43 제도용구 [16·15·14·12·09년 출제]
① 스프링 컴퍼스 : 반지름 50mm 이하의 작은 원을 그릴 때 사용한다.
② 빔 컴퍼스 : 큰 원을 그릴 때 사용한다.
③ 디바이더 : 직선이나 원주를 등분할 때 사용하며, 축척의 눈금을 제도 용지에 옮길 때 사용한다.

44 블리딩 [15·06년 출제]
콘크리트가 타설된 후 비교적 가벼운 물이나 미세한 물질 등이 상승하고, 무거운 골재나 시멘트는 침하하는 현상을 말한다. 블리딩이 크면 재료분리가 되어 강도, 수밀성, 내구성 등이 떨어진다.

레이턴스(Laitance)
콘크리트 타설 후 블리딩에 의해서 부상한 미립물이 콘크리트 표면에 얇은 피막이 되어 침적하는 것을 말한다. 콘크리트 이음 시 제거하지 않고 콘크리트를 타설하면 이음부의 취약점이 된다.

45 습식구조 [22·16·13·12·11·10·08년 출제]
건축재료에 물을 사용하여 축조하는 방식이다. 벽돌구조, 블록구조, 돌구조, 콘크리트 구조 등이 있다.

46 제도 글자 [14·09·08·06년 출제]
글자체는 수직 또는 15° 경사의 고딕체로 쓰는 것을 원칙으로 한다.

47 제도용지의 크기 [21·16·15·14·13·12·10·06년 출제]
① A0 : 1,189×841
② A2 : 420×594
③ A4 : 210×297
④ A6 : 105×148

48 프리스트레스트 콘크리트의 특징 [22·16·15·12년 출제]
고강도의 PC강재나 피아노선과 같은 특수선재를 사용하여 인장재에 대한 저항력이 작은 콘크리트에 미리 긴장재에 의한 압축력을 가하여 만든 구조로 화재에 약하고 시공이 까다롭다.

49 건축제도통칙에 규정되지 않은 축적 [22·16·14년 출제]
1/15, 1/35, 1/60, 1/150 이다.

50 중력환기 [13·10·08년 출제]
부력에 의한, 즉 실내외 공기의 온도 차에 의해 환기를 할 수 있다.

51 시멘트 저장방법 [14·11년 출제]
지상 30cm 이상 되는 마루 위에 통풍이 되지 않게 한다.

52 아스팔트 프라이머 [14·13·12·10·06년 출제]
방수시공의 첫 번째 공정에 쓰이는 바탕처리재이다(초벌도료).

53 합성수지 도료 [23·22·16·15·13·12·10년 출제]
① 합성수지와 안료 및 휘발성 용제를 혼합하여 사용한다.
② 건조시간이 빠르고(1시간 이내), 도막이 견고하다.
③ 내산, 내알칼리성이 우수하여 콘크리트나 플라스터면에 사용할 수 있다.
④ 염화비닐수지도료, 에폭시 도료, 염화고무 도료 등이 있다.

54 돌로마이터 석회(돌로마이트 플라스터 : 기경성 재료)
[22·14·13·12·10년 출제]
① 돌로마이트 석회+모래+여물 때로는 시멘트를 혼합 사용하여 마감표면의 경도가 회반죽보다 크다.
② 소석회보다 점성이 높아 풀을 넣을 필요가 없고 작업성이 좋다.
③ 변색, 냄새, 곰팡이가 생기지 않는다.

55 실내공간 [16·15·14·11년 출제]
개구부는 작게 하고 큰 가구를 사용하여 시선을 차단, 분할한다.

56 에폭시수지 [16·14·12·11·10·08·07년 출제]
① 기본 점성이 크며 내수성, 내약품성, 전기절연성이 우수하다.
② 금속, 플라스틱, 도자기, 유리, 콘크리트 등의 접착제로 사용된다.

57 가구식 구조 [13·10년 출제]
목재, 강재 등 가늘고 긴 부재를 접합하여 뼈대를 만드는 구조로 물을 사용하지 않아 공사 기간이 짧다.

58 가구의 분류 [09년 출제]
① 기능에 따른 분류 : 인체지지용 가구, 작업용 가구, 정리수납용 가구
② 이동에 따른 분류 : 가동가구(이동가구), 붙박이 가구, 모듈러 가구

59 점토의 흡수율 [14·12년 출제]
흡수율이 큰 순서는 토기(18% 이상)>도기(18% 이하)>석기(5% 이하)>자기(3% 이하)이다.

60 테라초(인조석) [13·11년 출제]
대리석의 아름다운 쇄석(종석)과 백색 시멘트, 안료 등을 혼합하여 물로 반죽해 만든 것으로 천연석재와 비슷하게 만든 다음 그라인더로 갈아 평활하게 사용한다.

CBT 모의고사 7회
정답 및 해설

▶ 정답

01	③	02	①	03	②	04	③	05	②
06	③	07	③	08	③	09	③	10	③
11	②	12	①	13	②	14	③	15	④
16	④	17	④	18	④	19	①	20	③
21	④	22	④	23	④	24	②	25	②
26	③	27	①	28	③	29	④	30	①
31	④	32	②	33	③	34	①	35	①
36	④	37	②	38	②	39	①	40	③
41	④	42	④	43	④	44	①	45	③
46	③	47	②	48	③	49	②	50	②
51	③	52	①	53	②	54	④	55	②
56	③	57	④	58	①	59	①	60	①

01 부엌가구의 ㄷ자형 [21 · 16 · 12 · 11 · 07년 출제]
① 3면의 벽에 배치한 형태로 작업면이 넓어 능률적이다.
② 식탁과의 연결이 다소 불편해질 수 있다.

02 암면 [22 · 10 · 06년 출제]
① 무기질 단열재료이다.
② 암석으로부터 인공적으로 만들어진 내열성이 높은 광물섬유를 이용하여 만드는 제품으로, 단열성, 흡음성이 뛰어나다.

03 집성목재 [21 · 16 · 11 · 10 · 08 · 06년 출제]
① 작은 부재로 길고 큰 부재를 만들 수 있으며 응력에 따라 필요한 단면을 만들 수 있다.
② 옹이, 할열 등의 결함을 제거, 분산시킬 수 있으므로 강도의 편차가 적다.

04 복층유리 [22 · 16 · 12 · 11 · 10 · 09 · 08 · 07 · 06년 출제]
① 2장 또는 3장의 판유리를 일정한 간격으로 띄워 금속테로 기밀하게 테두리를 하여 방음, 단열성이 크고 결로 방지용으로 우수한 유리제품이다.
② 현장에서 절단 가공을 할 수 없다.

05 목재의 강도 [22 · 21 · 15 · 13 · 12 · 10년 출제]
① 심재는 변재에 비해 강도가 크다.
② 응력방향이 섬유방향에 평행한 경우의 인장강도가 가장 크다.

06 사선 [21 · 11 · 10년 출제]
약동감, 생동감 넘치는 에너지와 운동감, 속도감을 주며 위험, 긴장, 변화 등의 느낌을 받게 되므로 너무 많으면 불안정한 느낌을 줄 수 있다.

07 건축제도통칙에 규정되지 않는 축척 [22 · 16 · 14년 출제]
1/15, 1/35, 1/60, 1/150

08 사랑방 [22 · 15년 출제]
사랑채라고도 하며 남편이 기거하며 독서와 응접을 할 수 있는 곳으로 외부와 가까운 곳에 위치하며 사랑 마당이 있다.

09 열가소성 수지 [15 · 14 · 13 · 12년 출제]
① 가열하면 연화되어 가소성이 생기지만 냉각하면 원래의 고체로 돌아가는 고분자 물질로 성형 후 다시 가열해 형태를 변형시킬 수 있다.
② 페놀수지는 열경화성 수지이다.

10 알루미늄 [21 · 11 · 10년 출제]
연성, 전성이 좋아 압연, 인발 등의 가공성이 좋으나, 산·알칼리에 침식되며 콘크리트에 사용하면 부식된다.

11 소비자 구매심리 [21 · 16 · 14 · 10년 출제]
구매심리 5단계는 주의, 흥미, 욕망, 기억, 행동이다. 권유(Persuasion), 유인(Attraction)은 없다.

12 바닥 [21 · 11 · 10년 출제]
① 천장과 더불어 실내공간을 구성하는 수평선 요소로 인간의 감각 중 시각적, 촉각적 요소와 밀접한 관계를 갖는다.
② 사람들의 생활이 이루어지고 공간에 부수되는 벽, 칸막이, 가구류, 기물류 등이 놓인다.

13 전성 [16 · 12 · 06년 출제]
재료를 해머 등으로 두들겼을 때 얇게 펴지는 성질이며 금, 납 등을 들 수 있다.

14 돌로마이트 플라스터 [22·14·13·12년 출제]
돌로마이트 석회+모래+여물 때로는 시멘트를 혼합 사용하여 마감표면의 경도가 회반죽보다 크다.

15 일반 표시기호 [22·15·14년 출제]
면적은 A, 너비는 W, 용적은 V이다.

16 기초 [22·15·09년 출제]
① 독립기초 : 한 개의 기둥에 하나의 기초판으로 설치한 기초구조이다.
② 복합기초 : 한 개의 기초판에 두 개 이상의 기둥을 지지한다.
③ 연속기초 : 내력벽 또는 일렬로 된 기둥을 연속적으로 따라서 기초벽을 설치하는 구조이다.

17 동선계획 [22·15·14·11·07년 출제]
고객 동선을 길게 하여 상품구매를 유도한다.

18 열전도율 [22·15·13·10년 출제]
물체의 고유성질로서 전도에 의한 열의 이동 정도를 표시한다.

19 척도 [21·11·10년 출제]
설계나 생산에 쓰이는 치수 단위를 모듈이라고 하며 인체 척도를 근거로 하는 모듈러를 르 코르뷔지에가 발표했다.

20 강조의 특징 [25·15·14·13년 출제]
전체 조화를 파괴하지 않는 선에서 초점이나 흥미를 부여한다.

21 플라스틱 재료 [22·16·15·14년 출제]
비중이 철이나 콘크리트보다 작으나 압축강도가 인장강도보다 크다.

22 선의 종류 [22·15·14·13년 출제]
① 파선 : 대상의 보이지 않는 부분을 표시
② 굵은 실선 : 외형선, 단면선 표시
③ 가는 실선 : 배근에서 스터럽 또는 치수선, 치수보조선, 지시선을 표시
④ 1점쇄선 : 중심선, 기준선, 절단선, 경계선, 참고선 표시
⑤ 2점쇄선 : 가상선, 상상선 표시

23 실시설계도 [22·16·15년 출제]
배치도, 평면도, 입면도, 전개도 등이 있다.

24 철근콘크리트 [21·15·10년 출제]
자체 자중이 커서 해체, 이전 등이 어렵다.

25 석유 아스팔트 [23·10·08년 출제]
블론 아스팔트, 스트레이트 아스팔트, 아스팔트 콤파운드가 있다.

26 영리공간 [22·11·10년 출제]
백화점, 호텔, 펜션, 상점 등이 있다.

27 AE제 [22·16·15·14·13·12·09·07년 출제]
시공연도가 좋아지며 콘크리트의 작업성이 향상되지만 압축강도가 감소한다.

28 리빙 다이닝 키친(LDK) [21·11·10년 출제]
소규모 주택에서 많이 나타나는 형태로 동선이 짧아지는 장점이 있다.

29 화성암의 종류 [15·12·10년 출제]
화강암, 안산암, 현무암이 있다. 석회암은 수성암 종류에 속한다.

30 표준형 벽돌 [22·07·06년 출제]
길이 190mm, 너비 90mm, 두께 57mm이고, 줄눈은 가로 세로 10mm를 표준으로 사용한다.

31 도료의 특징 [23·22·16·15·13년 출제]
합성수지 도료인 염화비닐수지 도료가 내알칼리성이 좋다.

32 선의 종류 [22·15·14·13년 출제]
① 파선 : 대상의 보이지 않는 부분을 표시
② 1점쇄선 : 중심선, 기준선, 절단선, 경계선, 참고선 표시
③ 2점쇄선 : 가상선, 상상선 표시

33 건축제도 [22년 출제]
① 홀더 : 연필심을 끼워서 사용한다.
② 원형 템플릿 : 도형을 그릴 수 있도록 만든 자이다.
③ 컴퍼스 : 원을 그릴 때 사용한다.
④ 타블렛은 컴퓨터로 작도하는 마우스의 일종이다.

34 평면형의 종류 [21 · 11년 출제]
① 직사각형 : 긴 축을 가지고 있으며 강한 방향성을 가진다.
② 삼각형 : 안정, 부동, 냉대 등의 느낌을 가진다.
③ 오각형 : 안정성과 적절함으로 다재다능함을 표현한다.

35 한식과 양식의 비교 [23 · 15년 출제]
한식주택은 방의 기능을 혼용하므로 공간의 융통성이 높다.

36 용접 결함 [22 · 15 · 14 · 13년 출제]
① 슬래그 섞임 : 슬래그가 용착금속 안에 혼입되는 현상
② 언더컷 : 용접선 끝에 용착금속이 채워지지 않아서 생기는 작음 홈
③ 블로홀 : 용접부에 발생하는 작은 기포나 틈
④ 오버랩 : 용착금속이 모재에 융합되지 않고 들떠 있는 현상

37 구조형식에 따른 분류 [16 · 15 · 14년 출제]
가구식 구조는 목재, 강재 등 가늘고 긴 부재를 접합하여 뼈대를 만드는 구조이다.

38 천연골재 [22 · 13 · 11년 출제]
강모래, 산자갈, 바다자갈이 있다.

39 역학적 성능 [22 · 15 · 14 · 12년 출제]
물체상에 작용하는 힘과 운동의 관계로 구조재료는 강도, 강성, 내피로성을 가장 많이 필요로 하므로 커야 한다. 또한 가공이 용이하여 재료를 쉽게 얻을 수 있어야 한다.

40 선의 종류 [22 · 15 · 14 · 13년 출제]
굵은 실선 : 외형선, 단면선을 표시한다.

41 사회적 공간 [22 · 16 · 15 · 15 · 13 · 12 · 11 · 10 · 09 · 07년 출제]
가족 중심의 공간으로 모두 같이 사용하는 공간을 말한다(거실, 응접실, 식당, 현관).

42 이산화탄소 [22 · 15 · 14 · 12년 출제]
실내공기 오염의 척도로 허용되는 기준농도는 1,000ppm 이하이다.

43 대면판매 [16 · 15 · 14 · 13년 출제]
판매원의 상품 설명이 용이하나 고객의 충동적 구매와 선택이 용이하지 않다.

44 분말도 측정법 [22 · 14 · 13년 출제]
표준체법, 브레인법, 피크노미터법 등이 있다.

45 역학적 성질 [22 · 12 · 08년 출제]
① 전성 : 외력에 의해 얇게 펴지는 성질
② 취성 : 작은 변형만으로도 파괴되는 성질
③ 연성 : 가늘고 길게 늘어나는 성질
④ 강성 : 외력의 변형에 대해 저항하는 능력

46 간접조명 [15 · 13 · 12 · 11 · 10 · 07 · 06년 출제]
조도가 가장 균일하고 음영이 가장 적어 눈의 피로도가 적다.

47 벽돌의 종류 [22 · 16 · 15년 출제]
① 이형벽돌 : 특별한 모양으로 성형한 벽돌이다.
② 오지벽돌 : 벽돌 마구리면이나 길이에 오지물을 칠해 구운 벽돌로 치장벽돌의 일종이다.
③ 내화벽돌 : 내화성이 높은 재료로 만들어 가마, 굴뚝 등에 사용한다.

48 광창조명의 특징 [22 · 21 · 16 · 15 · 13 · 12년 출제]
① 벽면 전체 또는 일부분을 광원화하는 방식이다.
② 광원을 넓은 벽면에 매입함으로써 비스타(Vista)적인 효과를 낼 수 있다.

49 디바이더 [16 · 15 · 14 · 12 · 09년 출제]
① 직선이나 원주를 등분할 때 사용한다.
② 축척의 눈금을 제도용지에 옮길 때 사용한다.
③ 선을 분할할 때 사용한다.

50 PS콘크리트(프리스트레스트 콘크리트) [22 · 16 · 10년 출제]
부재 단면의 크기를 작게 할 수 있으나 진동하기 쉽다.

51 제도용지 규격 [16 · 15 · 13년 출제]
도면을 접을 때에는 A4의 크기를 기준으로 한다.

52 바실리 의자 [22 · 15 · 13년 출제]
자전거의 단순한 바디에 가볍게 올려진 가죽 안장, 부드럽게 휘어진 핸들에서 영감을 받아 강철 파이프로 형태를 만들고 가죽으로 좌판, 등받이, 팔걸이를 만든 의자이다.

53 벽돌 쌓기 [16·14·12·11·07·06년 출제]
① 영식 쌓기 : 처음 한 켜는 마구리쌓기, 다음 한 켜는 길이쌓기를 교대로 쌓는 방법이다. 이오토막이 사용되며 가장 튼튼하다.
② 미식 쌓기 : 5~6켜는 길이쌓기로 하고, 다음 켜는 마구리쌓기를 하는 방식이다.
③ 네덜란드식(화란식) 쌓기 : 모서리 또는 끝부분에 칠오토막을 사용하여 쌓는 방법으로 작업이 용이하다.
④ 프랑스식 쌓기 : 한 켜에 길이쌓기와 마구리쌓기를 번갈아서 같이 쌓는 방식으로 비내력벽, 장식용이다.

54 침실 [22·14·13년 출제]
시끄러운 소음의 원인이 되는 외부 도로 쪽을 피하고 정원 둘레에 면하는 것이 좋다.

55 크리센트 [22·14·11년 출제]
오르내리기창에 사용하는 걸쇠이다.

56 벽량 [22·14·08년 출제]
내력벽 길이의 합계를 그 층의 바닥면적으로 나눈 값으로 최소 벽량은 15cm/m² 이상으로 한다. 벽량(cm/m²) = 내력벽의 길이(cm)/바닥면적(m²)

57 시멘트 종류 [22·14·13년 출제]
① 조강 포틀랜트 시멘트 : 재령 28일 강도를 재령 7일 정도에 나타내 긴급공사, 한중공사에 유리하다. 초기 수화열이 크므로 큰 구조물(매스 콘크리트)에는 부적당하다.
② 초조강 포트랜드 시멘트 : 보통 시멘트의 7일 강도를 1일 만에 발현, 조기 및 장기강도가 우수하고, 수밀성 및 내구성 또한 우수하다.
③ 중용열 포틀랜드 시멘트 : 수화열 발생이 적은 시멘트로서 원자로의 차폐용 콘크리트 제조에 가장 적합하다.
④ 백색 포트랜트 시멘트 : 표면마무리 및 착색시멘트에 적합하다.

58 벽돌구조
[22·16·14·13·11·10·09·08·07·06년 출제]
내화, 방한, 방서, 내구적이다. 횡력(지진)에 약해서 고층구조가 부적당하다.

59 홈통 [22·09년 출제]
홈통에서 우수의 배수과정은 처마홈통(수평홈통) → 깔때기 홈통 → 선홈통(수직홈통) → 낙수받이 순이다.

60 기둥의 종류 [16·15·12·10·09·07·06년 출제]
① 샛기둥 : 기둥과 기둥 사이의 작은 기둥을 의미한다.
② 통재기둥 : 1층과 2층을 한 개의 부재로 연결하는 기둥이다.
③ 평기둥 : 층별로 구성된 본기둥으로 2m 간격으로 배치한다.
④ 층도리 : 상층과 하층을 연결해주는 도리로 연직하중 또는 수평하중을 받는 가로재이다.

MEMO

콕집은 자주 출제되는 문제만 콕 집어 수록한 핵심문제 모음집입니다. 예문사 **콕집**과 함께하면 합격이 빨라집니다!

콕집 200제

자주 출제되는 핵심문제만 콕 집어 수록하였습니다. 반복 학습하여 합격실력을 키워 보세요!

001 실내디자인에 관한 설명으로 옳지 않은 것은? [13·12·11·10년 출제]

① 미적인 문제가 중요시되는 순수예술이다.
② 인간생활의 쾌적성을 추구하는 디자인 활동이다.
③ 가장 우선시되어야 하는 것은 기능적인 면의 해결이다.
④ 실내디자인의 평가기준은 누구나 공감할 수 있는 객관성이 있어야 한다.

해설
실내디자인의 개념
① 주거공간을 아름답고 쾌적하게 만드는 디자인 활동으로 실내공간을 기능적, 정서적 공간으로 계획하고, 실행과정을 거치는 전문과정을 의미한다.
② 실내디자인은 순수 예술행위가 아니기 때문에 클라이언트의 요구를 적극 수용해야 한다.

002 실내디자인의 기본 조건 중 가장 우선시되어야 하는 것은? [16·13·11·09·08년 출제]

① 기능적 조건   ② 정서적 조건
③ 환경적 조건   ④ 경제적 조건

해설
기능적 조건
실내디자인의 기본 조건 중 가장 우선시되며, 공간배치 및 동선의 편리성과 가장 관련이 있다.

003 건축에 대한 일반적인 내용으로 옳지 않은 것은? [13·06년 출제]

① 건축은 구조, 기능, 미를 적절히 조화시켜 필요로 하는 공간을 만드는 것이다.
② 건축구조의 변천은 동굴주거 – 움집주거 – 지상주거 순으로 발달하였다.
③ 건물을 구성하는 구조재에는 기둥, 벽, 바닥, 천장 등이 있다.
④ 건축물은 거주성, 내구성, 경제성, 안전성, 친환경성 등의 조건을 갖추어야 한다.

해설
건축물의 구성요소
구조재는 건축물의 주체가 되는 기둥, 보, 벽, 바닥 등에 해당하며 천장은 수장에 속하며 마감재이다.

004 다음 중 건축구조법을 선정할 때 필요한 선정 조건과 가장 관계가 먼 것은? [07·06년 출제]

① 입지 조건   ② 요구 성능
③ 건물의 색채   ④ 건축의 규모

해설
건축구조
건물의 색채는 외부를 치장하고 유지하는 미장재에 속하므로 건축구조와는 거리가 있다.

005 다음 중 수익 창출을 목적으로 하는 영리공간과 가장 관계가 먼 것은? [22·11·10년 출제]

① 백화점   ② 호텔
③ 도서관   ④ 펜션

해설
수익 유무에 따른 영역 분류
① 영리공간 : 백화점, 호텔, 펜션, 상점
② 비영리공간 : 박물관, 도서관, 기념관

006 다음 중 실내디자인의 진행과정에 있어서 가장 먼저 선행되는 작업은? [16·13·07년 출제]

① 조건파악   ② 기본계획
③ 기본설계   ④ 실시설계

해설
실내디자인의 설계과정
조건파악 – 기본계획 – 기본설계 – 실시설계 순서로 진행된다.

정답 001 ① 002 ① 003 ③ 004 ③ 005 ③ 006 ①

007 다음 중 르 코르뷔지에(Le Corbusier)가 제시한 모듈러와 가장 관계가 깊은 디자인 원리는?

[14·12·10·09·07년 출제]

① 리듬 ② 대칭
③ 통일 ④ 비례

해설

르 코르뷔지에
생활에 적합한 건축을 위해 인체와 관련된 모듈의 사용에 있어 단순한 길이의 배수보다 황금비례를 이용함이 타당하다고 하였다.

008 기하학적인 정의로 크기가 없고 위치만 존재하는 디자인 요소는?

[16·12·10·09·08·06년 출제]

① 점 ② 선
③ 면 ④ 입체

해설

점의 특징
① 면적과 길이는 없고 위치만 있는 도형이다.
② 공간에 한 점을 위치시키면 집중효과가 있다.

009 디자인 요소로서의 선에 대한 설명 중 바르지 못한 것은?

[22·16·07·06년 출제]

① 수평선 – 안정감, 차분함, 편안한 느낌을 준다.
② 수직선 – 심리적 엄숙함과 상승감의 효과를 준다.
③ 사선 – 경직된 분위기를 부드럽고 유연하게 해준다.
④ 곡선 – 우아하며 흥미로운 느낌을 준다.

해설

사선
운동성, 약동감, 불안정, 반항 등 동적인 느낌을 줄 수 있다.

010 형태를 의미구조에 의해 분류할 경우, 다음 설명에 알맞은 형태의 종류는?

[15·13·12년 출제]

인간의 지각, 즉 시각과 촉각 등으로는 직접 느낄 수 없고 개념적으로만 제시될 수 있는 형태로서 순수형태 혹은 상징적 형태라고도 한다.

① 추상적 형태 ② 이념적 형태
③ 현실적 형태 ④ 인위적 형태

해설

이념적 형태(상징적 형태)
인간의 지각, 즉 시각과 촉각 등으로는 직접 느낄 수 없고 개념적으로만 제시될 수 있는 형태이다. 순수형태(점, 선, 면 기본요소)와 추상적 형태(재구성된 형태)가 여기에 포함된다.

011 다음 설명에 알맞은 형태의 종류는?

[21·16·14·13년 출제]

• 구체적 형태를 생략 또는 과장의 과정을 거쳐 재구성한 형태이다.
• 대부분의 경우 재구성된 원래의 형태를 알아보기 어렵다.

① 추상적 형태 ② 이념적 형태
③ 현실적 형태 ④ 2차원적 형태

해설

추상적 형태
구체적 형태를 생략 또는 과장의 과정을 거쳐 재구성된 형태이며, 대부분의 경우 재구성된 원래의 형태를 알아보기 어렵다.

012 비슷한 형태, 규모, 색채, 질감, 명암, 패턴의 그룹을 하나의 그룹으로 지각하려는 경향을 말하는 형태의 지각심리는?

[14·13·12년 출제]

① 근접성 ② 연속성
③ 폐쇄성 ④ 유사성

해설

유사성
형태, 크기, 색, 질감 등이 비슷한 것끼리 연관되어 보이는 현상을 말한다.

정답 007 ④ 008 ① 009 ③ 010 ② 011 ① 012 ④

013 다음 설명에 알맞은 착시의 유형은?

[16·15·12년 출제]

- 모순도형 또는 불가능한 도형이라고도 한다.
- 펜로즈의 삼각형에서 볼 수 있다.

① 운동의 착시 ② 길이의 착시
③ 역리도형 착시 ④ 다의도형 착시

해설
역리도형 착시
모순도형, 불가능도형을 말하며 펜로즈의 삼각형처럼 2차원적 평면에 나타나는 안길이의 특성을 부분적으로 본다면 가능하지만, 3차원적인 공간에서 보았을 때는 불가능한 것으로 보이는 도형이다.

014 촉각 또는 시각으로 지각할 수 있는 어떤 물체 표면상의 특징을 의미하는 것은?
[15·12·11·10년 출제]

① 색채 ② 채도
③ 질감 ④ 패턴

해설
질감
촉각 또는 시각으로 지각할 수 있는 어떤 물체 표면상의 특징을 말하며, 시각적 환경에서 여러 종류의 물체들을 구분하는 데 도움을 줄 수 있다.

015 다음 중 실내공간의 색채계획을 할 때 무겁게 느껴지는 것은 무엇의 영향 때문인가?
[10·06년 출제]

① 색상 ② 명도
③ 농도 ④ 채도

해설
명도
① 명도는 밝고 어두움의 정도인데 어두운색 0에서 가장 밝은 색 10까지로 11단계이다.
② 명도가 높으면 실내가 밝고 시원하며 넓어 보이고, 명도가 낮으면 어둡고 무거우며 좁아 보인다.

016 인간의 주의력에 의해 감지되는 시각적 무게의 평형상태를 의미하는 디자인 원리는?
[14·13·11·09·07년 출제]

① 리듬 ② 통일
③ 균형 ④ 강조

해설
균형
① 시각적 무게의 평형상태를 의미한다.
② 부분과 부분, 부분과 전체 사이에서 균형의 힘에 의해 쾌적한 느낌을 준다.
③ 수평선, 크기가 큰 것, 불규칙적인 것, 색상이 어두운 것, 거친 질감, 차가운 색이 시각적 중량감이 크다.

017 황금비례의 비율로 올바른 것은?
[14·12·11·10·08·07·06년 출제]

① 1 : 1.414 ② 1 : 1.532
③ 1 : 1.618 ④ 1 : 3.141

해설
황금비례
긴 선분에 대한 짧은 선분의 길이의 비가 전체 선분에 대한 긴 선분의 길이의 비와 같을 때 이루어지는 비례로, 1 : 1.618의 비율이다.

018 실내디자인에서 가구나 실의 크기를 결정하는 기준이 되는 것은?
[12·11·10·09·07년 출제]

① 그리드 ② 휴먼스케일
③ 모듈 ④ 공간의 형태

해설
휴먼스케일
인간의 신체를 기준으로 파악, 측정하는 척도의 기준을 말한다. 실내공간계획에서 가장 중요하게 고려해야 한다.

정답 013 ③ 014 ③ 015 ② 016 ③ 017 ③ 018 ②

019 일반적으로 규칙적인 요소들의 반복으로 디자인에 시각적인 질서를 부여하는 통제된 운동감각을 의미하는 디자인의 구성 원리는?

[16·12·11·10·09·08·07·06년 출제]

① 리듬 ② 통일
③ 강조 ④ 균형

해설
리듬
① 부분과 요소 사이에 강한 힘과 약한 힘이 규칙적으로 연속, 반복될 때 생기는 운동감이다.
② 동적인 질서는 활기 있는 표정과 경쾌한 느낌을 주며 시각적 질서를 부여한다.

020 다음 중 리듬의 원리에 해당하지 않는 것은?

[22·15·14·13년 출제]

① 반복 ② 점층
③ 변이 ④ 조화

해설
리듬
반복, 점층, 대립, 변이, 방사 등으로 표현할 수 있다.

021 시각적인 힘의 강약에 단계를 주어 디자인의 일부분에 초점이나 흥미를 부여하는 디자인 원리는?

[15·14·13·12·11·08년 출제]

① 통일 ② 대칭
③ 강조 ④ 조화

해설
강조
전체 조화를 파괴하는 것이 아니라 흥미를 부여하는 디자인 원리이다.

022 실내공간의 구성요소 중 바닥에 관한 설명으로 옳지 않은 것은?

[15·14·13·12·09년 출제]

① 촉각적으로 만족할 수 있는 조건을 요구한다.
② 수평적 요소로서 생활을 지탱하는 기본적 요소이다.
③ 단차를 통한 공간 분할은 바닥면이 좁을 때 주로 사용된다.
④ 벽이나 천장은 시대와 양식에 의한 변화가 현저한 데 비해 바닥은 매우 고정적이다.

해설
바닥의 단차
바닥 면적이 넓을 경우 바닥에 높이 차를 두어 심리적 구분감과 변화감을 준다.

023 사람들의 생활이 이루어지고 공간에 부수되는 벽, 칸막이, 가구류, 기물류 등이 놓이게 되는 것은?

[22년 출제]

① 바닥 ② 벽
③ 천장 ④ 개구부

해설
바닥
천장과 더불어 공간을 구성하는 수평선 요소로서 생활을 지탱하는 기본적 요소이며 접촉빈도가 가장 높다.

024 실내 기본요소 중 시각적 흐름이 최종적으로 멈추는 곳으로, 내부공간의 어느 요소보다 조형적으로 자유로운 것은?

[16·15·14·12·07·06년 출제]

① 벽 ② 바닥
③ 기둥 ④ 천장

해설
천장
① 공간을 형성하는 수평적 요소로서 그 형태에 따라 실내공간의 음향에 가장 큰 영향을 준다.
② 조형적으로 자유로워 시대와 양식에 의한 변화가 현저하게 높다.

025 실내 기본요소인 벽에 관한 설명으로 옳지 않은 것은?

[15·13·11·10·08년 출제]

① 공간과 공간을 구분한다.
② 공간의 형태와 크기를 결정한다.
③ 실내공간을 에워싸는 수평적 요소이다.
④ 외부로부터의 방어와 프라이버시를 확보한다.

정답 019 ① 020 ④ 021 ③ 022 ③ 023 ① 024 ④ 025 ③

해설

벽의 특징
실내공간을 에워싸는 수직적 요소이다.

026 한 공간이 다른 공간과 차단적으로 분할되기 시작하는 벽체의 높이는 인체를 기준으로 어느 높이에 해당하는가? [09·07·06년 출제]

① 무릎높이 ② 가슴높이
③ 눈높이 ④ 키를 넘어서는 높이

해설

벽 높이에 따른 심리적 효과
① 상징적 높이 : 60cm
② 차단적 분할높이(가슴높이) : 120cm
③ 시각적 차단높이 : 180cm

027 다음 중 문의 위치를 결정할 때 고려해야 할 사항과 가장 거리가 먼 것은? [16·09·07년 출제]

① 출입 동선
② 문의 구성 재료
③ 통행을 위한 공간
④ 가구를 배치할 공간

해설

출입문의 위치
문의 위치는 공간과 다른 공간을 연결하는 기능이 있기 때문에 동선과 가구배치에 영향을 주며, 문의 재료와는 거리가 있다.

028 창의 옆벽에 밀어 넣어 열고 닫을 때 실내의 유효면적을 감소시키지 않는 창호는?
[16·12·11·10·08·06년 출제]

① 미닫이 창호 ② 회전 창호
③ 여닫이 창호 ④ 붙박이 창호

해설

미닫이창호
위아래 홈을 파서 창호를 끼워 넣어 옆벽이나 벽 속에 미닫는 형식으로 유효면적을 감소시키지 않는다.

029 다음 중 크기와 형태에 제약 없이 가장 자유롭게 디자인할 수 있는 창의 종류는?
[23·15·14·12·06년 출제]

① 고정창 ② 미닫이창
③ 여닫이창 ④ 미서기창

해설

고정창
크기와 형태에 제약 없이 자유롭게 디자인할 수 있다.

030 다음 설명에 알맞은 창의 종류는?
[14·10년 출제]

- 천장 가까이에 있는 벽에 위치한 창문으로 채광을 얻고 환기를 시킨다.
- 욕실, 화장실 등과 같이 높은 프라이버시를 요구하는 실에 적합하다.

① 베이 윈도 ② 윈도 월
③ 측창 ④ 고창

해설

고창
시야보다 높은 벽에 설치하는 창으로 채광과 환기를 하며 프라이버시를 유지할 수 있다.

031 측창 채광에 관한 설명으로 옳지 않은 것은?
[16·15·14·13·12·10·09·07년 출제]

① 개폐 및 기타의 조작이 용이하다.
② 시공이 용이하며 비막이에 유리하다.
③ 편측 채광의 경우 실내의 조도분포가 균일하다.
④ 근린의 상황에 의한 채광 방해의 우려가 있다.

해설

측창 채광
창의 면이 수직 벽면에 설치되는 창으로 실내의 조도분포가 균일하지 못한 단점이 있다.

정답 026 ② 027 ② 028 ① 029 ① 030 ④ 031 ③

032 건축적 채광방식 중 천창 채광에 관한 설명으로 옳지 않은 것은? [21·16·15·13·10·07·06년 출제]

① 측창 채광에 비해 채광량이 적다.
② 측창 채광에 비해 비막이에 불리하다.
③ 측창 채광에 비해 조도 분포의 균일화에 유리하다.
④ 측창 채광에 비해 근린의 상황에 따라 채광을 방해받는 경우가 적다.

해설
천창 채광
지붕면에 있는 수평 또는 수평에 가까운 창을 말하며 인접 건물에 대한 프라이버시 침해가 적고, 채광량이 많고, 조도 분포가 균일한 장점이 있다.

033 단순하며 깔끔한 느낌을 주며 창 이외에 칸막이 스크린으로도 효과적으로 사용할 수 있는 것으로 셰이드(Shade)라고도 불리는 것은? [16·11년 출제]

① 롤 블라인드(Roll Blind)
② 로만 블라인드(Roman Blind)
③ 버티컬 블라인드(Vertical Blind)
④ 베네시안 블라인드(Venetian Blind)

해설
롤 블라인드
단순하며 깔끔한 느낌을 주며 창 이외에 칸막이 스크린으로도 효과적으로 사용할 수 있는 것으로 셰이드(Shade)라고도 한다.

034 다음 중 실내공간의 분할에 있어 차단적 구획에 사용되는 것은? [12·11·08·07년 출제]

① 커튼
② 조각
③ 기둥
④ 조명

해설
커튼
실내공간을 손쉽게 시각적으로 차단·구획할 수 있다.

035 간접조명에 관한 설명으로 옳지 않은 것은? [15·14·13·12·11·10·06년 출제]

① 조명 효율이 가장 좋다.
② 눈에 대한 피로가 적다.
③ 균일한 조도를 얻을 수 있다.
④ 실내 반사율의 영향을 받는다.

해설
간접조명
광원의 90~100%를 천장이나 벽에 투사하여 반사, 확산된 광원을 이용하므로 조명률이 가장 낮고 경제성이 떨어지는 단점이 있다.

036 건축 구조체의 일부분이나 구조적인 요소를 이용하여 조명하는 방식으로 건축물의 기본요소 중 전체 혹은 부분을 광원화하는 조명방식은? [11·06년 출제]

① 직접조명
② 벽부형 조명
③ 건축화조명
④ 펜던트형 조명

해설
건축화조명
건축 구조체의 일부분이나 구조적인 요소를 이용하여 조명하는 방식으로 특별한 조명기구를 사용하지 않고 천장, 벽, 기둥 등의 건축 부분에 광원을 만들어 실내 계획을 하는 조명방식이다.

037 다음 설명에 알맞은 건축화조명의 종류는? [22·21·16·15·13·12·08년 출제]

- 벽면 전체 또는 일부분을 광원화하는 방식이다.
- 광원을 넓은 벽면에 매입함으로써 비스타(Vista)적인 효과를 낼 수 있으며 시선의 배경으로 작용할 수 있다.

① 코브조명
② 광창조명
③ 광천장조명
④ 코니스조명

해설
광창조명
광원을 넓은 벽면에 매입함으로써 비스타(Vista)적인 효과를 준다.

정답 032 ① 033 ① 034 ① 035 ① 036 ③ 037 ②

038 다음 중 옥내조명의 설계에서 가장 먼저 이루어져야 하는 것은? [15·09·07년 출제]

① 광원의 선정
② 조도의 결정
③ 조명방식의 결정
④ 조명가구의 결정

해설
조명설계 순서
소요조도의 결정 → 조명방식의 결정 → 광원의 선정 → 조명기구의 선정 → 조명기구 배치 → 검토

039 건물과 일체화하여 만든 가구로서 공간을 최대한 활용할 수 있는 가구는?
[16·15·14·12·11·10·09·08·07·06년 출제]

① 가동 가구
② 붙박이 가구
③ 모듈러 가구
④ 작업용 가구

해설
붙박이 가구
건축물과 일체화하여 설치하는 건축화된 가구로 가구배치의 혼란감을 없애고 공간을 최대한 활용하여 효율성을 높일 수 있는 가구이다.

040 동일한 두 개의 의자를 나란히 합해 2명이 앉을 수 있도록 설계한 의자는? [16·14·10·07년 출제]

① 세티
② 카우치
③ 풀업 체어
④ 체스터 필드

해설
세티
동일한 두 개의 의자를 나란히 합해 2인이 앉을 수 있도록 설계한 의자이다.

041 우리나라의 전통가구 중 장과 더불어 가장 일반적으로 쓰이던 수납용 가구로 몸통이 2층 또는 3층으로 분리되어 상자 형태로 포개 놓아 사용된 것은?
[15·09·08년 출제]

① 농
② 함
③ 궤
④ 소반

해설
농
수납용 가구로 몸통이 2층 또는 3층으로 분리되어 상자 형태로 포개 놓아 사용한 것이다.

042 주거공간을 주 행동에 따라 개인공간, 사회공간, 노동공간, 보건·위생공간으로 구분할 때, 다음 중 사회공간으로만 구성된 것은?
[22·16·15·13·12·11·10·09·07·06년 출제]

① 침실, 공부방, 서재
② 부엌, 세탁실, 다용도실
③ 식당, 거실, 응접실
④ 화장실, 세면실, 욕실

해설
사회(동적)공간
가족 중심의 공간으로 모두 같이 사용하는 공간을 말한다.(거실, 응접실, 식당, 현관)

043 주거공간의 동선에 관한 설명으로 옳지 않은 것은? [15·13·12·10·09·08·07·06년 출제]

① 주부 동선은 길수록 좋다.
② 동선은 짧을수록 에너지 소모가 적다.
③ 상호 간에 상이한 유형의 동선은 분리하도록 한다.
④ 동선을 줄이기 위해 다른 공간의 독립성을 저해해서는 안 된다.

해설
동선계획
동선은 최대한 짧게 처리한다.

044 동선계획을 가장 잘 나타낼 수 있는 실내계획은? [15·13·12·10·09·08·07·06년 출제]

① 천장계획
② 입면계획
③ 평면계획
④ 구조계획

해설
동선계획
동선계획은 평면계획에서 하고 식당과 주방에서는 주부의 작업동선을 가장 우선적으로 고려한다.

정답 038 ② 039 ② 040 ① 041 ① 042 ③ 043 ① 044 ③

045 주택의 평면계획에 관한 설명 중 옳지 않은 것은? [22·13·11·06년 출제]

① 각 실의 관계가 깊은 것은 인접시키고 상반되는 것은 격리시킨다.
② 침실은 독립성을 확보하고 다른 실의 통로가 되지 않게 한다.
③ 부엌, 욕실, 화장실은 각각 분산 배치하고 외부와 연결한다.
④ 각 실의 방향은 일조, 통풍, 소음, 조망 등을 고려하여 결정한다.

해설
주택 평면계획
물을 쓰는 조닝인 부엌, 욕실, 화장실은 집중 배치하고 외부와 연결한다.

046 거실에 식사공간을 부속시킨 형식으로 식사 도중 거실의 고유 기능과의 분리가 어려운 단점이 있는 것은? [16·13·08·06년 출제]

① 리빙키친(Living Kitchen)
② 다이닝키친(Dining Kitchen)
③ 다이닝포치(Dining Porch)
④ 리빙다이닝(Living Dining)

해설
LD형(리빙다이닝 : 거실 – 식당)
거실에 식사공간을 부속시킨 형식으로 식사 도중 거실의 고유 기능과 분리가 어렵고 부엌과의 동선이 길어질 수 있다.

047 소규모 주택에서 많이 사용하는 방법으로 거실 내에 부엌과 식당을 설치한 것은? [14·10·07년 출제]

① D형식
② DK형식
③ LD형식
④ LDK형식

해설
LDK형(리빙다이닝키친 : 거실 – 식당 – 부엌)
거실의 고유 기능을 유지하기 어려우나 동선이 짧아지는 장점이 있고 소규모 주택에서 많이 사용한다.

048 주택 부엌의 작업 삼각형(Work Triangle)의 구성에 속하지 않는 것은? [23·15·14·11년 출제]

① 냉장고
② 배선대
③ 개수대
④ 가열대

해설
작업 삼각형(Work Triangle)
냉장고(준비대) → 개수대 → 가열대를 연결하며, 작업대의 길이는 5m 내외로 한다.

049 주택의 부엌가구 배치 유형 중 내의 벽면을 이용하여 작업대를 배치한 형식으로 작업면이 넓어 작업 효율이 가장 좋은 것은? [21·16·12·11·07년 출제]

① 一자형
② L자형
③ ㄷ자형
④ 아일랜드형

해설
U자형(ㄷ자형)
인접된 3면의 벽에 배치한 형태로 작업면이 넓어 작업 효율이 좋다. 비교적 규모가 큰 공간에 적합하다.

050 원룸 주택 설계 시 고려해야 할 상항으로 옳지 않은 것은? [16·13·10·07년 출제]

① 내부공간을 효과적으로 활용한다.
② 환기를 고려한 설계가 이루어져야 한다.
③ 사용자에 대한 특성을 충분히 파악한다.
④ 원룸이므로 활동공간과 취침공간을 구분하지 않는다.

해설
원룸
원룸은 여러 가지 기능의 실들을 한곳에 집약시켜 생활공간을 구성하는 일실 다용도 방식이긴 하나, 활동공간과 취침공간을 구분한다.

정답 045 ③ 046 ④ 047 ④ 048 ② 049 ③ 050 ④

051 조선시대의 주택구조에 관한 설명으로 옳지 않은 것은? [22·16·15·13·09·07년 출제]

① 주택공간은 성(性)에 의해 구분되었다.
② 안채는 가장 살림의 중추적인 역할을 하던 곳이다.
③ 사랑채는 남자 손님들의 응접공간 등으로 사용되었다.
④ 주택은 크게 사랑채, 안채, 바깥채의 3개의 공간으로 구분되었다.

해설
조선시대 주택구조
주택은 크게 사랑채, 안채, 행랑채의 3개의 공간으로 구분되는데, 행랑채는 일꾼들이 거처하며 창고, 마구간, 대문 등으로 이루어지며 바깥마당에 있다.

052 상업공간의 동선계획으로 틀린 것은? [22·15·14·11·07·06년 출제]

① 종업원 동선은 고객 동선과 교차되지 않도록 한다.
② 종업원 동선은 동선 길이를 짧게 한다.
③ 고객 동선은 행동의 흐름이 막힘이 없도록 합체적으로 한다.
④ 고객 동선은 동선 길이를 될 수 있는 대로 짧게 한다.

해설
동선계획
종업원 동선은 짧게 하고, 고객 동선의 길이는 되도록 길게 유도한다.

053 상점계획에서 파사드 구성에 요구되는 소비자 구매심리 5단계에 속하지 않는 것은? [21·16·14·11·10·09·07년 출제]

① 주의(Attention)   ② 욕망(Desire)
③ 기억(Memory)   ④ 유인(Attraction)

해설
소비자 구매심리(AIDMA 법칙)
구매심리 5단계로 주의, 흥미, 욕망, 기억, 행동이다.
※ 권유(Persuasion), 유인(Attraction)은 없다.

054 백화점 진열대의 평면, 배치 유형 중 많은 고객이 매장공간의 코너까지 접근하기 용이하지만 이 형의 진열대가 필요한 것은? [16·15·14·08·06년 출제]

① 직렬 배치형   ② 사행 배치형
③ 환상 배열형   ④ 굴절 배치형

해설
상점 진열대(판매대)의 배치
① 직렬 배치형 : 고객의 흐름이 가장 빠르다.
② 사행 배치형 : 고객이 매장 코너까지 접근이 용이하고 이 형진열대가 많이 나온다.

055 상점의 판매형식 중 대면판매에 관한 설명으로 옳지 않은 것은? [16·15·14·13·12·09년 출제]

① 상품 설명이 용이하다.
② 포장대나 계산대를 별도로 둘 필요가 없다.
③ 고객과 종업원이 진열장을 사이로 상담, 판매하는 형식이다.
④ 상품에 직접 접촉하므로 선택이 용이하며 측면판매에 비해 진열면적이 커진다.

해설
대면판매
진열장을 사이에 두고 상담 또는 판매하는 형식으로 시계, 귀금속, 안경 등의 소형 고가품에 사용된다.

056 쇼핑센터 내의 주요 보행 동선으로 고객을 각 상점으로 고르게 유도하는 동시에 휴식처로서의 기능도 가지고 있는 것은? [23·16년 출제]

① 핵상점   ② 전문점
③ 몰(Mall)   ④ 코트(Court)

해설
쇼핑센터의 공간의 구성요소
① 핵상점 : 쇼핑센터의 중심으로 고객을 끌어들이는 기능을 가지고 있다.
② 전문점 : 단일 종류의 상품을 전문적으로 취급하는 상점이다.
③ 몰(Mall) : 쇼핑센터 내의 주 보행동선으로 고객을 각 상점으로 유도하는 동시에 휴식처로서의 기능을 가지고 있다.
④ 코트(Court) : 고객이 머물 수 있는 넓은 공간이며 휴식처인 동시에 행사의 장으로 사용할 수 있다.

정답 051 ④ 052 ④ 053 ④ 054 ② 055 ④ 056 ③

057 다음 중 유효온도에서 고려하지 않는 것은?
[15·14·12·11·08·06년 출제]

① 기온 ② 습도
③ 기류 ④ 복사열

해설

실감온도(유효온도, 감각온도, ET)
기온(온도), 습도, 기류의 3요소의 조합에 의한 실내 온열감각을 기온의 척도로 나타낸 온열지표이다.

058 열전도율의 단위로 옳은 것은?
[22·15·13·10·07년 출제]

① W ② W/m
③ W/m·K ④ W/m²·K

해설

열전도율(kcal/mh℃ = W/mK)
물체의 고유성질로서 전도에 의한 열의 이동 정도를 표시한다.

059 고체 양쪽의 유체 온도가 다를 때 고체를 통하여 유체에서 다른 쪽 유체로 열이 전해지는 현상은?
[14·12·11·09·08년 출제]

① 대류 ② 복사
③ 증발 ④ 열관류

해설

열관류
열관류 현상은 열전달 → 열전도 → 열전달 과정을 거치는 매우 복잡한 열의 이동이다.

060 다음 중 일조 조절을 위해 사용되는 것이 아닌 것은?
[16·14·11·08·06년 출제]

① 루버 ② 반자
③ 차양 ④ 처마

해설

일조 조절
① 겨울철 일사획득을 높이기 위해 경사지붕을 사용한다.
② 루버, 차양, 처마 등이 있다.
③ 식수는 재반사가 적으므로 효과가 크다.

061 표면결로의 방지대책으로 옳지 않은 것은?
[16·15·14·13·12·10·08·07·06년 출제]

① 가습을 통해 실내 절대습도를 높인다.
② 실내온도를 노점온도 이상으로 유지시킨다.
③ 단열강화에 의해 실내 측 표면온도를 상승시킨다.
④ 직접가열이나 기류촉진에 의해 표면온도를 상승시킨다.

해설

결로의 방지
환기를 통해 습한 공기를 제거하고 실내에서 발생하는 수증기를 억제한다.

062 다음 중 건축물에서 에너지절약을 위한 방법으로 가장 적절한 것은?
[16·15·14·10·09·08·06년 출제]

① 모든 창문을 가급적 크게 한다.
② 환기량을 증가시킨다.
③ 건축물의 방위를 남향으로 한다.
④ 북쪽의 창을 크게 하여 여러 개를 배치한다.

해설

단열계획
① 건축물의 창 및 문은 가능한 작게 설계한다.
② 외벽 부위는 외단열로 시공한다.
③ 외피의 모서리 부분은 열교가 발생하지 않도록 단열재를 연속적으로 설치한다.
④ 건물 옥상에는 조경을 하여 최상층 지붕의 열저항을 높인다.
⑤ 건물을 남향으로 하고 자연에너지를 이용한다.
⑥ 거실의 층고 및 반자 높이를 낮게 한다.
⑦ 북측 창은 적게 구성하고 남측에 창을 내어 겨울에 일사량을 늘린다.

063 실내공기오염의 종합적 지표로서 사용되는 오염물질은?
[22·15·14·12·09·06년 출제]

① 라돈 ② 부유분진
③ 일산화탄소 ④ 이산화탄소

해설

이산화탄소의 발생량
실내공기 중의 이산화탄소 농도를 오염의 척도로 삼는다.

정답 057 ④ 058 ③ 059 ④ 060 ② 061 ① 062 ③ 063 ④

※ 실내공기의 오염원인
① 직접오염물질 : 호흡, 습도의 증가, 기온 상승 등이 있다.
② 간접오염물질 : 냄새와 거동, 의복에서의 먼지, 흡연 등이 원인이다.

064 자연환기에 관한 설명으로 옳지 않은 것은?
[16·14·13·12·11·10·09·08·07년 출제]

① 풍력환기량은 풍속에 비례한다.
② 중력환기량은 개구부 면적에 비례하여 증가한다.
③ 중력환기량은 실내외의 온도 차가 클수록 많아진다.
④ 외부와 면한 창이 1개만 있는 경우에는 중력환기와 풍력환기는 발생하지 않는다.

해설
자연환기
중력환기는 실내외의 온도 차에 의한 공기의 밀도 차가 원동력이 된다. 그러므로 외부에 면한 창이 1개만 있어도 환기는 가능하다.

065 다음 설명에 알맞은 환기방법은?
[16·15·13·12·11년 출제]

- 실내공기를 강제적으로 배출시키는 방법으로 실내는 부압이 된다.
- 주택의 화장실, 욕실 등의 환기에 적합하다.

① 자연환기
② 압입식 환기(급기팬과 자연배기의 조합)
③ 흡출식 환기(자연급기와 배기팬의 조합)
④ 병용식 환기(급기팬과 배기팬의 조합)

해설
3종 환기(흡출식)
① 배기를 기계식으로 하며 실내에서 발생한 악취나 오염을 바로 배출한다.
② 자연급기+기계배기(화장실, 주방 등)이다.

066 좋은 빛의 환경을 위한 조건과 가장 거리가 먼 것은?
[22·12·11·07년 출제]

① 적절한 조도
② 눈부심의 방지
③ 글레어(Glare)의 강조
④ 적절한 일광조절장치의 사용

해설
눈부심 방지대책
시선을 중심으로 해서 30° 범위 내의 글레어 존에는 광원을 설치하지 않는다.

067 잔향시간에 관한 설명으로 옳지 않은 것은?
[16·14·13·11·10·09·06년 출제]

① 잔향시간이 길면 명료성이 떨어진다.
② 잔향시간은 실의 형태와 깊은 관련이 있다.
③ 잔향시간이 너무 짧으면 음악의 풍부성이 저감된다.
④ 잔향시간은 실의 용적에 비례하고 흡음력에 반비례한다.

해설
잔향시간
잔향시간은 실의 형태와 무관하다.

068 건축재료를 화학조성에 따라 분류할 경우 무기재료에 속하지 않는 것은?
[15·14·13·10·09·08년 출제]

① 흙
② 목재
③ 석재
④ 알루미늄

해설
무기재료
① 비금속 : 석재, 흙, 시멘트, 콘크리트, 도자기류
② 금속 : 철강, 알루미늄, 구리, 합금류

정답 064 ④ 065 ③ 066 ③ 067 ② 068 ②

069 물체에 외력을 가하면 변형이 생기나 외력을 제거하면 순간적으로 원래의 형태로 회복되는 성질을 말하는 것은? [16·15·13·12·11년 출제]

① 탄성
② 소성
③ 강도
④ 응력도

해설
탄성
재료에 외력이 작용하면 순간적으로 변형이 생기지만 외력을 제거하면 순간적으로 원형으로 회복하는 성질을 말한다.

070 재료의 성질 중 납과 같이 압력이나 타격에 의해 박편으로 펼쳐지는 성질은? [16·12·06년 출제]

① 연성
② 전성
③ 인성
④ 취성

해설
전성
재료를 해머 등으로 두들겼을 때 엷게 펴지는 성질이며 금, 납 등을 들 수 있다.

071 다음 중 구조재료에 요구되는 성질과 가장 관계가 먼 것은? [22·15·14·12·11·09·07·06년 출제]

① 외관이 좋은 것이어야 한다.
② 가공이 용이한 것이어야 한다.
③ 내화, 내구성이 큰 것이어야 한다.
④ 재질이 균일하고 강도가 큰 것이어야 한다.

해설
구조재료
건축물의 골조인 기둥, 보, 벽체 등 내력부를 구성하는 재료로 외관이 좋은 재료일 필요는 없다.

072 건축재료 중 바닥 마무리재료에 요구되는 성질로 옳지 않은 것은? [16·12·11·10·06년 출제]

① 내수성과 내약품성이 없어야 한다.
② 내화, 내구성이 큰 것이어야 한다.
③ 오염되기 어렵고 청소하기 쉬워야 한다.
④ 탄력성이 있고, 마멸이나 미끄럼이 작아야 한다.

해설
바닥, 마무리재료의 특징
오염이 적으며 내수성과 내약품성이 있어야 한다.

073 건축재료를 사용목적에 따라 분류할 때 차단재료로 볼 수 없는 것은? [16·09년 출제]

① 실링재
② 아스팔트
③ 콘크리트
④ 글라스울

해설
차단재료
방수, 방습, 차음, 단열 등을 목적으로 사용하는 재료로 아스팔트, 실링재, 페어글라스, 글라스울 등이 있다.

074 목재의 재료적 특성으로 옳지 않은 것은? [15·14·10·09·07·06년 출제]

① 열전도율과 열팽창률이 작다.
② 음의 흡수 및 차단성이 크다.
③ 가연성이 크고 내구성이 부족하다.
④ 풍화마멸에 잘 견디며 마모성이 작다.

해설
목재의 단점
① 화재 우려가 있어 내화성이 나쁘다.
② 수분에 의한 변형과 팽창, 수축이 크다.
③ 충해 및 풍화로 인해 부패하므로 비내구적이다.

075 목재의 강도에 관한 설명으로 옳은 것은? [15·13·12·10·08년 출제]

① 일반적으로 변재가 심재보다 강도가 크다.
② 목재의 강도는 일반적으로 비중에 반비례한다.
③ 목재의 강도는 힘을 가하는 방향에 따라 다르다.
④ 섬유포화점 이상의 함수 상태에서는 함수율이 적을수록 강도가 커진다.

해설
목재의 강도
① 목재의 강도는 인장강도 > 휨강도 > 압축강도 > 전단강도 순서로 작아진다.
② 응력방향이 섬유방향에 평행한 경우 강도가 최대가 된다.

정답 069 ① 070 ② 071 ① 072 ① 073 ③ 074 ④ 075 ③

076 목재의 방부제에 관한 설명으로 옳지 않은 것은?
[16·14·09·07년 출제]

① 크레오소트유는 유성방부제로 방부력이 우수하다.
② PCP는 방부력이 약하고 페인트칠이 불가능하다.
③ 황산동 1% 용액은 철재를 부식시키고 인체에 유해하다.
④ 콜타르는 목재가 흑갈색으로 착색되므로 사용 장소가 제한된다.

해설
유기계 방충제(PCP, 펜타클로로페놀)
유용성 방부제이며 도장 가능하나 독성이 있고 처리제는 무색으로 성능 우수하다.

077 합판에 관한 설명으로 옳지 않은 것은?
[15·14·13·12·11·10·06년 출제]

① 곡면가공이 가능하다.
② 함수율 변화에 의한 신축변형이 적다.
③ 표면 가공법으로 흡음효과를 낼 수 있고 의장적 효과도 높일 수 있다.
④ 2장 이상의 단판인 박판을 2, 4, 6매 등의 짝수로 섬유방향이 직교하도록 붙여 만든 것이다.

해설
합판
얇은 판(단판)을 1장마다 섬유방향과 직교되게 3, 5, 7, 9 등의 홀수 겹으로 겹쳐 접착제로 붙여댄 것을 말한다.

078 집성목재에 관한 설명으로 옳지 않은 것은?
[14·10·09·07년 출제]

① 톱밥, 대팻밥, 나무 부스러기를 이용하므로 경제적이다.
② 요구된 치수, 형태의 재료를 비교적 용이하게 제조할 수 있다.
③ 강도상 요구에 따라 단면과 치수를 변화시킨 구조재료를 설계, 제작할 수 있다.
④ 옹이, 할열 등의 결함을 제거, 분산시킬 수 있으므로 강도의 편차가 적다.

해설
집성목재
1.5~5cm의 두께를 가진 단판을 겹쳐서 접착한 것으로 섬유방향을 일치하게 접착한다. ①은 인조목재에 대한 설명이다.

079 파티클보드에 관한 설명으로 옳지 않은 것은?
[16·15·10년 출제]

① 합판에 비하여 면내 강성은 떨어지나 휨강도는 우수하다.
② 폐제, 부산물 등 저가치재를 이용하여 넓은 면적의 판상제품을 만들 수 있다.
③ 목재 및 기타 식물의 섬유질소편에 합성수지 접착제를 도포하여 가열 압착성형한 판상제품이다.
④ 수분이나 고습도에 대하여 그다지 강하지 않기 때문에 이와 같은 조건하에서 사용하는 경우에는 방습 및 방수처리가 필요하다.

해설
파티클보드
합판에 비해 휨강도는 떨어지나 면내 강성, 음 및 열의 차단성이 우수하다.

080 다음 중 실내바닥 마감재료로 사용이 가장 곤란한 것은?
[16·14·13·09·08년 출제]

① 비닐시트   ② 플로어링보드
③ 파키트보드   ④ 코펜하겐 리브

해설
코펜하겐 리브
강당, 극장, 집회장 등에 음향 조절용으로 벽 수장재로 사용한다.

081 석재의 일반적 성질에 관한 설명으로 옳지 않은 것은?
[16·15·13·12·09·07·06년 출제]

① 불연성이며, 내화학성이 우수하다.
② 대체로 석재의 강도가 크며 경도도 크다.
③ 석재는 압축강도에 비해 인장강도가 특히 크다.
④ 일반적으로 흡수율이 클수록 풍화나 동해를 받기 쉽다.

정답 076 ② 077 ④ 078 ① 079 ① 080 ④ 081 ③

해설

석재의 특징
압축강도가 크고 인장 및 휨강도는 매우 작다.

082 내화도가 낮아 고열을 받는 곳에는 적당하지 않지만, 견고하고 대형재의 생산이 가능하며 바탕색과 반점이 미려하여 구조재, 내외장재로 많이 사용되는 것은?
[15·12·10·09·06년 출제]

① 화강암　　② 응회암
③ 석회석　　④ 안산암

해설

화강암
① 질이 단단하고 내구성 및 강도가 크고 외관이 수려하다.
② 절리의 거리가 비교적 커서 대재를 얻을 수 있다.
③ 견고하고 대형재의 생산이 가능하며 바탕색과 반점이 미려하여 구조재, 내외장재로 많이 사용된다.
④ 내화도가 낮아 고열을 받는 곳에는 적당하지 않다.

083 대리석에 관한 설명으로 옳지 않은 것은?
[16·15·14·12·11·10·09·08·07·06년 출제]

① 산과 알칼리에 강하다.
② 석질이 치밀, 견고하고 색채, 무늬가 다양하다.
③ 석회석이 변화되어 결정화한 것으로 탄산석회가 주성분이다.
④ 강도는 매우 높지만 풍화되기 쉽기 때문에 실외용으로는 적합하지 않다.

해설

대리석
산과 알칼리에 약하며 강도는 매우 높지만 풍화되기 쉽기 때문에 실내장식재로 사용한다.

084 다음의 설명에 알맞은 석재는?
[15·14·13·09·08·07년 출제]

대리석의 한 종류로 다공질이고, 석질이 균일하지 못하며 석판으로 만들어 물갈기를 하면 평활하고 광택이 나서 특수한 실내장식재로 사용된다.

① 화강암　　② 사문암
③ 안산암　　④ 트래버틴

해설

트래버틴
① 대리석의 한 종류로 다공질이며 석질이 불균일하고 황갈색의 무늬가 있다.
② 물갈기를 하면 평활하고 광택이 나서 특수한 실내장식재로 사용된다.

085 대리석의 쇄석을 종석으로 하여 시멘트를 사용, 콘크리트판의 한쪽 면에 부어 넣은 후 가공, 연마하여 대리석과 같이 미려한 광택을 갖도록 마감한 것은?
[12·11·09년 출제]

① 의석　　② 테라초
③ 사문암　　④ 테라코타

해설

테라초
인조석의 일종으로 쇄석을 대리석으로 사용해 대리석 계통의 색조가 나오도록 표면을 물갈기 하여 사용한 것이다.

086 석질이 치밀하고 박판으로 채취할 수 있어 슬레이트로서 지붕, 외벽, 마루 등에 사용되는 석재는?
[16·13·12·11·07·06년 출제]

① 부석　　② 점판암
③ 대리석　　④ 화강암

해설

점판암
① 점토가 바다 밑에 침전, 응결되고 다시 오랜 세월 동안 지열, 지압으로 변질되어 층상으로 응고된 것이 점판암이다.
② 청회색 또는 흑색으로 석질이 치밀하고 흡수율이 작아 기와 대신의 지붕, 외벽, 마루 등에 사용된다.

087 시멘트의 응결에 관한 설명으로 옳은 것은?
[16·13·07년 출제]

① 온도가 높을수록 응결이 늦어진다.
② 석고는 시멘트의 응결촉진제로 사용된다.

정답　082 ①　083 ①　084 ④　085 ②　086 ②　087 ③

③ 시멘트에 가하는 수량이 많으면 응결이 늦어진다.
④ 신선한 시멘트로서 분말도가 미세한 것일수록 응결이 늦어진다.

해설

응결
① 시멘트에 약간의 물을 첨가하여 혼합시키면 가소성 있는 페이스트가 얻어지나 시간이 지나면 유동성을 잃고 응고하는 것을 말한다.
② 응결시간은 초결 1시간 이상, 종결 10시간 이하로 한다.
③ 온도가 높을수록, 수량이 적을수록, 분말도가 미세할수록 응결이 빨라진다.

088 시멘트의 분말도에 관한 설명으로 옳지 않은 것은?
[22·14·13·12·10·08년 출제]

① 시멘트의 분말도가 클수록 수화반응이 촉진된다.
② 시멘트의 분말도가 클수록 강도의 발현속도가 빠르다.
③ 시멘트의 분말도는 브레인법 또는 표준체법에 의해 측정한다.
④ 시멘트의 분말도가 과도하게 미세하면 시멘트를 장기간 저장하더라도 풍화가 발생하지 않는다.

해설

분말도
시멘트의 입자가 미세할수록 분말도가 크다. 또한 미세하면 풍화하기 쉽다.

089 수화속도를 지연시켜 수화열을 작게 한 시멘트로 댐공사나 건축용 매스 콘크리트에 사용되는 것은?
[22·16·15·14·06년 출제]

① 백색 포틀랜드 시멘트
② 조강 포틀랜드 시멘트
③ 초조강 포틀랜드 시멘트
④ 중용열 포틀랜드 시멘트

해설

중용열 포틀랜드 시멘트
수화열이 작게 한 시멘트로 건조수축이 작고 균열발생이 적어 댐이나 방사선 차폐용, 매스 콘크리트 등 단면이 큰 구조물에 적당하다.

090 다음 중 고로 시멘트에 대한 설명으로 옳지 않은 것은?
[09·08·07·06년 출제]

① 포클랜드 시멘트에 고로 슬래그 분말을 혼합하여 만든 것이다.
② 해수에 대한 내식성이 크다.
③ 초기강도는 작으나 장기강도는 크다.
④ 응결시간이 빠르고 콘크리트 블리딩양이 많다.

해설

고로 시멘트
포틀랜드 시멘트에 고로 슬래그 분말을 혼합하여 만든 것으로 응결시간이 느리고 블리딩양이 적다.

091 골재의 성인에 의한 분류 중 인공골재에 속하는 것은?
[22·16·13·12·11·10·08년 출제]

① 강모래
② 산모래
③ 중정석
④ 부순 모래

해설

인공골재
암석을 부수어 만든 골재로 깬자갈, 슬래그 깬자갈, 부순 모래가 있다.

092 다음 중 콘크리트용 골재로서 요구되는 성질과 가장 거리가 먼 것은?
[15·14·13·11·09·07·06년 출제]

① 내화성이 있을 것
② 함수량이 많고 흡습성이 클 것
③ 콘크리트강도를 확보하는 강성을 지닐 것
④ 콘크리트의 성질에 나쁜 영향을 끼치는 유해물질을 포함하지 않을 것

해설

콘크리트용 골재에 요구되는 성질
① 모양이 구형에 가까운 것으로, 표면이 거친 것이 좋다.
② 골재의 강도는 콘크리트 중의 경화시멘트 페이스트의 강도 이상일 것이 좋다.
③ 내마멸성 및 내화성 성질을 갖춰야 한다.
④ 유해물(후민산, 이분, 염분) 등 불순물이 없어야 한다.
⑤ 입도는 조립에서 세립까지 균등히 혼합되어 있어야 한다.
⑥ 함수량이 적고 흡습성이 작은 것이 좋다.

정답 088 ④ 089 ④ 090 ④ 091 ④ 092 ②

093 콘크리트 내부에 미세한 독립된 기포를 발생시켜 콘크리트의 작업성 및 동결융해 저항성능을 향상시키기 위해 사용되는 화학혼화제는?

[22·16·15·14·13·12·09·07년 출제]

① AE제
② 유동화제
③ 기포제
④ 플라이애시

해설
AE제
① 콘크리트 속에 독립된 미세한 기포를 발생, 골고루 분포시킨다.
② 기포가 시멘트 및 골재의 미립자를 떠오르게 하거나 물의 이동을 도움으로써 블리딩을 감소시킨다.
③ 시공연도가 좋아지며 콘크리트의 작업성이 향상되지만 압축강도가 감소한다.
④ 동결융해에 대한 저항성이 개선된다.

094 콘크리트의 컨시스턴시(Consistency)를 측정하는 방법으로 가장 알맞은 것은?

[16·15·13·07·06년 출제]

① 슬럼프시험
② 블레인시험
③ 체가름시험
④ 오토클레이브 팽창도시험

해설
콘크리트의 컨시스턴시
시공연도 측정시험에는 슬럼프시험, 비비시험, 다짐계수시험 등이 있다.

095 콘크리트의 크리프에 관한 설명으로 옳지 않은 것은?

[16·15·14·13·12년 출제]

① 재하 초기에 증가가 현저하다.
② 작용응력이 클수록 크리프가 크다.
③ 물시멘트비가 클수록 크리프가 크다.
④ 시멘트페이스트가 많을수록 크리프는 작다.

해설
크리프
경화 콘크리트 성질 중 하중이 지속하여 작용하면 하중의 증가가 없이 콘크리트의 변형이 시간과 더불어 증대하는 현상으로 시멘트페이스트가 많을수록 크리프는 크다.

096 다음 중 콘크리트의 신축이음(Expansion Joint) 재료에 요구되는 성능조건과 가장 관계가 먼 것은?

[23·12·08·07년 출제]

① 콘크리트에 잘 밀착하는 밀착성
② 콘크리트 이음 사이의 충분한 수밀성
③ 콘크리트의 수축에 순응할 수 있는 탄성
④ 콘크리트의 팽창에 저항할 수 있는 압축강도

해설
콘크리트의 신축이음
콘크리트 부재에 열팽창 및 수축 등 응력에 의한 균열을 방지하기 위해 설치하는 줄눈을 의미하며 콘크리트 압축강도와는 상관없다.

097 다음 중 프리스트레스트 콘크리트 구조의 특징에 대한 설명 중 옳지 않은 것은?

[22·16·15·12년 출제]

① 간사이를 길게 할 수 있어 넓은 공간의 설계에 적합하다.
② 부재 단면의 크기를 크게 할 수 있어 진동 발생이 없다.
③ 공기 단축이 가능하다.
④ 강도와 내구성이 큰 구조물 시공이 가능하다.

해설
프리스트레스트 콘크리트
부재 단면의 크기를 작게 할 수 있으나 진동하기 쉽다.

098 거푸집 중에 미리 굵은 골재를 투입하여 두고, 이 간극에 모르타르를 주입하여 완성시키는 콘크리트는?

[10·08·06년 출제]

① 프리팩트 콘크리트
② 수밀 콘크리트
③ 유동화 콘크리트
④ 서중 콘크리트

해설
프리팩트 콘크리트
① 미리 거푸집 속에 적당한 입도배열을 가진 굵은 골재를 채워 넣은 후, 모르타르를 펌프로 압입하여 굵은 골재의 공극을 충전시켜 만드는 콘크리트이다.
② 재료분리, 수축이 보통 콘크리트의 1/2 정도로 작다.

정답 093 ① 094 ① 095 ④ 096 ④ 097 ② 098 ①

099 레디믹스트 콘크리트에 관한 설명으로 옳은 것은?
[14·10·07·06년 출제]

① 주문에 의해 공장생산 또는 믹싱카로 제조하여 사용현장에 공급하는 콘크리트이다.
② 기건단위 용적중량이 보통콘크리트에 비하여 크고, 주로 방사선차폐용에 사용되므로 차폐용에 사용되므로 차폐용 콘크리트라고도 한다.
③ 기건단위 용적중량이 2.0 이하의 것을 말하며, 주로 경량 골재를 사용하여 경량화하거나 기포를 혼입한 콘크리트이다.
④ 결합재로서 시멘트를 사용하지 않고 폴리에스테르수지 등을 액상으로 하여 굵은 골재 및 분말상 충전제를 혼합하여 만든 것이다.

해설
레디믹스트 콘크리트
① 콘크리트 전문 공장의 배처플랜트에서 공급되는 콘크리트이다.
② 공장에서 생산하여 트럭이나 혼합기로 현장에 공급하는 콘크리트를 의미한다.

100 점토에 관한 설명으로 옳지 않은 것은?
[15·14·13·12·11·10·09·08·07·06년 출제]

① 압축강도와 인장강도는 같다.
② 알루미나가 많은 점토는 가소성이 좋다.
③ 양질의 점토는 습윤 상태에서 현저한 가소성을 나타낸다.
④ Fe_2O_3와 기타 부성분이 많은 것은 고급 제품의 원료로 부적당하다.

해설
점토의 성질
압축강도는 인장강도의 약 5배 정도이다.

101 다음의 점토제품 중 흡수율 기준이 가장 낮은 것은?
[16·15·14·12·11·10·09·08·07년 출제]

① 자기질 타일
② 석기질 타일
③ 도기질 타일
④ 클링커 타일

해설
점토제품의 흡수율
토기 > 도기 > 석기 > 자기 순서로 작으며 자기질은 양질의 도토와 자토로 만들며 흡수성이 0~3%로 아주 작다.

102 경량벽돌 중 다공벽돌에 관한 설명으로 옳지 않은 것은?
[16·14·12·11·09·07년 출제]

① 방음, 흡음성이 좋다.
② 절단, 못치기 등의 가공이 우수하다.
③ 점토에 톱밥, 겨, 목탄가루 등을 혼합, 소성한 것이다.
④ 가벼우면서 강도가 높아 구조용으로 사용이 용이하다.

해설
다공벽돌(경량벽돌)
① 점토에 톱밥, 목탄가루 등을 혼합하여 성형한 벽돌이다.
② 가볍고, 절단, 못치기 등의 가공이 우수하나 강도는 약하다.
③ 방음벽, 단열층, 보온벽, 칸막이벽에 사용된다.

103 테라코타에 관한 설명으로 옳지 않은 것은?
[14·13·11·10·06년 출제]

① 색조나 모양을 임의로 만들 수 있다.
② 소성제품이므로 변형이 생기기 쉽다.
③ 주로 장식용으로 사용되는 점토제품이다.
④ 일반 석재보다 무겁기 때문에 부착이 어렵다.

해설
테라코타
일반 석재보다 가볍고, 압축강도는 화강암의 1/2 정도로 석재 조각물 대신 사용되는 장식용 점토 소성제품이다.

104 강의 열처리방법에 속하지 않는 것은?
[15·13·12·11·08년 출제]

① 압출
② 불림
③ 풀림
④ 담금질

해설
열처리방법
열처리방법에는 불림, 풀림, 담금질, 뜨임이 있고, 압출은 성형방법 중 하나이다.

정답 099 ① 100 ① 101 ① 102 ④ 103 ④ 104 ①

105 금속의 방식방법에 관한 설명으로 옳지 않은 것은? [16·15·14·13·12·10·09·08·07·06년 출제]

① 가능한 한 건조 상태로 유지할 것
② 큰 변형을 주지 않도록 주의할 것
③ 상이한 금속은 인접, 접촉시켜 사용하지 말 것
④ 부분적으로 녹이 생기면 나중에 함께 제거할 것

해설
방식방법
① 다른 종류의 금속을 서로 잇대어 사용하지 않다.
② 균일한 것을 선택하고 큰 변형을 주지 않도록 한다.
③ 표면을 깨끗하고 물기나 습기가 없도록 한다.

106 구리(Cu)와 주석(Sn)을 주체로 한 합금으로 건축장식철물 또는 미술공예 재료에 사용되는 것은? [16·15·14년 출제]

① 황동   ② 청동
③ 양은   ④ 두랄루민

해설
청동에 대한 설명이다.

107 알루미늄의 일반적인 성질에 관한 설명으로 옳지 않은 것은? [16·14·06년 출제]

① 열반사율이 높다.
② 내화성이 부족하다.
③ 전성과 연성이 풍부하다.
④ 압연, 인발 등의 가공성이 나쁘다.

해설
알루미늄
전성, 연성이 좋아 압연, 인발 등의 가공성이 좋다.

108 다음 중 기둥 및 벽 등의 모서리에 대어 미장바름을 보호하기 위해 사용하는 철물은? [15·14·13·07·06년 출제]

① 메탈 라스   ② 코너 비드
③ 와이어 라스   ④ 와이어 메시

해설
코너 비드(Corner Bead)
① 벽, 기둥 등의 모서리를 보호하기 위하여 미장공사 전에 사용하는 철물이다.
② 아연도금 철제, 스테인리스 철제, 황동제, 플라스틱 등이 있다.

109 다음 중 여닫이용 창호철물에 속하지 않는 것은? [22·14·11·08년 출제]

① 도어스톱   ② 크레센트
③ 도어클로저   ④ 플로어힌지

해설
창호철물
크레센트는 오르내리기창에 사용된다.

110 용융되기 쉬우며 건축일반용 창호유리, 병유리 등에 사용되는 것은? [11·06년 출제]

① 물유리   ② 고규산유리
③ 칼륨석회유리   ④ 소다석회유리

해설
소다석회유리
① 용융되기 쉬우며 산에 강하고 알칼리에 약하다.
② 풍화되기 쉽고 건축일반용 창호유리에 사용된다.

111 강화유리에 관한 설명으로 옳지 않은 것은? [15·14·11·06년 출제]

① 보통 유리보다 강도가 크다.
② 파괴되면 작은 파편이 되어 분쇄된다.
③ 열처리 후에는 절단 등의 가공이 쉬워진다.
④ 유리를 가열한 다음 급격히 냉각시켜 제작한 것이다.

해설
강화유리
판유리를 600℃ 정도로 가열했다가 급격히 냉각시켜 제작하며 열처리 후에는 절단 등이 어렵다.

정답 105 ④ 106 ② 107 ④ 108 ② 109 ② 110 ④ 111 ③

112 페어 글라스라고도 불리며 단열성, 차음성이 좋고 결로방지에 효과적인 유리는?

[22·16·12·11·10·09·08·07·06년 출제]

① 강화유리 ② 복층유리
③ 자외선투과유리 ④ 샌드블라스트유리

해설
복층유리(Pair Glass)
2장 또는 3장의 판유리를 일정한 간격으로 띄워 금속테로 기밀하게 테두리를 하여 방음, 단열성이 크고 결로방지용으로 우수한 유리제품이다.

113 다음의 유리제품에 대한 설명 중 옳지 않은 것은?

[13·10·07·06년 출제]

① 열선흡수유리는 단열유리라고도 하며 태양광선 중의 장파부분을 흡수한다.
② 강화유리는 열처리한 판유리로 강도가 크고 파괴 시 작은 파편이 되어 분쇄된다.
③ 복층유리는 방음, 단열효과가 크며 결로방지용으로도 우수하다.
④ 망입유리는 유리 성분에 착색제를 넣어 색깔을 띠게 한 유리이다.

해설
망입유리
유리 액을 롤러로 제판하고 그 내부에 금속망을 삽입하여 성형한 유리로, 도난, 화재방지용으로 사용된다.

114 다음의 유리제품 중 부드럽고 균일한 확산광이 가능하며 확산에 의한 채광효과를 얻을 수 있는 것은?

[15·07년 출제]

① 강화유리 ② 유리블록
③ 반사유리 ④ 망입유리

해설
유리블록(Glass Block)
실내의 투시를 어느 정도 방지하면서 벽에 붙여 간접채광, 의장벽면, 방음, 단열, 결로방지의 목적이 있다.

115 다음 중에서 경화되는 방식이 다른 하나는?

[15·13·12·10·08·07·06년 출제]

① 시멘트 모르타르
② 돌로마이트 플라스터
③ 혼합석고 플라스터
④ 순석고 플라스터

해설
수경성
수화작용에 물만 있으면 공기 중이나 수중에서도 굳는 것을 말하며 시멘트계와 석고계 플라스터가 이에 속한다.

116 소석회에 모래, 해초풀, 여물 등을 혼합하여 바르는 미장재료로서 목조바탕, 콘크리트 블록 및 벽돌 바탕 등에 사용되는 것은?

[16·12·11·08·06년 출제]

① 회반죽 ② 석고 플라스터
③ 시멘트 모르타르 ④ 돌로마이트 플라스터

해설
회반죽
① 소석회+모래+풀+여물 등을 바르는 미장재료이다.
② 경화건조에 의한 수축률이 크기 때문에 여물로서 균열을 분산, 경감시킨다.

117 미장재료 중 석고 플라스터에 관한 설명으로 옳지 않은 것은?

[16·15·14·13·11·09·08·06년 출제]

① 내화성이 우수하다.
② 수경성 미장재료이다.
③ 경화, 건조 시 치수 안정성이 우수하다.
④ 경화속도가 느리므로 급결제를 혼합하여 사용한다.

해설
석고 플라스터
경화속도가 빨라 가수 후 초벌용은 2시간 이상, 징벌용은 1시간 30분 이상 지난 것은 사용하지 않는다.

정답 112 ② 113 ④ 114 ② 115 ② 116 ① 117 ④

118 합성수지에 관한 설명 중 옳지 않은 것은?

[22·16·15·14·13·11·10·09·08·06년 출제]

① 가공성이 크다.
② 흡수성이 크다.
③ 전성, 연성이 크다.
④ 내열, 내화성이 작다.

해설
합성수지(플라스틱재료)의 성질
① 가소성, 가공성이 우수하여 가구류, 판류, 파이프 등의 성형품 등에 사용된다.
② 내열성, 내화성이 작다.
③ 흡수성이 작고 투수성이 거의 없다.

119 다음 중 열가소성 수지에 속하지 않는 것은?

[22·14·13·12·11·08·07년 출제]

① 아크릴수지
② 폴리에틸렌수지
③ 페놀수지
④ 염화비닐수지

해설
열가소성 수지
성형 후 다시 가열해 형태를 변형시킬 수 있어 재활용이 가능하다. 아크릴수지, 폴리에틸렌수지, 염화비닐수지, 폴리스티렌수지 등이 있다.

120 합성수지 재료 중 우수한 투명성, 내후성을 활용하여 톱 라이트, 온수풀의 옥상, 아케이드 등에 유리의 대용품으로 사용되는 것은? [23·13·08년 출제]

① 실리콘수지
② 폴리에틸렌수지
③ 폴리스티렌수지
④ 폴리카보네이트

해설
폴리카보네이트
① 내충격성, 내열성, 내후성, 자기소화성, 투명성 등의 특징이 있고, 강화 유리의 약 150배 이상의 충격도를 지니고 있어 유연성 및 가공성이 우수하다.
② 톱 라이트, 온수풀의 옥상, 아케이드 등에 유리의 대용품으로 사용한다.

121 건축용으로는 글라스 섬유로 강화된 평판 또는 판상제품으로 사용되는 열경화성 수지는?

[15·14·11·09·06년 출제]

① 아크릴수지
② 폴리에틸렌수지
③ 폴리스티렌수지
④ 폴리에스테르수지

해설
폴리에스테르수지
① 기계적 강도와 비항장력이 강철과 비등한 값으로 내수성이 좋다.
② 주요 성형품은 유리섬유로 보강한 섬유강화 플라스틱(FRP)이 있다.
③ 항공기, 선박, 차량재, 건축용으로 글라스 섬유로 강화된 평판 또는 판상제품으로 사용된다.

122 내열성이 우수하고, $-60 \sim 260℃$의 범위에서 안정하며 탄력성, 내수성이 좋아 도료, 접착제 등으로 사용되는 합성수지는? [15·13·11·09·07·06년 출제]

① 페놀수지
② 요소수지
③ 실리콘수지
④ 멜라민수지

해설
실리콘수지
내열성이 우수하고 $-60 \sim 260℃$까지 안정하며 탄력성, 내수성이 좋아 방수용 재료, 접착제 등으로 사용된다.

123 기본 점성이 크며 내수성, 내약품성, 전기절연성이 우수한 만능형 접착제로 금속, 플라스틱, 도자기, 유리, 콘크리트 등의 접합에 사용되는 것은?

[16·14·12·11·10·08·07년 출제]

① 요소수지 접착제
② 페놀수지 접착제
③ 멜라민수지 접착제
④ 에폭시수지 접착제

해설
에폭시수지
기본 점성이 크며 내수성, 내약품성, 전기절연성이 우수하고 접착성이 뛰어나다.

정답 118 ② 119 ③ 120 ④ 121 ④ 122 ③ 123 ④

124 다음 중 내알칼리성이 가장 좋은 도료는?
[23·22·16·13·12·10년 출제]

① 유성 페인트
② 유성 바니시
③ 알루미늄 페인트
④ 염화비닐수지 도료

해설

합성수지 도료
① 합성수지와 안료 및 휘발성 용제를 혼합하여 사용한다.
② 건조시간이 빠르고(1시간 이내), 도막이 견고하다.
③ 염화비닐수지 도료, 에폭시 도료, 염화고무 도료 등이 있다.

125 주로 목재면의 투명 도장에 쓰이는 것으로 외부용으로 사용하기에 적당하지 않고 일반적으로 내부용으로 사용되는 것은? [16·14·13·12·08·06년 출제]

① 에나멜 페인트
② 에멀션 페인트
③ 클리어 래커
④ 멜라민수지 도료

해설

클리어 래커
건조가 빠르므로 스프레이 시공이 가능하고 목재면의 투명 도장에 사용되며 내수성, 내후성은 약간 떨어져 내부용 중의 목재면에 사용된다.

126 다음 중 천연 아스팔트의 종류에 속하지 않는 것은? [22·16·15·13·12·11·10·08년 출제]

① 레이크 아스팔트
② 블론 아스팔트
③ 록 아스팔트
④ 아스팔타이트

해설

천연 아스팔트
레이크 아스팔트, 록 아스팔트, 아스팔타이트가 속한다.

127 블론 아스팔트의 성능을 개량하기 위해 동식물성 유지와 광물질 분말을 혼입한 것으로 일반지붕 방수공사에 이용되는 것은? [16·14·11·09·07년 출제]

① 아스팔트 펠트
② 아스팔트 프라이머
③ 아스팔트 콤파운드
④ 스트레이트 아스팔트

해설

아스팔트 컴파운드
석유 아스팔트에 속하며 블론 아스팔트의 성능을 개량하기 위해 동식물성 유지와 광물질 분말을 혼입한 것으로 일반지붕 방수공사에 이용한다.

128 블론 아스팔트를 용제에 녹인 것으로 아스팔트 방수의 바탕처리재로 사용되는 방수재료는?
[14·13·12·10·06년 출제]

① 아스팔트 펠트
② 아스팔트 루핑
③ 아스팔트 콤파운드
④ 아스팔트 프라이머

해설

아스팔트 프라이머
① 블론 아스팔트를 휘발성 용제에 희석한 흑갈색의 저점도 액체이다.
② 방수시공의 첫 번째 공정에 쓰이는 바탕처리재이다.(초벌도료)

129 아스팔트의 경도를 표시하는 것으로 규정된 조건에서 규정된 침입 사료 중에 진입된 길이를 환산하여 나타낸 것은? [15·13·09년 출제]

① 신율
② 침입도
③ 연화점
④ 인화점

해설

침입도
아스팔트의 좋고 나쁨을 판정하는 데 가장 중요한 것으로 아스팔트의 경도를 표시한다.

130 단열재료에 관한 설명으로 옳지 않은 것은?
[16·14·13·09·06년 출제]

① 일반적으로 다공질 재료가 많다.
② 일반적으로 역학적인 강도가 크다.
③ 단열재료의 대부분은 흡음성도 우수하다.
④ 일반적으로 열전도율이 낮을수록 단열성능이 좋다.

해설

단열재의 구비조건
일반적으로 역학적 강도가 작더라도 기계적 강도가 우수한 것을 선택해서 사용한다.

정답 124 ④ 125 ③ 126 ② 127 ③ 128 ④ 129 ② 130 ②

131 다음 중 건축용 단열재에 속하지 않는 것은?
[15·11·09년 출제]

① 암면 ② 유리섬유
③ 석고 플라스터 ④ 폴리우레탄폼

해설
석고 플라스터
미장재료로서 내화성은 있으나 단열재의 성능은 부족하다.

132 건축제도에 사용되는 삼각자에 대한 설명으로 옳지 않은 것은? [16·15·14·13·09·08·07·06년 출제]

① 일반적으로 45° 등변삼각형과 30°, 60°의 직각삼각형 두 가지가 한 쌍으로 이루어져 있다.
② 재질은 플라스틱 제품이 많이 사용된다.
③ 모든 변에 눈금이 기재되어 있어야 한다.
④ 삼각자의 조합에 따라 여러 가지 각도를 표현할 수 있다.

해설
삼각자
일반적으로 45° 등변삼각형과 30°, 60°의 직각삼각형 두 가지가 한 쌍으로 이루어져 있고 눈금은 없다.

133 다음 중 원호 이외의 곡선을 그릴 때 사용하는 제도용구는? [21·16·15·14·13·12·09·07·06년 출제]

① 디바이더 ② 스케일
③ 운형자 ④ T자

해설
운형자
복잡한 곡선이나 호를 그을 때 사용한다.

134 치수를 자 또는 삼각자의 눈금으로 잰 후 제도지에 같은 길이로 분할할 때 사용하는 제도용구는?
[16·15·14·12·09년 출제]

① 디바이더 ② 운형자
③ 컴퍼스 ④ T자

해설
디바이더
직선이나 원주를 등분할 때 사용하거나 선을 분할할 때 사용한다.

135 다음 중 건축제도용구가 아닌 것은?
[16·10·07년 출제]

① 홀더 ② 원형 템플릿
③ 데오드라이트 ④ 컴퍼스

해설
데오드라이트
망원경이 달린, 수평축이나 수직축을 기준으로 각도를 재는 측량기기로, 현장에서 대지경계 레벨을 측량한다.

136 제도연필의 경도에서, 무르기부터 굳기의 순서대로 옳게 나열한 것은? [16·14·13·08년 출제]

① HB－B－F－H－2H
② B－HB－F－H－2H
③ B－F－HB－H－2H
④ HB－F－B－H－2H

해설
제도연필
B＜HB＜F＜H＜2H 등이 쓰이며 H의 수가 많을수록 단단하다.

137 건축제도통칙에 정의된 제도용지의 크기 중 틀린 것은? [21·16·15·14·13·12·10·06년 출제]

① A0 : 1,189×1,680
② A2 : 420×594
③ A4 : 210×297
④ A6 : 105×148

해설
제도용지
A3 사이즈 297×420을 기본으로 외우고 한 사이즈씩 커질 때 2배를 하면 된다.

정답 131 ③ 132 ③ 133 ③ 134 ① 135 ③ 136 ② 137 ①

138 건축도면에서 주로 사용되는 축척이 아닌 것은? [22·16·14·12·09·06년 출제]

① 1/25
② 1/35
③ 1/50
④ 1/100

해설
축척
건축제도통칙에 규정되지 않는 척도는 1/15, 1/35, 1/60, 1/150이 있다.

139 실제 16m의 거리는 축척 1/200인 도면에서 얼마의 길이로 표현할 수 있는가? [15·14·10년 출제]

① 80mm
② 60mm
③ 40mm
④ 20mm

해설
축척 계산
먼저 단위를 맞추고 스케일을 곱하면 된다.
16,000mm × 1/200 = 80mm

140 도면 작도 시 선의 종류가 나머지 셋과 다른 것은? [23·16·15·14·11·10·09·08·06년 출제]

① 절단선
② 경계선
③ 기준선
④ 상상선

해설
일점쇄선
중심선은 일점쇄선의 가는 선으로, 절단선·경계선은 일점쇄선의 굵은 선으로 표시된다.
※ 상상선은 이점쇄선으로 표시된다.

141 건축제도에서 사용하는 선에 관한 설명 중 틀린 것은? [14·08·07년 출제]

① 이점쇄선은 물체의 절단한 위치를 표시하거나 경계선으로 사용한다.
② 가는 실선은 치수선, 치수보조선, 격자선 등을 표시할 때 사용한다.
③ 일점쇄선은 중심선, 참고선 등을 표시할 때 사용한다.
④ 굵은 실선은 단면의 윤곽 표시에 사용한다.

해설
이점쇄선
물체가 있는 것으로 가상하여 표시한 선이다.

142 건축제도 시 치수표기에 관한 설명 중 옳지 않은 것은? [22·16·14·13·12·11·09·08·06년 출제]

① 협소한 간격이 연속될 때에는 인출선을 사용한다.
② 필요한 치수의 기재가 누락되는 일이 없도록 한다.
③ 치수는 특별히 명시하지 않는 한 마무리 치수로 표시한다.
④ 치수기입은 치수선 중앙 아랫부분에 기입하는 것이 원칙이다.

해설
치수선
치수기입은 치수선 중앙 윗부분에 기입하는 것이 원칙이다.

143 도면의 치수 표현에 있어 치수 단위의 원칙은? [15·14·10·09·07·06년 출제]

① mm
② cm
③ m
④ inch

해설
도면의 단위
치수의 단위는 mm로 하고, 기호는 붙이지 않는다.

144 도면 표시기호 중 틀린 것은? [15·14·12·11·10·09·08·07·06년 출제]

① 길이 : L
② 높이 : H
③ 두께 : THK
④ 면적 : S

해설
도면 표시기호
면적은 A로 표시한다.

정답 138 ② 139 ① 140 ④ 141 ① 142 ④ 143 ① 144 ④

145 그림과 같은 단면용 재료 표시기호가 의미하는 것은? [15·12·06년 출제]

① 목재(치장재)
② 석재
③ 인조석
④ 지반

해설
재료 표시기호
목재의 표시기호이다.

146 그림과 같은 평면 표시기호는? [16·13년 출제]

① 접이문
② 망사문
③ 미서기창
④ 붙박이창

해설
붙박이창
붙박이창의 표시기호이다.

147 건축제도 시 선긋기에 대한 설명 중 옳지 않은 것은? [16·15·14·13·11·10·09·08·07·06년 출제]

① 용도에 따라 선의 굵기를 구분하여 사용한다.
② 시작부터 끝까지 일정한 힘을 주어 일정한 속도로 긋는다.
③ 축척과 도면의 크기에 상관없이 선의 굵기는 동일하게 한다.
④ 한 번 그은 선은 중복해서 긋지 않도록 한다.

해설
선을 그을 때 유의사항
① 축척과 도면의 크기에 따라서 선의 굵기를 다르게 한다.
② 용도에 따라 선의 굵기를 구분하여 사용한다.

148 건축설계도면에서 배경을 표현하는 목적과 가장 관계가 먼 것은? [15·14·12·08·06년 출제]

① 건축물의 스케일감을 나타내기 위해서
② 건축물의 용도를 나타내기 위해서
③ 주변대지의 성격을 표시하기 위해서
④ 건축물 내부 평면상의 동선을 나타내기 위해서

해설
배경 표현
주변대지의 성격 및 건축물의 스케일, 용도를 나타내기 위해서 그린다.
※ 동선은 사람, 차량, 화물 등의 움직이는 흐름을 도식화한 작업을 말하며 배경과는 관계가 없다.

149 실내투시도 또는 기념건축물과 같은 정적인 건물의 표현에 효과적인 투시도는?

[15·14·13·12·09·08·07년 출제]

① 평행투시도   ② 유감투시도
③ 경사투시도   ④ 조감도

해설
1소점 투시도(평행투시도)
소점이 1개이면서 실내, 기념건축물과 같은 정적인 건물의 표현에 효과적이다.

150 건축물의 투시도법에 쓰이는 용어에 대한 설명 중 옳지 않은 것은? [15·14·12·10·06년 출제]

① 화면(PP : Picture Plane)은 물체와 시점 사이에 기면과 수직한 직립 평면이다.
② 수평면(HP : Horizontal Plane)은 기선에 수평한 면이다.
③ 수평선(HL : Horizontal Line)은 수평면과 화면의 교차선이다.
④ 시점(EP : Eye Point)은 보는 사람의 눈 위치이다.

해설
수평면은 눈높이가 수평한 면이다.

정답 145 ① 146 ④ 147 ③ 148 ④ 149 ① 150 ②

151 실시설계도에서 일반도에 해당하지 않는 것은? [22·16·15·14년 출제]

① 전개도
② 부분상세도
③ 배치도
④ 기초평면도

해설
일반도
배치도, 평면도, 입면도, 단면도, 상세도, 전개도, 창호도 등이 있다.
※ 기초평면도는 구조도에 속한다.

152 건축물을 각 층마다 창틀 위에서 수평으로 자른 수평투상도로서 실의 배치 및 크기를 나타내는 도면은? [15·14·13·11·10·08년 출제]

① 입면도
② 평면도
③ 단면도
④ 전개도

해설
평면도
① 기준 층의 바닥면에서 1.2~1.5m 높이인 창틀 위에서 수평으로 절단하여 내려다본 도면이다.
② 실의 배치와 넓이, 개구부의 위치 및 크기를 표시한다.

153 건축물의 입면도를 작도할 때 표시하지 않는 것은? [16·14·13·10·09·07년 출제]

① 방위표시
② 건물의 전체높이
③ 벽 및 기타 마감재료
④ 처마높이

해설
입면도
건물의 전체높이(처마높이), 벽 및 기타 마감재료 등 대부분 건물의 외부를 표현한다.

154 건축도면 중 전개도에 대한 정의로 옳은 것은? [13·12·11·10·08년 출제]

① 부대시설의 배치를 나타낸 도면
② 각 실 내부의 의장을 명시하기 위해 작성하는 도면
③ 지반, 바닥, 처마 등의 높이를 나타낸 도면
④ 실의 배치 및 크기를 나타낸 도면

해설
전개도
각 실의 내부 의장을 나타내기 위한 도면으로 벽면의 마감재료 및 치수를 기입하고, 창호의 종류와 치수를 기입한다.

155 건축구조의 구조형식에 따른 분류 중 가구식 구조로만 짝지어진 것은? [16·13·10·09·07년 출제]

① 벽돌구조 – 돌구조
② 철근콘크리트구조 – 목구조
③ 목구조 – 철골구조
④ 블록구조 – 돌구조

해설
가구식 구조
목재, 강재 등 가늘고 긴 부재를 접합하여 뼈대를 만드는 구조로 기둥 위에 보를 겹쳐 올려놓은 목구조, 철골구조 등을 말한다.

156 시공과정에 따른 분류에서 습식 구조끼리 짝지어진 것은? [13·12·08년 출제]

① 목구조 – 돌구조
② 돌구조 – 철골구조
③ 벽돌구조 – 블록구조
④ 철골구조 – 철근콘크리트구조

해설
습식 구조
① 건축재료에 물을 사용하여 축조하는 방법으로 물을 건조시켜야 하기 때문에 공사기간이 길다.
② 시멘트 모르타르를 사용하는 벽돌구조, 돌구조, 블록구조, 철근콘크리트구조 등을 말한다.

정답 151 ④　152 ②　153 ①　154 ②　155 ③　156 ③

157 조립식 구조에 대한 설명으로 옳지 않은 것은? [11·10·07년 출제]

① 건축의 생산성을 향상시키기 위한 방안으로 조립건축이 성행되었다.
② 규격화된 각종 건축부재를 공장에서 대량생산할 수 있다.
③ 기계화 시공으로 단기 완성이 가능하다.
④ 각 부재의 접합부를 일체화하기 쉽다.

해설
조립식 구조
자재를 공장에서 제조하여 현장에서 조립하는 구조로 접합부의 일체화가 어렵다.

158 건축물의 밑바닥 전부를 일체화하여 두꺼운 기초판으로 구축한 기초의 명칭은? [22·15·09년 출제]

① 온통기초   ② 연속기초
③ 복합기초   ④ 독립기초

해설
온통기초
건축물의 밑바닥 전부를 일체화하여 두꺼운 기초판으로 만든 기초이다.

159 연속기초라고도 하며 조적조의 벽기초 또는 철근콘크리트 연결기초로 사용되는 것은? [14·12·07·06년 출제]

① 독립기초   ② 복합기초
③ 온통기초   ④ 줄기초

해설
연속기초(줄기초)
철근콘크리트나 조적식으로 된 주택의 내력벽 또는 일렬로 된 기둥을 연속으로 따라서 기초 벽을 설치하는 구조이다.

160 다음 중 주로 수평방향으로 작용하는 하중은? [12·10·08·06년 출제]

① 고정하중   ② 활하중
③ 풍하중   ④ 적설하중

해설
수평하중
풍하중, 지진력, 토압, 수압이 있다.

161 다음 중 목구조의 단점으로 옳은 것은? [13·09·07년 출제]

① 큰 부재를 얻기 어렵다.
② 공기가 길다.
③ 비강도가 작다.
④ 시공이 어렵고, 시공 시 기후의 영향을 많이 받는다.

해설
목구조
① 건식 구조로 공기는 짧고 시공이 용이하며 기후 영향을 덜 받는다.
② 비중에 비하여 강도가 크다.

162 재의 접합에서 좁은 폭의 널을 옆으로 붙여 그 폭을 넓게 하는 것으로 마룻널이나 양판문의 양판 제작에 사용되는 것은? [16·13·11·07·06년 출제]

① 쪽매   ② 산지
③ 맞춤   ④ 이음

해설
쪽매
목재판과 널판재의 좁은 폭의 널을 옆으로 붙여 면적을 넓게 하는 접합방법이다.

163 목구조에 사용하는 철물 중 보기와 같은 기능을 하는 것은? [13·12·11·10년 출제]

> 목재 접합부에서 볼트의 파고들기를 막기 위해 사용하는 보강철물이며, 전단보강으로 목재상호 간의 변위를 방지한다.

① 꺾쇠   ② 주걱볼트
③ 안장쇠   ④ 듀벨

해설
듀벨
목재에 끼워 전단력을 보강하는 철물이다.

정답 157 ④ 158 ① 159 ④ 160 ③ 161 ① 162 ① 163 ④

164 목구조에 대한 설명으로 옳지 않은 것은?

[21·16·13·11·09·08·07년 출제]

① 부재에 흠이 있는 부분은 가급적 압축력이 작용하는 곳에 두는 것이 유리하다.
② 목재의 이음 및 맞춤은 응력이 작은 곳에서 접합한다.
③ 큰 압축력이 작용하는 부재에는 맞댄이음이 적합하다.
④ 토대는 크기가 기둥과 같거나 다소 작은 것을 사용한다.

해설
토대
① 제일 아래 부분에 쓰이는 수평재로서 상부의 하중을 기초에 전달하는 역할을 한다.
② 기둥과 기둥을 고정하고 벽을 설치하는 기준이 된다.
③ 단면은 기둥과 같거나 좀 더 크게 한다.

165 2층 이상의 기둥 전체를 하나의 단일재로 사용하는 기둥으로 상하를 일체화시켜 수평력에 견디게 하는 기둥은?

[16·15·12·10·09·07·06년 출제]

① 통재기둥　　② 평기둥
③ 층도리　　　④ 샛기둥

해설
통재기둥
2층 이상의 기둥 전체를 하나의 단일재로 사용하는 기둥으로 상하를 일체화시켜 수평력에 견디게 하는 기둥이다.

166 목조 벽체를 수평력에 견디게 하고 안정한 구조로 하기 위해 사용되는 부재는?

[16·14·13·07·06년 출제]

① 인방　　② 기둥
③ 가새　　④ 토대

해설
가새
① 목조 벽체를 수평력(횡력)에 견디며 안정한 구조로 만든다.
② 경사는 45°에 가까울수록 유리하다.

167 납작마루에 대한 설명으로 맞는 것은?

[12·11·08·07·06년 출제]

① 콘크리트 슬래브 위에 바로 멍에를 걸거나 장선을 대어 마루틀을 짠다.
② 층도리 또는 기둥 위에 층보를 걸고 그 위에 장선을 걸친 다음 마룻널을 깐다.
③ 호박돌 위에 동바리를 세운 다음 멍에를 걸고 장선을 걸치고 마룻널을 깐다.
④ 큰보 위에 작은보를 걸고 그 위에 장선을 대고 마룻널을 깐다.

해설
납작마루
일층마루로 간단한 창고, 공장, 기타 임시적 건물 등의 콘크리트 슬래브 위에 바로 멍에와 장선을 걸고 마룻널을 깐 마루를 말한다.

168 다음 중 목구조의 2층 마루에 속하지 않는 것은?

[14·12·08·06년 출제]

① 홑마루　　　② 보마루
③ 동바리마루　④ 짠마루

해설
동바리마루
대지에 호박돌 놓고 그 위에 동바리를 세운 다음 멍에를 걸고 장선을 걸치고 마룻널을 깐 1층 마루이다.

169 그림과 같은 지붕 평면을 구성하는 지붕의 명칭은?

[12·07·04년 출제]

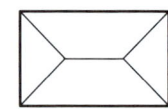

① 합각지붕　　② 모임지붕
③ 박공지붕　　④ 꺾인지붕

해설
모임지붕을 나타낸다.

정답　164 ④　165 ①　166 ③　167 ①　168 ③　169 ②

170 주심포식과 다포식으로 나누어지며 목구조 건축물에서 처마 끝의 하중을 받치기 위해 설치하는 것은?
[23·13·08년 출제]

① 공포
② 부연
③ 너새
④ 서까래

해설
공포
목구조 건축물에서 처마 끝의 하중을 받치기 위해 설치하는 것으로 주심포식과 다포식으로 나누어진다.

171 반자틀의 구성과 관계없는 것은?
[12·08·07년 출제]

① 징두리
② 달대
③ 달대받이
④ 반자돌림대

해설
반자틀의 구성
구성요소로는 반자돌림 < 반자틀 < 반자틀받이 < 달대 < 달대받이 순서로 지붕 쪽으로 올라간다.
※ 징두리 판벽은 실내부의 벽 하부를 보호하기 위하여 높이 1~1.5m 정도로 널을 댄 벽을 말한다.

172 다음 중 벽돌구조의 장점에 해당하는 것은?
[22·16·14·13·11·10·09·08·07·06년 출제]

① 내화, 내구적이다.
② 횡력에 강하다.
③ 고층 건축물에 적합한 구조이다.
④ 실내면적이 타 구조에 비해 매우 크다.

해설
벽돌구조의 특징
① 내화, 내구, 방한, 방서구조이다.
② 횡력(지진)에 약하고 고층구조에 부적당하다.
③ 벽체가 두꺼워 실내가 좁아진다.

173 건설공사표준품셈에서 정의하는 기본 벽돌의 크기는?(단, 단위는 mm) [15·10·09·08·07년 출제]

① 210×100×60
② 190×90×57
③ 210×90×57
④ 190×100×60

해설
표준형 벽돌
기본 벽돌의 크기는 190×90×57이다.

174 기본 벽돌에서 칠오토막의 크기로 옳은 것은?
[23·22·15·13년 출제]

① 벽돌 한 장 길이의 1/2 토막
② 벽돌 한 장 길이의 직각 1/2 반절
③ 벽돌 한 장 길이의 3/4 토막
④ 벽돌 한 장 길이의 1/4 토막

해설
칠오토막
벽돌 한 장 길이의 3/4 토막이다.

175 벽돌쌓기법에 대한 설명 중 옳지 않은 것은?
[12·10·08년 출제]

① 영식 쌓기는 처음 한 켜는 마구리쌓기, 다음 한 켜는 길이쌓기를 교대로 쌓는 것으로 통줄눈이 생기지 않는다.
② 네덜란드식 쌓기는 영국식과 같으나 모서리 끝에 칠오토막을 사용하지 않고 이오토막을 사용한다.
③ 프랑스식 쌓기는 부분적으로 통줄눈이 생기므로 구조벽체로는 부적합하다.
④ 영롱쌓기는 벽돌벽 등에 장식적으로 구멍을 내어 쌓는 것이다.

해설
화란(네덜란드식)쌓기
쌓기방법은 영식 쌓기와 같으나 모서리 또는 끝부분에 칠오토막을 사용한다.

176 보강블록조에서 내력벽으로 둘러싸인 부분의 바닥면적은 최대 얼마를 넘지 않도록 하여야 하는가?
[08·07년 출제]

① 60m²
② 70m²
③ 80m²
④ 90m²

정답 170 ① 171 ① 172 ① 173 ② 174 ③ 175 ② 176 ③

해설

보강블록조
내력벽으로 둘러싸인 부분의 바닥면적은 80m²를 넘을 수 없다.

177 블록조에서 창문의 인방보는 벽단부에 최소 얼마 이상 걸쳐야 하는가? [16·15·12년 출제]

① 5cm ② 10cm
③ 15cm ④ 20cm

해설

인방보
인방보는 창문 위를 가로질러 상부에서 오는 하중을 좌, 우벽으로 전달하는 부재로 양쪽 벽체에 20cm 이상 물려야 한다.

178 석재의 일반적인 성질에 대한 설명 중 틀린 것은? [09·08·07·06년 출제]

① 불연성이다.
② 압축강도는 인장강도에 비해 매우 작다.
③ 비중이 크고 가공성이 좋지 않다.
④ 내구성, 내화학성이 우수하다.

해설

석재의 특징
불연성이고 인장강도는 작으며 압축강도가 크다.

179 다음 중 석재를 가장 곱게 다듬질하는 방법은? [12·11·10·08·07년 출제]

① 혹두기 ② 정다듬
③ 잔다듬 ④ 도드락다듬

해설

잔다듬
날망치로 곱게 쪼아서 표면을 매끈하게 다듬는 방법이다.

180 석재를 인력으로 가공할 때 표면이 가장 거친 것에서 고운 순으로 바르게 나열한 것은? [16·14·13·12·09·08·07·06년 출제]

① 혹두기 → 도드락다듬 → 정다듬 → 잔다듬 → 물갈기
② 정다듬 → 혹두기 → 잔다듬 → 도드락다듬 → 물갈기
③ 정다듬 → 혹두기 → 도드락다듬 → 잔다듬 → 물갈기
④ 혹두기 → 정다듬 → 도드락다듬 → 잔다듬 → 물갈기

해설

석재 가공
① 혹두기 → ② 정다듬 → ③ 도드락다듬 → ④ 잔다듬 → ⑤ 거친 갈기·물갈기 → ⑥ 광내기

181 석재의 형상에 따른 분류에서 면길이가 300mm 정도의 사각뿔형으로 석축에 많이 사용되는 돌은? [12·10·09년 출제]

① 간석 ② 견치돌
③ 사괴석 ④ 각석

해설

견치돌
면길이가 300mm 정도의 사각뿔형으로 석축에 많이 사용되는 돌이다.

182 철근콘크리트구조의 특징이 아닌 것은? [22·14·13·12·11·10·09·07년 출제]

① 내구, 내화, 내진적이다.
② 자중이 가볍다.
③ 설계가 자유롭다.
④ 고층 건물의 건축이 가능하다.

해설

철근콘크리트구조의 장단점
① 습식이라 공사기간이 길고 거푸집 비용이 많이 든다.
② 자중이 무겁고 시공과정이 복잡하다.
③ 내구, 내화, 내진적이며 설계가 자유롭고 고층 건물의 건축이 가능하다.

정답 177 ④ 178 ② 179 ③ 180 ④ 181 ② 182 ②

183 이형철근의 마디, 리브와 관련이 있는 힘의 종류는?   [15·14·13·12·11·08년 출제]

① 인장력　　② 압축력
③ 전단력　　④ 부착력

해설
이형철근
D로 표시하며 부착력을 높이기 위해서 철근 표면에 마디와 리브를 붙인 것이다.

184 보를 없애고 바닥판을 두껍게 해서 보의 역할을 겸하도록 한 구조로, 기둥이 바닥 슬래브를 지지해 주상 복합이나 지하 주차장에 주로 사용되는 구조는?   [16·15·13·12·11·09·08년 출제]

① 플랫슬래브구조　　② 절판구조
③ 벽식 구조　　④ 셸구조

해설
플랫슬래브(무량판)구조
보를 없애고 바닥판을 두껍게 해서 보의 역할을 겸하도록 한 구조로 층고를 최소화할 수 있다.

185 벽체나 바닥판을 평면적인 구조체만으로 구성한 구조는?   [16·12년 출제]

① 현수구조　　② 막구조
③ 돔구조　　④ 벽식 구조

해설
벽식 구조
① 수직의 벽체와 수평의 바닥판을 평면적인 구조체만으로 구성한 구조이다.
② 기둥이나 보가 차지하는 공간이 없기 때문에 건축물의 층고를 줄일 수 있다.

186 철근콘크리트 보에서 늑근의 주된 사용목적은?   [16·13·10·09·08·07·06년 출제]

① 압축력에 대한 저항　　② 인장력에 대한 저항
③ 전단력에 대한 저항　　④ 휨에 대한 저항

해설
늑근(스터럽, Stirrup)
보가 전단력에 저항할 수 있게 보강을 하는 역할로 주근의 직각 방향에 배치한다.

187 철근콘크리트구조의 1방향 슬래브의 최소 두께는?   [16·12·09·08년 출제]

① 80mm　　② 100mm
③ 120mm　　④ 150mm

해설
1방향 슬래브
바닥판의 하중이 단변방향으로만 전달되는 슬래브로, 최소 두께는 100mm로 한다.

188 재료의 강도가 크고 연성이 좋아 고층이나 스팬이 큰 대규모 건축물에 적합한 건축구조는?   [11·09·07년 출제]

① 철골구조　　② 목구조
③ 돌구조　　④ 조적식 구조

해설
철골구조
철근콘크리트에 비해 자중이 가볍고 재료의 강도가 크고 연성이 좋아 고층이나 스팬이 큰 대규모 건축물에 적합하다.

189 다음 중 철골구조의 장점이 아닌 것은?   [11·09·07년 출제]

① 철근콘크리트구조에 비해 중량이 가볍다.
② 철근콘크리트구조 공사보다 계절의 영향을 덜 받는다.
③ 장스팬 구조가 가능하다.
④ 화재에 강하다.

해설
철골구조의 단점
① 부재의 단면이 비교적 가늘고 길어서 좌굴하기 쉽다.
② 화재에 취약하며 녹슬기 쉽다.
③ 공사비가 고가이다.

정답　183 ④　184 ①　185 ④　186 ③　187 ②　188 ①　189 ④

190 H형강의 치수 표시법 중 H-150×75×5×7에서 7은 무엇을 나타낸 것인가? [11·10년 출제]

① 플랜지 두께 ② 웨브 두께
③ 플랜지 너비 ④ H형강의 개수

해설
형강 표시법
H는 형태, 150은 높이, 75는 너비, 5는 웨브의 두께, 7은 플랜지의 두께이다.

191 고력볼트접합에서 힘을 전달하는 대표적인 접합방식은? [16·15·13·12·10·09·07년 출제]

① 인장접합 ② 마찰접합
③ 압축접합 ④ 용접접합

해설
고력볼트접합
① 부재 간의 마찰력에 의하여 응력을 전달하는 접합방식이다.
② 피로강도가 높고 접합부의 강성이 높아 변형이 적다.
③ 시공 시 소음이 없고 시공이 용이하며, 노동력절약과 공기단축효과가 있다.
⑤ 임팩트렌치 및 토크렌치로 조인다.
⑥ 조임순서는 중앙에서 단부 쪽으로 조여 간다.

192 다음 중 용접결합에 해당되지 않은 것은? [10·08년 출제]

① 언더컷(Under Cut)
② 오버랩(Over Lap)
③ 크랙(Crack)
④ 클리어런스(Clearance)

해설
클리어런스
리벳과 수직재 면과의 거리, 작업여유거리를 말한다.

193 용착금속이 홈에 차지 않고 홈 가장자리가 남아 있는 불완전 용접을 무엇이라 하는가? [15·13·09년 출제]

① 언더컷 ② 블로홀
③ 오버랩 ④ 피트

해설
언더컷
용접선 끝에 용착금속이 채워지지 않아서 생긴 작은 홈을 말한다.

194 철골구조에서 주각부에 사용되는 부재는? [16·14·13·11·08년 출제]

① 커버 플레이트 ② 웨브 플레이트
③ 스티프너 ④ 베이스 플레이트

해설
주각부 구성재
베이스 플레이트, 리브 플레이트, 윙 플레이트, 클립앵글, 사이드앵글, 앵커볼트 등이 있다.

195 철골구조의 판보에서 웨브의 두께가 춤에 비해서 얇을 때, 웨브의 국부 좌굴을 방지하기 위해서 사용되는 것은? [16·15·13·12·11·10·09·08·07·06년 출제]

① 스티프너 ② 커버 플레이트
③ 거싯 플레이트 ④ 베이스 플레이트

해설
스티프너
플레이트보(판보)에서 웨브 플레이트의 좌굴을 방지하기 위해 설치한다.

196 조립구조의 일종으로 기둥, 보 등의 골조를 구성하고 바닥, 벽, 천장, 지붕 등을 일정한 형태와 치수로 만든 판으로 구성하는 구조법은? [11·09년 출제]

① 셸구조
② 프리스트레스트 콘크리트구조
③ 커튼월구조
④ 패널구조

해설
패널(판)구조
기둥, 보 등의 골조와 바닥, 벽, 천장, 지붕 등을 일정한 형태와 치수로 만든 판으로 구성하는 구조법이다.

정답 190 ① 191 ② 192 ④ 193 ① 194 ④ 195 ① 196 ④

197 곡면판이 지니는 역학적 특성을 응용한 구조로서 외력은 주로 판의 면내력으로 전달되기 때문에 경량이고 내력이 큰 구조물을 구성할 수 있는 구조는? [15·14·12·09·08·06년 출제]

① 패널구조 ② 커튼월구조
③ 블록구조 ④ 셸구조

해설
셸구조
곡면판이 지니는 역학적 특성을 응용한 구조로서 외력은 주로 판의 면내력으로 전달되기 때문에 경량이고 내력이 큰 구조물을 구성할 수 있는 구조이다. 시드니의 오페라하우스가 해당된다.

198 트러스를 종횡으로 배치하여 입체적으로 구성한 구조로서 형강이나 강관을 사용하여 넓은 공간을 구성하는 데 이용되는 것은? [12·11·09·07년 출제]

① 막구조 ② 스페이스 프레임
③ 절판구조 ④ 돔구조

해설
입체트러스구조(스페이스 프레임)
① 트러스를 종횡 배치하여 입체적으로 구성한 구조로서, 형상이나 강관을 사용하여 넓은 공간을 구성할 수 있다.
② 삼각형 또는 사각형의 구성요소로서 축방향만으로 힘을 받는 직선재를 핀으로 결합하여 효율적으로 힘을 전달하는 구조 시스템이다.

199 구조체 자체의 무게가 적어 넓은 공간의 지붕 등에 쓰이는 것으로, 상암 월드컵 경기장, 제주 월드컵 경기장에서 볼 수 있는 구조는? [15·09년 출제]

① 절판구조 ② 막구조
③ 셸구조 ④ 현수구조

해설
막구조
① 인장력에 강한 얇은 막을 잡아당겨 공간을 덮는 구조방식이다.
② 구조체 자체의 무게가 적어 넓은 공간의 지붕 등에 쓰이는 것으로, 상암 월드컵 경기장, 제주 월드컵 경기장에서 볼 수 있다.

200 개구부의 상부하중을 지지하기 위하여 조적재를 곡선형으로 쌓아서 압축력만이 작용되도록 한 구조는? [07·06년 출제]

① 트러스 ② 래티스
③ 셸 ④ 아치

해설
아치구조
개구부의 상부하중을 지지하기 위하여 조적재를 곡선형으로 쌓아서 압축력만이 작용되도록 한 구조로, 하부에 인장력이 생기지 않는 구조이다.

정답 197 ④ 198 ② 199 ② 200 ④

MEMO

MEMO

MEMO

독학 실내건축기능사 필기
무료 동영상

발행일 | 2011. 1. 10   초판 발행
          2019. 1. 10   개정 10판1쇄
          2019. 4. 20   개정 10판2쇄
          2020. 1. 10   개정 10판3쇄
          2020. 5. 10   개정 10판4쇄
          2021. 1. 15   개정 11판1쇄
          2021. 4. 20   개정 12판1쇄
          2022. 1. 10   개정 13판1쇄
          2023. 4. 20   개정 14판1쇄
          2024. 1. 10   개정 15판1쇄
          2025. 1. 10   개정 16판1쇄
          2026. 1. 20   개정 17판1쇄

저 자 | 김희정
발행인 | 정용수
발행처 | 예문사

주 소 | 경기도 파주시 직지길 460(출판도시) 도서출판 예문사
T E L | 031) 955-0550
F A X | 031) 955-0660
등록번호 | 11-76호

- 이 책의 어느 부분도 저작권자나 발행인의 승인 없이 무단 복제하여 이용할 수 없습니다.
- 파본 및 낙장은 구입하신 서점에서 교환하여 드립니다.
- 예문사 홈페이지 http://www.yeamoonsa.com

정가 : 26,000원

ISBN 978-89-274-5868-5   13540